以此书献给中华人民共和国建国60周年！

献给祖国的材料科学事业！

贝氏体与贝氏体相变

Bainite and Bainite Transformation

刘宗昌　任慧平　等著

北　京
冶 金 工 业 出 版 社
2009

内 容 提 要

本书是作者近年来科研成果的总结,同时参考了国内外相关学术论文,阐述了贝氏体与贝氏体相变的最新理论。本书共分11章,介绍了过冷奥氏体转变的复杂性、贝氏体组织形貌和亚结构、块状相变、贝氏体相变热力学、贝氏体相变动力学、各类相变的联系和区别、贝氏体相变的特征及定义、中温区原子位移方式与相变的关系、贝氏体相变机制、过冷奥氏体转变产物的表面浮凸、各类工业用钢的贝氏体组织及形成等内容。

本书可供从事冶金、材料科学与工程研究的科研人员、技术人员阅读,也可供高校金属材料工程专业的学生、教师参考。

图书在版编目(CIP)数据

贝氏体与贝氏体相变/刘宗昌,任慧平等著. —北京:冶金工业出版社,2009.5

ISBN 978-7-5024-4877-6

Ⅰ.贝… Ⅱ.①刘… ②任… Ⅲ.贝氏体转变 Ⅳ.TG151.2

中国版本图书馆CIP数据核字(2009)第057635号

出版人 曹胜利
地　址 北京北河沿大街嵩祝院北巷39号,邮编100009
电　话 (010)64027926 电子信箱 postmaster@cnmip.com.cn
策划编辑 张 卫 责任编辑 王雪涛 美术编辑 张媛媛
版式设计 张 青 孙跃红 责任校对 白 迅 责任印制 牛晓波
ISBN 978-7-5024-4877-6
北京兴华印刷厂印刷;冶金工业出版社发行;各地新华书店经销
2009年5月第1版,2009年5月第1次印刷
169 mm×239 mm;20.75印张;402千字;301页;1-2000册
59.00元

冶金工业出版社发行部 电话:(010)64044283 传真:(010)64027893
冶金书店 地址:北京东四西大街46号(100711) 电话:(010)65289081

前　言

传承文明，开拓创新。

Bain 及其合作者于 1930 年在美国第一次发表了放大 1000 倍的贝氏体显微照片。20 世纪 40 年代为了纪念 Bain 的功绩，人们将过冷奥氏体在中温区转变的组织命名为贝氏体（Bainite）。后来 R. F. Mehl 将钢中的贝氏体分为上贝氏体和下贝氏体。50 年代初，柯俊及其合作者 S. A. Cottrell 第一次对贝氏体相变进行开拓性研究，创建了贝氏体相变理论和切变学说，是相变研究方面具有里程碑意义的成就。

钢中的贝氏体相变是发生在共析分解和马氏体相变温度范围之间的中温转变。它既不是珠光体那样的扩散型相变，也不是马氏体那样的无扩散型相变，而是复杂的过渡性相变。贝氏体相变过程中，只有碳原子能够长程扩散，铁原子及替换合金元素的原子已经难以扩散。由于贝氏体相变具有过渡性，它既具备共析分解的某些特征，又有马氏体相变的一些特点，因此是一个相当复杂的相变。

贝氏体组织的发现使等温淬火和贝氏体钢得以问世。中高碳合金钢下贝氏体组织具有较高的强度和韧性。近年来，轴承钢采用等温淬火得到下贝氏体组织改善了钢的性能；具有高强度、高韧性、优良焊接性的超低碳贝氏体钢得到了广泛的开发和工业应用。

贝氏体钢的应用需要了解贝氏体组织形态与性能的关系，以及贝氏体相变的热力学、动力学以及相变机制等基本知识。半个多世纪以来，人们对于贝氏体相变的研究进行了大量的工作，取得了显著的成绩。在 20 世纪中期，由于当时条件的限制，贝氏体和贝氏体相变的本质尚不能彻底搞清，由此出现不同的学术观点和学派是可以理解的。

20 世纪末，康沫狂、杨思品著有《钢中贝氏体》（1990 年），徐祖耀、刘世楷著有《贝氏体相变和贝氏体》（1991 年），李承基著有《贝氏体相变理论》（1995 年），俞德刚、王世道著有《贝氏体相变理论》

(1997年),方鸿生、王家军、杨志刚等著有《贝氏体相变》(1999年)。这些著作总结了20世纪中贝氏体相变的研究成果,阐明了切变理论和扩散理论两种学术观点,对于贝氏体的研究和实际应用起到了积极作用。

长期马拉松式的学术论争表明贝氏体相变理论研究需要整合(integrate in a systematic way)。所谓整合,是以系统的整体性为基础和前提的有机结合、有序配合或组织化匹配。整合不是混合、耦合,也非复合。整合能使贝氏体相变理论更快的发展。2007年刘宗昌著《过冷奥氏体扩散型相变》阐述了贝氏体相变的整合机制。

近10多年来,由于检测仪器的升级和多样化,对贝氏体的观察更加全面、深入、细致,促进了贝氏体理论的更新。本书《贝氏体和贝氏体相变》是21世纪以来系统论述贝氏体相变理论的新书。其试验结果新,内容新,观点新,概念新,阐述了贝氏体相变新机制。作者撰写本书的思路是首先从科学技术哲学视角阐述钢的整合系统,强调过冷奥氏体转变是一个整合系统,从系统科学的角度进行分析研究。接着重点描述贝氏体的成分、组织形貌和精细亚结构,从本质上搞清贝氏体的组织结构。在此基础上阐述贝氏体热力学问题,分析贝氏体相变动力学,总结了贝氏体相变的过渡性特征,明确贝氏体相变不同于共析分解。在此基础上给贝氏体和贝氏体相变做出了科学的定义。

在继承两种理论成熟的学术成就的基础上,本书深入探讨贝氏体相变的新机制。相变是晶格改组过程,原子的位移方式是最基本的动作;在阐明相变中原子的位移方式后,集中阐述了贝氏体相变机理,提出了新机制,指出贝氏体相变过程中碳原子长程扩散,而铁原子和替换原子以非协同的界面热激活跃迁方式位移,实现晶格改组。

建立和谐的创新性的学术交流氛围,是发展科学理论的需要,是时代的需要。将贝氏体相变研究的新发现、新观点,新理论,经过密切交流和切磋,贝氏体相变理论必将得到蓬勃发展。

本书第1章和第3~10章由刘宗昌撰写,第2章由任慧平撰写,第11章由李文学、赵莉萍、王海燕、赵勇桃、计云萍等合作撰写,刘宗昌负责全书的总成。

参加本书内容科学研究工作的课题组成员有刘宗昌、任慧平、李文学、赵莉萍、王海燕、计云萍、王玉峰、龚志华、段宝玉等教师以及众多的本科生、研究生，其研究成果是本书内容的重要源泉。此外，对内蒙古自治区教育厅的资助表示衷心的感谢。

在撰写本书的过程中，参考了许多学者和专家的相关著作和论文，在此表示衷心的谢意。

内蒙古科技大学　刘宗昌　任慧平
2009年春节于包头
E-mail：Lzchang75@163.com

Prologue

Inheriting civilization, exploring innovation.

Bainitic transformation in steel occurred at the intermediate temperature between eutectoid decomposition and martensitic transformation. It has no diffusion and shear transformation character as pearlite or martensite, but a complicated transitional transformation. The carbon atom can transit by long-range diffusion while the iron and alloy atom are difficult to diffuse during Bainitic transformation. The bainite transformation has transitional character, which has character of eutectoid transformation and martensitic transformation as well. Therefore it is very complicated.

As the TTT diagram of upper Bainite transformation overlap with that of the eutectoid decomposition in carbon steel, it can't be found the clear beginning temperature of the bainite transformation, i. e. B_s point. While in many alloy steels, bainite transformation has its own C-curve, but there exist bay and B_s in many alloy steels. What's more, bainite transformation can extend to the temperature under M_s in some steels. Therefore, although the steel was isothermally at the temperature of martensite formation, bainite transformation can occurred.

Austempering and bainite steel hasn't been known until bainite was found. In Mid-20th Century, bainite structure that has high strength and toughness was obtained in B-bearing and Mo-bearing steel by air cooling after rolling, which give a new way of developing bainite steel. Recently, ultra-low carbon bainite steel is widely developed and applicated.

In the Early 1950s, Jun Ke and his co-worker, S. A. Cottrell, made some pioneering research on bainite transformation, and created theory of bainite transformation and shear doctrine for the first time. It is a milestone for the phase transformation. However, the essence of bainite and bainite transformation haven't been understood well due to the limits of condition. In the late 1960s, H. I. Aaronson and his partners, the American metallurgist, deny the shear mechanism of bainite transformation. Thus two schools of thought were formed, and the academic debates have kept for 30 years from then on.

In the late 1990s, many book were published in China, such as *Bainite in Steels*

(Kang Mokuang, 1990), *Bainite transformation and bainite* (Xu Zuyao, 1991), *Bainite Transformation Theory* (Li Chenji, 1995), *Bainite Transformation Theory* (Yu Gangde, 1997), and *Bainite transformation* (Fang Hongsheng, 1999). These works summarized the research results of bainite transformation after the mid-time of 20th century and elucidated their views, which played an active role in the research and practical application of bainite.

As above mentioned, Bainitic transformation theorys need to integrate in a systematic way because of the debate more than 30 years to make organic combination, ordered cooperation or systematization matching on the base of overall system. In this situation, Zongchang Liu edited the book *Diffusion Phase Transformation of super cooled Austenite* expounded integration mechanism of shear-diffuse for the first time. It points out that carbon migration is long range diffusion, while Fe atom and replacement atom migrate by non-cooperate thermal activation transition to achieve lattice restructure.

In the recent decade, the research is more comprehensive, further and particular due to the upgrade and diversification of detecting instrument, which accelerate the update of the bainite transformation theory. This book, *Bainitic and bainite transformation*, summarized new theory about bainite transformation since the 21th Century. It expatiate the new mechanism of bainite transformation, which is new in test results, contents, viewpoints and concepts. The thought of this book is as follows: Firstly, it summarized the integration system of steel by science technic philosophy and emphasized that supercooling austenite transformation is integration system by the view of system science. Secondly, it described the composition characterister, microstructure and morphology, fine structure of the bainite to clarify the microstructure and crystal structure of the bainite. On this basis, we make a scientific definition for bainite, describe the problem of the thermodynamics and the characteristics of transformation kinetics, summarize the transition feature of the bainite transformation, cleare bainite transformation different from eutectoid decomposition, propose the nucleation and growth mechanisms of bainite ferrite and bainitic Carbide in this book.

To communicate in academic atmosphere with innovative and harmonious, it is necessary to develop the scientific theory and to meet the needs of times development. If close exchange and harmonious discussion on new research results and new ideas of bainitic transformation are reinforced, the bainitic transformation theory will be Vigorously developed.

As this book refers to a number of relevant books and papers from scholars and experts during the writing, the authors would like to thank them for providing the support to enable this work to be carried out. And any valuable suggestion will be welcome.

Inner Mongolia University of Science and Technology

Liu Zongchang Ren Huiping

Bao Tou, China

Spring Festival 2009

Corresponding author: Lzchang75@163.com

目　　录

Contents

1 过冷奥氏体转变的复杂性

按照科学技术哲学的理论,金属及合金是开放的复杂系统,其固态相变更为复杂多变。但是,在近代物理冶金的理论研究中,由于条件的限制,将金属视为简单性问题,或将其复杂性问题进行简单化处理,以得出一定的规律性。实际上,金属、合金、钢,尤其是合金钢,多元高合金钢,都是复杂系统,属于复杂性问题,用研究简单性问题的方法往往难以得出精确的结论。20 世纪中叶起,人们开始用系统科学的方法来思考和研究自然界的复杂性问题[1]。

本章就是从科学技术哲学的角度,阐明金属及合金的复杂性。认为各种金属及合金、钢及其合金钢都是复杂的整合系统,原子、晶格、相、组织是组成系统各个层次的要素,这些要素之间的非线性相互作用,使固态相变、组织形貌和性能等具有了复杂的物理实质和变化规律[2]。

过冷奥氏体是钢中的重要组成相之一。将钢加热到临界点(A_1)以上,进行奥氏体化,得到单一奥氏体状态,或奥氏体 + 碳化物等多相的整合状态,再以各种方式冷却到临界点以下,在不同的过冷度下,过冷奥氏体将发生复杂的固态相变,钢中的固态相变是迄今为止最为复杂的相变,这是因为过冷奥氏体是一个复杂的整合系统,从高温区到低温区的转变,即从铁素体 - 珠光体转变→贝氏体相变→马氏体相变是一个复杂的整合系统,是一个逐级演化的过程,相变产物的组织结构也具有密切的联系和多样性。以往的研究,不太注意珠光体转变、贝氏体相变、马氏体相变三者之间的关联性,因而理论体系不完善。应当以系统整合的方法考察过冷奥氏体的转变体系,尤其是中温区的贝氏体相变,具有过渡性,其组织结构、相变热力学、动力学、相变机制等各方面与马氏体相变、珠光体转变都有千丝万缕的联系。

1.1 过冷奥氏体转变

过冷奥氏体转变是一个整合系统❶。金属及合金、钢、合金钢是由多元素、多相、多组织、多晶体构成。这些要素不是混合,而是有机地结合,有序地配合,是一个有机的自组织的整体,是整合系统,具有整体大于部分之总和的特性和机制。

钢以及金属及合金的各种组成相、各种组织都不是混合系统,而均为整合系

❶ 整合(integrate in a systematic way):以系统的整体性为基础和前提的有机结合、有序配合或组织化匹配,称为整合。整合系统不同于混和系统。

统,如钢中的珠光体,不少教材和专著中将珠光体定义为“铁素体和渗碳体的机械混合物”,这是不正确的。珠光体是共析分解的铁素体和碳化物的整合组织,是有机结合体,它们以界面相结合,以一定的比例相配合,是一个相互依赖、相互关联的整体。在研究各种组织的时候始终要从整体出发,从各个元素、各个相之间的相互整合入手,去揭示内在的本质及其规律性。

在混合系统中,各要素具有相对独立性,没有固定的量的比例关系,混合系统的整体性质是各个要素性质的简单的线性叠加,而钢中的组织和性能是各个组成相的非线性相互作用的结果。

金属的各种物理特性呈现为整体性的表征,具有整体大于部分之总和的特点。现举一例:X45CrNiMo4 钢(德国钢号),奥氏体化后,在 640℃ 等温,珠光体分解的孕育期大于 10^5 s,若将它分成三个部分,45Cr、60Ni4、45Mo,其分解情况如表 1－1 所示。从表可见,整合系统具有各个组成要素在各自孤立状态下不可能具有的新质,且具有整体大于部分之总和的机制。X45CrNiMo4 钢奥氏体化后,奥氏体中溶有 C、Cr、Ni、Mo 等多种元素,它们相互作用,构成一个有机结合的整体,表现出新的整体性行为,具有各元素在各自单独影响时的新的性质和行为。

表 1－1　X45CrNiMo4 钢分解情况

部 分	相应的钢种	在珠光体“鼻温”处的孕育期/s	结　　论
1	45Cr[3]	约 10	铬的单独影响
2	60Ni4[3]	约 2	镍的单独影响
3	45Mo[3]	约 1	钼的单独影响
三部分的总和		约 13	部分的简单叠加值
X45CrNiMo4(整体)		$>10^5$	C、Cr、Ni、Mo 的综合影响,使珠光体“鼻温”处的孕育期延长

相变动力学是研究相变的速度问题的。各个元素、各个相在相变中有机结合,有序配合,发生的相互作用是非线性的。动力学曲线反映了其非线性规律。

过冷奥氏体在冷却时发生的固态相变,其形核率和长大速率与转变量之间的关系曲线都有一个极大值,通常呈 C 曲线的形状。但是,C 曲线(TTT 图、CCT 图)却是千变万化的,每一种钢都可以测得一条 C 曲线,即使同一种钢,尤其是高碳高合金钢,奥氏体化温度不同,测得的 C 曲线的形状或位置也是有差别的。

在 C 曲线手册[3]中列举了 643 幅 TTT 图和 201 幅 CCT 图,有些钢的 C 曲线尚未测出或尚未录入。动力学曲线与奥氏体中的合金元素有关。加入钢中所有化学元素总共约 22 种,包括:Fe、C、Si、Mn、S、P、Cr、Ni、W、Mo、V、Ti、Nb、Cu、Co、B、RE、Al、Zr、N、O、H 及其他更微量的元素,如 As、Sb 等,其中,Fe、C、Si、Mn、Cr、Ni、W、

Mo、V、Ti、Nb、Cu、Co、B、RE、Al、N 等元素是钢中常见的；O、N、H 属气体有害杂质。作为合金元素加入钢中时，每种钢中只有 Fe + C + Me，而合金元素 Me 可以是 1 ~ 6 种，但多数是 1 ~ 4 种，如 40Cr、35CrMo、W18Cr4V、35CrNiMoV。虽然，钢中的合金元素种类和数量不多，但 C 曲线却达到上千种，而且合金元素的种类和数量愈多，对钢的动力学曲线影响愈复杂，这就是因为钢是整合系统，过冷奥氏体中的碳和各种合金元素的相互作用是非线性的，具有整体大于部分之总和的机制，因而呈现千变万化的相变动力学曲线及转变图。

铬的作用是提高 γ→ α 转变的激活能；镍主要是提高 γ→α 转变时 α 相的形核功。所以，若用 Cr + Ni 合金化，既可以提高 γ→α 转变时的形核功，又可以提高 γ→α 转变的激活能，其整合作用比单独加入一个元素有效得多。

单独加入钼，对 γ→α 转变的影响较小，若钼与 Cr + Ni 同时加入，钼对 γ→α 转变的推迟作用显著增加，这说明钼对 Cr + Ni 系统的转变激活能、形核功均显著增强，Mo 与 Cr、Ni 均为过渡族元素，其 d 层电子不满，溶解在奥氏体中的 Cr、Ni、Mo 相互作用，d 层电子相互结合，增加了原子间的结合力，增加了原子扩散的激活能，降低了 Cr、Ni、Mo、Fe 等元素的扩散系数，阻碍了扩散，这不仅推迟 γ→α 转变，而且也使碳化物的形核更加困难。这种整合作用，大大提高了奥氏体的稳定性。

因此，合金元素的不同种类和数量的组合，其整合作用，非线性相互作用，造成了过冷奥氏体转变动力学曲线千差万别的变化。

1.1.1 非线性相互作用

自然界中物质系统的相互作用实际上都是非线性的。钢中众多要素之间的非线性相互作用构成不可积系统，相变动力学、相变热力学、相变过程等都是非线性相互作用的结果。线性作用只是实际情况的近似，是特例。复杂系统各组成要素彼此之间存在着复杂的非线性相互作用，必须以整合的科学思维进行分析，以系统整合方法进行研究。

线性的相互作用只能强化(或弱化)原有的功能，只有非线性相互作用才会导致系统向新的有序结构转化[1]。以往将物质视为简单性问题进行研究，虽然成绩斐然，但在理论上留下不少缺憾。20 世纪中叶兴起了自然物质系统的复杂性的系统科学研究，在金属及合金的系统中尚应用不够。已经提到相变动力学是个非线性问题，以下再举几个非线性问题的例子。

1.1.1.1 相变临界点的非线性

Fe-C 合金的相变临界点有平衡临界点：A_1、A_3、Ac_{cm} 等；在非平衡情况下有：Ac_1Ac_3、Ac_{cm}、Ar_1、Ar_3、Ar_{cm}、M_s 等。合金元素对临界点的影响是非线性的，但以往大都进行了简化处理，使之成直线关系，如计算马氏体点的公式很多，仅举几例[2,3]：

$$M_s(℃)=538-361\times w(C)-39\times w(Mn)-35w(V)-20w(Cr)-17w(Ni)-10w(Cu)-5\times w(Mo+W)+15\times w(Co)+30w(Al) \quad (1-1)$$

$$M_s(℃)=550-317\times w(C)-33\times w(Mn)-28w(Cr)-17w(Ni)-11\times w(Si+Mo+W) \quad (1-2)$$

从式1-1、式1-2可见，把合金元素对马氏体点的影响看成为各个合金元素作用的简单的线性叠加，计算是近似的，不够准确，而且不适用于高碳钢和高合金钢。

钢的共析点 A_1[3]：

$$A_1(℃)=723-26w(Si)+20w(Cr)+8w(W)+16w(Mo)+55w(V)-14w(Cu)-18w(Ni)-12w(Mn) \quad (1-3)$$

从上述例中可见，把钢的临界点视为简单对象，进行线性处理，得出线性方程。用这些方程来进行计算，其结果是不够准确的，往往有较大误差。现代热处理技术要求温度控制十分精确，因此，不如采用仪器直接测定的结果更有使用价值。有的钢的加热温度十分严格，如X45CrNiMo4钢的退火温度特别狭窄（620～640℃），靠计算值难以指导热处理实践。

文献[4]指出随着碳含量的增加，马氏体点降低，在一定条件下呈线性关系：

$$M_s(℃)\approx 520-320w(C) \quad (1-4)$$

如图1-1所示。但是，马氏体点与碳含量之间不是线性关系，而是非线性关系，如图1-2所示的实际测得的不同碳含量的Fe-C合金的马氏体点。从图1-2可见，马氏体点 M_s 和 M_f 与碳含量并非线性关系。各种合金元素对马氏体点的影响也都是非线性的。图1-3为合金元素对铁合金马氏体点的影响，可见为非线性关系。实际应用中主要还是采用试验方法测定 M_s 点。

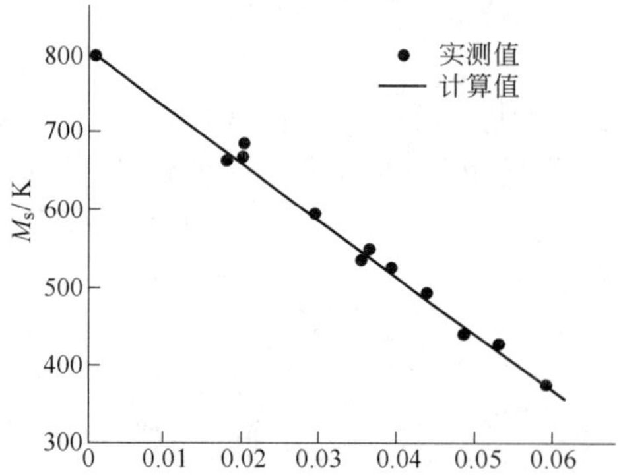

图1-1 Fe-C合金 M_s 与碳含量的关系[4]

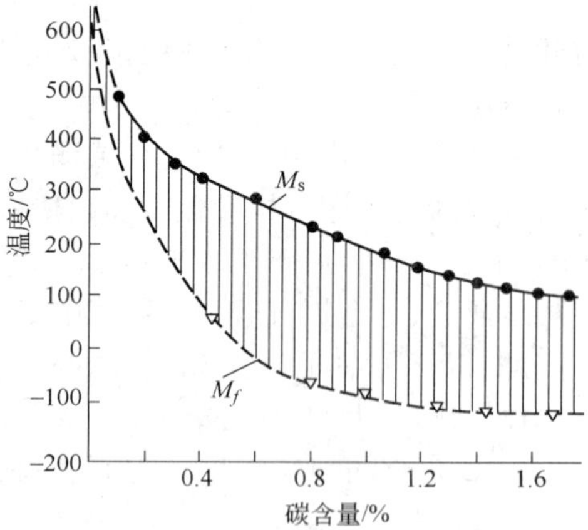

图1-2 碳含量对 M_s 点的影响[3]

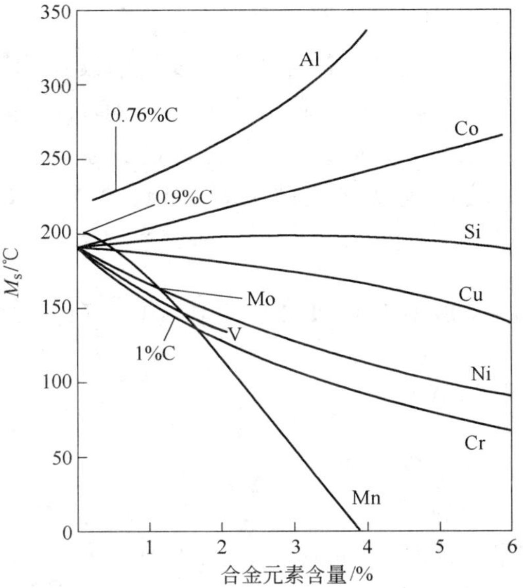

图 1-3 合金元素对铁合金 M_s 点的影响[5]

1.1.1.2 珠光体片间距与过冷度呈非线性关系

珠光体片间距与过冷度之间应当呈非线性关系，但以往把碳素钢中珠光体的片间距(S_0)与过冷度(ΔT)的关系处理为线性关系[6]：$S_0 = C/\Delta T$，即片间距与过冷度成反比(C 为比例常数)。从图 1-4 可见，只有过冷度较小时(大约 50℃)才有近似的线性关系；当过冷度较大时，即 $\Delta T > 100$℃ 以上时，完全失去了线性关系，变成了非线性关系。图中，曲线 1 为原图所描绘的线性关系，曲线 2 为本书作者修改重绘的非线性关系。

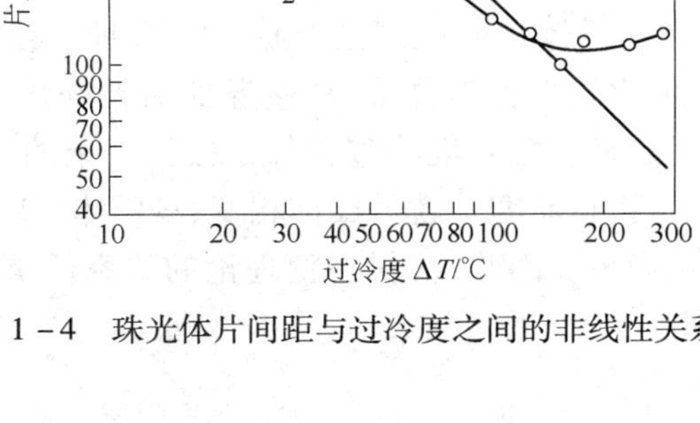

图 1-4 珠光体片间距与过冷度之间的非线性关系

1.1.1.3 珠光体、贝氏体强度的非线性

金属及合金的性能是成分、合金相等组成要素非线性作用的结果。如珠光体的性能,由于珠光体不是铁素体和渗碳体的机械混合物,而是共析铁素体和碳化物的整合组织,因而这类钢的屈服强度和抗拉强度同铁素体在钢中所占的体积分额之间、珠光体的片间距之间呈现非线性关系,如铁素体－珠光体钢屈服强度 σ_Y (MN/m^2)的表达式为[5]:

$$\sigma_Y = 15.4\left\{f_\alpha^{\frac{1}{3}}[2.3 + 3.8w(\text{Mn}) + 1.13d^{-\frac{1}{2}}] + (1 - f_\alpha^{\frac{1}{3}})(11.6 + 0.25S_0^{-\frac{1}{2}}) + 4.1w(\text{Si}) + 27.6\sqrt{N}\right\} \tag{1-5}$$

式中 f_α——铁素体的体积分数,%;
d——铁素体晶粒的平均直径,mm;
S_0——珠光体平均片间距,mm;
N——铁素体的晶粒度。

又如贝氏体的屈服强度 $\sigma_{0.2}$ (MN/m^2)与贝氏体铁素体片条的尺寸、碳化物数量之间具有非线性关系:

$$\sigma_{0.2} = 15.4(-12.6 + 1.13d^{-\frac{1}{2}} + 0.98n^{\frac{1}{4}}) \tag{1-6}$$

式中 d——贝氏体铁素体片条的平均尺寸,mm;
n——每平方毫米截面上的碳化物颗粒的数量。

1.1.2 相变的复杂性

金属及合金中的固态相变是极为复杂的,共有 12 种纯金属中能够发生多型性转变,如表 1－2 所示。当这些元素形成合金和化合物后,晶型更复杂,如铁具有多形性转变:$\alpha \rightleftharpoons \gamma \rightleftharpoons \delta$。当铁中溶入合金元素后,相变就变得复杂了。加之,钢中存在碳化物等第二相时,其与母相相互作用,相变就变得极为复杂。至今,许多相变过程和机制尚未真正搞清。例如,过冷奥氏体的贝氏体相变极为复杂,其转变机制至今存在争议。

20 世纪以来,关于马氏体相变机制已经提出十余种相变模型或假说,尚未形成统一的科学理论。回火转变更为复杂,从室温到临界点 A_1 各个温度区间,马氏体的分解,碳化物的析出、转变、聚集等过程都是极为复杂的,其脱溶的过渡相、二次硬化等均需要深入地进行研究。就贝氏体相变、马氏体转变的理论研究来说,仍然假说多,成熟的理论尚少。因此,材料相变理论的研究任重道远,而且需要以系统科学的方法来研究。

表 1-2 纯金属的晶体结构

元素符号	元素名称	原子序数	晶 型	元素符号	元素名称	原子序数	晶 型
Fe	铁	26	α 体心立方 γ 面心立方 δ 体心立方 ε 密集六角	Mn	锰	25	α 复杂立方(58) β 复杂立方(20) γ 面心四方 δ 面心立方
Cr	铬	24	α 体心立方 β 密集六角	Hf	铪	72	α 密集六角 β 体心立方
Ce	铈	58	α 面心立方 β 密集六角	La	镧	57	α 密集六角 β 面心立方
Ca	钙	20	α 面心立方 β 密集六角	Co	钴	27	α 密集六角 β 面心立方
$C_{金刚石}$ $C_{石墨}$	碳	6	钻石立方 六角	U	铀	92	α 正交 β 四方 γ 体心立方
W	钨	74	α 体心立方 β 复杂立方	Zr	锆	40	α 密集六角 β 体心立方
Np	镎	93	α 正交 β 四方 γ 体心立方	S	硫	16	α 正交 β 单斜

除了许多科学问题未搞清楚外，有些“理论”或假说还被证伪，需建立新学说或新理论。例如：对合金马氏体回火二次硬化机理尚有不同看法。许多教科书中把二次硬化说成是细小的特殊碳化物（W_2C、Mo_2C、VC、TiC 等）颗粒的弥散硬化的结果。但近年来的研究指出，从 350℃就开始的二次硬化，一直到 500～550℃（不同钢的二次硬化峰的温度不同）之间，在高分辨率电子显微镜下并未发现特殊碳化物相颗粒存在[7～9]。研究认为：M42 钢中，从 350℃开始，硬度升高，到 540℃达到极大值。此过程中并未发生合金碳化物的析出，而是在 α 相中产生了以钼为主的片状的原子偏聚区，称为 M-C 复合偏聚团，实际上是 G. P. 区造成的二次硬化。

假说虽然是建立在科学事实的基础上，但存在假定性，可能被证实，也可能被证伪。假说不断被试验所证实，才能逐渐转化为理论。

1.1.3 组织、性能的多样性

金属及合金的性能是其内部组织结构的反映。金属及合金的组织结构的多变性、多样性、复杂性，必然造成性能，尤其是力学性能的多样性、复杂性。同时，从性能这一个输出的表像信息，可以了解内部组织结构的变化，称为黑箱识别法。如，一个碳钢零件，淬火后测量硬度值为 60HRC，这时就可判断钢的内部组织是马氏体。

研究金属及合金的固态相变的最终目的是调整金属及合金的化学成分和组织

结构。通过复杂多变的固态相变机制使其转变为预期的组织结构,使材料赋予人类所要求的各种性能,以便满足人类社会物质上、精神上等方面的不断增长的需求。金属科学是求真,材料加工技术则是求善求美。材料性能的多样性,促使人们的生活绚丽多彩。

决定金属及合金的力学性能的要素是其成分和组织结构。金属及合金的组织结构十分复杂,如钢中过冷奥氏体转变为形态各异的珠光体、贝氏体、马氏体等组织;这些组织中存在复杂的合金相,如铁素体、渗碳体、合金碳化物、金属间化合物、残留奥氏体等,是一个层次鲜明的整合系统。因此,其力学性能取决于各层次要素的有机结合,有序配合,综合作用。

力学性能是材料抵抗变形和破裂的能力,是系统抵抗外力作用的综合反映。在应力作用下,位错运动,引起变形。而位错的运动有各类障碍,如,零维障碍物:如溶质原子;一维障碍物:如位错;二维障碍物:如晶界、界面;三维障碍物:异相颗粒。综合设置障碍物,增加障碍物的品种和数量,调整其分布,可以使钢强化;相反,减少或拆除任何障碍物系统都能使钢软化。

金属及合金的性能具有多样性、复杂性的特点,包括力学性能、物理性能、化学性能、工艺性能等。在工程上表现有工艺性能、铸造性能、切削性能、焊接性能、锻压性能等,广泛而复杂。

1.2 过冷奥氏体转变的自组织及转变类型

自然界物质系统的演化是自组织的,任何系统的出现都是一个组织化或有序化的过程[1,10,11]。一个系统可能是自组织产生的,也可能是被组织产生的。如果系统在获得其空间结构、时间结构的过程中没有特定的外界干预,而是一个自发的组织化、有序化和系统化的过程,这就称为自组织。自然界系统的演化,自然事物结构的形成或有序化都是系统自组织的过程。钢中的相变过程就是自组织的。

1.2.1 相变自组织的条件

科学技术哲学告诉我们:自然界中系统的演化、物质结构的形成或有序化都是自组织的。自组织必须具备一定的环境和条件:(1) 开放系统;(2) 远离平衡态;(3) 随机性涨落;(4) 非线性相互作用。

1.2.1.1 开放系统

只有开放系统才可能实现自组织。开放系统具有足够大的负熵流,是系统维持有序性或进化的必要条件[1]。钢是一个开放系统,钢在热加工、热处理过程中与外界发生能量交换或物质交换。如果没有与外界的能量交换或物质交换就不可能发生相变。系统的自组织并不排除外部对它的控制，如由外部来控制钢的非平衡程度等。

1.2.1.2 远离平衡态

处于热力学平衡态的系统没有发展活力，不能发生自组织，例如，在平衡温度727℃，Fe-C 合金的共析分解反应式：$A \rightleftharpoons F + Fe_3C$，不能向单一方向进行，系统处于平衡状态。当外部条件加强并超过临界点，达到远离平衡态，系统不断从外界引入负熵流，熵减过程加强，才能出现自组织。如根据热力学条件，将钢加热或冷却，使其偏离临界点，具有一定过热度或过冷度时，系统新旧两相的自由焓差小于零（$\Delta G^{\alpha\to\gamma} < 0$），相变才能自发地进行，如在 Ar_1 温度（过冷度 ΔT），奥氏体转变为珠光体组织，即：$A \rightarrow P(F + Fe_3C)$。

1.2.1.3 涨落

涨落或起伏是对系统稳定状态的偏离，如浓度起伏、结构起伏、能量起伏等。涨落是随机的，它是系统演化的契机，是相变的诱因。当将钢加热或冷却时，超过临界点，出现过热或过冷，钢的原有定态，虽然已不稳定，处于亚稳状态，但是，如果没有任何扰动，即没有涨落时，系统仍然不会离开原有的状态，钢不会发生相变。然而，任何实际过程中总是存在涨落。在相变有可能发生的上述条件下，涨落必然发生，一旦出现就会被迅速放大，使得系统离开定态，发生相变，形成新的有序结构（注：这里的有序是哲学概念，不是有序固溶体等）。因此，涨落是系统自组织的诱因，它是发育成为新结构的种子，也即新相的晶核是以这种涨落作为种子的。如钢在相变孕育期内，出现溶质原子的贫化区和富化区就是涨落的必然结果。

1.2.1.4 系统内部的非线性相互作用

非线性的正反馈作用可以把微小的“涨落”或“起伏”迅速放大，使系统的定态失稳而形成新的结构，如浓度涨落、结构涨落的迅速放大，而形成新相晶核，导致相变；又如奥氏体形成、珠光体分解、贝氏体转变、马氏体相变以及回火转变、时效等都是系统自由焓非线性变化的结果，都是一个涨落→形核→新相长大的自组织过程。

以往的固态相变研究注重热力学条件，而忽视了涨落和非线性相互作用，涨落是相变的诱因，而非线性作用是成因，然后才是形核与长大过程。涨落和非线性相互作用应当是自组织的条件，也是相变形核机制的组成部分。

1.2.2 过冷奥氏体转变的自组织功能

将钢加热到奥氏体化，得到一定状态（化学成分、晶粒度、均匀性等）的奥氏体，此奥氏体过冷到临界点以下，满足自组织条件时，它好像有“头脑”一样对本系统进行自组织演化，如碳素钢，在珠光体转变区，面心立方晶格改组为体心立方的铁素体和斜方的渗碳体的共析体结构；在中温区，过冷奥氏体转变为贝氏体组织；

在 M_s 点以下，面心立方的奥氏体转变为 bcc、bct、hcp 等晶格的马氏体。在不同的条件下，奥氏体会调动铁原子、碳原子或合金元素原子进行不同方式的运动，构建不同的晶格，即发生不同类型的固态相变。

当碳原子和铁原子、替换原子能够进行长程扩散时，进行形核长大型的不连续型相变，如先共析铁素体的析出、共析分解等。

当原子难以扩散或丧失扩散能力时，过冷奥氏体通过自组织，以无扩散方式进行相变，完成晶格改组的，转变为马氏体。

无论是扩散相变，还是无扩散相变，依据不同的外部条件和内在因素，过冷奥氏体系统自组织"能动"地转变为各种组织，并赋予其形形色色的形貌，如：珠光体组织有片状、细片状、极细片状、粒状、点状、针状、柱状、类珠光体等多种形态；马氏体组织有板条状、片状、蝶状、凸透镜状、薄片状、薄板状等形态。这些都是在成分、温度、冷速等条件下，也即在远离平衡态、随机涨落和非线性相互作用的条件下，系统自组织的杰作。

1.2.2.1 共析分解的自组织

奥氏体过冷到 A_1 以下，将发生扩散型转变——共析分解。共析分解是一个单相同时生成两个相的反应。过冷奥氏体分解为铁素体和碳化物的整合组织是个自组织过程，奥氏体同时析出两相，即 $F + Fe_3C$。按照自组织理论，远离平衡态，出现随机涨落，奥氏体中必然出现贫碳区和富碳区的涨落，加上随机出现的结构涨落、能量涨落，在贫碳区建构铁素体，而在富碳区建构渗碳体或碳化物，二者是共析共生的。

珠光体的多种形貌是奥氏体系统自组织的结果。珠光体是共析铁素体和共析碳化物的有机结合的整合组织。珠光体有片状、粒状、针状、类珠光体以及相间沉淀等多种形貌，形形色色，但其本质不变。转变机制只有一个，但是自组织的过程和方式不同。系统根据不同的外部条件和内在素质通过自组织，协调地共析分解为不同的组织形貌。

1.2.2.2 马氏体相变的自组织

无扩散型相变是当原子在某些条件下难以扩散或丧失扩散能力时，材料的母相通过自组织，以无扩散方式进行相变，完成晶格改组的。

对马氏体相变机制的研究已经进行了 80 余年，虽然学说很多，模型不少，但仍没有定论。钢中马氏体相变机制和形貌表现了奥氏体系统的自组织功能。奥氏体在极大地远离平衡态时，即达到 M_s 点时，在奥氏体晶粒内的位错处或层错处，出现随机涨落。由于温度太低，原子难以或不能扩散，这时进行无需扩散的转变，构建一种新结构（bcc、bct 等），即马氏体晶体结构。

马氏体的形貌是形形色色的，十分复杂。马氏体形态是依靠自组织形成的，如按照库氏理论，γ-Fe 转变为 α′-相（马氏体）时，$[111]_\gamma$ 和 $[101]_\gamma$ 方向收缩

1.22%,而$[121]_{\gamma}$方向将膨胀7.55%[12]。如果一个低碳的奥氏体晶粒只转变为一个马氏体单晶,假设原奥氏体晶粒为球形,它转变为马氏体后则为椭球体了,变成橄榄球了。此过程看来很简单,但是,这将使有机结合着的奥氏体晶粒产生巨大的应变和应力,形成巨大的应变能和畸变能,实际的相变驱动力难以达到,这样的马氏体相变不能发生。于是,奥氏体系统发挥其“智能”,进行自组织,使一个奥氏体晶粒(不管晶粒多么细小)转变成为许多位向不同的马氏体板条晶,这样就减少了各向胀缩的不均匀性,降低了应变能和畸变能。例如,一个奥氏体晶粒可以形成3~5个板条马氏体群,各板条群的位向不同。在K-S关系情况下,$(111)_A /\!/ (011)_M$是一个板条群的位向,其他板条群的位向则为$(111)_A /\!/ (011)_M$和$(111)_A /\!/ (011)_M$等。在一个板条群中,也自组织地调整了位向,相邻板条晶的位向也不一致,相邻板条晶的切变矢量发生了n次旋转,一个旋转位向组的总的旋转角为180°,以便使总的应变和形状改变为最小,使应变能和畸变能降低到最小,从而使马氏体相变以最小的临界驱动力完成马氏体转变[12],这就是一个有“头脑”的自组织机制,存在非线性相互作用和反馈机制。再如,一片双凸透镜状马氏体生成时,在其两个尖端处的奥氏体中产生了应变和应力,此应变和应力达到一定值时,或马氏体前端的环境变化了,它及时将此变化反馈给马氏体相变“中枢”,立刻调整方向,使马氏体片转到另一个晶向,沿着另一个{259}惯习面形成,形成闪电状马氏体,排列成Z字形。

马氏体相变机制目前尚未真正搞清,尚非成熟的理论。系统自组织功能使马氏体相变机制变得极为复杂,马氏体组织形貌也丰富多彩,正像Cohen教授指出的:马氏体相变可能是自然界中最为神奇美妙的过程之一[13]。

1.2.2.3 贝氏体转变的自组织

过冷奥氏体在中温区,过冷奥氏体系统自组织的结果是进行贝氏体相变。贝氏体相变跟珠光体分解、马氏体转变均有密切的联系。贝氏体相变温度介于珠光体分解和马氏体转变区之间的中温区,贝氏体相变称为“半扩散”相变,即碳扩散,而铁原子和替换原子无扩散。贝氏体的组成相较为复杂,不同于珠光体的两相(铁素体+碳化物),也不同于单相的马氏体,而是存在许多相,主要是贝氏体铁素体、θ-渗碳体、ε-碳化物,此外还有时夹杂着残留奥氏体、马氏体等相。表现从高温到低温的转变过渡性、交叉性。

1.2.3 过冷奥氏体转变的类型

过冷奥氏体的转变分为平衡转变和非平衡转变。

1.2.3.1 平衡转变

A 平衡共析分解

过冷奥氏体缓慢冷却时(A_1稍下,有一定过冷度),共析分解生成铁素体和碳化物两相，即 A→F + Fe_3C，是两相共析、共生、共长的过程。

共析分解是扩散型相变，在相变时，新旧相界面处，在化学位差的驱动下，奥氏体中的原子单个地、无序地、统计地越过界面进入新相（铁素体和渗碳体）。在新相中，原子打乱重排，新旧相原子排列顺序不同。奥氏体共析分解为珠光体主要是以界面扩散方式进行的。

B　平衡脱溶

奥氏体中固溶了一定量的碳和合金元素，当温度降低时，溶解度下降，在缓慢冷却的条件下，析出碳化物，此过程称为平衡脱溶。在这个转变中，奥氏体不消失，但随着碳化物的析出，奥氏体的成分和体积分数不断变化。例如，在 A_{cm} 以下温度，奥氏体中析出二次渗碳体，称为正脱溶；在 A_3 以下奥氏体中析出先共析铁素体，是负脱溶。

1.2.3.2　非平衡转变

在较快冷却条件下，平衡转变受到抑制，将发生铁碳相图上不能反映的转变类型，获得不平衡组织。如伪共析转变、马氏体相变、贝氏体相变、块状转变等。

A　伪共析转变

定义：某些成分的钢，当奥氏体以较快的速度冷却时，奥氏体被过冷到 *ES* 线和 *GS* 线的延长线以下时，如图 1－5 的阴影区。这时过冷奥氏体同时满足析出铁素体和渗碳体的条件，将同时析出铁素体和渗碳体，这一过程称为伪共析转变。

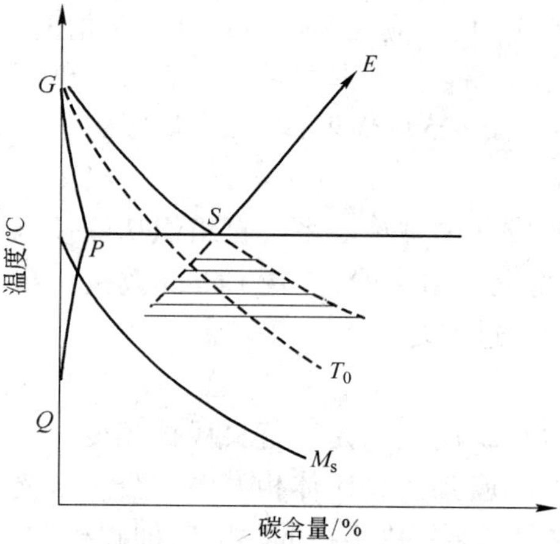

图 1－5　Fe-Fe_3C 相图的左下角及伪共析区

这种珠光体中的铁素体和渗碳体的比例与平衡共析转变得到的珠光体不同，若是亚共析钢冷却得到伪珠光体，其中的铁素体含量较多；若是过共析钢，则其伪珠光体中的渗碳体量较多。含 V、Ti 的低碳合金钢空冷时发生的相间沉淀是一种特殊的伪共析转变。

B　钢中的马氏体相变

将奥氏体以较大的冷却速度过冷到低温区，替换原子难以扩散，则奥氏体以无扩散方式发生转变，即在 M_s 点以下进行马氏体转变，得到板条状马氏体、片状马氏体、凸透镜状马氏体、蝶状马氏体等组织形态。

马氏体相变属无扩散相变，新旧相的结构不同，但化学成分相同。与扩散型相变的根本区别是马氏体相变的界面推移速度与原子的热激活跃迁因素 $\exp\left(-\frac{Q}{kT}\right)$ 无关。界面处母相一侧的原子不是以热激活机制单个地、无序地、统计地跃过相界面进入新相,而是集体定向的协同位移。相界面在推移过程中保持共格关系。

C 贝氏体相变

钢中的奥氏体过冷到中温区,在珠光体和马氏体转变温度之间,发生贝氏体转变,形成以贝氏体铁素体为基体,其上分布着渗碳体,或 ε-碳化物,或残留奥氏体等相的整合组织,是一种非常复杂的相变。贝氏体的形貌形形色色,具有复杂的亚结构。

D 块状转变

钢和合金中的块状转变也是一种非平衡转变,如当冷却速度足够快时,γ 相可能通过块状转变的机制转变为 α 相。块状转变与马氏体转变不同,虽然转变前后的新相、旧相成分相同,但是,新相形态和界面结构均不同于马氏体。块状转变时,新相与旧相的交界面处原子有短距离的热激活跃迁,转变产物呈块状。纯铁、超低碳钢、铜锌合金中均可发生块状转变。

1.3 过冷奥氏体转变贯序

作为一个整合系统,过冷奥氏体从高温区→中温区→低温区发生一系列的相变,从扩散型相变→半扩散型相变→无扩散型相变,即从共析分解到马氏体相变,是一个逐级演化的过程,存在一个相变的温度贯序。

从共析分解到贝氏体相变是一个从量变到质变的演化过程。共析分解与贝氏体相变存在本质上的区别,但又有密切的联系。但是,20 世纪 60 年代以来,以美国著名物理冶金学家 H. I. Aaronson 为代表的某些学者却坚持认为:贝氏体相变是共析分解的延续,贝氏体是“扩散的、非协作的两种沉淀相竞争的台阶生长的共析分解产物”[14]。将贝氏体相变与共析分解混为一谈,没有注意到贝氏体相变的过渡性本质。

从中温区贝氏体相变到低温区马氏体相变是一个从量变到质变的过程,存在着相变产物和过程的过渡性、交叉性。

本节主要阐述钢中过冷奥氏体随着温度降低,从共析分解到贝氏体相变再到马氏体相变的演化过程,即温度贯序。

1.3.1 高温区到中温区的过渡

钢中的共析分解发生在 $A_1 \sim B_s$ 之间的高温区,是过冷奥氏体在高温区的平衡分解或接近平衡的相变,其相变产物——珠光体,是平衡组织或准平衡组织。贝氏体相变是发生在 B_s 和马氏体相变温度之间的中温转变,是过冷奥氏体在中温转变区发生的非平衡相变,其相变产物是非平衡组织。在某些合金钢中,珠光体和贝氏体相变之间还存在一个过冷奥氏体的亚稳区，即所谓“海湾区”，从而把珠光体分解和贝氏体相变完全分开，如图 1－6 所示为 35Cr2Mo 钢的等温转变图——TTT 图，可见，高温区的铁素体 + 珠光体转变线与贝氏体转变线完全分离，中间存在一个过冷奥氏体的亚稳区，即“海湾区”。

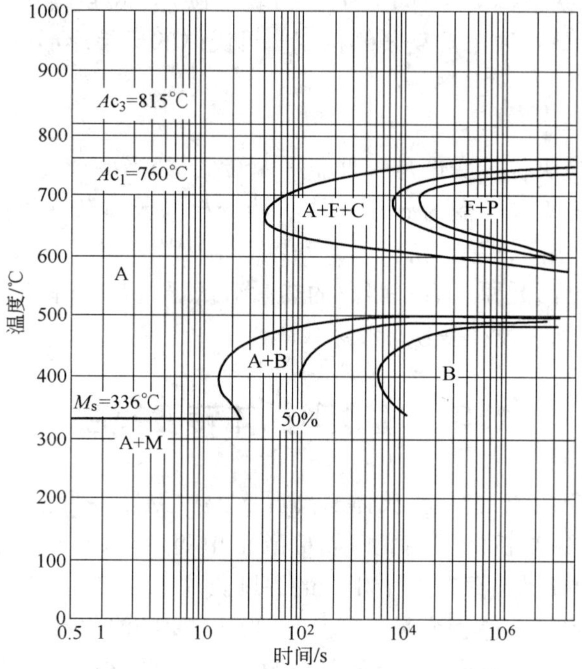

图 1－6　35Cr2Mo 钢的等温转变图——TTT 图

铁原子和替换合金元素的原子在高温区的共析分解过程中是能够长程扩散的，而且是依靠扩散形成富含碳原子和合金元素的碳化物。但在中温区的扩散能力变差，温度愈低，扩散愈困难，约在 400℃ 以下均将失去扩散能力，这是导致贝氏体相变不同于共析分解的重要原因。

贝氏体相变既不是珠光体那样的扩散型相变，也不是马氏体那样的无扩散型相变，而是半扩散相变，即只有碳原子能够长程扩散，而且依靠碳原子扩散控制来完成贝氏体转变。但铁原子及其他替换合金元素的原子已经难以扩散。

1.3.2　两相共析形核向单相形核的演化

珠光体共析分解反应式为：A→F + Fe_3C。在 Fe-C 平衡图中此三相平衡温度是临界点 A_1，而贝氏体相变是非平衡相变，不能写成此式。

由共析反应可知，珠光体晶核由铁素体 + 渗碳体（碳化物）两相组成的，而贝氏体的晶核是单相，即贝氏体铁素体（BF）。共析分解时珠光体在晶界形核，而上贝氏体相变的形核一般在晶界,但下贝氏体形核有时转为在晶内。如图1－7所示为珠光体形核与无碳贝氏体在奥氏体晶界形核长大的扫描电子显微镜照片及其示意图,图1－7*a*为35CrMo钢在530℃等温时,珠光体在晶界形核的扫描电子显微镜照片;图1－7*b*为20CrMo钢的贝氏体铁素体片条在奥氏体晶界形核长大的扫描电子显微镜照片。图1－7*c*、*d*是其示意图解。

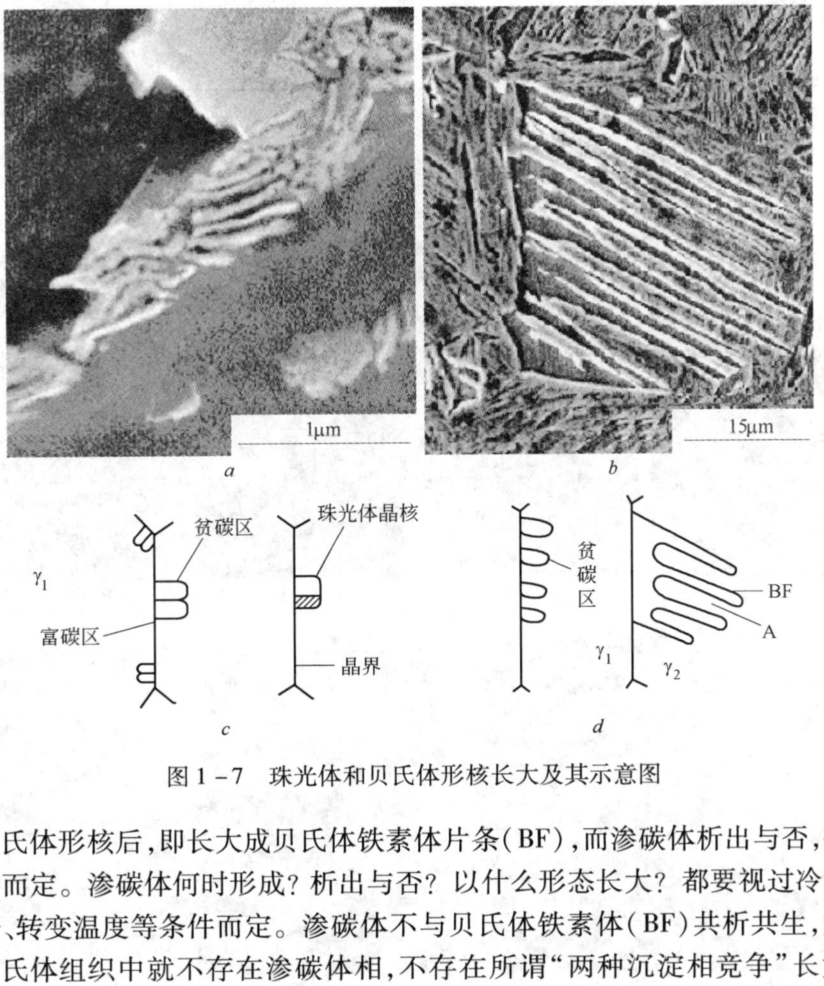

图1－7 珠光体和贝氏体形核长大及其示意图

贝氏体形核后,即长大成贝氏体铁素体片条(BF),而渗碳体析出与否,要视具体条件而定。渗碳体何时形成?析出与否?以什么形态长大?都要视过冷奥氏体的成分、转变温度等条件而定。渗碳体不与贝氏体铁素体(BF)共析共生,如无碳化物贝氏体组织中就不存在渗碳体相,不存在所谓“两种沉淀相竞争”长大的问题,也就是说,贝氏体铁素体(BF)的成核、长大不以渗碳体存在与否为转移。不像珠光体那样,铁素体和渗碳体具有共析共生的协同依赖关系。

1.3.3 组织形貌和亚结构的演化

作为一个整合系统,过冷奥氏体转变为珠光体、贝氏体、马氏体组织是一个组织形貌逐渐演化的过程。图1－8是随着相变温度的降低,组织形貌逐渐演化的总结图解。可见,从 A_1 到 M_s 点,组织形貌从粗片状珠光体到细片状珠光体(索氏体),再到极细珠光体(托氏体);魏氏组织介于共析分解和贝氏体相变之间,它包含条片状的铁素体和极细珠光体两种组织组成物,其中条片状的铁素体实际上就是贝氏体铁素体(BF),而其中的珠光体(确切地说是托氏体),是条片状铁素体形成后,其余的奥氏体转变为托氏体组织,所以,魏氏组织反映了共析分解和贝氏体相变的交叉性。

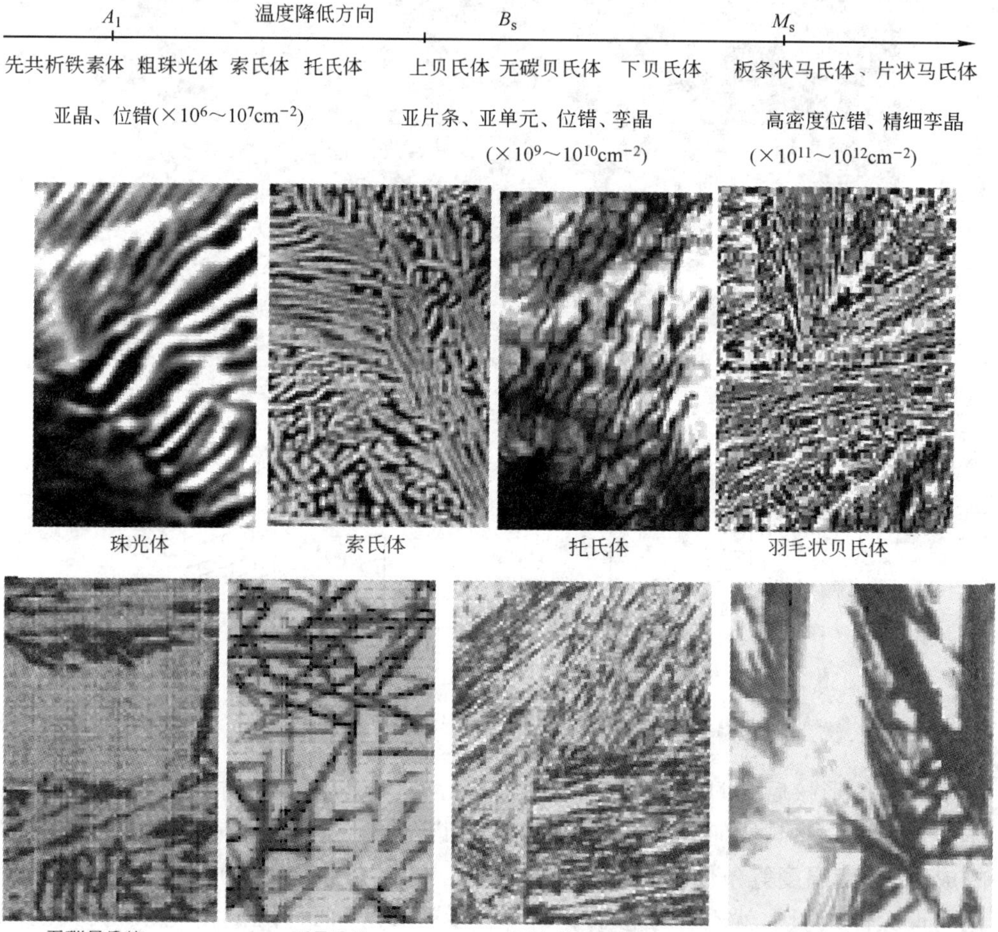

图 1－8　过冷奥氏体转变产物的形貌逐渐演化的图解

在 M_s 以下,马氏体有板条状、片状、透镜片状等形貌。

在中温区,上贝氏体是条片状形貌,下贝氏体是竹叶状,或针状,显然具有过渡性特征。

珠光体是由铁素体和碳化物两相组成,是较为平衡的组织,铁素体中几乎是不含碳的，而且，位错密度不高，也没有孪晶和残留奥氏体，一般不考虑它的亚结构，但马氏体、贝氏体组织中均有特殊的亚结构问题。贝氏体铁素体（α 相）的碳含量是过饱和的，但是过饱和程度不大，马氏体是碳的过饱和固溶体。马氏体组织中存在高密度位错或大量精细孪晶。在贝氏体组织中也同样存在亚结构，包括贝氏体铁素体的亚片条、亚单元、超细亚单元，有较高密度的位错，近年来还发现精细孪晶等。

显然，贝氏体形貌不同于珠光体，亚结构也与珠光体有本质上的区别，贝氏体的组织结构既有珠光体的某些特征，也有马氏体的一些特点[15~17]。

从共析分解到贝氏体相变再到马氏体相变是个逐渐演化的过程：珠光体组织由铁素体 + 碳化物两相组成；马氏体是单相组织。中温区转变产物由贝氏体铁素体 + 渗碳体组成，或贝氏体铁素体 + 残留奥氏体组成或贝氏体铁素体 + M-A 岛组成，或贝氏体铁素体 + 渗碳体 + 奥氏体 + 马氏体等多相组成，这表明中温转变是个复杂的过渡性相变。

综上所述，过冷奥氏体随着温度的降低，转变贯序为：珠光体（粗珠光体、索氏体、托氏体）→魏氏组织→上贝氏体（羽毛状贝氏体、粒状贝氏体、无碳贝氏体）→下贝氏体（片状、针状、竹叶状）→马氏体（板条状、片状、透镜片状、薄片状），如图 1－9 所示。

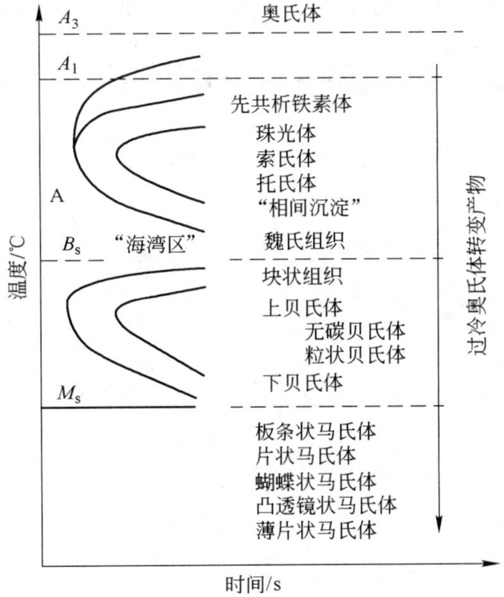

图 1－9 过冷奥氏体转变温度贯序图解

参考文献

[1] 陈昌曙．自然辩证法概论新编[M]．沈阳:东北大学出版社,1997:108~200.

[2] 刘宗昌．钢的系统整合特性[J]．钢铁研究学报,2002,14(5):35~41.

[3] 林慧国,傅代直．钢的奥氏体转变曲线[M]．北京:机械工业出版社,1988:225~240.

[4] 徐祖耀．马氏体相变与马氏体[M]．北京:科学出版社,1980.

[5] 刘宗昌,任慧平,宋义全．金属固态相变教程[M]．北京:冶金工业出版社,2003.

[6] Marder AR et al. Met. Trans. ,1976,7A:. 1801.

[7] 陈景榕,李承基．金属与合金中的固态相变[M]．北京:冶金工业出版社,1997:77~93.

[8] 邱军,袁逸,陈景榕．金属学报,1992,28,A301.

[9] 刘宗昌,杜志伟,朱文方,曹东奎．H13钢的回火二次硬化[J]．兵器材料科学与工程,2001.

[10] 刘宗昌．钢中相变的自组织[J]．金属热处理,2003,28(2):13~17.

[11] 肖海涛,张法瑞．自然辩证法简编[M]．北京:北京航天航空大学出版社,1998:50~72.

[12] 刘宗昌．钢件的淬火开裂及防止方法[M]．北京:冶金工业出版社,1991:128~134.

[13] 戚正风．固态金属中的扩散与相变[M]．北京:机械工业出版社,1998:215~250.

[14] Aaronson H I. The Mechanism of Phase Transformation in Crystalline[J]. Institute of Metals, London. 1969,2790.

[15] 刘宗昌等．材料组织结构转变原理[M]．北京:冶金工业出版社,2006.

[16] 刘宗昌,王海燕,任慧平．贝氏体相变的切变-扩散整合机制[J]．金属热处理,2006(31),增刊,36~43.

[17] 刘宗昌,王海燕,任慧平．贝氏体铁素体形核机理求索[J]．材料热处理学报,2007,28(1):53~58

2 贝氏体组织形貌和亚结构

2.1 概　　述

贝氏体组织形貌和亚结构是研究贝氏体相变理论的重要组成部分，也是相变机制的试验依据之一。

20 世纪 30 年代 Bain 及其合作者在美国联邦钢铁公司第一次印成贝氏体显微组织照片，后来陈列在 Bain 实验室。Bain 初次摄得的钢中贝氏体组织照片如图 2－1所示。该组织形貌具有针状特征或片条状特征，故当时曾称为针状屈氏体。

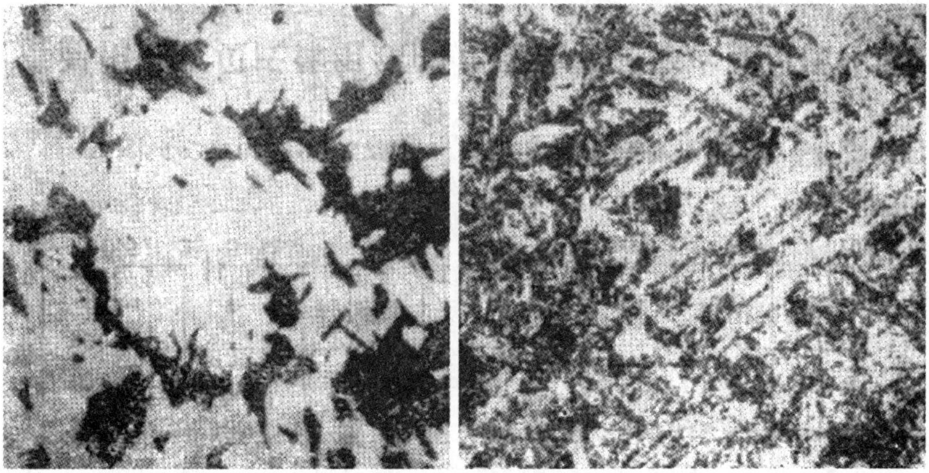

a　　　　　　　　*b*

图 2－1　Bain 初次摄得的贝氏体组织[1]（×500）

1934 年，Bain 实验室为了纪念 Bain 在相变研究方面的杰出贡献，将这种组织命名为贝氏体。

2.1.1　贝氏体组织的分类

贝氏体组织按以下方式分类：

（1）按在中温区贝氏体形成的位置，分为上贝氏体和下贝氏体。在较高温度区形成上贝氏体，在贝氏体“鼻温”以下至 M_s 点附近的较低温度区域形成下贝氏体，以 38CrMo 钢的 TTT 图为例所标明的那样，如图 2－2 所示，该钢贝氏体的“鼻温”约400℃。

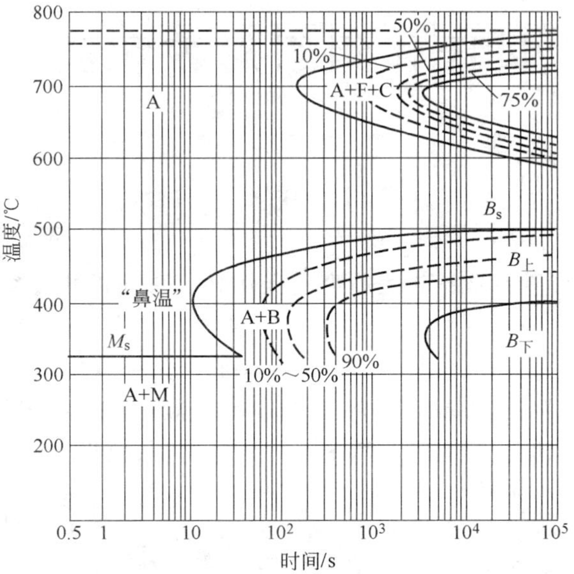

图2－2　38CrMo钢的TTT图

上贝氏体和下贝氏体在组织形貌上的主要区别，一是贝氏体的形态差异；二是渗碳体或ε－碳化物析出与否；三是碳化物的形态和析出的位置。

（2）按组成相分类，可分为无碳化物贝氏体和有碳化物贝氏体，这是贝氏体组织的两种主要类型。无碳化物贝氏体包括准上贝氏体、准下贝氏体、粒状贝氏体等；在贝氏体铁素体基体上分布着渗碳体或ε-碳化物的贝氏体，是有碳化物贝氏体。虽然人们并不习惯这个称呼，但是有碳化物贝氏体是一大类别。

（3）按贝氏体形态可分为羽毛状贝氏体、粒状贝氏体、柱状贝氏体、板条状贝氏体、针状贝氏体、片状贝氏体、竹叶状贝氏体、正三角形贝氏体、N形贝氏体、蝴蝶形贝氏体等，名称很多，形形色色，不必在意形貌的名称，需从本质上加强认识。

（4）按碳含量分类，可分为超低碳贝氏体、低碳贝氏体、中碳贝氏体、高碳贝氏体。工业上常称为超低碳贝氏体钢、高碳贝氏体钢等。

除了钢中存在复杂的贝氏体组织外，在有色金属及合金中也存在贝氏体组织。

2.1.2　贝氏体组织的基本特征

贝氏体组织最为显著的特征是其具有过渡性。从图2－3可见，从珠光体组织到贝氏体组织，再到马氏体组织，从层片状逐渐过渡到条片状、针状、凸透镜状，显然存在过渡性。

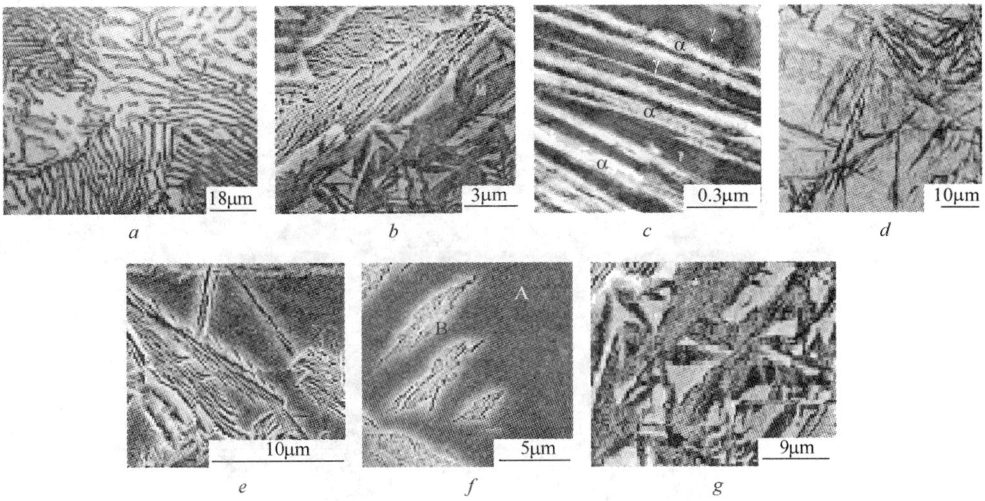

图2-3 组织形貌的过渡性图解(SEM)
a—珠光体;*b*—羽毛状贝氏体;*c*—无碳贝氏体;*d*—下贝氏体;
e—准下贝氏体;*f*—下贝氏体;*g*—马氏体

贝氏体的另一个特征是组织形貌的多样性和复杂性。此外,贝氏体组织存在复杂的亚结构,其与珠光体组织和马氏体组织的亚结构有所不同。

贝氏体组织的发现使贝氏体相变受到广大材料科学工作者的重视。80多年来,对贝氏体的组织结构、贝氏体相变机理、贝氏体钢的开发和应用进行了大量的研究,取得了丰硕成果。尤其是近年来,高分辨电子显微镜等设备的应用,对贝氏体组织和精细结构进行了深入的观察,促进了贝氏体相变理论的研究和创新。

2.2 铁基贝氏体的组织形貌

钢、铸铁的贝氏体组织形态极为复杂,这与贝氏体相变的中间过渡性有直接的关系。钢中的贝氏体本质上是以贝氏体铁素体为基体,其上分布着θ-渗碳体(或ε-碳化物)或残留奥氏体等相构成的有机结合体,是贝氏体铁素体(BF)、碳化物、残余奥氏体、马氏体等相构成的一个复杂的整合组织。

2.2.1 超低碳贝氏体的组织形貌

碳含量小于0.08%(质量分数,下同)的超低碳合金钢可获得超低碳贝氏体组织。

将X65管线钢试样于1000℃加热,以25℃/s的速度冷却得到块状组织,如图2-4中出现的不规则界面的块状铁素体,但其中也有条片状的铁素体。如果加大冷却速度,则可以获得完全条片状的组织,称其为超低碳贝氏体组织,如图 2 – 5 所示。

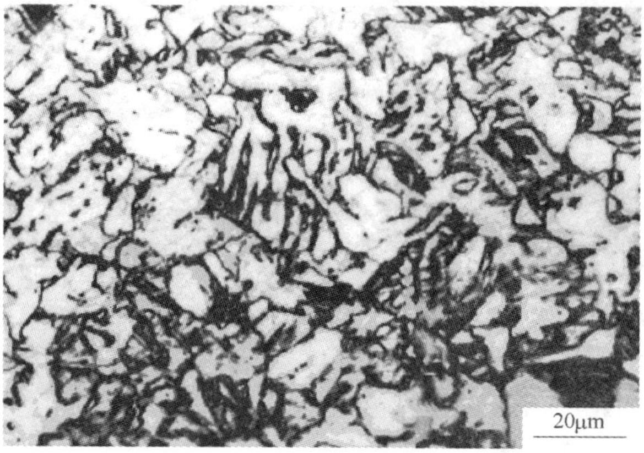

a

b

图 2 – 4　X65 钢的块状组织(*a*)和条片状贝氏体组织(*b*)

图 2 – 5 为含有 1.4% ~1.6% Mn,Nb、Cu、Ni、Mo、B 元素总量为 0.8% ~1.2% 的超低碳贝氏体钢的组织。可见随着冷却速度的增大,转变温度由 600℃ 降低到 450℃,组织由块状演化为条片状贝氏体。在控轧控冷条件下,超低碳贝氏体具有极为细小片状的组织形貌,如图 2 – 6 所示,图 2 – 6*a* 是轧后不弛豫时得到的贝氏体组织,板条状贝氏体较长;图 2 – 6*b* 为轧后弛豫 20s 得到的贝氏体组织,板条状贝氏体短小。

超低碳贝氏体实际上是无碳贝氏体,钢中所含的微量碳形成了特殊碳化物被禁锢下来, 或者碳原子只分布在位错处,被大量位错所禁锢。X70、X80、X90 等钢种通过控制冷却均可获得超低碳贝氏体组织。

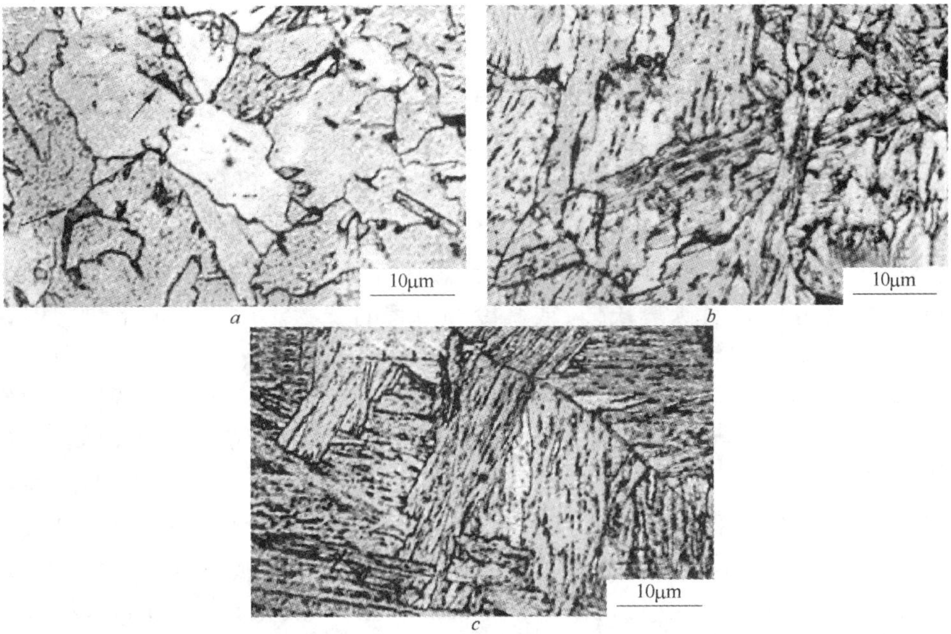

图 2-5 超低碳贝氏体组织[2]（LOM）

a—冷却速度为 0.5℃/s；*b*—冷却速度为 10℃/s；*c*—冷却速度为 30℃/s

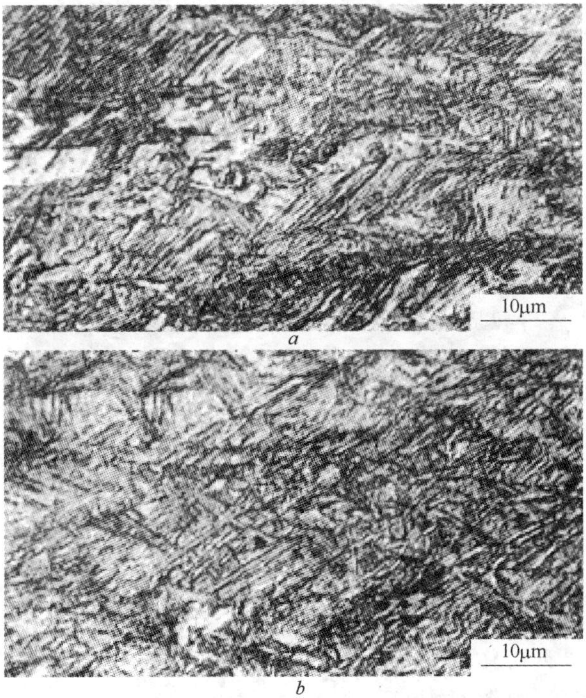

图 2-6 超低碳贝氏体钢控轧控冷后的组织[2]（LOM）

a—轧后不弛豫；*b*—轧后弛豫

2.2.2　上贝氏体组织形貌

上贝氏体是在贝氏体转变温度区的上部（B_s～"鼻温"）形成的，形貌各异。

2.2.2.1　无碳（化物）贝氏体

无碳贝氏体在低碳低合金钢中出现概率较多。当上贝氏体组织中只有贝氏体铁素体和残留奥氏体而不存在碳化物时，这种贝氏体就是无碳化物贝氏体，或称无碳贝氏体。无碳贝氏体中的铁素体片条大体上平行排列，其尺寸及间距较宽，片条间是富碳奥氏体，或其冷却过程的产物。往往在如下情况时出现：(1) 在硅钢和铝钢中，由于Si、Al不溶于渗碳体中，Si、Al原子不扩散离去则难以形成渗碳体。因此，在这类钢的上贝氏体转变中，不析出渗碳体，常常在室温时还保留残余奥氏体，形成无碳贝氏体，如图2－7所示。这说明，在贝氏体铁素体形核长大时，Si、Al原子没有进行扩散，没有给渗碳体的形成留下空间。(2) 在低碳合金钢中，形成贝氏体铁素体后，渗碳体尚未析出，贝氏体铁素体间仍为奥氏体，碳原子不断向奥氏体中扩散富集。Cr、Mo、W、V等合金元素阻碍碳原子的扩散，同时，由于钢中的碳含量太低，使得渗碳体难以形成。同时，形成铁素体片条时，由于体积膨胀，片条间的富碳奥氏体受胁迫，而趋于稳定，最后保留下来，形成了无碳化物贝氏体，如图2－8所示。残留奥氏体在冷却过程中也可能部分地转变为马氏体。那么，无碳化物贝氏体是BF＋(A_R，M)的整合组织。图2－8*a*为12Cr1Mo钢无碳贝氏体组织的金相照片，图2－8*b*为20CrMo钢的贝氏体铁素体在奥氏体晶界处形核并且呈片条状成排地向两侧长大的扫描电镜照片。

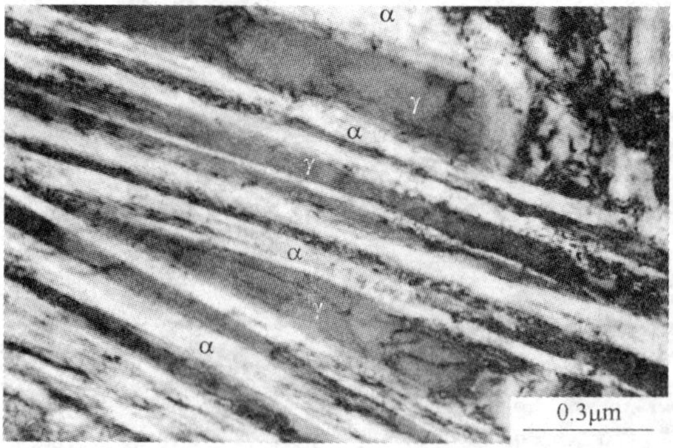

图2－7　高碳高硅钢200℃等温形成的无碳贝氏体[3]（TEM）

2.2.2.2　粒状贝氏体

粒状贝氏体属于无碳化物贝氏体。

当过冷奥氏体在上贝氏体温度区等温时，析出贝氏体铁素体（BF）后，碳原子

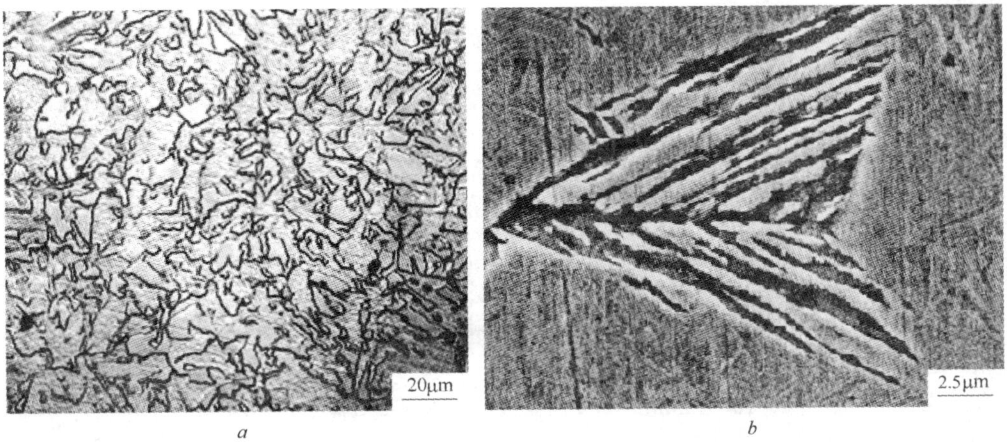

图 2-8 12Cr1Mo 钢无碳贝氏体组织(a)(LOM)和 20CrMo 钢的无碳贝氏体组织(b)(SEM)

离开铁素体扩散到奥氏体中,使奥氏体中不均匀地富碳,且稳定性增加,难以再继续转变为贝氏体铁素体。这些奥氏体区域一般呈粒状或长条状,即所谓岛状,分布在贝氏体铁素体基体上。这种富碳的奥氏体在冷却过程中,可以部分地转变为马氏体,形成 M-A 岛。这种由 BF + M-A 岛构成的整合组织称为粒状贝氏体。图2-9为典型的粒状贝氏体组织,可见在块状铁素体和片状铁素体内部存在颗粒状小岛,其在冷却过程中可能转变为马氏体 + 残留奥氏体,即形成M-A 岛。

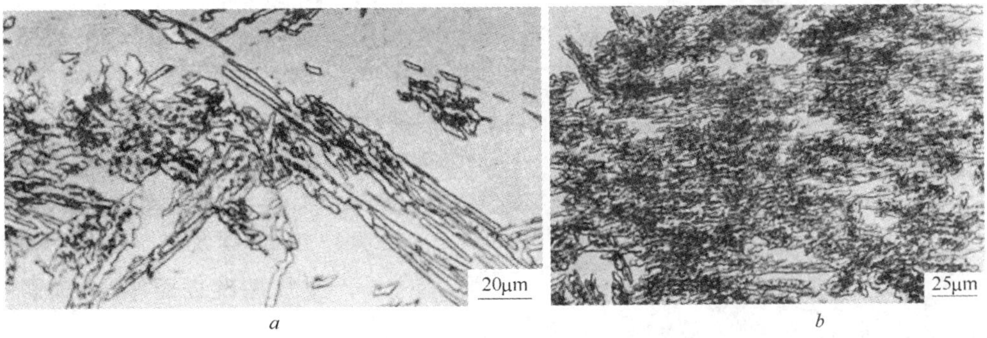

图 2-9 粒状贝氏体[4]

a—形成初期的粒状贝氏体;b—成形后的粒状贝氏体

将 23MnCrNiMo 钢奥氏体化后,冷却到 475℃ 等温,可得到粒状贝氏体组织,如图 2-10 所示。在奥氏体岛中未形成马氏体之前,粒状贝氏体实际上是无碳化物贝氏体。因此,无碳化物贝氏体也是粒状贝氏体的一种特殊组织形态。反过来说,粒状贝氏体中由于不存在碳化物,因此本质上也是无碳贝氏体。

图2－10　23MnCrNiMo钢粒状贝氏体(475℃等温)(TEM)

图2－11为高强度低碳粒状贝氏体组织，该钢碳含量为0.06%，含有微量Nb、V合金元素。1250℃加热，1100℃开轧，终轧温度为825℃，轧后空冷至室温。组织是以铁素体为基体，其上分布着颗粒贝氏体。

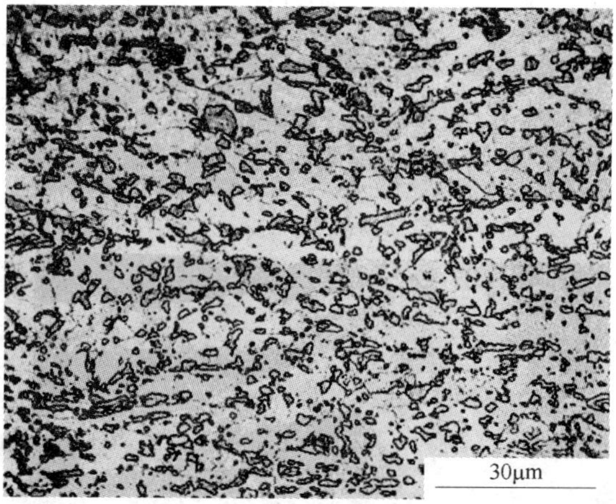

图2－11　低碳钢贝氏体组织[5](LOM)

此外，还有一种准上贝氏体组织，它也没有碳化物，其贝氏体铁素体条之间的富碳奥氏体是一层薄膜。准上贝氏体本质上也是无碳化物贝氏体。

2.2.2.3　羽毛状上贝氏体

羽毛状贝氏体属于有碳化物贝氏体一类。

羽毛状上贝氏体是由板条状铁素体和条间分布的碳化物组成。贝氏体铁素体片条间的碳化物是片状或颗粒状形态的细小的渗碳体。经典上贝氏体的组织形貌呈现羽毛状，是BF+(θ-M_3C)的整合组织。将GCr15钢奥氏体化后，于450℃等温

40s,然后水冷淬火,得到贝氏体 + 马氏体的整合组织。图 2 – 12 是 GCr15 钢的羽毛状上贝氏体的扫描电子显微镜照片,可见,羽毛状贝氏体沿着奥氏体晶界向两侧生长,尚未转变的奥氏体在淬火后转变为马氏体组织,碳化物呈片状、短棒状分布在贝氏体铁素体基体上。当其全部转变为羽毛状贝氏体时,羽毛状就看不清晰了,似乎是片状珠光体,如图 2 – 13 所示。

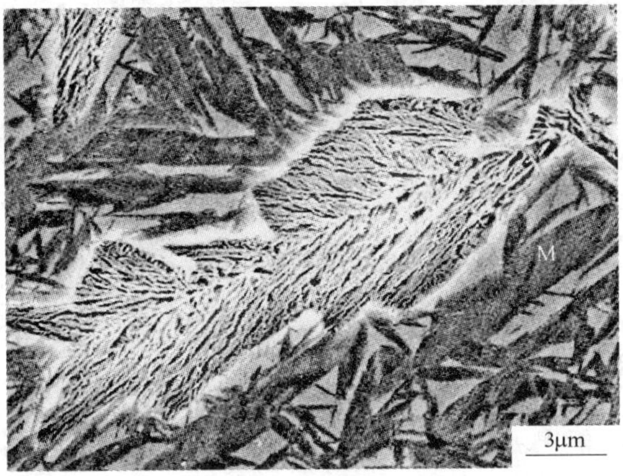

图 2 – 12　9Cr2 钢的羽毛状上贝氏体(SEM)

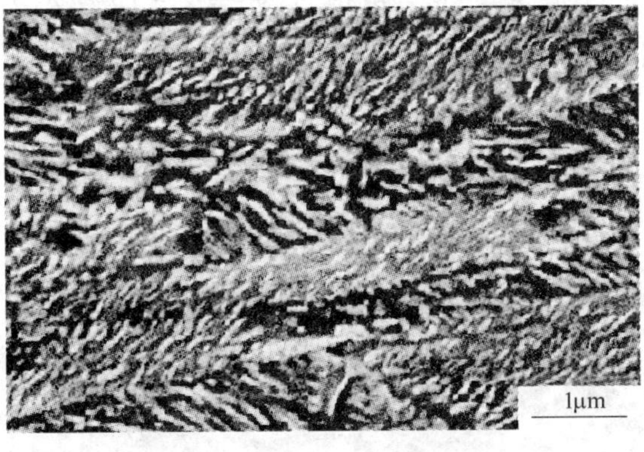

图 2 – 13　GCr15 钢 450℃ 等温,羽毛状上贝氏体(SEM)

图 2 – 14 为高碳钢轨钢的羽毛状贝氏体组织,由贝氏体铁素体片条和渗碳体两相组成。该钢碳含量为 0.73%,含有 0.95% Mn,属于共析钢。钢轨在轧后冷却过程中,在奥氏体晶界上首先形成羽毛状贝氏体组织,然后晶内的奥氏体转变为粗大的片状马氏体,这种组织是由于加热温度过高,奥氏体晶粒粗大,冷却较快造成的。

羽毛状贝氏体随温度降低和钢中碳含量的增高,片条状铁素体(BF)变薄,位错密度增高，渗碳体片变细，或颗粒变小，弥散度增加。

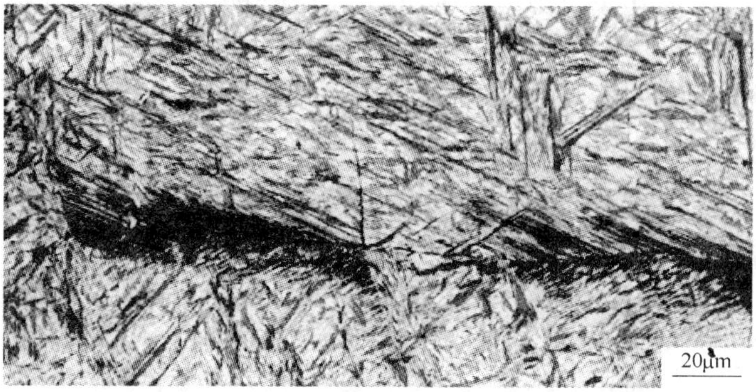

图 2－14　高碳钢的羽毛状贝氏体组织[5]（LOM）

2.2.3　下贝氏体组织形貌

下贝氏体中有的析出了碳化物，有的含有硅元素较多的钢，其贝氏体是无碳贝氏体。

下贝氏体是在贝氏体相变温度区的下部（贝氏体 C 曲线“鼻温”以下）形成的，呈单个条片状，条片间经常互相呈交角相遇，如图 2－15 所示为 60Si2CrV 钢的下贝氏体组织，金相照片为黑色片状，与回火马氏体相似，下贝氏体片在扫描电子显微镜观察时，呈现由许多亚片条组成，如图 2－15*b* 所示。

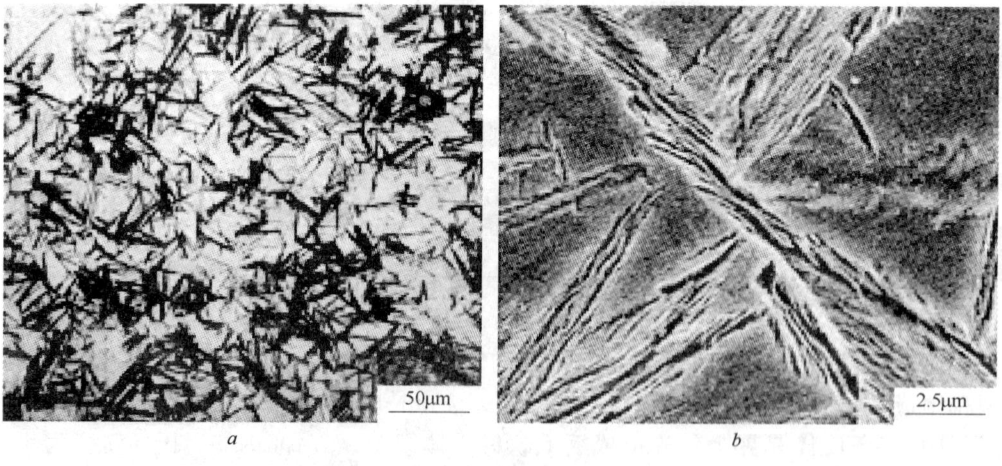

图 2－15　60Si2CrV 钢下贝氏体组织

a—LOM；*b*—SEM

有碳化物贝氏体在透射电子显微镜下观察，片条内分布着碳化物，如图 2－16 所示。碳化物排列在片内，一般与片的长轴成 55°～60°交角，但是也有呈不同角度或与长轴平行的。如果在等温初期先形成 ε-碳化物，经长时间等温则可转变为 θ-渗碳体，尤其在硅钢中易见到下贝氏体中存在 ε-碳化物。由于下贝氏体由贝氏体铁素体和碳化物构成，因而极易被腐蚀，在金相显微镜下观察呈现黑色片状形貌。

准下贝氏体是无碳贝氏体，是经典下贝氏体的一个特例，它不同于典型的下贝氏体，在它的铁素体 BF 内，按夹角排列的是残留奥氏体而不是碳化物。在准下贝氏体的铁素体片条内，可以见到许多亚片条，它常在含硅钢中出现。延长等温时间，奥氏体薄膜将分解，析出碳化物，而成为经典下贝氏体。下贝氏体是由 BF +（ε-碳化物）+ A_R 构成的整合组织，图 2－16*b* 就是这种组织。

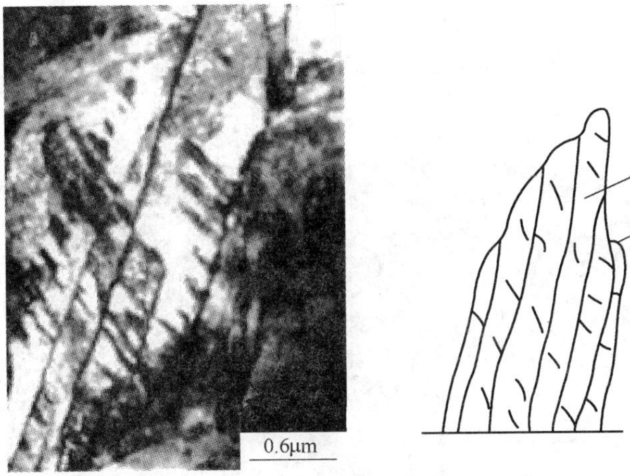

a *b*

图 2－16 下贝氏体组织

a—23MnNiCrMo 钢下贝氏体（TEM）；*b*—示意图

将工业用 T8 钢于 900℃加热奥氏体化，300℃等温 8 min 后水冷淬火，得到下贝氏体 + 马氏体 + 残留奥氏体的整合组织，如图 2－17 所示，可见图中呈黑色针状即为下贝氏体片，由于其中析出碳化物，侵蚀后呈黑色，属于有碳化物贝氏体。

GCr15 经 950℃奥氏体化，300℃等温淬火得到下贝氏体组织，如图 2－18 所示，均为互呈交角的针状或透镜片状形貌，贝氏体片条之间存在未转变的残留奥氏体。

将 Fe-0.9%C-1.5%Cr 合金于 1000℃奥氏体化，然后在 300℃硝盐浴中等温得到下贝氏体组织，如图 2－19 所示，图 2－19*b* 是图 2－19*a* 中箭头所指处的放大

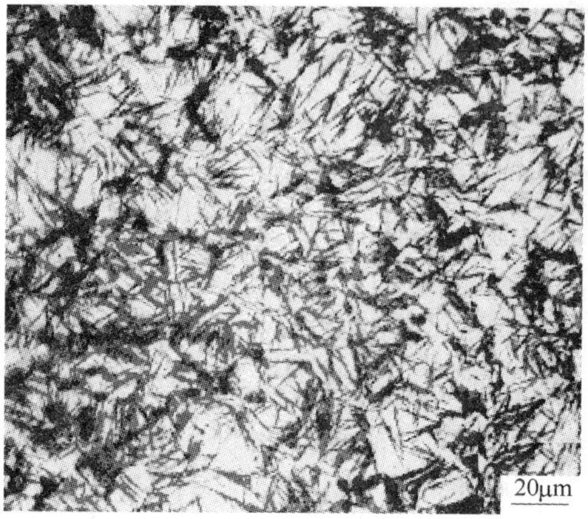

图 2－17　T8 钢的下贝氏体（LOM）

图 2－18　GCr15 的下贝氏体（LOM）

照片。可见，贝氏体呈针叶状或称为凸透镜状，其周围是残留奥氏体。可见，下贝氏体在奥氏体晶内形核长大。

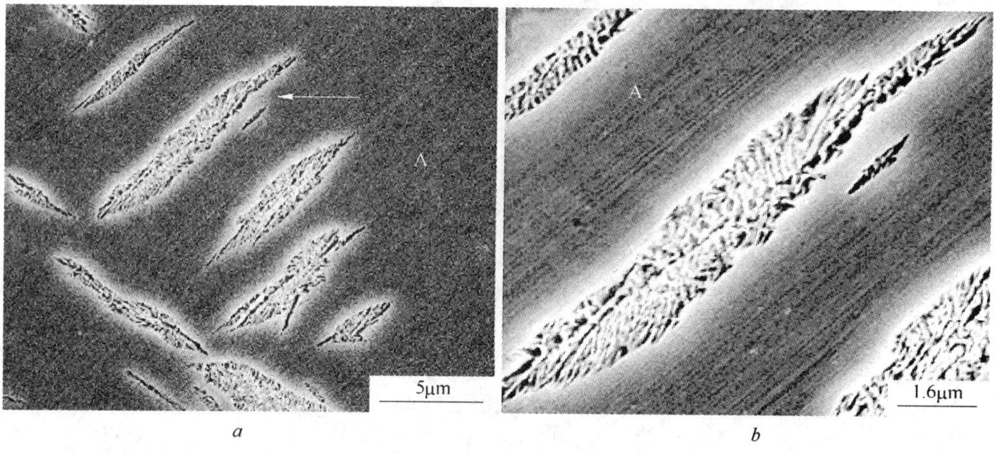

图 2－19　Fe-0.9% C-1.5% Cr 合金的下贝氏体组织（SEM）

从扫描电子显微镜照片可见，下贝氏体片被碳化物分割为许多亚片条（或亚单元），亚片条间分布着碳化物，这些碳化物与贝氏体片主轴方向不平行，但是交角有大有小，并非为 55°～60°，如图 2－19 所示。

球墨铸铁的下贝氏体组织也是无碳贝氏体，其片条由亚片条组成。将球墨铸铁加热到 950℃，然后在 320℃等温处理得到下贝氏体组织，如图 2－20 所示。由于球墨铸铁中约含有 2% Si，故难以形成渗碳体，亚片条之间分布着残留奥氏体，图中的黑色球体为石墨。由于石墨球几乎没有强度，它与奥氏体晶粒的界面相当于表面,表面处是容易形核的地点,针状下贝氏体将从石墨边缘形核,然后向晶内长大,如图 2-21 所示。

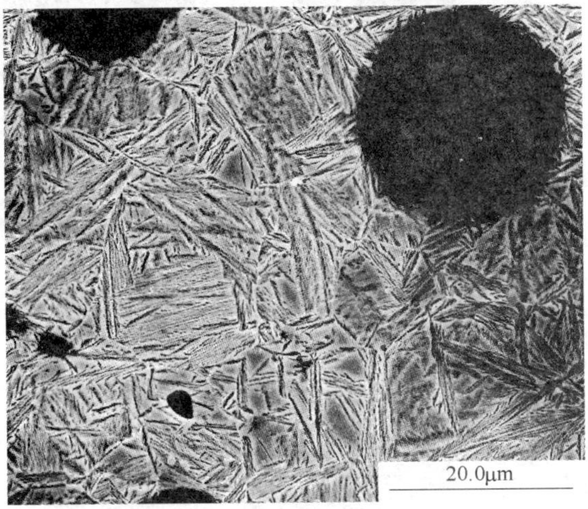

图 2-20 球墨铸铁的下贝氏体组织(SEM)

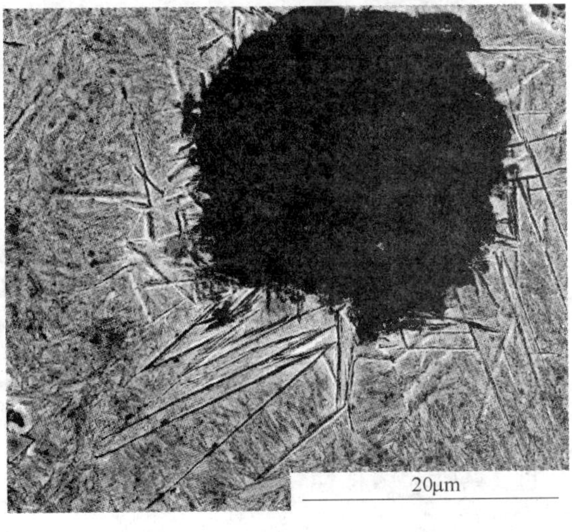

图 2-21 球墨铸铁下贝氏体在石墨边界上形核(SEM)

还有一种柱状贝氏体组织,图 2-22 为高碳锰钢的贝氏体形貌,它也被视为一种下贝氏体组织,一般在高碳锰合金钢中出现。其铁素体呈放射的柱状。柱状贝氏体中分布着碳化物,具有下贝氏体特征。在精细结构上仍然是片状铁素体基体上分布着棒状碳化物。某些持扩散观点的学者将它称为非层片状共析组织。

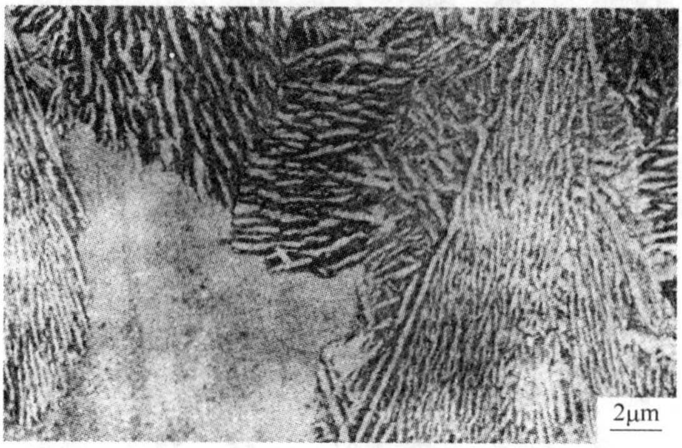

图 2 – 22　1. 12% C-1. 82% Mn 钢柱状贝氏体组织[1]（LOM）

图 2 – 23 是 1. 02% C-3. 5% Mn 钢的柱状贝氏体电子显微镜照片，从图可见，这些贝氏体在晶界形核长大，形态呈现羽毛状，似乎是羽毛状贝氏体，将其称为柱状贝氏体，不够贴切。

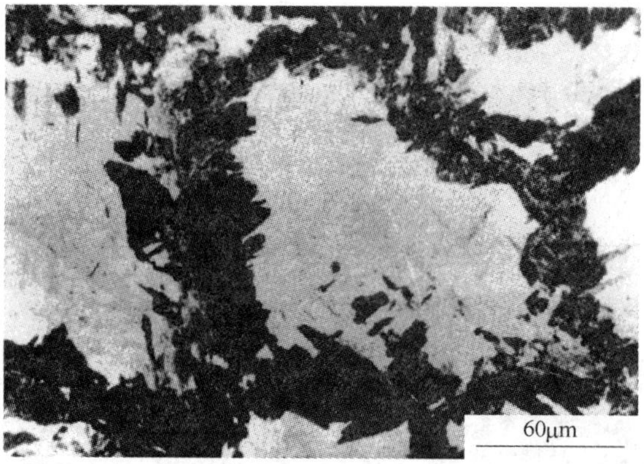

图 2 – 23　1. 02% C-3. 5% Mn 钢的柱状贝氏体电子显微镜照片[4]

2. 2. 4　贝氏体组织的复杂性和多样性

贝氏体组织形态复杂多样，名称较多，诸如无碳化物贝氏体、有碳化物贝氏体、上贝氏体、下贝氏体、羽毛状贝氏体、粒状贝氏体、准上贝氏体、准下贝氏体、逆贝氏体、柱状贝氏体、特殊下贝氏体等。还有近年来发现的类马氏体形貌的贝氏体，如正三角形贝氏体、N 形贝氏体、蝴蝶形贝氏体[1]等。贝氏体组织形态的多样性说明了贝氏体相变在中温区转变过渡性和极其复杂性。

上贝氏体、下贝氏体是被广泛接受的传统的贝氏体分类。形态各异的贝氏体，其实都是上贝氏体或下贝氏体的变种。贝氏体相变是自组织的，同一钢种，在不同的热处理条件下，系统可以转变为不同形貌的贝氏体。

钢中贝氏体的形貌还受转变温度、碳含量和合金元素等多种因素的影响。不同碳含量的铬钼钢具有不同的贝氏体形貌。低碳铬钼钢的贝氏体是片条状的无碳化物贝氏体，或者粒状贝氏体；高碳铬钼钢则可以获得典型的羽毛状贝氏体和针状的下贝氏体。

片条状贝氏体和低碳板条状马氏体形貌类似，但是贝氏体中位错密度较马氏体低。高碳片状马氏体和针状下贝氏体的形貌类似，但前者的亚结构是孪晶+位错，而在下贝氏体中很少观测到孪晶，主要由亚片条、亚单元组成。虽然近年来在某些高合金钢中发现下贝氏体中存在精细孪晶，但不具普遍性。

在工业用钢中，除了出现典型的贝氏体组织外，还同时出现形形色色的各种贝氏体，组成相多样化，除了贝氏体铁素体外，往往还存在碳化物、残留奥氏体、马氏体等相，组织形貌较为复杂。各种形貌的贝氏体有机地结合在一起，如上贝氏体与下贝氏体的有机结合，贝氏体和马氏体的有机结合等。实际工业用钢中经常出现贝氏体和马氏体有机结合的组织。图2－24是23MnCrNiMo钢板条状马氏体和下贝氏体的相结合的组织。图2－25为GCr15钢的羽毛状贝氏体和下贝氏体的整合组织（扫描电子显微镜照片）。可见，在奥氏体晶界上首先形成羽毛状上贝氏体，接着激发形核形成针状的下贝氏体。

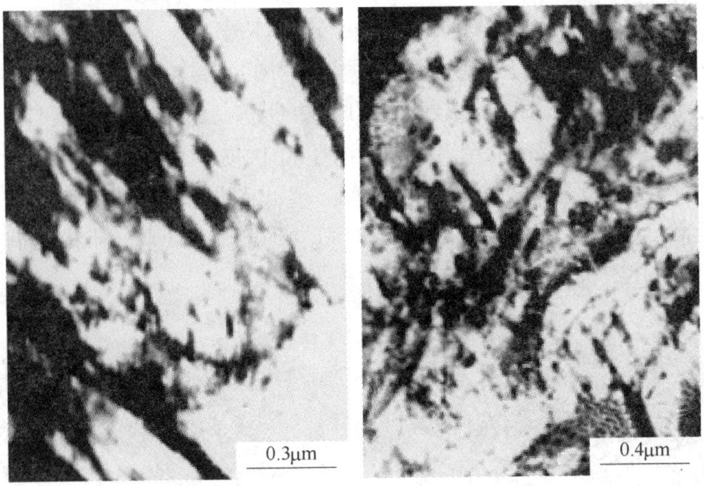

图2－24 23MnCrNiMo钢板条状马氏体和下贝氏体（同一试样，不同视场）（TEM）
a—板条状马氏体；*b*—下贝氏体

无碳化物贝氏体和有碳化物贝氏体是贝氏体组织的两大类别。某些低碳合金钢和含有Si、Al合金元素的合金钢易于得到无碳化物贝氏体；而高碳钢和高碳铬钼钢易于获得有碳化物贝氏体组织。

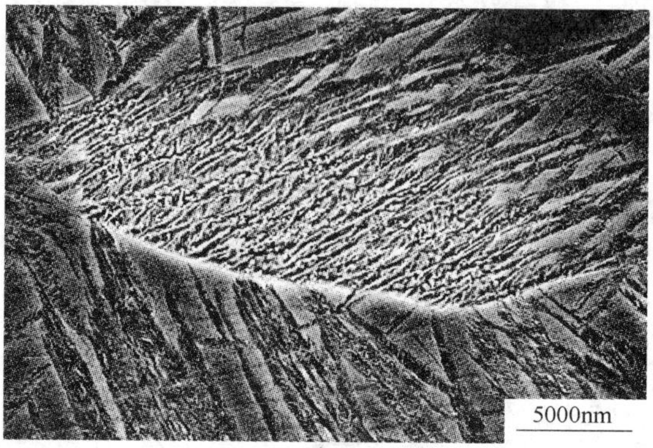

图 2 – 25　GCr15 钢的羽毛状贝氏体和下贝氏体的整合组织(SEM)

热机械处理技术,即 TMCP(thermomechanical control process)技术在工业生产中得到了成功的应用,对于贝氏体 – 马氏体类型钢,此技术可使贝氏体组织显著细化,得到 500 ~ 1000MPa 级的贝氏体组织。图 2 – 26 为某低碳贝氏体钢经过 TMCP 工艺得到的细化贝氏体组织照片。当奥氏体晶粒为等轴状,大小为 200 μm 时(图 2 – 26*a*、*c*),经过 TMCP 处理后得到细小的晶粒,即使奥氏体晶粒细化到 20 μm(图 2 – 26*b*、*d*)。图中标注的 M-A 是奥氏体 – 马氏体岛。

超低碳贝氏体是目前工业上迅速开发应用的组织,主要是通过细化贝氏体片条和亚单元来提高强度。但对组织名称叫法不统一,如针状铁素体、板条贝氏体、粒状贝氏体等,如图 2 – 27 所示,图中标注了针状铁素体(A、B、C、D)、板条状贝氏体等,其实针状铁素体本质上就是贝氏体。超低碳贝氏体钢在控轧控冷条件下,由于冷却条件的差异,贝氏体铁素体呈现不同的形貌,有块状、针状、细片状、板条状、粒状等,其本质上均为无碳化物贝氏体。

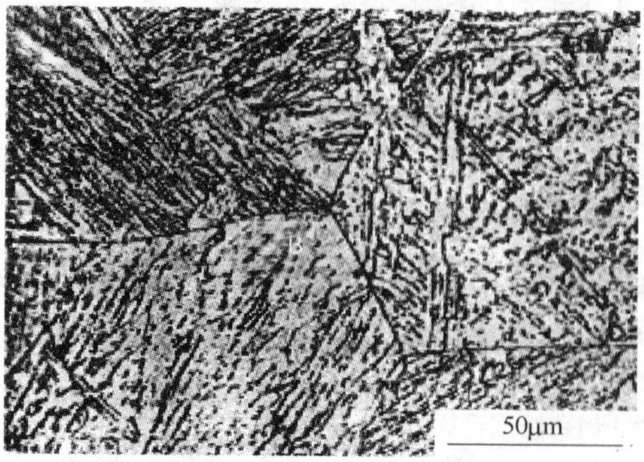

a

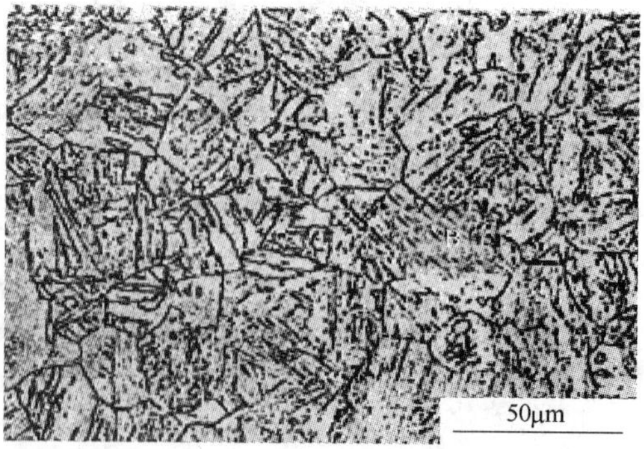

b

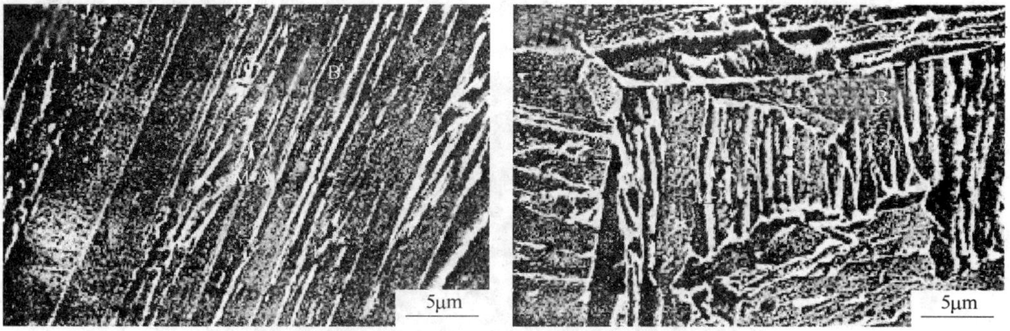

c *d*

图 2-26 某低碳贝氏体钢以 5℃/s 速度冷却后的组织[2]

a、*b*—LOM；*c*、*d*—SEM

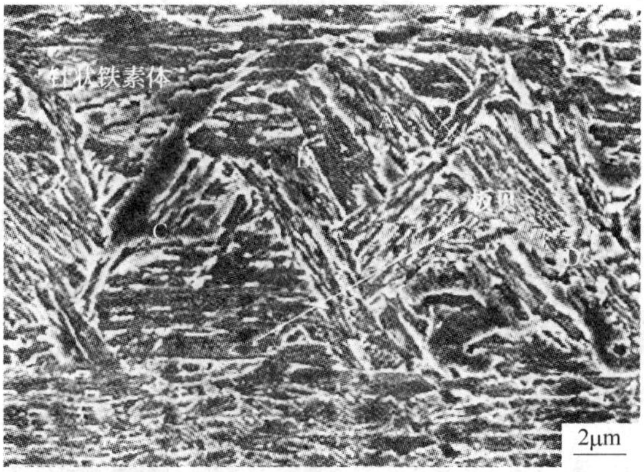

图 2-27 RPC 处理的超低碳贝氏体组织[2]（SEM）

2.2.5 魏氏组织

魏氏组织实际上是一种先共析转变的组织。亚共析钢的魏氏组织是先共析铁素体在奥氏体晶界形核呈方向性片状长大，即沿着母相奥氏体的$\{111\}_\gamma$晶面（惯习面）析出。一般为过热组织，是过热的奥氏体组织在中温区的上部区转变为向晶内生长的条片状的铁素体和极细的片状珠光体（托氏体）的整合组织。

亚共析钢的魏氏组织铁素体（WF）是钢在较高温度下形成的一种片状产物。通常，WF 在等轴铁素体形成温度之下、贝氏体形成温度以上，当奥氏体晶粒较大，以较快速度冷却时形成的。如图 2-28 所示 45 钢经 1100℃加热，奥氏体晶粒长大，后空冷得到魏氏组织。可见，首先沿着原奥氏体晶界析出网状铁素体，然后析出片状铁素体向奥氏体晶内沿某一界面平行地长大，其余黑色区域为托氏体组织。

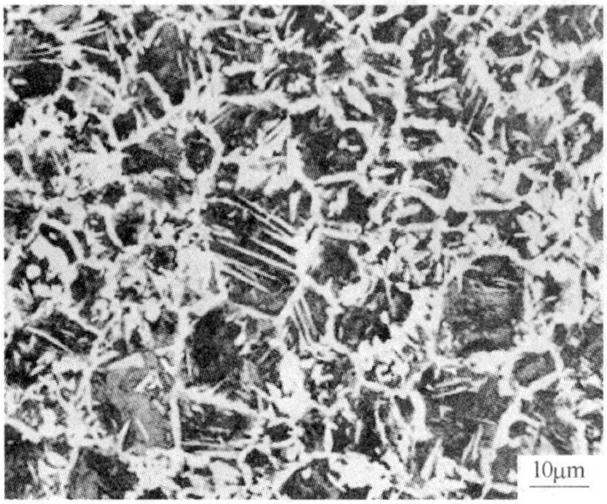

图 2 – 28　45 钢的魏氏组织[5]（LOM）

在过共析钢中，也存在魏氏组织，先共析渗碳体以针状和条片状析出，实际生产中比较少见。图 2 – 29 为含有 0.69% C、0.90% Mn 的钢轨钢的魏氏组织，可见，首先在奥氏体晶界上析出渗碳体，然后从晶界渗碳体上再次形成渗碳体晶核，最后沿着有利的晶面向晶界一侧或两侧以片状渗碳体的形式向晶内长大。当冷却到 A_1 以下时，剩余的奥氏体则转变为片状珠光体组织。

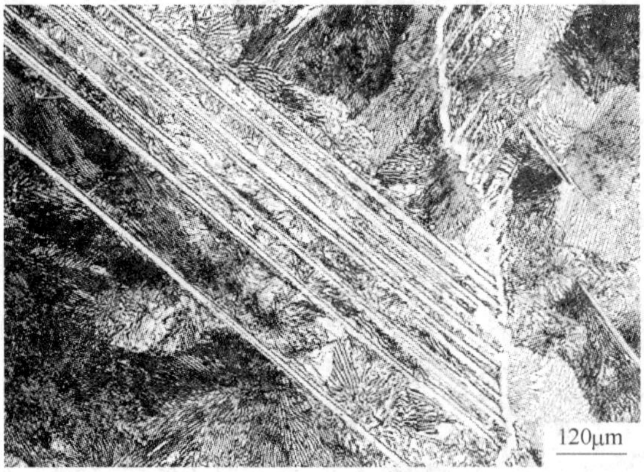

图 2 – 29　0.69% C，0.90% Mn 钢的魏氏组织[5]（LOM）

魏氏组织（WF）形貌与上贝氏体有相似之处，但一般认为不属于贝氏体组织的范畴，在魏氏铁素体片中没有发现亚单元。

WF 形成温度较高，存在明显的碳原子的扩散，符合扩散形核长大规律。WF

形成时也具有表面浮凸现象。魏氏组织新旧相具有晶体学关系(K-S 关系)。

魏氏组织的相变机制存在分歧,存在切变说和台阶-扩散之说。魏氏组织实际上是共析分解向贝氏体相变的过渡阶段的转变产物,它兼有先共析分解和贝氏体铁素体形成的双重特征。有时魏氏组织铁素体和条片状贝氏体铁素体同时出现在组织中,如图2-30所示,该钢为中碳铬镍钢的魏氏组织铁素体+托氏体的整合组织。首先沿着奥氏体晶界析出先共析铁素体,然后形成条片状魏氏组织铁素体,最后,余下的奥氏体转变为托氏体,其中的魏氏组织铁素体与上贝氏体铁素体相似。

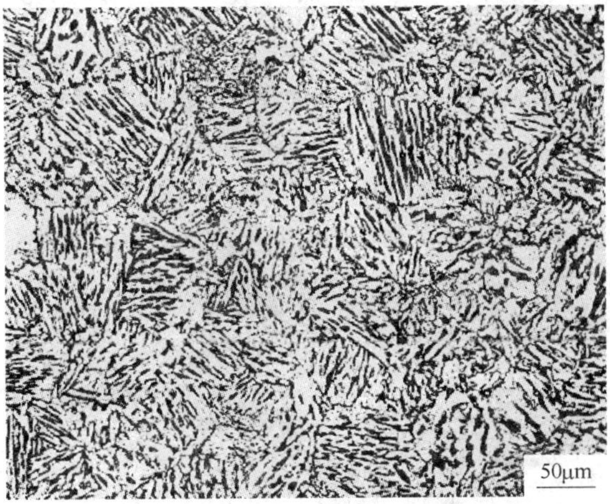

图2-30 中碳合金钢的 WF+BF+托氏体的整合组织

2.3 贝氏体铁素体的亚结构

2.3.1 贝氏体组织中的精细亚结构

上节所说的贝氏体显微组织主要是在光学显微镜和电子显微镜下所能观察到的贝氏体铁素体条片的形貌。精细亚结构则指在电子显微镜下所能分辨的贝氏体铁素体条片内部的细节,如亚片条、亚单元、超亚单元、精细孪晶等形态、尺寸、界面结构以及贝氏体铁素体片条内部的位错、晶体缺陷等以及贝氏体中的残留奥氏体的精细结构、分布;碳化物的数量、形态、分布等。

已知在马氏体中,存在高密度位错、精细孪晶、层错等亚结构,在贝氏体组织中也同样存在亚结构,包括贝氏体铁素体的亚片条、亚单元、超细亚单元和较高的位错密度等。

大量试验表明，条片状的贝氏体铁素体是由亚片条组成，亚片条由更小的亚单元组成，亚单元有方形、多边形等多种形貌，尺度约在 10 ~ 200 nm 范围。亚单元通常在已经形成的铁素体端部附近形核，通过纵向伸长与增厚的方式长大。亚单元长大受阻时，再激发形核，在铁素体板条顶部的侧面（上贝氏体）或铁素体针的顶端（下贝氏体）形成新的亚单元核心。亚单元重复形核长大构成了贝氏体中铁素体的形核长大过程。近年来试验表明，亚单元由更细小的基元或超亚单元组成，尺寸为几纳米到数十纳米[4]。

2.3.1.1　上贝氏体的精细亚结构

将 35CrMo 钢奥氏体化后，在 530℃ 盐浴中等温淬火，观察其贝氏体铁素体片条，发现是由亚单元组成，如图 2 − 31*a* 所示。

对 Fe-0.5%C-3.3%Mn 钢的上贝氏体的 TEM 观察表明[4]，整体形貌呈羽毛状。贝氏体亚片条宽度约为 0.5 μm。采用扫描隧道显微镜，分析发现，在上贝氏体铁素体内部存在复杂的亚结构，如图 2 − 31*b* 所示，铁素体片条中平行排列着楔形亚片条，其内部还有残留奥氏体膜。分析认为，贝氏体片由亚片条组成，在扫描隧道显微分析时（STM），亚片条由亚单元组成。试验观察表明，亚片条和亚单元的宽度约为 0.5 μm，亚片条的长度约为 10 ~ 50 μm。

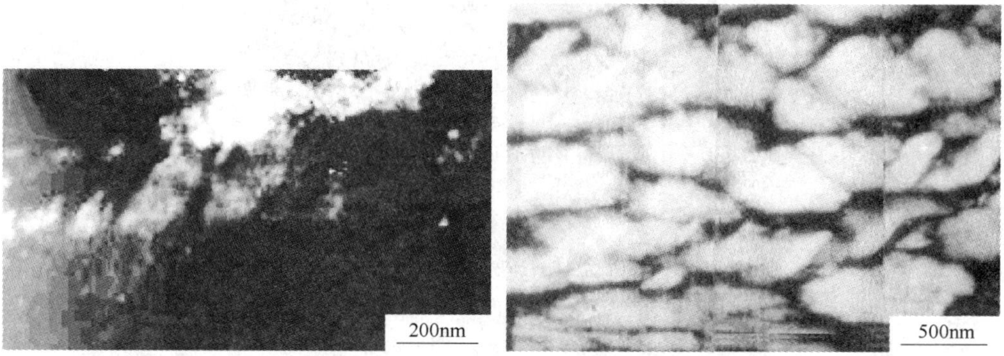

a　　*b*

图 2 − 31　贝氏体铁素体中的亚结构

a—35CrMo 钢（TEM）；*b*—Fe-0.5%C-3.3%Mn 合金[4]（STM）

2.3.1.2　下贝氏体的精细亚结构

一般认为，下贝氏体片条由亚单元组成。对 Fe-1.0%C-4.0%Cr-2.0%Si 钢的下贝氏体的观察表明，下贝氏体条片由亚片条组成，亚片条由亚单元组成。亚单元由若干个超细亚单元组成。超细亚单元宽约 20 ~ 30 nm，长度约 0.2 ~ 0.3 μm。亚单元相互平行，近似于平行四边形。如图 2 − 32 所示，图 2 − 32*b* 是将图2 − 32*a* 在扫描电子显微镜下放大观察的结果。采用扫描隧道显微镜，分析发现，在下贝氏体铁素体内部存在亚单元,如图2-33所示。

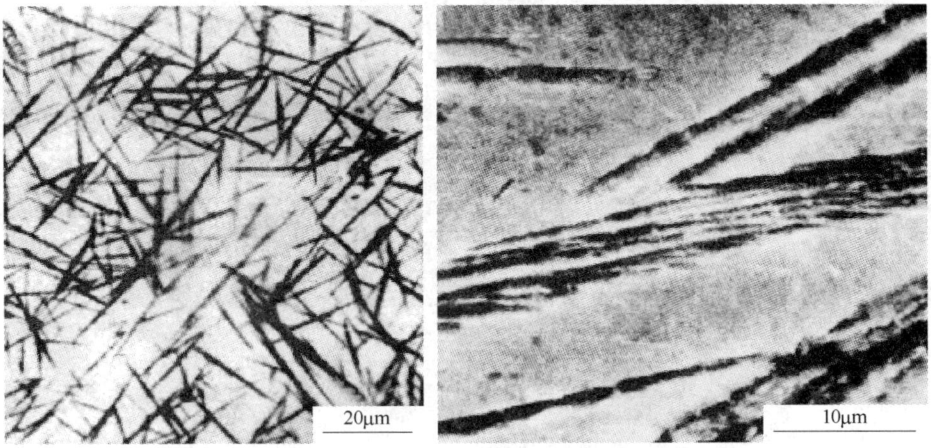

a *b*

图2-32 Fe-1.0% C-4.0% Cr-2.0% Si 钢的下贝氏体组织[4]
a—金相照片;*b*—SEM 照片

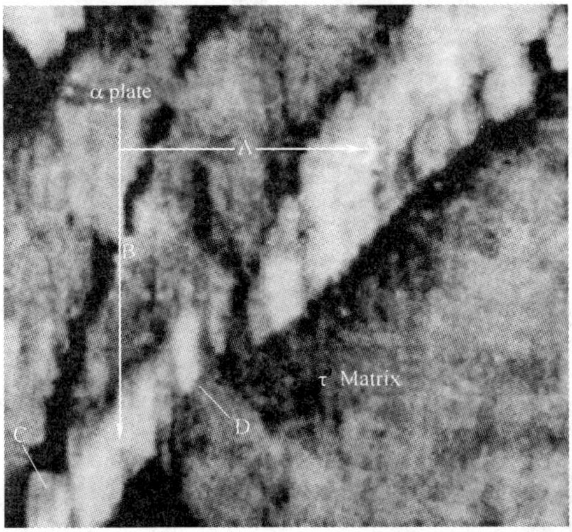

图2-33 Fe-1.0% C-4.0% Cr-2.0% Si 钢的下贝氏体的精细亚单元[4](STM)

图2-34所示为60Si2CrV钢下贝氏体片和内部的亚单元形貌。可见,贝氏体片条由细小的近似于平行四边形的块状的铁素体亚单元组成,图2-34*b*是图2-34*a*的放大照片。将GCr15钢950℃奥氏体化,然后在300℃等温50 s,得到针状的下贝氏体组织,图2-34*c*为其扫描电子显微镜照片,可见,其中的一片贝氏体中分布着许多片状碳化物,碳化物将贝氏体片分割为许多亚单元。

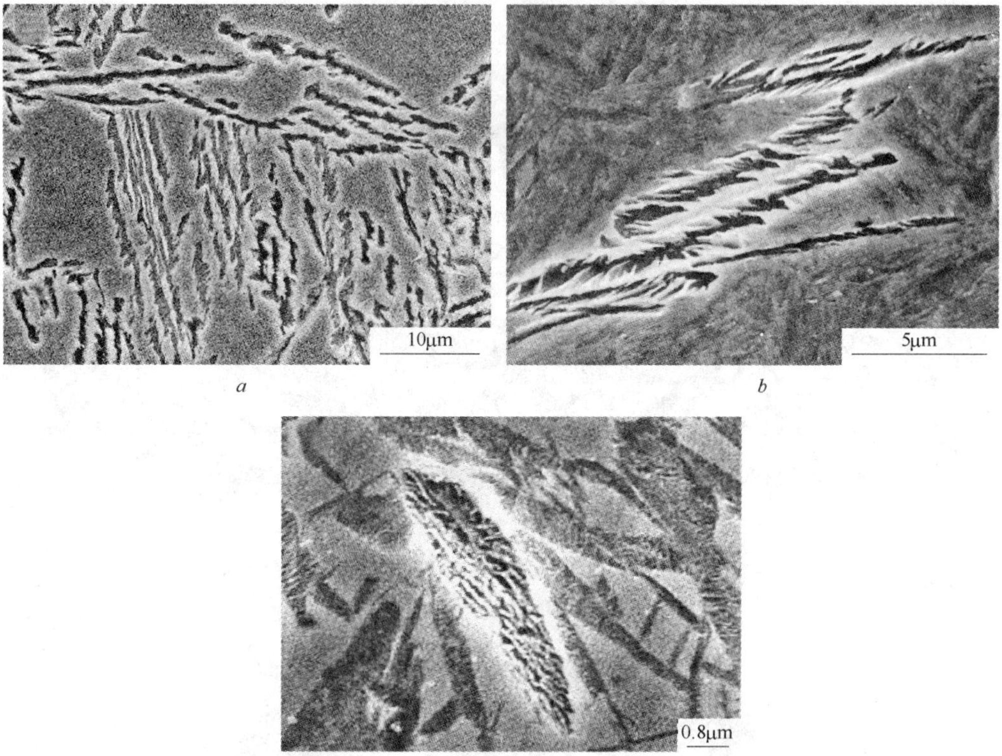

图 2－34　下贝氏体片条和其中的亚单元
a、*b*—60Si2CrV 钢下贝氏体片和内部的亚单元；
c—GCr15 钢的一片贝氏体和内部的亚结构（SEM）

8Mn8Mo 钢过冷奥氏体在 350℃等温 58 h 得到的贝氏体片的电子显微镜照片，如图 2－35 所示，可见其亚结构为平行四边形，宽度不等，约 20～60 nm。

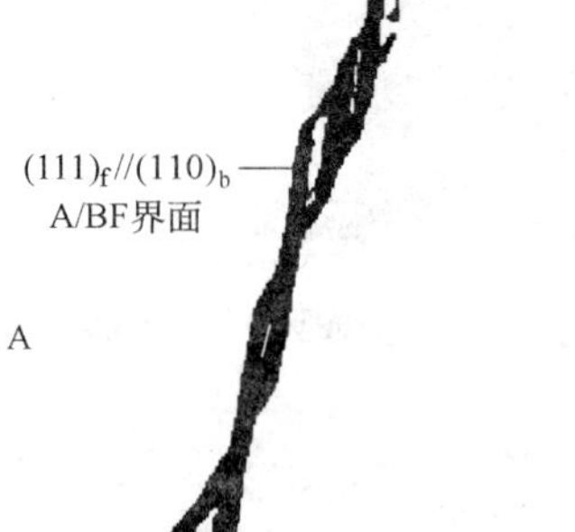

图 2－35　8Mn8Mo 钢过冷奥氏体在 350℃等温 58 h 得到的贝氏体[7]（TEM）

应用 JEM-2010 高分辨电子显微镜研究了某 Si-Mn 钢的贝氏体铁素体的亚结构[6]，发现铁素体片条由亚片条组成，亚片条的宽度约为 100 nm。亚片条内部存在许多亚单元，其形貌为多边形或者圆形，约为120 nm。亚单元由超亚单元构成，其尺寸约为 10～25 nm。图 2－36 为超亚单元的高分辨点阵像，从图 2－36*b* 可见，超亚单元约为 30～50 个原子层厚，即尺寸约为 5～20 nm，箭头所指为亚单元的尺度及其界面。亚单元或超亚单元之间的界面原子排列是小角度晶界，晶界上存在位错等缺陷。两个相邻的超亚单元（或称基元）之间的取向不同，如图 2－36*c* 所示，图中所示为两个相邻的超细亚单元的界面结构的点阵像，界面夹角约为 8°（本书作者稍有加工），是小角度晶界。

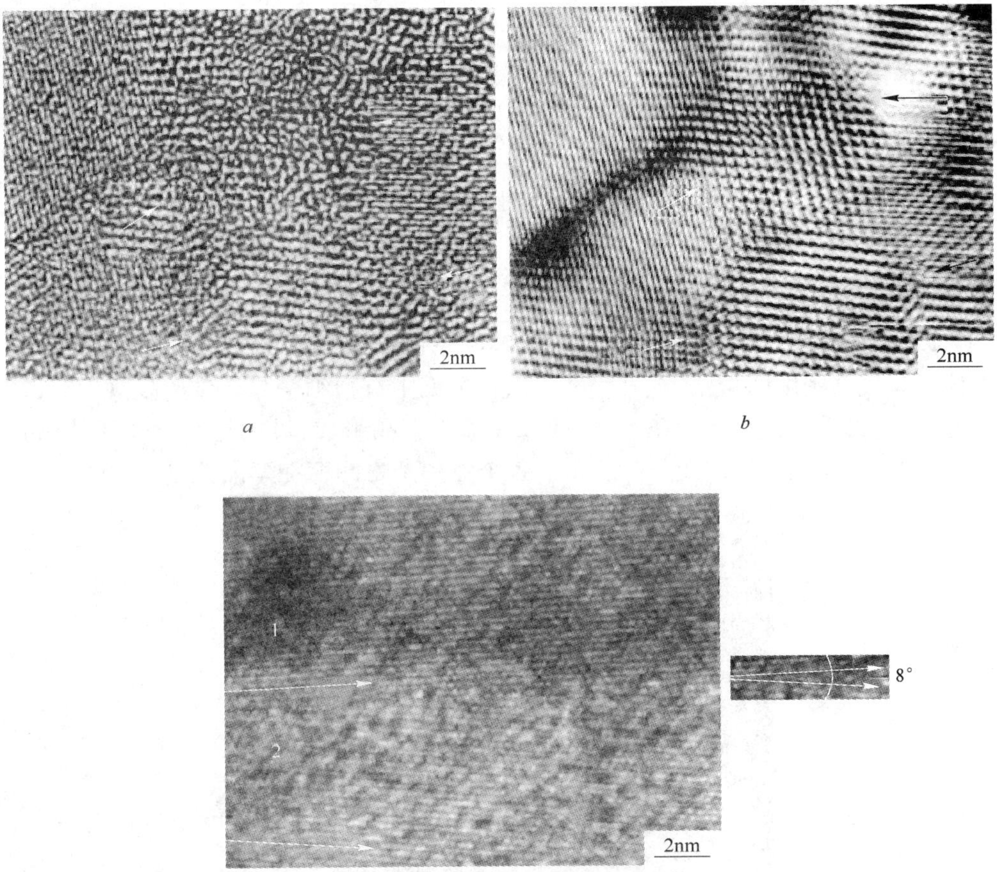

a　　*b*

c

图 2－36　超亚单元高分辨点阵像[8]

a—Si-Mn 钢的贝氏体铁素体的亚单元分布；*b*—晶格点阵像；*c*—相邻亚单元的夹角

随着温度的降低，铁素体亚单元、亚片条尺寸减小，铁素体片内部亚单元数量增加，亚单元的宽度随着温度的降低而减小，亚单元的长宽比和铁素体片中亚单元的数量随着温度的降低而增大；位错密度随着温度的升高而降低，如图 2－37 所示。

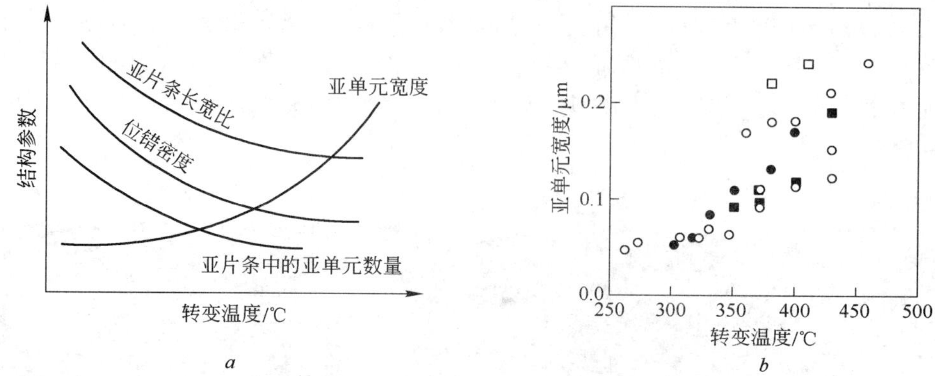

图 2－37　亚结构尺寸与转变温度的关系[9]

2.3.2　贝氏体铁素体中的位错和孪晶

以往有的学者认为贝氏体中不可能存在孪晶。近年来的研究表明，贝氏体铁素体中有较高密度的位错，在某些高碳高合金钢中有精细孪晶。试验发现[8,10]，在某些钢中，贝氏体铁素体片条由 5～30 nm 细小孪晶组成，贝氏体铁素体亚片条就是细小的精细孪晶，如图 2－38 所示。各个亚片条之间存在孪晶关系。

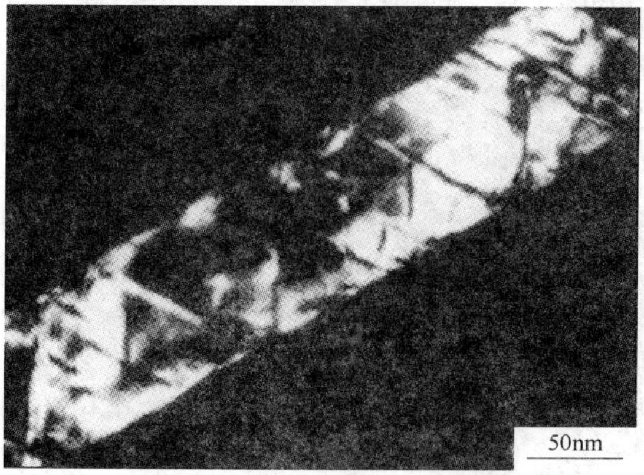

图 2－38　下贝氏体片中的孪晶[10]

试验发现，贝氏体铁素体内部有较高密度的位错。贝氏体中的位错密度虽然不如马氏体中那样高，但也有较高密度的位错亚结构，如图 2－39 所示。图2－39*a* 为 35Cr2Mo 钢下贝氏体中的缠结位错，从图 2－39*b* 中可以看到贝氏体铁素体（BF）中有较多的位错和位错露头，位错密度约为 $2\times10^{10}\,cm^{-2}$，图 2－39*c* 是超低碳贝氏体铁素体中的位错墙，图 2－39*d* 是高密度的位错网。测定表明，在 650℃，贝氏体铁素体中的位错密度约为 $4\times10^{10}\,cm^{-2}$。随着相变温度的降低，贝氏体铁素体中的位错密度增加，如在 400℃、360℃、300℃温度下，等温形成的贝氏体中，位错密度分别为 $4.1\times10^{10}cm^{-2}$、$4.7\times10^{10}cm^{-2}$、$6.3\times10^{10}cm^{-2}$。铁素体中的位错密度与温度的关系如图 2－40 所示，可见，位错密度随着相变温度的降低而升高。一般认为退火态的铁素体位错密度较低，约为 $10^6\sim10^7\ cm^{-2}$。贝氏体铁素体中的较高密度的位错表明，它不同于马氏体，也不同于珠光体中的铁素体，是相变机制不同所致。

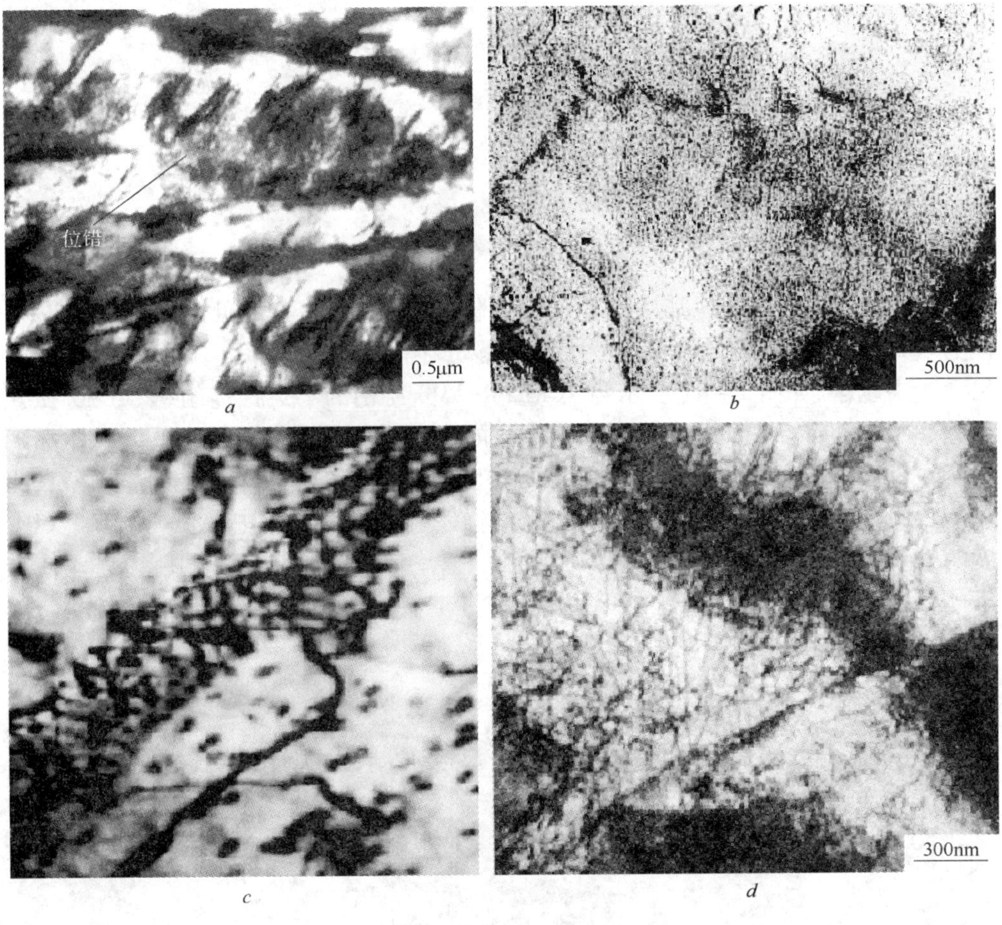

图 2－39 贝氏体中的位错[2]（TEM）

a—35Cr2Mo 钢下贝氏体的缠结位错；*b*—HSLA80 钢贝氏体铁素体中的位错露头；
c—超低碳贝氏体铁素体中的位错墙；*d*—高密度位错网

上已叙及，贝氏体相变、贝氏体组织结构具有过渡性，那么，贝氏体铁素体中存在较高密度的位错和孪晶亚结构是合理的。近年来，一些学者发现了贝氏体孪晶亚结构。孪晶是为切变机制提供了证据，但是应当指出孪晶的形成有多种原因，并非完全由切变所致。

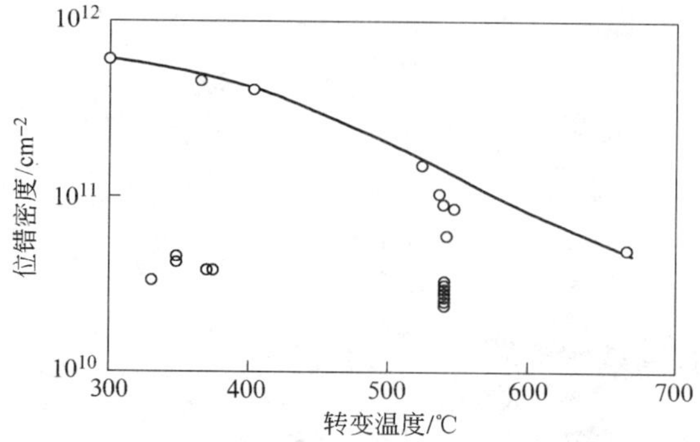

图 2－40　铁素体的位错密度与温度的关系[2]

2.3.3　贝氏体中的中脊

20 世纪 80 年代发现某些钢中的贝氏体存在中脊[11～13]。贝氏体中脊形态特征为：(1) 第一片贝氏体铁素体的中脊能够贯穿整个晶粒，随后形成的贝氏体中脊尺寸越来越小，如图 2－41 所示为 4CrSi2Mn2Mo 铸钢的下贝氏体组织，可见，在铁素体片条中间存在中脊，如图中 M-M 标注的一条平直的黑线。(2) 下贝氏体和羽毛状贝氏体中均存在中脊。(3) 中脊的衬度与其存在的贝氏体基体不同，存在明显的界面。在电子显微镜观察时，将试样倾转一定角度，发现中脊是一条有一定宽度的平直的空间薄片，如图 2－42 所示，在图 2－42*b* 中可见，中脊两侧为贝氏体铁素体(F)，中脊平直，宽度约为 0.1 μm。中脊本质上是独立的贝氏体铁素体片条，由孪晶亚结构组成，如图 2－42*d* 所示[14]。

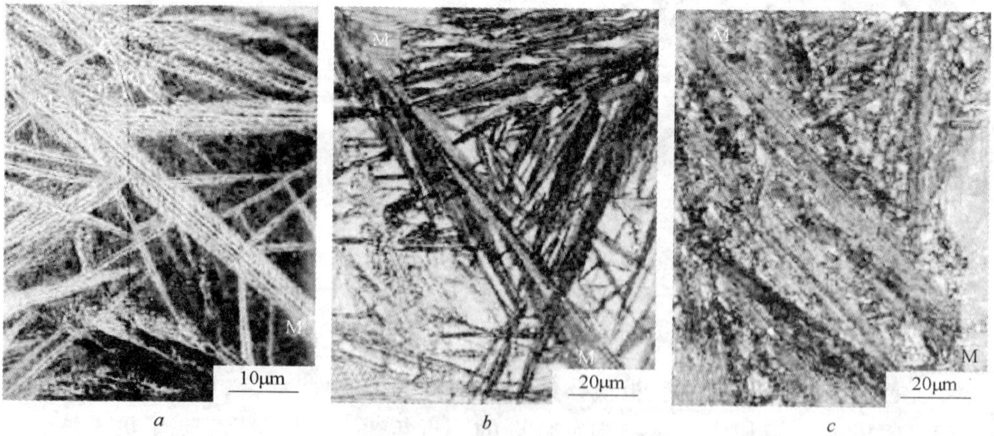

图 2－41　4CrSi2Mn2Mo 钢的下贝氏体组织(LOM)

a—下贝氏体片和中脊；*b*—中脊 M-M；*c*—M-M 黑线(中脊)

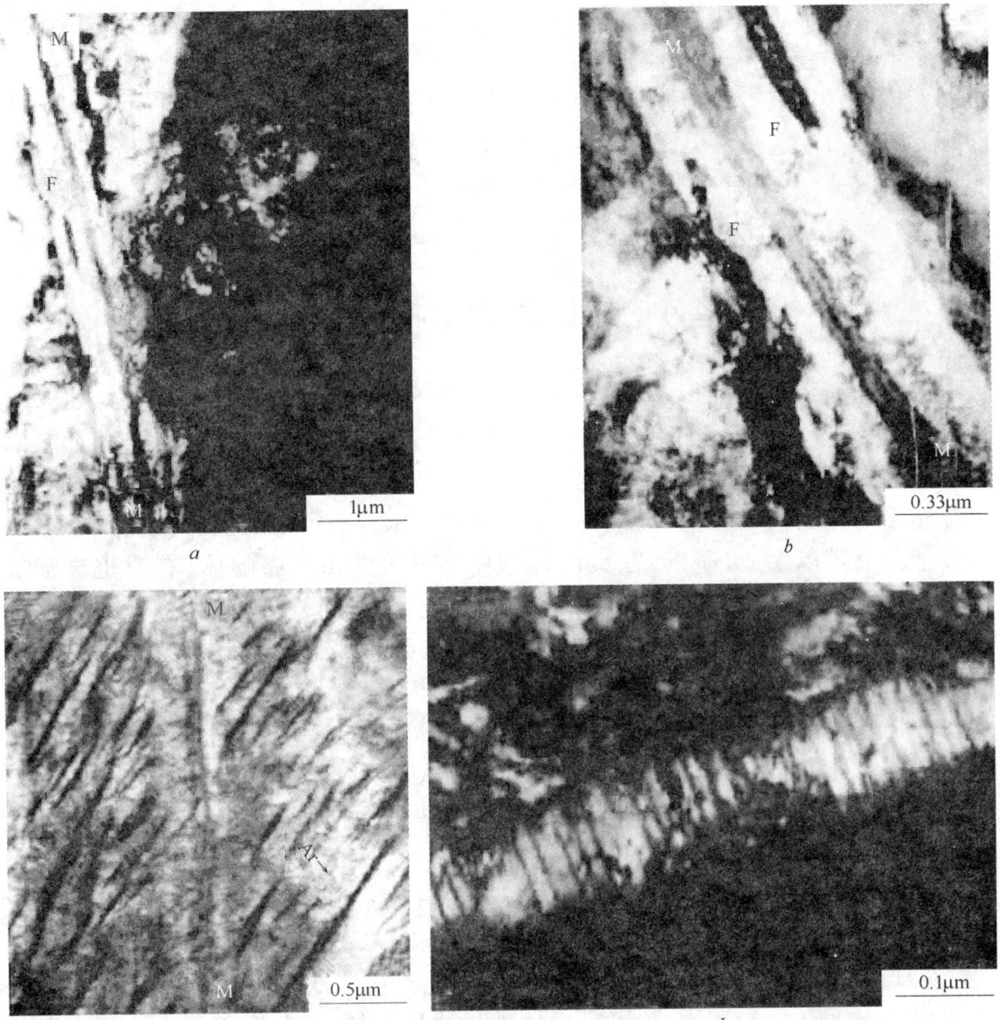

a　b　c　d

图 2－42　贝氏体中脊[12]（TEM）

a—贝氏体中的中脊；*b*—铁素体片间的中脊（M-M）；*c*—M-M 中脊和残留奥氏体；*d*—中脊中的孪晶

形成贝氏体铁素体时，首先产生中脊，中脊可以在晶界形核并且向晶内长大，也可以在晶内形核并长大。当整条中脊迅速长大后，贝氏体铁素体在其两侧长大。

电子显微镜观察发现，在中脊形成后，其两侧各形成一片贝氏体铁素体，在中脊和贝氏体铁素体片中没有观察到碳化物的析出，如图 2－42 所示，图中黑色长条为中脊（M-M）。在贝氏体铁素体内部存在残留奥氏体，如图 2－42*c* 中亚单元之间分布的黑色片条。

关于贝氏体中脊形成机理尚不够清楚。实际上，对马氏体中脊的本质和形成机理也没有真正研究明白。某些高碳合金钢中，在 M_s 点附近等温得到的片状贝氏体中形成中脊，这一事实与贝氏体的过渡性规律相符合。有人认为中脊是切变机制形成的，因为在 M_s 点附近奥氏体和贝氏体铁素体两相之间的自由焓差较大，即相变驱动力较大。在奥氏体贫碳区中形成中脊晶核，以共格或半共格切变长大为薄片状中脊。中脊面即为惯习面。随后，贝氏体铁素体在中脊两侧加厚长大[12]。

2.4　贝氏体碳化物的形貌

钢中的碳化物种类很多，除了θ－渗碳体外，还有许多特殊碳化物，如 MC、$M_{23}C_6$、M_7C_3 等。在合金钢的退火组织中，能够生成多种特殊碳化物，因此在珠光体组织中，碳化物种类较多。但是在中温区，过冷奥氏体转变为贝氏体时，由于是非平衡转变，元素原子扩散困难，碳化物难以形成，尤其是特殊合金碳化物，一般情况下难以生成，所以，在贝氏体组织中多数是θ－渗碳体，有时也会形成 $\varepsilon-Fe_xC$。

钢中碳化物总是与铁素体、奥氏体共存，在某种成分、某一温度下，保持相平衡。从 Fe-C 相图可见，渗碳体可以从奥氏体中析出，称为二次渗碳体，也可以从铁素体中脱溶，如沿着 *PQ* 线降温时，析出三次渗碳体，如果冷却较快，铁素体中碳原子不能充分脱溶，则铁素体中碳将处于过饱和状态。

奥氏体共析分解时，渗碳体与铁素体共析共生，两相协同生长，形成珠光体组织，它是共析渗碳体和共析铁素体的整合组织。

碳化物也可以从淬火马氏体中脱溶，存在一个脱溶贯序，如中碳马氏体回火时脱溶贯序为：Dc（碳原子偏聚气团）→ε-Fe_xC→θ-Fe_3C。

贝氏体相变不是共析分解过程，其碳化物与贝氏体铁素体不是共析共生的，例如，无碳化物贝氏体组织中，除了贝氏体铁素体片条外，只有残留奥氏体，θ－Fe_3C 没有来得及形成。粒状贝氏体是由 BF＋M-A 岛组成的整合组织，也没有碳化物。显然，贝氏体相变过程中，碳化物与贝氏体铁素体不是共析共生的，不属于共析分解反应，而是中温区的一种非平衡转变。

在中温区，经过一定时间，或较长时间等温，铁原子和合金元素原子扩散到一定程度时，才能够形成渗碳体。在含铝、硅的合金钢中，由于铝、硅不溶入渗碳体中，因此，铝、硅原子不扩散离去，渗碳体难以形成，就只能得到 BF＋残留奥氏体的无碳化物贝氏体。

尽管碳化物（θ或 ε）有时不一定析出，但它仍然是贝氏体组织中的一个组成相，其形成规律也是贝氏体相变机制的一个组成部分。本节主要阐述贝氏体碳化物形貌，以后再讨论其形成机理。

2.4.1 上贝氏体中的碳化物形貌

一般认为，上贝氏体中的碳化物主要是 θ-$(Fe,M)_3C$。无碳化物贝氏体和粒状贝氏体组织中没有碳化物，只有在某些羽毛状贝氏体中，才存在 θ－渗碳体，没有其他类型的特殊碳化物

将 GCr18Mo 轴承钢加热后于450℃等温 18 s 后淬火，试样抛光经硝酸酒精侵蚀，在 JEM-2010 电子显微镜上观察，得到上贝氏体组织，如图 2－43*a* 所示，可见尚存在剩余未溶渗碳体。上贝氏体组织中存在片状渗碳体，有长有短，分布不规则。

将 9Cr2 钢 950℃ 奥氏体化，450℃ 等温淬火，在扫描电子显微镜下观察到贝氏体组织呈羽毛状，如图 2－43*b*、图 2－44 所示。可见，条片状的贝氏体在奥氏体界面上形核，并且长大为羽毛状，碳化物与贝氏体铁素体片条轴向基本上平行分布，但也有许多呈不规则分布。

a *b*

图 2－43 GCr18Mo 钢上贝氏体（TEM）（*a*）及 GCr15 钢的 上贝氏体＋马氏体（SEM）（*b*）

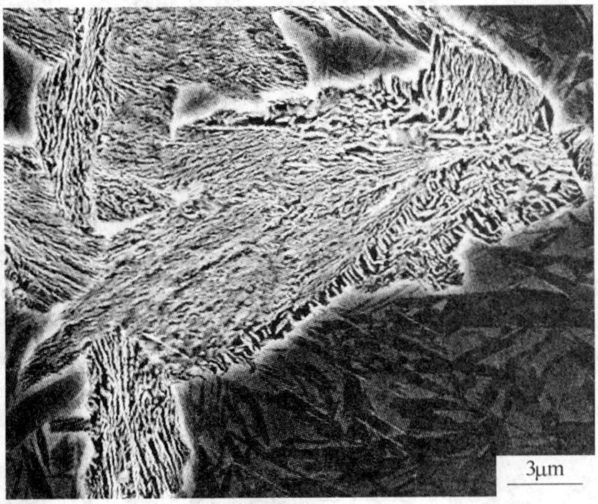

图 2－44 9Cr2 钢的上贝氏体组织（二次电子像）（SEM）

从图2－44可见，碳化物与贝氏体铁素体呈片层状相间分布，碳化物呈白亮色的薄片状，在二维平面上呈细丝形状，长短不一，有的较直，有的弯曲。碳化物将贝氏体片分割为细小的亚单元。在贝氏体铁素体片的周围是等温后淬火得到的片状马氏体及残留奥氏体。

图2－45为塑料模具钢35Cr2Mo(P20)的上贝氏体组织，可见，碳化物呈短棒状或短片状分布在贝氏体铁素体中，大小不等，与铁素体片的方向大体上平行。衍射分析表明，这些碳化物是θ-$(Fe,M)_3C$。

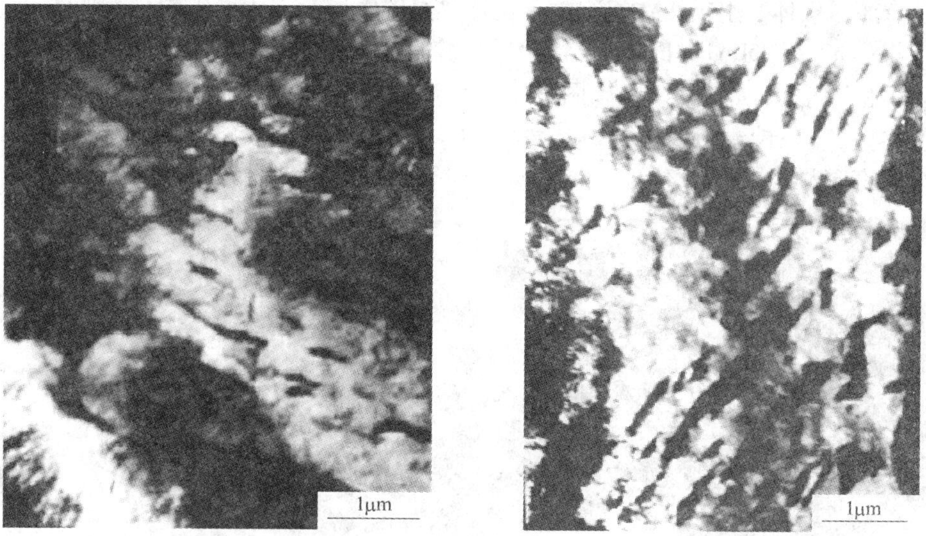

a　　　　*b*

图2－45　35Cr2Mo钢的上贝氏体组织(TEM)

图2－46为Fe-9%Ni-0.41%C合金在450℃等温20 min得到的上贝氏体组织，图2－46*a*为明场像，图2－46*b*为渗碳体衍射的暗场像，其中明亮的不连续的短片或颗粒为渗碳体，图2－46*c*为选区电子衍射花样，图2－46*d*是衍射花样的

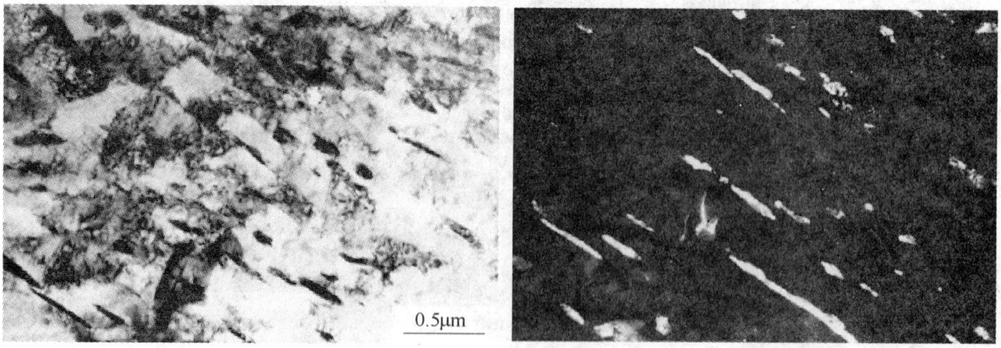

a　　　　*b*

c

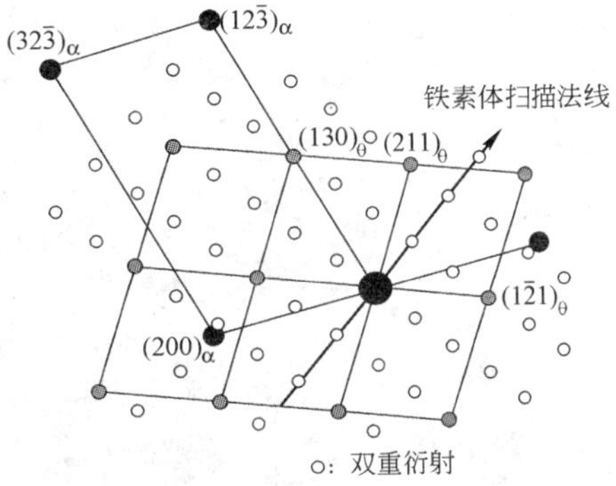

d

图 2-46 Fe-9% Ni-0.41% C 合金在 450℃ 等温 20 min 形成上贝氏体

a—TEM 明场像；*b*—TEM 暗场像；

c—选区电子衍射花样；*d*—衍射花样的标定[15]

标定。衍射分析表明，上贝氏体中的碳化物是 θ-渗碳体，呈短棒状和颗粒状，而且其排列方向大体上平行于贝氏体铁素体片的主轴。

一般认为，上贝氏体碳化物分布在铁素体亚片条或亚单元之间，其排列与铁素体片条主轴方向平行，呈颗粒状或短棒状。也有的学者认为其三维形态呈不规则的丝带状[4]。

2.4.2 下贝氏体中的碳化物形貌

下贝氏体是贝氏体铁素体+碳化物+残留奥氏体等相组成的复杂的整合组织。在所谓准下贝氏体中也没有碳化物，但是存在残留奥氏体。下贝氏体中的碳化物也是 θ-渗碳体，有时是 ε-碳化物。碳化物呈片状、短棒状或不连续点状，分布于条片状、针状或透镜状的铁素体内，并且与铁素体片长轴呈夹角分布。图 2-47 为塑料模具钢（35Cr2Mo）（P20）钢，于 370℃ 等温得到的下贝氏体组织。从图中可见，碳化物呈短棒状或短片状，并与铁素体片主轴方向交角约为 55°~60°。衍射分析表明，这些碳化物是 θ-渗碳体。研究指出，下贝氏体中的 ε-碳化物析出速度较快，经过较长时间等温，ε-碳化物将转变为 θ-渗碳体[16]。

高碳钢中的下贝氏体中析出大量的 θ-渗碳体。将 9Cr2Mo 钢 1100℃ 奥氏体化，然后于 350℃ 硝盐浴中等温，得到下贝氏体+马氏体组织，如图 2-48*a* 所示。将 S7 钢加热后于 900℃ 等温后等温淬火，得到下贝氏体组织，如图 2-48*b* 所示。可见，下贝氏体呈现片状（凸透镜状），碳化物（白亮色的）分布于其中，呈短片状，长短不一，与贝氏体铁素体片主轴呈夹角分布或大体上与主轴平行。

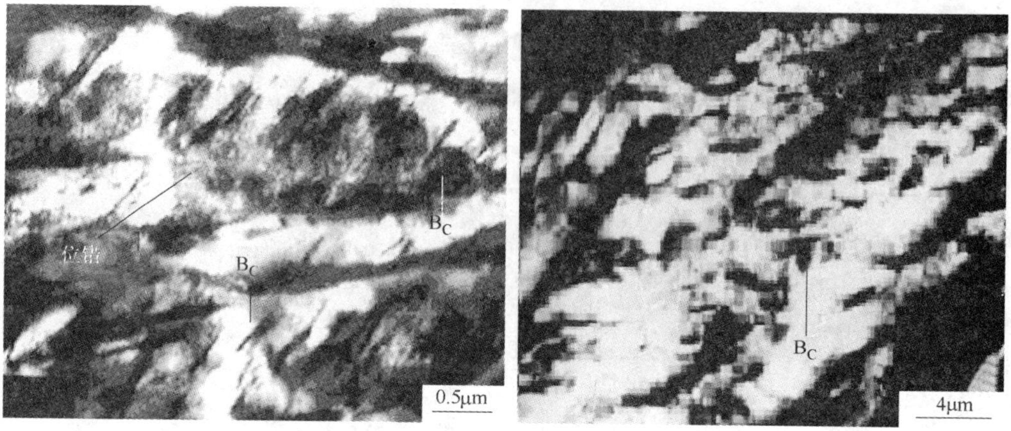

a　　*b*

图 2－47　35Cr2Mo(P20)钢的下贝氏体组织(370℃等温)(TEM)
a—BF 片中的碳化物和位错；*b*—BF 片中的碳化物

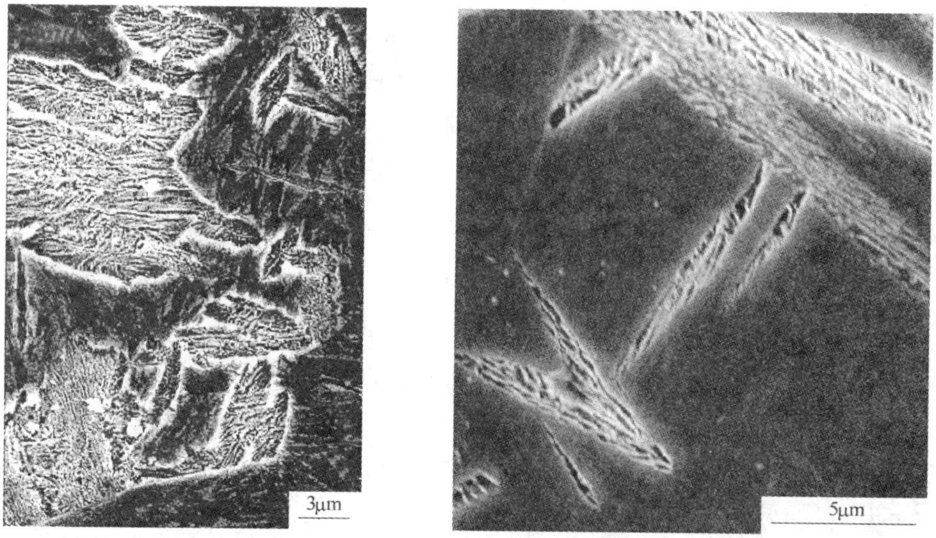

a　　*b*

图 2－48　9Cr2Mo 钢(*a*)和 S7 钢(*b*)的下贝氏体＋马氏体组织(SEM)

图 2－49 为 GCr15 钢 1000℃奥氏体化，300℃等温淬火，得到的下贝氏体组织。图 2－49*a* 为等温 3 min 形成的一片下贝氏体的形貌，该片贝氏体周围是残留奥氏体和马氏体组织。仔细观察发现，此下贝氏体片由几个亚片条组成，亚片条中的碳化物与片条的主轴方向呈现交角分布。图 2－49*b* 是等温 10 min 得到的下贝氏体组织，可见，随着等温时间的延长，贝氏体片条数量增加，其中的碳化物呈细片状或纤维状，大多数与片条的主轴方向交角排列，但角度不等，也有与片条平行分布的。

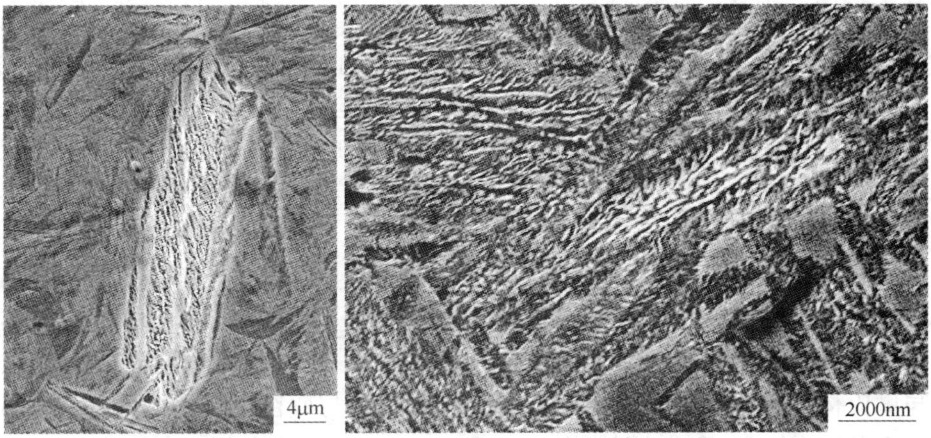

图2-49 GCr15钢的下贝氏体组织(SEM)
a—等温3 min;*b*—等温10 min

总之,下贝氏体碳化物形貌复杂,有短棒状、短片状、纤维状、层片状等形貌,大多数分布在贝氏体片内部,并且与铁素体片主轴方向呈交角分布。

综上所述,在贝氏体中碳化物分布是不均匀的,表明Bc是非均匀形核。碳化物形貌各异,呈短棒状、颗粒状、纤维状或片状等形貌。碳化物颗粒粗细不等,长短不一。碳化物与贝氏体铁素体片主轴方向的交角也不等,有平行的,也有呈现不同角度分布的。碳化物从界面处向铁素体片内部长大或长入奥氏体中,分布在贝氏体铁素体片内部、界面上或从界面向铁素体内呈楔形长入。在长大过程中受到多种因素的影响而呈现不同的形貌特征[17]。

2.5 贝氏体中的位向关系

固态相变晶体学中,新、旧相之间的位向关系和惯习面是两个重要的晶体学参数。位向关系与点阵转换机制有关。在研究铁基合金马氏体相变的三种位向关系时,即K-S、N-W、G-T三种位向关系和转变模型,发现各种关于马氏体相变的晶体学说存在共同的特点:(1) 在位向关系中,$(111)_f // (011)_b$是共同的。这表明,铁基马氏体是由$(111)_f$晶面上的点阵转变而成,惯习面偏离了这一晶面,为无理指数;(2) 惯习面与位向关系相互联系,当惯习面改变时,位向关系也相应改变。

与共析分解和马氏体相变相比,贝氏体相变晶体学复杂得多。贝氏体组织的组成相由贝氏体铁素体(BF)、贝氏体碳化物(Bc)、残留奥氏体(γ′)等多相组成。它的晶体学包括BF-γ′、Bc-γ′、BF-Bc-γ′等各相之间的位向关系和惯习面等,极为复杂。

贝氏体相变的位向关系和惯习面难以精确确定。这是因为:(1) 由于相变温度比马氏体相变温度高,奥氏体和贝氏体在相变过程中发生了明显的塑性协调;(2) 钢中的贝氏体组成相复杂,并且具有复杂的亚结构,如亚单元、亚片条、超细亚单元等;(3) 常规的电子选区衍射分析可能出现假象,电子衍射技术测定位向关系的结果的误差较大。因此贝氏体相变的晶体学测定比马氏体复杂,难度较大,需要精密准确,耐心细致从事。

Smith 和 Mehl[18]用 X 射线极射图分析,得到上贝氏体的位向关系是西山关系(N-W 关系);而下贝氏体中则具有 K-S 关系。马氏体相变也有这两种位向关系。

贝氏体碳化物与铁素体基体之间接近 Bagaryatsky 关系。在上贝氏体中,渗碳体与奥氏体之间存在 Pitsch 关系。贝氏体铁素体与残留奥氏体之间存在 K-S 关系。而在珠光体中,也存在这些位向关系。

由此可见,贝氏体中位向关系既有珠光体中的位向关系,也有马氏体中的位向关系,但不是完全符合,有一些角度的偏差。说明就位向关系上,贝氏体相变具有过渡性、交叉性,既具备共析分解的特征,也具有马氏体相变的特点。

2.5.1　贝氏体铁素体的位向关系

大量的研究表明,贝氏体铁素体和奥氏体基体之间存在多变的、复杂的位向关系。

Smith 和 Mehl[18]用 X 射线极射图分析,得到上贝氏体铁素体与奥氏体的位向关系是西山关系(N-W 关系),即

$$(011)_\alpha /\!/ (111)_\gamma$$
$$[\bar{1}10]_\gamma /\!/ [\bar{1}1\bar{1}]_\alpha$$

而下贝氏体中则具有 K-S 关系,即

$$(011)_F /\!/ (111)_A$$
$$[111]_F /\!/ [110]_A$$

马氏体相变也往往具有这两种位向关系。他们还发现,上贝氏体的惯习面是 $\{111\}_\gamma$,而随着相变温度的降低,惯习面变为 $\{225\}_\gamma$。下贝氏体的惯习面是 $\{259\}_\gamma$,这与高碳马氏体的惯习面相同。

但是,Kennon[1]发现含碳 1.44% 的钢中下贝氏体的惯习面与 M_s 点附近形成的马氏体并不相同,下贝氏体中接近 $\{110\}_\gamma$,而马氏体中是 $\{225\}_\gamma$。

Srinivasan 和 Wayman[19]对 Fe-1.11% C-7.9% Cr 合金中的贝氏体 α-γ 界面上的位向关系,采用透射电子显微镜进行了观察测定,得到

$$(\bar{1}01)_\alpha \text{ 与 } (\bar{1}11)_\gamma \text{ 相差 } 11^\circ$$
$$(200)_\alpha \text{ 与 } (2\bar{2}0)_\gamma \text{ 相差 } 1.5^\circ$$

1962 年,Pitsch 发现[20]在上贝氏体相变过程中,贝氏体铁素体的惯习面是 $(\bar{1}11)_\gamma$,铁素体和奥氏体之间的位向关系为 K-S 关系,有时也出现 N-W 关系,与高碳马氏体中 α-γ 之间的关系相似。由于低碳贝氏体和板条状马氏体相似,其晶体学的测定难以得到精确的结果。

近年来的高分辨电子显微镜观测表明[21],在下贝氏体中,BF 与奥氏体之间具有 K-S 关系。图 2 – 50 是具有 K-S 关系的贝氏体铁素体和奥氏体的高分辨像。从图中可见,α_1、α_2、α_3 三个贝氏体铁素体条片均与残留奥氏体 γ′成相同 K-S 关系。α_3 与 γ′两相之间为小角度晶界。α_1、α_2、α_3 是贝氏体铁素体条片中的三个亚单元,三个亚单元的尺度约为几个纳米至 30 nm,可见为超细亚单元。

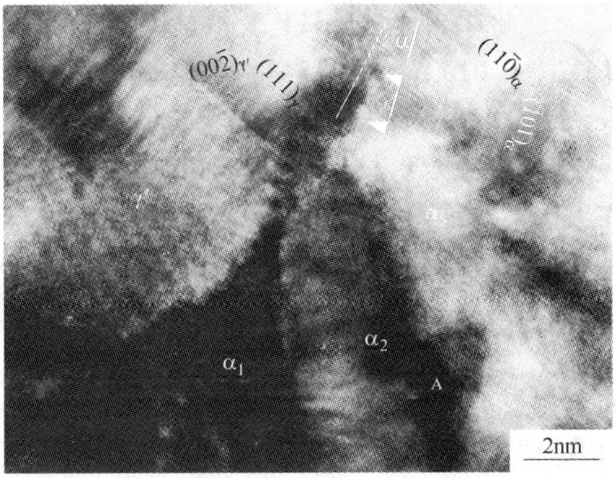

图 2 – 50 具有 K-S 关系的贝氏体铁素体和奥氏体的高分辨像[21]

不同学者测定的位向关系有所差别,都不是完全准确地符合 K-S、N-W 关系。位向关系只反映母相和新相之间的点阵对应关系,只要存在某种对应关系,则母相和新相之间必然存在一定的晶体学位向关系。这种对应关系通常是宏观的,它不反映母相和新相之间的界面上的真实结构。因此,仅仅靠位向关系通常不能完全反映相变的微观机制。

已知,珠光体中的铁素体相与奥氏体存在 K-S 关系。在铁基合金的马氏体相变中存在 K-S、N-W、G-T 三种位向关系。贝氏体铁素体与奥氏体的位向关系也有 K-S、N-W 关系,但角度有所偏差。这说明,过冷奥氏体的共析分解、贝氏体相变、马氏体转变三者之间存在连续性,同时表现了演化的过渡性。

2.5.2 贝氏体中碳化物的位向关系

2.5.2.1 上贝氏体中渗碳体与铁素体间的位向关系

在上贝氏体铁素体形成过程中,其周边的奥氏体中不断富碳,富碳的奥氏体在某些钢中被残留下来,而有一些钢中则从富碳奥氏体中析出 θ – 渗碳体。渗碳体与奥氏体之间存在 Pitsch 关系[6,20]：

$$(001)_{Fe_3C} // (522)_{\gamma}$$
$$(010)_{Fe_3C} // (01\bar{1})_{\gamma}$$
$$(100)_{Fe_3C} // (\bar{4}55)_{\gamma}$$

Shackleton 等人[14]对 Cr-Mo-B 钢的上贝氏体进行了研究，测定了铁素体和 θ－渗碳体之间的位向关系，结果有 2/3 的位向属于 Bagayatski 关系，其余的 1/3 不符合。

Bagayatski 关系是[4]：

$$(001)_{Fe_3C} // (215)_{\alpha}$$
$$[100]_{Fe_3C} 与 [311]_{\alpha} 相差 2.6°$$
$$[010]_{Fe_3C} 与 [131]_{\alpha} 相差 2.6°$$

Shackleton 等人认为，之所以有 1/3 不符合 Bagayatski 关系是由于渗碳体和贝氏体铁素体在奥氏体中分别独立形核的结果。而 2/3 的位向属于 Bagayatski 关系的，是由于渗碳体在奥氏体－铁素体界面上形核的缘故。

资料指出，上贝氏体中渗碳体和铁素体之间的位向关系为 Исайчев 关系[22]：

$$(010)_{\vartheta} // (1\bar{1}\bar{1})_{\alpha}$$
$$(103)_{\vartheta} // (101)_{\alpha}$$

在含硅钢中，即使在上贝氏体中也可以观察到 ε－碳化物的存在。当保温较长时间后，ε－碳化物将转化为渗碳体。ε－碳化物与铁素体之间存在 Jack 关系，而渗碳体与铁素体之间存在 Исайчев 关系。

Jack 关系：

$$(0001)_{\varepsilon} // (001)_{\alpha}$$
$$(10\bar{1}1)_{\varepsilon} // (101)_{\alpha}$$
$$(10\bar{1}0)_{\varepsilon} // (2\bar{1}1)_{\alpha}$$
$$(1\bar{2}10)_{\varepsilon} // (\bar{1}\bar{1}1)_{\alpha}$$

2.5.2.2　下贝氏体中碳化物与铁素体间的位向关系

下贝氏体中碳化物与铁素体间的位向关系，大部分遵循 Bagayatski 关系、Jack 关系、Исайчев 关系。

Thomas 等人对含硅钢的下贝氏体研究后认为，ε－碳化物与铁素体之间存在 Jack 关系。导出 ε－碳化物与奥氏体之间存在的位向关系是[22]：

$$(0001)_{\varepsilon} // (011)_{\alpha} // (111)_{\gamma}$$
$$(10\bar{1}1)_{\varepsilon} // (101)_{\alpha} // (1\bar{1}1)_{\gamma}$$

总之，贝氏体中相组成物较多，位向关系比较复杂，而且不容易测定精确。众多的研究者在研究测定位向关系的同时，着眼于位向关系与碳化物的析出源，即贝氏体碳化物是从奥氏体中析出的，还是从铁素体中析出的，观点有分歧。扩散学派借此认为是从奥氏体中析出的，而切变学派则认为是从贝氏体铁素体（α 相）中析出的。本书将在第 9 章中详细阐述贝氏体碳化物的析出机制问题。

2.5.3　贝氏体铁素体惯习面

新相在母相的一定晶面上形成，此晶面即为惯习面。新相长大时，惯习面就成为两相的交界面。贝氏体铁素体形成时也具有惯习面。

1962 年，Pitsch 发现，上贝氏体铁素体形成时，惯习面是 $(111)_\gamma$。Srinivasan 测得 Fe-1.11% C-7.9% Cr 钢的贝氏体铁素体在奥氏体的 $(254)_\gamma$ 上形成，而该钢的马氏体惯习面通常是 $(494)_\gamma$，二者相差 16°[4]。表 2－1 列举了贝氏体铁素体惯习面的一些数据，从中可见，钢中贝氏体铁素体的惯习面比马氏体的惯习面复杂。

表 2－1　贝氏体铁素体惯习面[4]

合金和组织	BF 的惯习面
上贝氏体	$(111)_\gamma$
介于上、下贝氏体之间	$(225)_\gamma$
下贝氏体	$(259)_\gamma$
低碳 Ni-Cr 钢在 500℃、385℃等温，对应马氏体的惯习面为 $(011)_\alpha$，两者相差 13.3°	$(1,7,11)_\alpha$
Fe-1.11% C-7.9% Cr 钢，马氏体惯习面 $(494)_\gamma$	$(254)_\gamma$

2.6　有色合金中的贝氏体

研究表明，在具有马氏体相变的有色合金中都有可能形成贝氏体。某些银基、铜基合金经淬火到 M_s 点以下形成马氏体，在 M_s 以上等温则形成贝氏体。

某些研究者认为，在有色合金中，组元都是置换型的，只要测出相变过程中是否发生成分改变就可以提供组元是否进行扩散的信息，从而便于相变机制的研究。应当指出，有色金属合金系统不同于铁碳系统。在钢中，贝氏体相变有间隙碳原子参加，碳原子能够长程扩散。因此，不能以有色合金中的贝氏体相变规律代替钢中的相变规律。有色合金中发生贝氏体相变时，在孕育期也存在浓度涨落、结构涨落和能量涨落。通过浓度涨落必然产生贫溶质区。

大多数研究者发现，有色合金贝氏体的晶体学基本上和马氏体一致，贝氏体浮凸的干涉图像多呈不变平面应变的迹象，相变初期的成分没有明显改变，因此认为有色合金贝氏体相变属于切变型相变。但有的作者发现相变初期成分有明显变化

（等温 10 s），认为属扩散型相变。

2.6.1　Cu-Zn 系合金中的贝氏体

Garwood 发现[1]在 Cu-41.3% Zn 合金经 820℃固溶处理，在 350℃以下等温形成片状产物 α_1，在 350℃以上等温形成不规则的碎片，呈现棒状或针状产物 α。片状产物 α_1 产生表面浮凸，因此被称为是贝氏体。形成片状贝氏体的最高温度为 B_s 点，如图 2 – 51 所示。图中 R 表示形成棒状 α 相；M 区表示棒状 α 相和片状 α_1 相的整合组织；P 区表示完全的片状贝氏体 α_1。图 2 – 52 示出了 Cu-Zn-Au 合金的贝氏体组织。在电子显微镜下观察，贝氏体片内有层错。

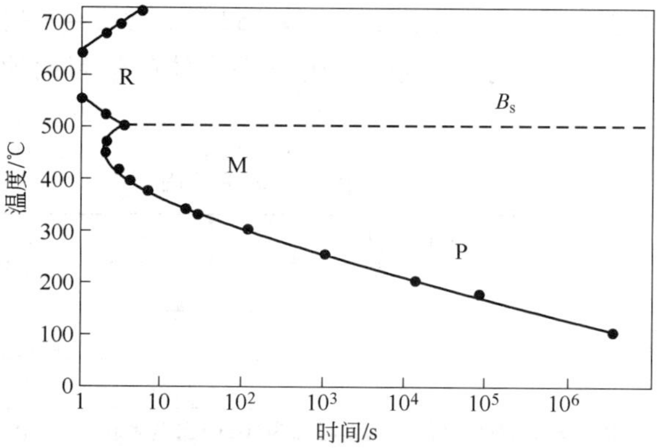

图 2 – 51　Cu-40.5% Zn 合金的 TTT 图[1]

图 2 – 52　Cu-39.9% Zn-4.2% Au（原子分数）合金贝氏体形态[1]

初期形成的 Cu-Zn 合金 α_1 相的结构经过电子衍射测定为 3R 结构。层错结构在等温中将逐渐消失，而转变为 1R 的面心立方结构的 α。

将 Cu-27% Zn-4% Al 合金于 543K 等温 4 min，得到片条状贝氏体，其三维空间形貌应当为中间厚，两边薄的片条，如图 2－53 所示。从图 2－53*b* 可见，片条由亚单元组成。

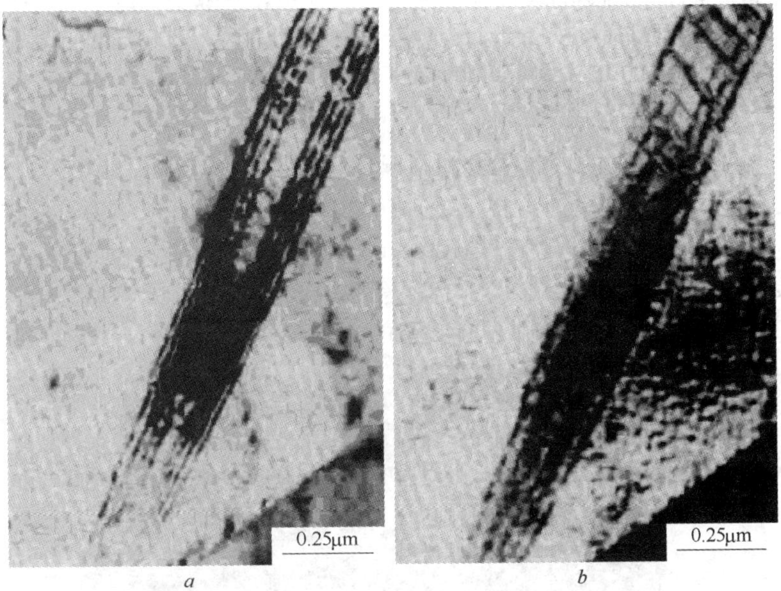

图 2－53 Cu-27% Zn-4% Al 合金 543K 等温 4 min 的贝氏体组织[23]（TEM）

a—贝氏体片条；*b*—图 2－53*a* 的倾转

采用高分辨率的扫描隧道显微镜观察 Cu-Zn-Al 合金中的贝氏体表面浮凸，如图 2－54 所示，发现贝氏体片条由亚单元组成。图 2－54*a* 是浮凸的三维立体形貌，图 2－54*b* 是浮凸高度曲线，浮凸高为 90 nm。

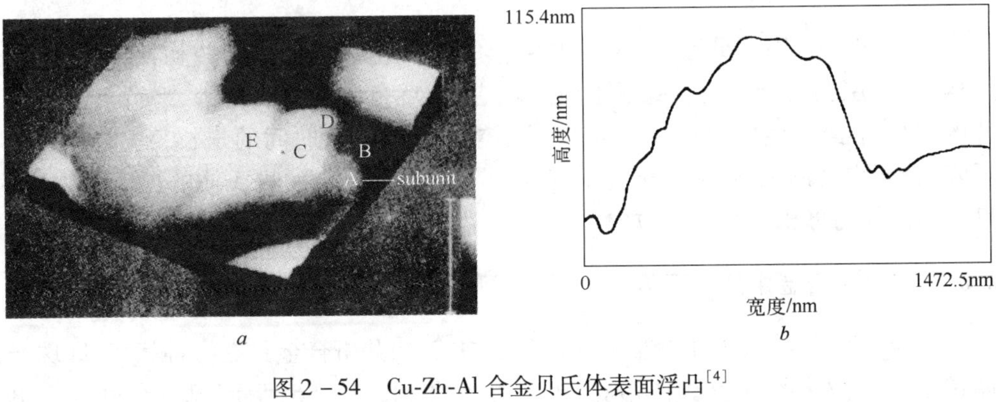

图 2－54 Cu-Zn-Al 合金贝氏体表面浮凸[4]

a—浮凸的三维立体形貌（STM）；*b*—浮凸高度曲线

Cu-Zn-Al 合金贝氏体表面浮凸呈现 N 形和帐篷形。有人认为是扩散 – 台阶机制形成的。其实,所有的一级相变均有体积改变,新相的比体积与母相不同,新相在试样表面不同时形成,造成体积的不均匀胀缩,就会形成表面浮雕。在第 10 章将要详细阐述各类相变的表面浮凸现象,并且指出表面浮凸不能作为切变的试验依据。

2.6.2　Ag-Cd 合金中的贝氏体

在研究 Ag-Cd 合金的块状相变和马氏体相变时,发现在 β 母相淬火时形成了片状 α 相沉淀。两片 α 呈钝角相交,形成时出现 V 形浮凸,被称为贝氏体。

Ag-Cd 合金中的贝氏体形态与 Cu-Zn 合金类似。图 2 – 55 为 Ag-42.3% Cd(原子分数)合金经 650℃淬火及在 175℃等温 7 h 得到的贝氏体组织,它是由很多贝氏体片织成的网状组织,其中还有残留的母相和块状相。

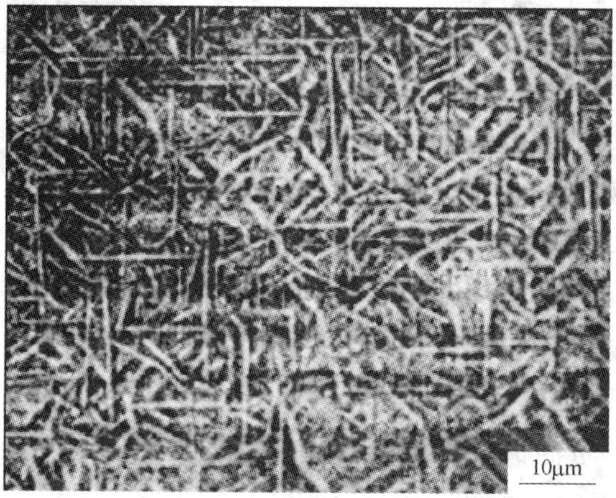

图 2 – 55　Ag-42.3% Cd(原子分数)合金贝氏体[1]

Ag-45% Cd(原子分数)合金在 160 ~ 300℃所形成的贝氏体的初期结构为 3R 结构,即含层错的面心立方结构。在 3R 结构内,有二维的面层错,平行于贝氏体片的 $\{111\}_F$ 面,每隔三个密排面有一排层错。随着等温时间的延长,3R 结构数量下降,直至完全消失,变为完全的正规 fcc 结构,这种合金的贝氏体的惯习面为 $(3,11,12)_b$,并与母相有晶体学位向关系。

2.6.3　U-Cr 合金中的贝氏体

在含铀小于 4% (原子分数) U-Cr 合金中,β 相共析合金具有三种相变,即珠光体转变、贝氏体相变和马氏体相变,转变动力学如图 2 – 56 所示,珠光体转变和贝氏体相变的 C 曲线有部分重叠[3]。

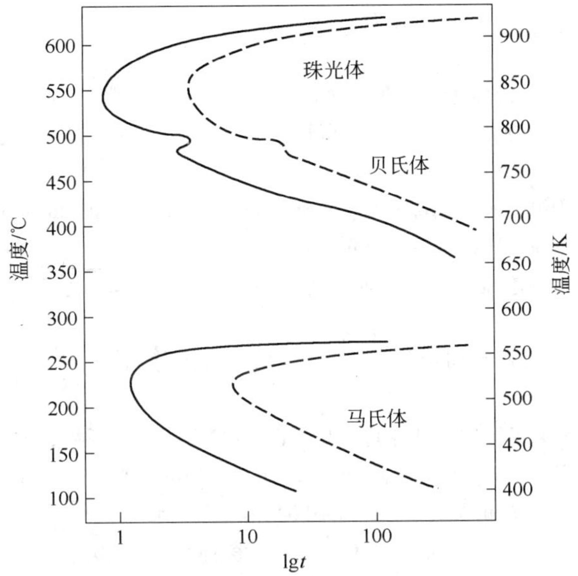

图 2-56 U-0.85% Cr(原子分数)合金的 TTT 图[1]

β 相为复杂的正方结构。β 相在 640℃ 进行共析分解。U-0.6% Cr 合金在 450℃以下、M_s 以上温度等温,可以形成贝氏体,呈不规则羽毛状。

铬在 β-U 中的扩散速度为铀自扩散速度的 120 倍,扩散激活能较大,认为贝氏体长大受铬扩散速率控制。但是也有人认为贝氏体长大速率受控于 α-β 相界面上的原子迁动性。

2.6.4 Ag-Zn 合金中的贝氏体

Ag-Zn 合金中也存在类似钢中的贝氏体形态的贝氏体[1]。它是 β 相经过淬火至室温,再经一定温度时效而产生的。在 Ag-26.6% Zn 合金中,贝氏体呈片状,内部存在层错。经过电子显微镜分析,贝氏体完全是 9R 型长周期层错结构(ABCBCACABABCBCACAB),单位晶胞为正交结构。9R 贝氏体与基体相之间存在位向关系,测定得

$$(001)_B \text{ 与 } (110)_{\beta1} \text{ 相差 } 5°$$

$$[110]_B // [\bar{1}11]_{\beta1}$$

Ag-Zn 中合金的贝氏体也存在惯习面,测定为$(\bar{9}28)_{\beta1}$。

Ag-Zn 合金贝氏体呈现片状,随着等温时间的延长,贝氏体片沿着特定的方向长大。

试样等温 20 s 后,电子衍射发现,除了 9R 斑点外,还有少量的 fcc 斑点,表明 fcc 在贝氏体内部形核。fcc 结构可能由贝氏体内部的层错改组而产生,因此,随着等温时间的延长,层错密度减少,9R 结构逐渐为 fcc 结构所代替。

参考文献

[1] 徐祖跃,刘世楷. 贝氏体相变及贝氏体[M]. 北京:科学出版社,1991,10~290.

[2] 贺信莱,尚成嘉,杨善武,王学敏. 高性能低碳贝氏体钢[M]. ,北京:冶金工业出版社,2008.

[3] Caballero F G, Miller M K, Babu S S, et al. Atomic Scale Observations of Bainite Transformation in a High Carbon High Silicon Steel[J]. Acta Materialia, 2007,55(1):389~390.

[4] 方鸿生,王家军,杨志刚,李春明,薄祥正,郑燕康. 贝氏体相变[M]. 北京:科学出版社,1999,80~220.

[5] 钢铁研究总院结构材料研究所. 钢的微观组织图像精选[M]. 北京:冶金工业出版社,2009.

[6] 刘宗昌等. 材料组织结构转变原理[M]. 北京:冶金工业出版社,2006.

[7] Mokuang Kang, Ming xing Zhang, Ming Zhu. In Situ Observation of Bainite Growth during Isothermal Holding[J]. Acta Materialia,2006(54):2121~2129.

[8] 李风照,敖青,姜江. 贝氏体中贝氏体铁素体纳米结构[J]. 金属热处理,1999,(12):,7~10.

[9] 赵乃勤,杨志刚,冯运莉. 合金固态相变[M]. 西安:中南大学出版社,2008.

[10] 敖青,秦超,孟凡妍,孟祥敏,李风照. 贝氏体铁素体精细结构孪晶及纳米结构[J]. 材料热处理学报,2002,23(3):20~23.

[11] 魏成富,栾道成. 贝氏体中脊形貌特征研究[J]. 材料热处理学报,2001,22(3):14~18.

[12] 杨立波,刘文西. 含硅钢中的贝氏体中脊[J]. 钢铁,1989,24(9):43.

[13] Okanmoto H, Oka M. Isolthmal Martensite Transformation in a 1.8wt% pct C Steel[J]. Metall Trans,1986,17A:113.

[14] Shackleton D N, Kelly P M: Acta Metall. 1967(15). 979.

[15] 0hmori Y, Jung Y C, Nakai K, Shioiri H. Bainite Transformation and the Diffusional Migration of Bainite/Austenite broad Interfases in Fe-9% Ni-C Alloys [J]., Acta Mater, 2001(49):3149~3162.

[16] 康沫狂,杨思品. 钢中贝氏体[M]. 上海:上海科学技术出版社,1990.

[17] 刘宗昌,王海燕,李文学,任慧平. 贝氏体碳化物形成机理[J]. 热处理技术与装备,2007.28(4):19~23.

[18] Smith G V, Mehl R F. Trans. Am. Inst. Min. Metall. Engrs. ,1942(150):211.

[19] Srinivasan G R., Wayman C M, Acta Metall. ,1968(16):609.

[20] Pitsch W. Acta Metall. ,1962(10):897~900.

[21] 李风照,秦超,孟凡妍,敖青,伦宁,孟祥敏. 一种贝氏体钢的性能及其界面结构原子像[J]. ,材料热处理学报,2002,23(4):9~12.

[22] 刘宗昌,任慧平. 过冷奥氏体扩散型相变[M]. 北京:科学出版社,2007.

[23] 沈嵘,程巨强,康沫狂. 贝氏体相变单元及长大机制的 TEM 研究[J]. ,中国科学,1998,28(6).

3 块状相变

块状相变于20世纪30年代被发现,比较系统的研究始于50年代。近年来,TiAl高温合金和Mn-Al-C铁磁合金等材料的热处理中涉及块状相变,并且认为这种相变具有工程价值,因而受到重视。

在贝氏体相变中阐述块状相变是因为块状相变也是一种中温转变,是介于马氏体相变和长程扩散型相变之间的一种中间型相变。块状相变的CCT曲线的位置正好与贝氏体转变的CCT曲线位置相当,如图3－1所示。

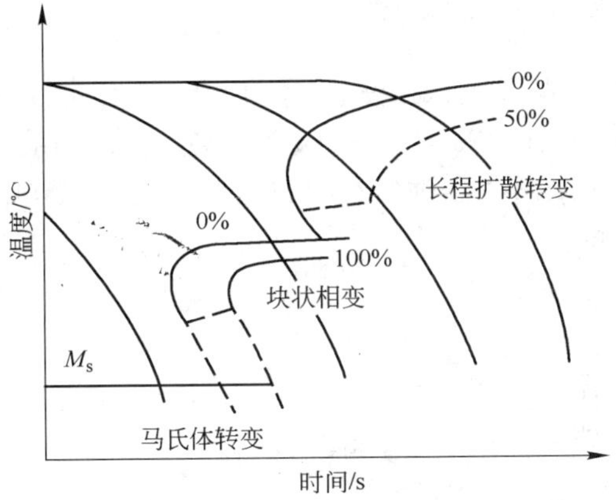

图3－1　块状相变在CCT曲线中的位置示意图

在纯铁和超低碳钢中的块状相变与贝氏体相变具有"亲缘"关系,故将它列为贝氏体家族,或者说,块状相变是贝氏体的一种特殊形貌。块状组织也曾称为粒状组织,但有人认为,粒状组织的提法不妥,需改称为中温块状铁素体组织[1]。搞清楚中温块状铁素体和中温贝氏体铁素体之间的关系具有理论意义。

3.1　金属的块状相变

3.1.1　块状相变的定义

块状相变具有三个特点:(1) 无成分变化。这一特点与马氏体无扩散型相变相同;(2) 界面迁移速率比一般的体扩散型相变的界面迁移速率高得多;(3) 具有不规则晶界的非等轴块状形貌。此外，在晶体学关系、转变机制等方面尚存在争议。块状相变这个术语来源于转变产物具有不规则形状的金相形貌，在许多合金中均发现了块状相变。

块状相变定义为：**成分不改变的，母相通过相界面处原子的热激活跃迁而形核长大成为块状相的一级相变**。块状相变的产物一般呈块状（massive），由此将其命名为块状相变。

块状相变这个术语来源于转变产物具有不规则形状的金相形貌。但是，仅仅由形貌来定义相变是不能揭示相变的物理本质的。有时不能从金相形貌来简单地判断是否是块状相变产物。事实上块状相也会呈片状或者针状，失去原来的块状形貌。尽管如此，由于历史的原因，块状相变（或称块型转变）的提法已被许多学者所接受。

3.1.2　纯金属及合金中的块状相变

在许多合金中已经发现块状相变，除了在 Cu-Zn 合金、Cu-Ga 合金中发现块状相变外，还在如 Fe、Fe-C、Fe-Ni、Fe-Co、Au-Zn、Ag-Zn 等一系列金属和合金中发现块状相变[2]。图 3－2 示出了高纯铁（$<0.005\%$ C）经 5000～35000℃/s 的冷速冷却时，发生的块状相变。

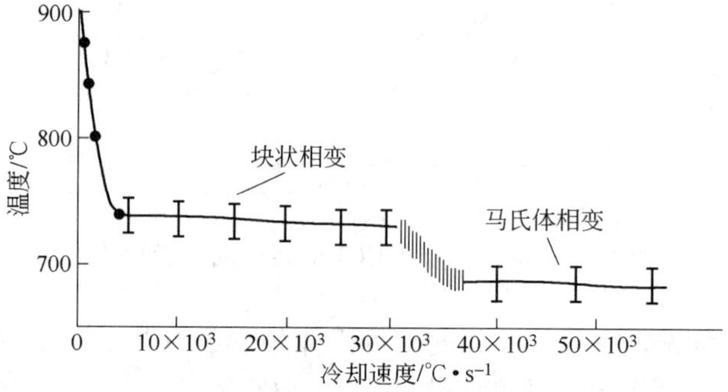

图 3－2　纯铁中冷速对相变的影响[1]

许多纯金属中，如 Fe、Ti、Zr、Co 等，均能够发生长程扩散的多晶型转变，这种转变当然不发生成分的改变，但不是块状相变，因为其不符合块状相变的特点。

从图 3－2 可见，纯铁在 0～55000℃/s 的冷速之间，冷速对相变点的影响。当冷速超过 5000℃/s，直到 30000℃/s，相变点稳定在 740℃，出现第一个“平台”，表明发生块状相变。当冷速超过 35000℃/s 以后，相变点稳定在 700℃ 左右，出现第二个“平台”，它对应于纯铁的马氏体相变。这个试验证明，块状相变不同于马氏体转变。在纯铁中，块状相变取代了钢中贝氏体相变的位置。

应当指出：此图的第二个平台，即 700℃，不应是纯铁的马氏体点，它可能是纯

铁表面马氏体的 M_s 温度。高纯铁的马氏体点 M_s 为 545℃[3]。

以纯铁为例,块状铁素体的形貌不同于长程扩散形成的等轴铁素体。图 3 –3 示出了纯铁的等轴状铁素体晶粒和铁素体块状组织的照片[4]。该照片是同成分的纯铁试样,同样加热到 1100℃,然后分别空冷和冰盐水激冷得到的组织。图 3 –3*a* 是从 1100 ℃加热后空冷得到的等轴状铁素体组织,是择优形核长大的转变的产物。图 3 –3*b* 为纯铁 1100℃加热,然后淬入冰盐水中得到的块状铁素体组织,铁素体晶粒形貌不规则。可见块状铁素体形貌不同于长程扩散形成的等轴铁素体。

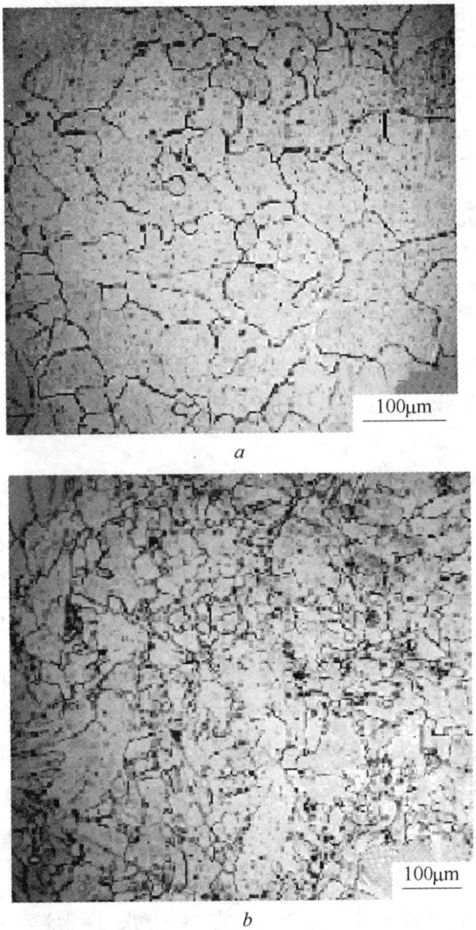

图 3 –3 纯铁的等轴状铁素体组织(*a*)和块状铁素体组织(*b*)

众所周知,纯铁与碳素钢的主要区别是碳含量的不同。因此有人推测[1],钢中的贝氏体相变可能是受碳影响的块状相变的一个变种。从图 3 –2 可见,当冷速超过 35000℃/s 时,在 700℃左右发生马氏体相变,显然是由于冷却速度太快,铁原子来不及扩散，而以无扩散方式进行了马氏体相变。当冷却速度小于 30000℃/s 时，才发生块状相变。

块状组织也可以呈现条片状特征。从图 3－4 可见，铁素体组织呈现条片状，跟无碳化物贝氏体组织中的铁素体片条相似。

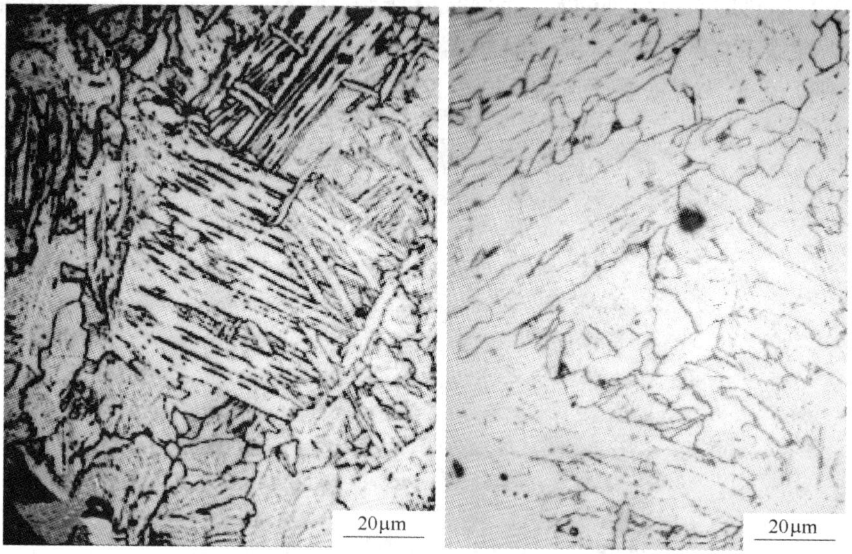

a　　　　b

图 3－4　稀土高纯铁的块状铁素体组织（从 1100℃淬入冰盐水中）

碳对纯铁的块状相变有一定影响。当碳含量增加到 0.013% 时，获得马氏体的最低冷速可以降低到 10000℃/s；当碳含量增加到 0.1% 时，在 5000℃/s 冷速下即可以抑制块状相变而获得马氏体。据统计，在 Fe-C 合金中，形成块状铁素体的最高碳含量为 0.02% ~0.03%，与贝氏体铁素体的碳含量相近[1]。可见，间隙溶质原子对块状相变有较大的影响。

稀土元素镧对纯铁的块状相变和组织有一定影响。含镧高纯铁薄试样（3 mm 厚）在空冷、冰盐水中淬火时均获得块状组织。显然，这是由于镧增加了 γ-Fe 的稳定性，在一般的冷却速度下，也能够获得块状组织，说明镧促进了 γ-Fe 的块状相变。

将含有稀土元素的纯铁试样加热后，在冰盐水中激冷，得到条片状的块状组织。图 3－4 为经冰盐水淬火得到的块状铁素体组织，可见块状相也会呈片状或针状，它与条片状的贝氏体铁素体相似，二者有密切的关系。

将含镧纯铁加热到 1100℃，然后在冰盐水中激冷，在块状组织中还发现了孪晶，如图 3－5 所示。图 3－5*a* 是条片状铁素体电子显微镜照片，可见，条片状铁素体是由亚单元组成，其中存在较高密度的位错缠结；图 3－5*b* 是条片状铁素体间分布着细小的孪晶片条，将其在高倍下观察，可见片条中分布着精细孪晶，最小的孪晶片间距约为数纳米。值得指出的是：在不含镧的高纯低碳钢中，无论是等轴状铁素体，还是块状铁素体中均没有观察到孪晶。而在含镧的纯铁中，块状铁素体组织中却观察到了$(\bar{1}1\bar{2})_{\alpha}$孪晶，可能是镧促进了铁素体相变孪晶的形成。在含镧纯铁组织中发现孪晶，尚属首次，不过其成因尚需研究。

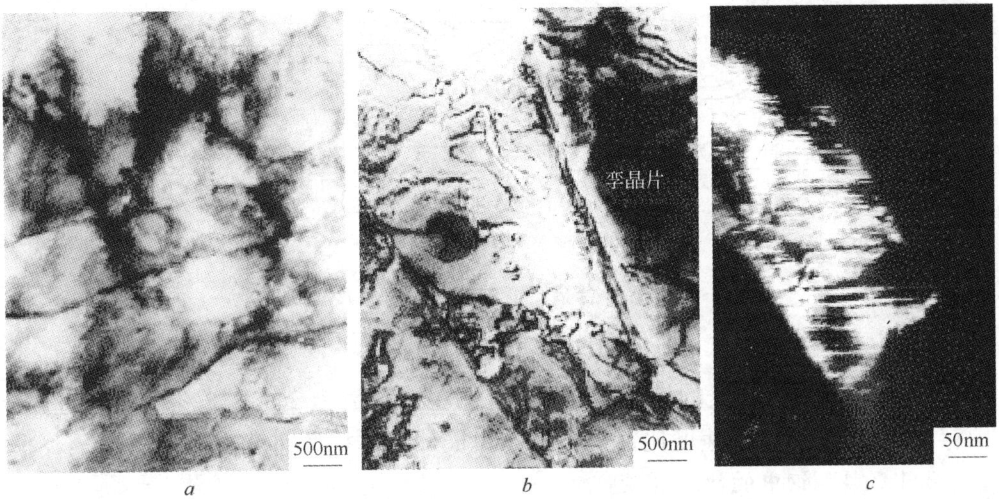

图 3-5 含 $w_{La}=0.029\%$ 高纯铁的块状组织及孪晶[4]

a—块状组织；*b*—细薄的孪晶片；*c*—孪晶的 TEM 像

3.1.3 替换式固溶体中的块状相变

3.1.3.1 Fe-Ni 合金中的块状相变

许多铁基合金和有色金属合金的替换式固溶体中，均能发生块状相变。在 Fe-Ni 合金中，不同镍含量的 Fe-Ni 合金的转变温度与冷却速度的关系，如图 3-6 所示。图中第一个“平台”所对应的转变即为块状相变；第二个温度“平台” 所对应的转变为马氏体转变。图中最上边的曲线是纯铁的转变线，它与图 3-2 相对应。下边的曲线镍含量依次增加，可见，随着镍含量的增加，块状相变的临界点降低。块状相变的临界点均比马氏体点高约 50℃。当镍含量为 10%（原子分数）时，块状相变的温度“平台”消失，只有马氏体转变，这说明镍严重阻碍了块状相变的进行。

3.1.3.2 Fe-Cr 合金的块状相变

在研究 Fe-10% Cr 合金的等温转变时，发现随着转变温度的降低，铁素体的形貌从等轴状（长程扩散转变产物）到块状（块状转变产物），再到针状（马氏体转变产物）的演化过程。块状转变的温度（G_s）和马氏体相变温度（M_s）随着铬含量的增加而降低。

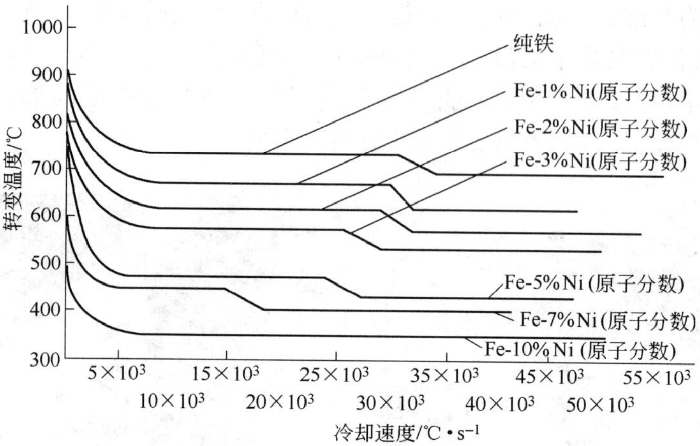

图 3－6　Fe-Ni 合金转变温度与冷却速度的关系[1]

3.1.3.3　Fe-Mn 合金的块状相变

在研究 Fe-Mn 合金的等温转变时，发现在锰含量为 2%、2.8%、3.1% 的合金中存在块状转变，转变速度比锰钢中过冷奥氏体的体扩散速度快得多。

3.1.3.4　钢中的块状相变

在 Fe-C、Fe-Ni-C、Fe-Si-C 等钢中均发现了块状相变。在 Fe-C 合金中形成块状转变的极限碳含量约为 0.02% ～0.03%，与贝氏体铁素体的固溶碳含量接近[1]。

在研究 Fe-9.7% Ni-0.29% C 合金的等温转变时发现块状相变，块状铁素体可在 B_s 点以上很宽的温度范围内形成，该合金的 B_s 点约为 389℃。在 530℃、400℃、260℃温度下，等温 50 min 后，淬入盐水中得到的金相组织，发现在 530℃等温得到等轴状铁素体；在 400℃、260℃等温时得到块状组织；在盐水中冷却则得到马氏体组织。

3.1.3.5　Fe-Si-C 合金中的块状转变

在研究 Fe-1.96% Si-0.37% C 合金的等温转变时，发现在 526℃等温（河湾区）可获得块状铁素体组织。如果降低等温温度到 475℃，则形成片条状的贝氏体组织。

3.1.3.6　含铜低碳钢中的块状相变

最近，在含铜钢（Fe-1.5% Cu-0.06% C）中也发现了块状组织。该钢加热后空冷和冰盐水淬火，金相观察，发现块状组织，如图 3－7 所示，图 3－7*a* 是空冷得到的等轴状铁素体晶粒组织。图 3－7*b* 为 950℃加热后在冰盐水中冷却，获得的块状铁素体组织，其晶粒细小，且晶界形状不规则。该研究是在纯铁中加入 1.5%

Cu,熔炼成超低碳的含铜钢,在950℃加热奥氏体化,铜全部溶入奥氏体中,铜提高了过冷奥氏体的稳定性,因而在冷却时转变为块状组织。

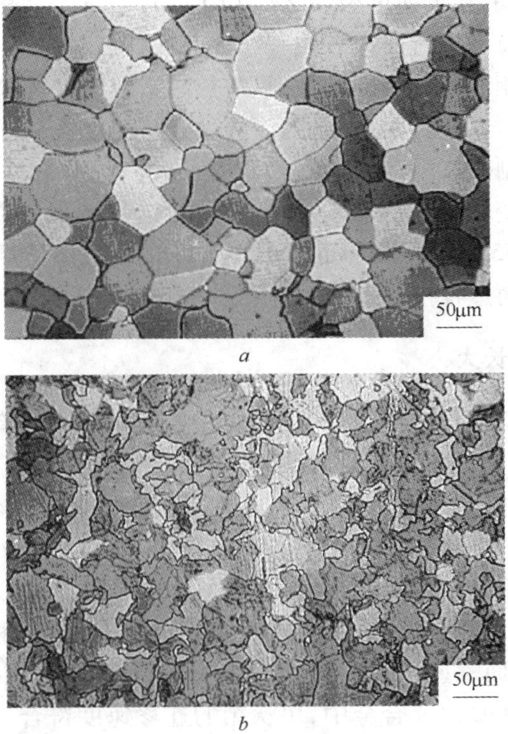

图3-7 Fe-1.5%Cu合金的等轴状铁素体(a)和块状铁素体(b)

3.2 块状相变的形核长大

3.2.1 块状相变的形核

按照固态相变的一般规律,块状相变也需要涨落,即结构涨落和能量涨落。由于新旧相的成分相同,故转变不需要浓度涨落。涨落将导致形成新相核胚,此核胚是具有新相结构的微区。对于 $\gamma \rightarrow \alpha$ 块状相变,涨落将在 γ 相的晶体缺陷处产生体心结构的微区,此体心结构的微区在一定条件下即可转变为块状铁素体。

关于块状相变的形核机制提出了几个形核模型,但均不成熟。

块状相变通常在晶界形核,然后迅速长入周围的母相中。新相的生长可以与母相具有取向关系,也可以没有取向关系。相界面往往具有不规则的外形,它常常可以穿过母相的原始晶界。由此可见,生长机制是热激活的[2]。

一般认为,控制块状转变速率的是形核率,晶核一旦形成,长大速度极快。在多数合金中,块状相的长大速度极快,约为 $10^5 \sim 10^7$ nm/s 之间,如此快的速度难以用常规的等温淬火技术进行研究。

由于新相和母相的成分相同,原子只需热激活跳跃就可以跨越界面,即不需要原子的长程扩散就可以使界面迁移,因而界面迁移速度比长程扩散的快,并且界面移动是界面过程控制的。

块状相变的相变激活焓仅仅为体扩散激活焓的2/3。在 Ti-47.55% Al 合金中,界面激活焓为155.25 kJ/mol,而铝在 α-Ti 中的扩散激活焓为264 kJ/mol,由此断定块状相变由界面过程控制。

3.2.2　块状相变的长大

块状转变时,相界面如何移动?显然与相界结构有关。有人认为控制相变中的相界是非共格界面。也有人认为相界面属于半共格或部分共格,并且以台阶机制长大。因此,块状相变时的相界结构,尤其是相变初期的动态变化尚需要进一步研究和检测。

当母相和新相的界面是共格或半共格时,一旦形核,起始为共格的相界面在长大时,将变为半共格界面,这种半共格界面的正向迁移以台阶机制进行。台阶的来源有两个:一个是界面螺型位错提供的不消失的台阶,在这种情况下,长大速度 v 与 $(\Delta T)^2$ 成正比。在 Cu-Ga 合金中,块状相的迁移速度符合这种关系。另一个是形成二维晶核的台阶,母相原子迁移到新相的惯习面上,形成二维晶核,自然形成了台阶,母相原子连续跃迁到台阶上,使新相连续长大。

由于块状相长大速度很快,因此有人对块状相变时的相界扩散机制提出了疑问。按照图 3－2 的数据,理论计算了纯铁块状相变时以铁原子跨相界短程扩散的方式完成相变的时间,结果表明,计算值比实验值小得多,相差 3～4 个数量级,因而认为由奥氏体(γ 相)形成块状铁素体(α 相)时,通过铁原子的跨相界短程扩散是难以实现的。据此提出了"相界与母相原子联动位移"机制[5],指出相界上的原子转入新相与母相原子转入相界是基本同步的,以此相界不断向母相迁移,新相则不断长大。显然,以这种方式长大,长大速率要比跨相界的原子短程扩散高得多。显然,$\gamma \to \alpha$ 块状相变不是依靠原子长程扩散或短程扩散,而是靠界面上原子的热激活迁移,直接连续地转入新相,从而使块状相迅速长大[6]。

3.2.3　块状相变机制

纯铁在中温区发生块状相变,也属于中温转变,块状相变取代了钢中贝氏体相变的位置。

块状铁素体也可以失去块状形貌，而变成条片状。将含 0.041% La 的纯铁试样（厚度 3 mm）加热到 1100℃，在冰盐水中激冷，可获得块状组织，即具有条片状形貌，如图 3－3、图 3－4 所示，可见，α-Fe 呈现条片状，与钢中的无碳化物贝氏体的铁素体片条相似，本质上也是一致的，即均为体心立方晶格的低碳铁素体。块状相变通常在晶界形核，然后迅速长入周围的母相中，它常常可以穿过母相的原始晶界，这种块状转变与钢中贝氏体相变具有亲缘关系。

块状转变的生长机制是热激活的，由于新相和母相的成分相同，原子只需热激活跃迁就可以跨越界面，直接地连续地转入新相，即不需要原子的长程扩散，也不依靠原子的短程扩散，就可以使界面迁移，因而界面迁移速度快，形核长大速度极快[2,4]。

这种具有台阶和位错的相界面易于吸纳来自奥氏体的原子，界面处奥氏体一侧的原子通过热激活跃迁（或者界面扩散），转移到新相上（BF）去，故长大可以连续进行。因为长大时没有成分变化，只需界面附近的原子做近距离的迁移，因此，这种转变仅受界面过程控制，转变速度很快。

铁原子由 γ-Fe 转移到 α-Fe 晶核上（γ→α 相变）需要越过一个位垒 Q，而由 α 相转移到 γ 相时，则需要越过较大的位垒（$Q+\Delta G_V$）。如图 3－8 所示，图中表示 γ 和 α 两相晶粒和相界面，γ 晶粒内的自由焓为 G_γ，α 晶粒内的自由焓为 G_α，$G_\gamma > G_\alpha$，因此，γ 晶粒中的原子通过相界面进入 α 相是个能量降低的过程，即自发过程。但是，相界面处具有较高的能量，γ 中的原子需要热激活越过位垒，Q 即为激活能，ΔG_V 是奥氏体、铁素体两相自由焓差。原子只需热激活跳跃并跨越界面，α 相就可以连续长大，此称为非协同热激活跃迁，是界面控制过程。

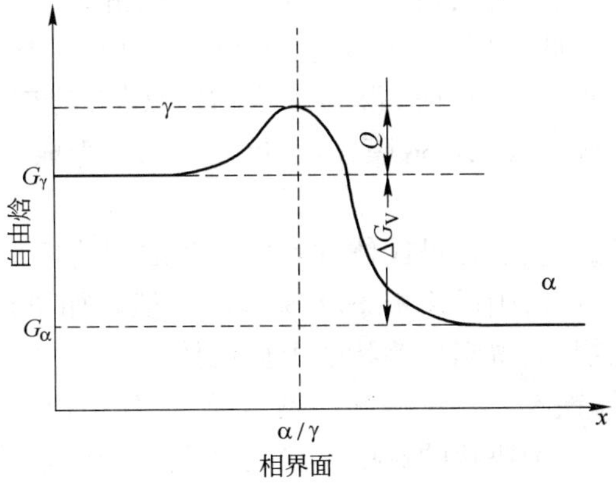

图 3－8　原子越过界面时自由焓变化示意图

铁原子和替换原子的这种非协同热激活跃迁是相互的、无序的，不能确保原子的相邻关系不变。母相 γ 中的原子依次接踵地跃迁进入自由焓低的 α 相中，这种位移酷似扩散，但非扩散；酷似切变，也非切变。

因此，**块状相变是相界面处原子非协同热激活迁移机制**，它是介于扩散位移和切变位移之间的一种位移形式。

3.3　块状相变与贝氏体相变的关系

1958年，Massalski在有色合金中发现了块状相变。1964年Bibby等在高纯铁中发现块状相变[7]。20世纪80年代才在钢中发现块状相变。可见对于钢中块状相变的研究比对贝氏体的研究要晚40余年。在此期间，对贝氏体相变的研究形成了两个学派，切变学派把马氏体相变视为贝氏体相变的近亲；而扩散学派则视贝氏体相变为共析分解的延续，都没有注意到块状相变与贝氏体相变的联系。

1984年李承基提出贝氏体相变与块状相变有亲缘关系[8]。引起如下思考：同样在中温区，在纯铁中发生块状相变，在低碳钢中有贝氏体相变，两者仅仅是碳含量不同，从块状相变到贝氏体相变的演化过程中，碳原子作为间隙原子，起到了关键作用。看来这两种相变的关系十分密切。

3.3.1　块状相变与贝氏体相变的亲缘关系

在Fe-C合金中，当碳含量超过0.0218%时，在平衡冷却过程中会出现共析分解。过冷度很大时，碳原子也能够扩散到奥氏体-铁素体相界面上，建立局部平衡，使奥氏体一侧的碳含量富集。即使在M_s点以下形成板条状马氏体时，碳原子的富集也难以抑制，在板条之间残留约20 nm厚的残留奥氏体薄膜。

如果钢中碳含量极低，工业纯铁和超低碳钢中，在中温区，无碳或碳含量极低的γ相转变为α相，即当$\gamma \to \alpha$时，得到块状的铁素体，这就是上述的块状组织。由于亚单元之间没有残留奥氏体薄膜，故亚单元不断长大成为块状，得到块状铁素体形貌。

随着钢中碳含量的增加，在贝氏体铁素体片条之间将留下富碳的奥氏体薄膜，铁素体片条之间不能融合，则呈现板条状铁素体特征。如果铁素体片条之间的富碳奥氏体中析出碳化物，则得到羽毛状的上贝氏体。

如上所述，贝氏体铁素体片条由亚片条组成，亚片条由亚单元、超细亚单元组成，亚单元近似方形。这种块状的亚单元可能就是一个铁素体晶核尚未充分长大的块状转变产物，即贝氏体的亚单元或超细亚单元。这种贝氏体单元与块状相变的铁素体没有本质上的区别，即成分相同、晶格相同。

因此，本书作者认为，纯铁的块状转变（γ-Fe$\to\alpha$-Fe）与低碳钢的奥氏体贫碳区中形成的贝氏体铁素体亚单元（α-Fe），两个转变没有本质上的区别，即均为成分不变的相变，都是 fcc→bcc 的晶格改组，形貌上，块状转变产物是铁素体晶粒界不规则，但也可为条片状。而贝氏体铁素体为条片状，可见，在形貌上也有相同之处[9]。

从纯铁的块状转变到低碳钢的贝氏体相变是由于过冷奥氏体中碳含量的增加而使转变产物的组织结构逐渐演化的过程。

3.3.2 成分不变的非协同型转变

在固态相变中存在两种长大方式：(1) 成分不变协同型长大；(2) 成分不变非协同型转变[10]。成分不变协同型转变，即原子集体有组织地位移引起的转变，它是无扩散相变，如马氏体转变；成分不变的非协同型转变，即原子在相界面处非协同热激活跃迁，新相可以连续长大，也是无扩散相变，如块状相变。

从无碳化物贝氏体的形成事实来分析，在含有 Si、Al 元素的合金钢中，由于 Si、Al 原子不溶入渗碳体中，因此 Si、Al 原子不扩散离去，渗碳体难以形核长大，这样，在发生贝氏体相变时，富碳的奥氏体中难以形成渗碳体，就形成了只有贝氏体铁素体而没有渗碳体的无碳化物贝氏体。这一事实说明在贝氏体转变时，替换原子 Si、Al 没有发生扩散。那么，贝氏体铁素体亚片条、亚单元是怎么形成的？在没有 Si、Al 替换原子扩散的情况下，贫碳的奥氏体以块状转变的方式完成 $\gamma \to \alpha$ 相变。相界面处的铁原子、替换原子以非协同的热激活跃迁的方式，从贫碳的奥氏体中直接转入贝氏体铁素体中，形核并长大为贝氏体铁素体亚单元，这就是以非协同热激活跃迁方式完成的贝氏体铁素体的相变[11,12]。

至于块状转变产物不同的形貌，有晶界不规则的块状，也有条片状。当冷却速度较小时，转变温度较高，母相的弹性模量 E 较小，则相变畸变能较低，新相可长大为块状；但当冷却速度很大时，相变温度降低，此时母相的弹性模量值增大，使新相长大的畸变能增大，也即相变阻力增大，此时只能新相选择片状、盘状或针状长大，以减少畸变能，最后长大为条片状铁素体。

参 考 文 献

[1] 陈景榕，李承基．金属与合金中的固态相变[M]．北京：冶金工业出版社，1997：50～150.

[2] 徐祖耀．块状相变[J]．热处理，2003，18(71)，1～9.

[3] 徐祖耀．马氏体相变与马氏体(第二版)[M]．北京：科学出版社，1999.

[4] 刘宗昌，任慧平．含镧钢的 $\gamma \to \alpha$ 块状相变[J]．热处理，2007，22(85)：34～39.

[5] 侯增寿，赵兴国，侯文义，梁伟．纯铁 $\gamma - \alpha$ 转变机制求索[J]．材料热处理学报，2001，22(4)：1～3.

[6] 刘宗昌，王海燕，任慧平．贝氏体铁素体形核机理求索[J]．材料热处理学报，2007，28(1)：53～58.

[7] Bibby M J，Parr J G. JISI . 1964(202)：100.

[8]　李承基．贝氏体相变理论[M]．北京:机械工业出版社,1995.

[9]　刘宗昌,王海燕,王玉峰,李文学,任慧平．贝氏体铁素体形核长大的热激活迁移机制[J]．金属热处理,2007,32(11):1～5.

[10]　戚正风．固体金属中的扩散与相变[M]．北京:机械工业出版社,1998.

[11]　刘宗昌,王海燕,王玉峰,李文学,任慧平．贝氏体铁素体形成的热激活跃迁机制[J]．内蒙古科技大学学报,2007.

[12]　刘宗昌,李　峰,任慧平．含 La 高纯钢中的块状相变组织[J]．钢铁研究学报,2007,19(5):76～80.

4 贝氏体相变热力学

相变驱动力和阻力是热力学的核心问题,它决定相变过程的总趋势。对于贝氏体相变而言,计算相变驱动力和阻力可为相变机制的研究提供理论依据。热力学理论在相变研究中的一项应用就是计算相变驱动力,从而判断相变过程能否进行。因此,贝氏体相变热力学研究作为贝氏体相变研究一个组成部分,受到学术界的重视。

20 世纪中期,Kaufman、Radcliffe 和 Cohen 创建的 KRC 模型(1962 年),作为贝氏体相变热力学模型。当时,对共析分解、马氏体相变、贝氏体相变等研究均不够深入,尤其是对贝氏体相变的研究仅刚刚开始,贝氏体的形貌、物理本质等均没有真正搞清,过早地设计了贝氏体相变的物理模型,并且进行了数学计算,这就必然出现计算偏差。

在当时条件下,他们计算了 Fe-C 合金中 $\gamma \rightarrow \alpha + \gamma_1$ 反应、$\gamma \rightarrow \alpha + Fe_3C$ 反应和 $\gamma \rightarrow \alpha' \rightarrow \alpha'' + Fe_3C$ 三种相变反应的驱动力,但并未与相变机制联系。

以后,人们对 Fe-C 合金热力学模型做了改进,并又提出了两个新的处理模型:Lacher、Fowler 和 Guggenheim 提出的 LFG 模型和 McLellaln 和 Dunn 提出的 MD 模型。这些模型成为某些学者研究贝氏体相变热力学的基础。

贝氏体相变热力学是基于统计热力学基本理论而发展起来的,其最基本原理是相变驱动力等于两相自由焓之差。间隙固溶体的自由焓与熵(S)、焓(H)及温度(T)直接相关,即自由焓之差 $\Delta G = \Delta H - T\Delta S$。

Fe-C 合金贝氏体相变的驱动力可以通过相变的温度、碳和铁的浓度(活度)来确定。要计算相变的驱动力,必须首先计算碳和铁在 Fe-C 合金中的活度。原始的 KRC 模型经过 Aaronson 等学者的改进,计算了碳在奥氏体中的活度 a_C^γ;碳在铁素体中的活度 a_C^α;铁在奥氏体中的活度 a_{Fe}^γ;铁在铁素体中的活度 a_{Fe}^α,并分别列出了计算式。在此基础上,进行了铁碳二元合金贝氏体相变驱动力的计算,即计算了先共析铁素体转变的驱动力 $\Delta G^{\gamma \rightarrow \alpha + \gamma_1}$,共析分解的驱动力 $\Delta G^{\gamma \rightarrow \alpha + Fe_3C}$ 和马氏体型转变的驱动力 $\Delta G^{\gamma \rightarrow \alpha}$。

这些学者根据计算的贝氏体相变驱动力数值,对相变机制提出了一个新观点,认为在贝氏体相变温度范围内,切变过程比共析转变困难,也比先共析铁素体析出困难。Aaronson 等学者认为贝氏体就是共析转变的非层片状产物,因而从热力学上否定了贝氏体相变的切变机制,并且提出了贝氏体相变的台阶扩散机制。

40 年来,两种观点一直没有统一,其原因之一是:将贝氏体相变等同于共析分解是错误的。贝氏体相变不是单一的扩散过程,也不是单纯的"切变"过程,而是在组织形貌、相组成、动力学等各方面均具有过渡性的相变。

4.1　贝氏体相变热力学条件

4.1.1　相图与自由焓变化

众所周知，贝氏体相变同样需要过冷度，需要相变驱动力 ΔG。图 4－1 表示了 Fe-C 合金在 A_1 以下温度 T 时各相自由焓的变化。某亚共析钢的奥氏体过冷到温度 T 的过程中，奥氏体通过两相区 A + F 时，没有析出先共析铁素体 F，而直接过冷到 T 温度，A + F 两相区被延伸到 A_1 以下的亚稳区域，在亚稳区的上部，靠近 A_1 的较高温度区间，将进行先共析铁素体转变和共析分解反应。在中温区，如 T 温度下，b 点的铁素体与 d 点的奥氏体处于亚稳平衡，其自由焓的大小由 γ 和 α 相的自由焓曲线的公切线决定，即图中的 cc 线和 bd 公切线的交点所对应的自由焓值（ΔG_1）。铁素体 + 渗碳体两相的自由焓由公切线 aE 与 cc 线的交点决定（ΔG_2）。由 BF + 渗碳体组成的贝氏体的自由焓较低，而由 b 点碳含量 > 0.0218% C 的 BF + γ（残留奥氏体）组成的无碳贝氏体的自由焓较高，较为不稳定。在温度 T，形成 BF + Fe_3C的贝氏体更稳定。

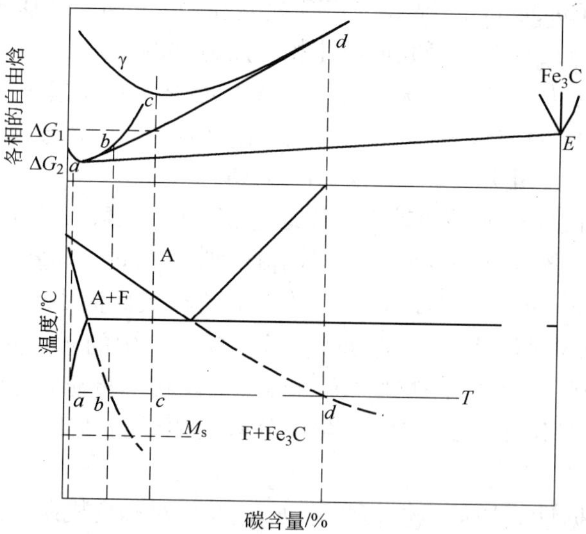

图 4－1　Fe-C 合金在温度 T 时各相自由焓示意图

4.1.2　贫碳区和贝氏体铁素体中的碳含量

科学技术哲学告诉我们，自然事物演化的自组织条件之一是出现随机涨落[1]。在贝氏体相变孕育期内,在过冷奥氏体中必然通过随机的浓度涨落形成贫碳区和富碳区[2]。

新相的晶核是以涨落作为种子的。浓度涨落可以形成贫碳区,结构涨落可以形成体心核坯,能量涨落可以提供核坯和临界晶核所需要的能量上涨。三种涨落的非线性正反馈相互作用,使微小的涨落迅速放大,致使奥氏体贫碳区的结构(fcc)失稳而瓦解,建构 bcc 结构的 BF 晶核。

由于在铁素体中溶解的碳原子极少,因此 BF 形核时将排碳,碳原子长程扩散富集于周边的奥氏体中,使富碳的奥氏体 γ_1 稳定性增加,加之替换原子对形成碳化物的影响,如果 M_3C 难以形成,则只能维持 BF + γ 的亚稳状态,即得到无碳化物贝氏体。当富碳的奥氏体 γ_1 中析出 θ-Fe_3C 时,则形成 BF + θ-Fe_3C 等相构成的整合组织,即上贝氏体。

弄清贝氏体铁素体(BF)中的碳含量至关重要。BF 形貌多呈条片状,内部有亚片条、亚单元等精细亚结构,存在较高密度的位错,近年来发现在下贝氏体中发现精细孪晶,具有较高的应变能和储存能。BF 不是平衡态的 α-Fe,是碳及合金元素溶入 α-Fe 的固溶体。对于 Fe-C 合金的贝氏体铁素体,其碳含量是过饱和的,这是由于 BF 在中温区形成,而后较快冷却,碳原子来不及脱溶的缘故。Fe-C 合金相图左下角 *P* 点附近的各相成分表示在图 4-2 中,室温下平衡态的铁素体中基本上是不含碳的,即小于 0.001% C。BF 中碳的过饱和度与钢的成分,贝氏体相变温度、时间,贝氏体亚结构等因素有关。

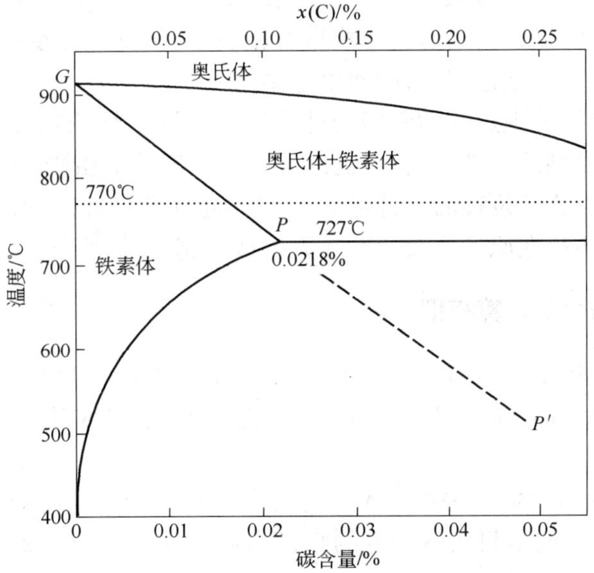

图 4-2 Fe-C 合金相图左下角 *P* 点附近的各相成分

近年来的研究表明，贝氏体铁素体中存在较高的位错密度，并且相变温度越低，位错密度越高。一般约 $10^9 \sim 10^{10}\ cm^{-2}$。碳原子易于偏聚在位错处，形成 Cotterll 气团，即被位错所禁锢。已知，板条状马氏体中可吸纳 0.2% C，故 BF 中禁锢的碳原子使其呈过饱和状态，固溶碳含量约为 0.2% C 以下。

贝氏体铁素体在形核及长大过程中，碳原子必须扩散离去进入周边的奥氏体中，因此，贝氏体的形成速度受控于碳原子的长程扩散。

过冷奥氏体转变为贝氏体组织时，其相组成物不同，主要有如下几类：

（1）羽毛状贝氏体：$A \rightarrow BF + Fe_3C$；

（2）无碳化物贝氏体：$A \rightarrow BF + \gamma$（残留奥氏体）；

（3）粒状贝氏体：A→BF + M-A 岛；

（4）下贝氏体：$A \rightarrow BF + \varepsilon\text{-}Fe_xC + \gamma$，下贝氏体中的碳化物有时也可以为 θ－渗碳体。

各类贝氏体组织中均以贝氏体铁素体（BF）为基体，其上分布着不同形态的碳化物、残留奥氏体、马氏体等相，有机结合为贝氏体组织，不是混合物！而是有机结合的整合组织。

4.2　贝氏体相变热力学计算

贝氏体相变的阻力要比马氏体小，相变能量消耗低。但是若以切变方式进行，相变驱动力不够大，这一点被某些学者用来否定贝氏体相变时以切变方式进行。而持切变观点的学者认为，以切变方式进行相变时，算得的相变驱动力是足够的。他们的计算结果不同，结论相反，因而争论多年。

研究发现，持两种观点的学者们的计算模型不同是结论相反的主要原因。在分析以往的计算模型的基础上，我们提出了新的物理模型和初步的估算结果，并以此对贝氏体相变时原子位移的三种可能的方式进行了分析，认为除了扩散台阶机制、切变机制外，还存在原子热激活跃迁无扩散机制。

4.2.1　相变驱动力的计算模型

1937～1939 年 Lacher、Fowler 和 Guggenheim 提出了 LFG 模型[3]。1962 年 Kaufman、Radcliffe 和 Cohen 提出了 Fe-C 合金贝氏体相变热力学模型，即 KRC 模型[3,4]。

1969 年 Mclellan、Dunn 提出了 MD 模型[3]。应当指出，这些模型是发现贝氏体相变初期提出的，当时对贝氏体相变的物理实质尚未真正搞清楚，因此，这些模型有一定局限性，不够完善。

1987 年徐祖耀等以改进的 KRC 模型计算了 Fe-C 合金贝氏体相变驱动力。

按三种可能的相变机制进行贝氏体相变驱动力的计算。一是先共析转变，即由奥氏体中析出先共析铁素体，余下的是残留奥氏体，反应式为：$\gamma\rightarrow\alpha+\gamma_1$；二是奥氏体分解为平衡浓度的渗碳体和铁素体，反应式为 $\gamma\rightarrow\alpha+Fe_3C$；三是奥氏体以马氏体相变方式转变为同成分的铁素体，然后，过饱和铁素体中析出渗碳体，自身成为过饱和碳含量较低的铁素体，即 $\gamma\rightarrow\alpha'\rightarrow\alpha''+Fe_3C$。此三种模型均列出了供计算的数学表达式。

（1）由奥氏体析出先共析铁素体的自由焓变化表示为[3,4]

$$\Delta G^{\gamma\rightarrow\alpha+\gamma_1}=RT\left[x_\gamma\ln\frac{a_{\mathrm{C}}^{\gamma/\alpha}}{a_{\mathrm{C}}^{\gamma}}+(1-x_\gamma)\ln\frac{a_{\mathrm{Fe}}^{\gamma/\alpha}}{a_{\mathrm{Fe}}^{\gamma}}\right] \tag{4-1}$$

式中 $a_{\mathrm{C}}^{\gamma/\alpha}$、$a_{\mathrm{Fe}}^{\gamma/\alpha}$——分别为碳和铁在奥氏体－铁素体相界面奥氏体中的活度；

a_{C}^{γ}、a_{Fe}^{γ}——分别为碳和铁在奥氏体中的活度。

（2）以共析平衡分解模型计算相变驱动力，铁素体的自由焓近似地用纯铁的自由焓替代，则

$$\Delta G^{\gamma\rightarrow\alpha+\mathrm{Fe_3C}}=(1-x_\gamma)G_{\mathrm{Fe}}^{\alpha}+x_\gamma G_{\mathrm{C}}^{\mathrm{G}}+x_\gamma\Delta G^{\mathrm{Fe_3C}}-G^{\gamma} \tag{4-2}$$

式中 $\Delta G^{\mathrm{Fe_3C}}$——渗碳体的生成自由焓变化，$\Delta G^{\mathrm{Fe_3C}}=G^{\mathrm{Fe_3C}}-3G_{\mathrm{Fe}}^{\alpha}-G_{\mathrm{C}}^{\mathrm{G}}$；

$G^{\mathrm{Fe_3C}}$、G_{Fe}^{α}、$G_{\mathrm{C}}^{\mathrm{G}}$、$G^{\gamma}$——分别为渗碳体、纯铁、石墨和奥氏体的自由能。

经过半个多世纪的研究，对贝氏体的本质已经有了比较透彻的认识，可以明确地断定贝氏体相变不是共析分解，是不平衡相变[5,6]。贝氏体铁素体（BF）在碳含量、组织形貌、亚结构等方面不同于先共析铁素体，也不同于珠光体中的共析铁素体片；贝氏体中残留奥氏体已经富碳，并且受 A→BF 的相变膨胀胁迫，物理状态也不同于先共析分解时的原过冷奥氏体，因此，在式 4－1 中采用的各活度值不适用于贝氏体相变驱动力的计算。同样，贝氏体中的碳化物形貌和结构也不同于珠光体中的片状渗碳体。因此，式 4－2 中的各自由焓值也不适用于贝氏体的驱动力计算。

第一、二两种物理模型将贝氏体相变处理为先共析转变和共析分解，这种模型用于贝氏体相变驱动力的计算是不可取的。因为贝氏体相变绝非共析分解，也不是先共析转变。本书第 6 章将详细阐述贝氏体相变与共析分解本质上的区别。

贝氏体相变与共析转变有着本质上的区别，二者不能混淆。因此，KRC 模型、LFG 模型、MD 模型都不适用于贝氏体相变，其计算结果当然也不适用于贝氏体相变，它不是贝氏体相变的驱动力，而是先共析铁素体转变和共析分解的驱动力。以此计算结果来否定切变学说未免失之偏颇。现在看来，不管切变机制是否完善，用此计算数据作为否定切变机制的证据是苍白无力的。

图 4 - 3 为 35Cr 钢的 TTT 图，从图中可见，先共析铁素体（F）是在 580℃ ~ A_3 温度之间形成，在先共析铁素体转变线和珠光体转变开始线之间，为 $\alpha+\gamma$ 两相。而在 580℃以下，有一条贝氏体转变开始线，$\gamma \to BF + \gamma_1 \to B_{上}$。在此两个不同的奥氏体转变区，应当建立不同的计算模型。

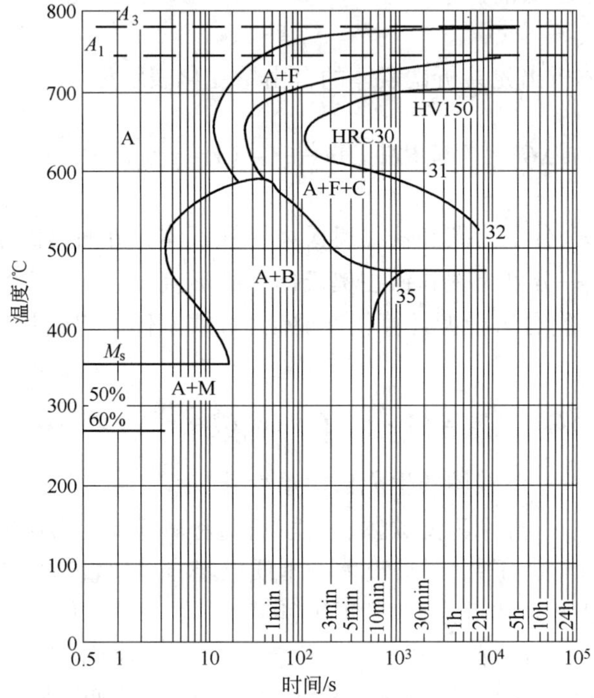

图 4 - 3 45Cr 钢的 TTT 图[7]

第三种模型 $\gamma \to \alpha' \to \alpha'' + Fe_3C$，指出第一步 $\gamma \to \alpha'$。已知奥氏体在 M_s 点以上不能直接转变为马氏体（α'），除非奥氏体中形成贫碳区，贫碳区中的马氏体点升高（设为 M_{sb}），在比原马氏体点（为 M_s）稍高的情况下，即 $M_{sb} > M_s$，有可能按照马氏体相变的切变方式形成贝氏体铁素体片条（BF）。因此，第三种模型也有不足之处。

4.2.2 相变驱动力的计算结果及分析

按照上述模型，对 Fe-C 合金贝氏体相变，按三种可能的相变机制计算了驱动力[3,4]。对碳含量为 0.1% ~0.5% 的 Fe-C 合金，在 B_s 温度，$\gamma \to \alpha + \gamma_1$ 转变驱动力为 -178 ~ -227 J/mol（KRC 模型）和 -196 ~ -237 J/mol（LFG 模型），此值是先共析铁素体析出的驱动力和共析分解的驱动力，不是贝氏体相变的驱动力，它比贝氏体相变驱动力值小许多。按 $\gamma \to \alpha' \to \alpha'' + Fe_3C$ 机制计算，碳含量为0.8%的Fe-C合金在550℃时的驱动力为 -390 J/mol（KRC模型）和 -181 J/mol（LFG模型）。

图4-4*b*是按照KRC、LFG模型计算的0.89% C的碳素钢的相变驱动力，温度范围是127～727℃。图4-4*a*是不同钢的共析分解的驱动力实测值。比较两图，可见，在临界点 A_1（727℃）附近，相变驱动力为零。在550℃以上，实测值和计算值较为接近。例如在550℃，相变驱动力均约为 -1000 J/mol左右。共析成分的Fe-C合金在550℃以下等温，将发生贝氏体相变，从图可见，无论是实测值还是计算值，其驱动力均较大，依据转变温度不同，合金系不同，可能在 -1000～-2000 J/mol范围内变化[8]。

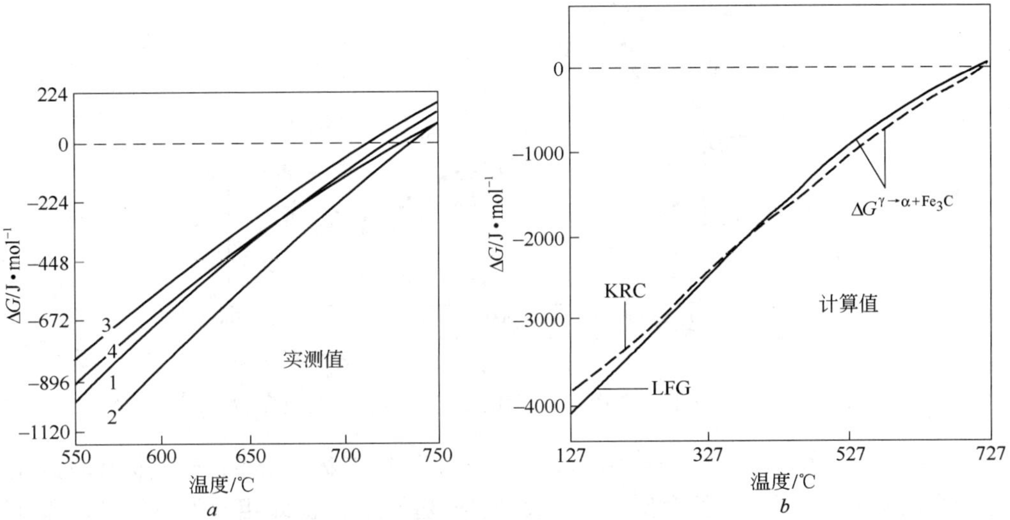

图4-4　奥氏体与珠光体的自由能之差与温度的关系（*a*）和按照KRC、LFG模型计算的相变驱动力（*b*）

1—碳素钢；2—1.9% Co钢；3—1.8% Mn钢；4—0.5% Mo钢

对Fe-C-X系低合金钢的贝氏体相变，按照上述设计模型计算的相变驱动力 $\Delta G^{\gamma\to\alpha+\gamma_1}$，如图4-5所示[3,4]。图中的黑点代表驱动力的计算结果，实线代表切变应变能的计算值。应变能 W_ε 采用下列方程计算：

$$W_\varepsilon = \frac{E(\varepsilon_{13}^{\mathrm{T}})^2}{1+\nu} \times \frac{\pi(2-\nu)V}{4(1-\nu)} \times \frac{c}{b} \tag{4-3}$$

式中　E——弹性模量；

$\varepsilon_{13}^{\mathrm{T}}$——无应力切变应变张量；

ν——泊松比；

V——贝氏体铁素体片条的摩尔体积；

c/b——厚度与长度之比。

Aaronson 等人采用 $c/b=0.02$ 及 $\varepsilon_{13}^{T}=0.18$，计算得出 W_{ε}，如图 4－5 实线所示。他们认为相变驱动力不能抵偿应变能，这么小的驱动力难以克服如此大的相变阻力，即难以进行切变型相变，或至少在上部温度，贝氏体相变难以切变进行。

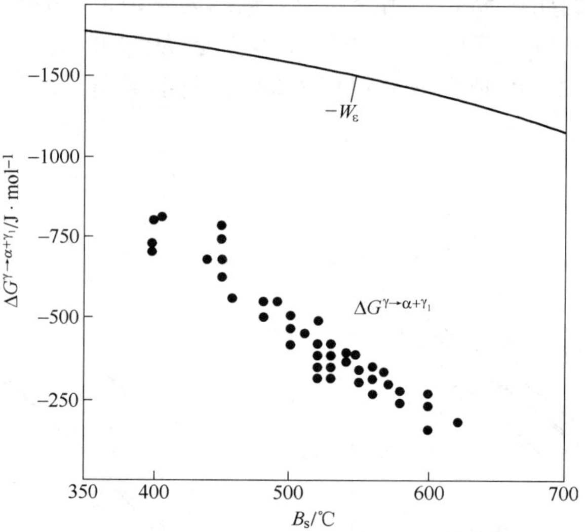

图 4－5　一些低合金钢在 B_s 时的 $\Delta G^{\gamma\to\alpha+\gamma_1}$ 及切变应变能 W_{ε} [3]

从式 4－3 中可见，畸变能阻力（W_{ε}）与新相铁素体片条的摩尔体积 V 成正比，体积 V 越大，厚度与长度比 c/b 越大，则应变能越大，也即相变阻力越大。近年来的研究表明，贝氏体铁素体片条由精细亚单元构成，尺度只有几个纳米到几十个纳米。如果形成很薄的（纳米级）、体积 V 很小的贝氏体铁素体亚单元，以式4－3 计算，切变阻力 W_{ε} 值将大大变小。

如上所述，Aaronson 等人的计算值 $\Delta G^{\gamma\to\alpha+\gamma_1}$ 偏小，即图中的黑点代表驱动力 $\Delta G^{\gamma\to\alpha+\gamma_1}$ 偏小，实际上应当大一些，因此应用该图来否定“切变”机制也是不可靠的。

共析分解的驱动力和贝氏体相变驱动力不等。从图 4－6 可见，在 650℃，在先共析铁素体析出线和珠光体转变开始线之间的区域，奥氏体析出先共析铁素体，即 A→F + A′，也可以表示为：$\gamma\to\alpha+\gamma_1$；在 550℃，在贝氏体转变开始线和珠光体转变开始线之间的区域，过冷奥氏体转变为贝氏体铁素体和富碳的奥氏体，即 A →BF + γ_1。这两者转变性质上存在着本质的区别。在 650℃，析出先共析铁素体时只需要较小的驱动力 $\Delta G^{A\to F+A'}$；而在 550℃ 的贝氏体转变则需要较大的驱动力，奥氏体和贝氏体之间的自由焓之差较大。

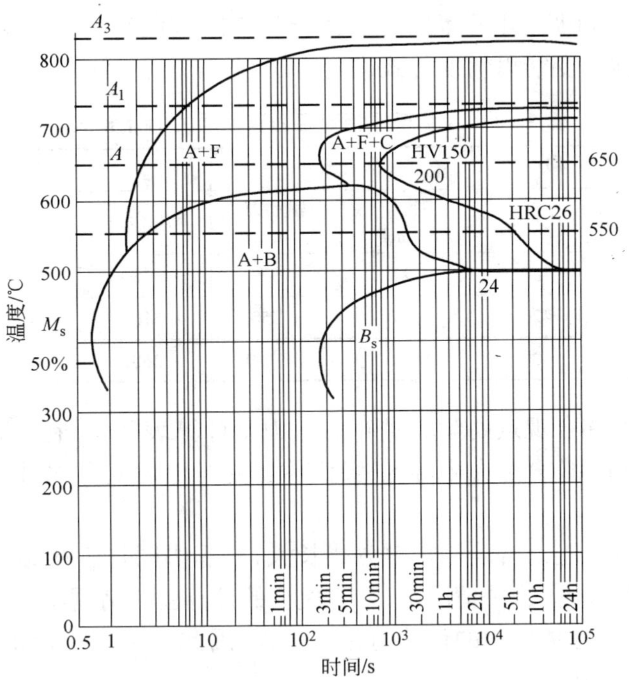

图 4-6 20CrMo 钢的 TTT 图[7]

4.2.3 按切变机制计算相变驱动力

康氏以切变机制模型进行了计算。以 Fe-C 合金为例，在奥氏体的贫碳区里，以马氏体型的切变形核机制转变为贝氏体铁素体（BF），用下式表示[9]：

$$\gamma \rightarrow \gamma' + \gamma_1 \rightarrow \alpha' + \gamma_1 \rightarrow BF + \gamma_1$$

式中 γ——母相奥氏体；

γ'——奥氏体贫碳区；

γ_1——富碳奥氏体区；

α'——贝氏体核胚；

BF——贝氏体铁素体。

贝氏体相变临界驱动力为：

$$\Delta G^{\gamma \rightarrow BF} = -\Delta G^{\gamma \rightarrow \gamma' + \gamma_1} + \Delta G^{\gamma' \rightarrow \alpha} \qquad (4-4)$$

据此计算了一些合金钢的上贝氏体和下贝氏体的相变驱动力和切变阻力，结果表明贝氏体相变以切变方式进行时，其驱动力能够克服相变阻力。如 40CrMnSiMoV 钢，在 B_s（420℃）转变为上贝氏体时，相变驱动力为 -750 J/mol，相变阻力为 747 J/mol，这说明贝氏体相变能以切变方式进行。

一些合金钢的上贝氏体和下贝氏体的相变切变阻力、相变驱动力的计算值列于表4－1。从表可见，贝氏体以切变进行相变时，其驱动力能够克服相变阻力。他们认为贝氏体相变能以切变方式进行。

表4－1　几种钢的相变阻力和驱动力的计算值[9]

钢　号	上贝氏体			下贝氏体		
	B_s/℃	阻力 /J·mol^{-1}	驱动力 /J·mol^{-1}	B_s/℃	阻力 /J·mol^{-1}	驱动力 /J·mol^{-1}
15SiMn3Mo	450	621	－620	340	1260	－1250
40CrMnSiMoV	420	747	－750	310	1382	－1350
9SiCr	400	1026	－1100	260	1860	－1820

切变－扩散耦合观点的学者进行的热力学计算表明[5]，在773K时，$\Delta\mu_{Fe,ch}^{\gamma\to\alpha}$ = 800 J/mol，认为Fe-C合金在中温区，贝氏体相变时以切变方式进行有充分的热力学根据。

上贝氏体也可能以台阶－扩散方式长大，或非协同热激活方式来实现铁原子和替换原子的位移，在这种情况下，切变模型的计算就不适用了。

还应当指出：各种模型的计算值相差较大，因此除了需要校正计算模型外，计算也需尽量准确一些。

4.2.4　$\gamma\to\alpha_B+\gamma_1\to BF+\gamma_1$ 计算模型和分析

4.2.4.1　系统自由焓的变化

如上所述，过冷奥氏体 γ，依靠涨落形成贫碳区 γ′，在 γ′ 中形成贝氏体核胚 α_B，核胚 α_B 转变为贝氏体铁素体亚单元 BF，亚单元的重复形成，构成贝氏体铁素体片条。根据这样的物理过程设计了Fe-C合金贝氏体相变驱动力的计算模型。过冷奥氏体 γ 按下式转变为贝氏体：$\gamma\to\alpha_B+\gamma_1\to BF+\gamma_1$。此式与康氏的计算模型相似，但有所区别。形成贝氏体铁素体引起的自由焓的变化记为：

$$\Delta G^{\gamma\to BF}=\Delta G^{\gamma'\to\alpha_B}+\Delta G^{\alpha_B\to BF}\tag{4－5}$$

式中　γ′——过冷奥氏体贫碳区；

BF——贝氏体铁素体亚单元；

α_B——贝氏体铁素体核胚。

式中 $\Delta G^{\gamma'\to\alpha_B}$ 的物理意义是：在涨落而形成的贫碳区中，$\Delta G^{\gamma'\to\alpha_B}$ 是用来稳定贝氏体核胚的能量，为负值，是相变驱动力。

$\Delta G^{\alpha_B\to BF}$ 是使核胚 α_B 变成稳定的贝氏体铁素体亚单元BF所需要的能量，消耗于核坯长大所需要的能量，构成亚单元的界面能、应变能等。$\Delta G^{\alpha_B\to BF}$ 为正值，是相变阻力。

将 $\Delta G^{\gamma\to BF}=0$ 的温度作为贝氏体相变开始，定义为 B_s 点，即：

$$\Delta G_{B_s}^{\gamma\to BF}=0 \tag{4-6}$$

此时则有：

$$\Delta G^{\alpha_B\to BF} = -\Delta G^{\gamma\to\alpha_B} \tag{4-7}$$

可见相变驱动力在数值上可以用 $\Delta G^{\alpha_B\to BF}$ 表示，即在临界点 B_s 温度下，相变驱动力的绝对值等于相变阻力。当 $\Delta G_{B_s}^{\gamma\to BF}<0$ 时，相变才能自发地进行。

4.2.4.2 贝氏体铁素体相变驱动力 $\Delta G^{\gamma\to\alpha_B}$

参照专家的热力学分析[10,11]，将相变驱动力可以写为：

$$\begin{aligned}\Delta G^{\gamma\to\alpha_B} &= (1-x_C)\Delta\mu_{Fe}^{\gamma'\to\alpha_B}+x_C\Delta\mu_C^{\gamma'\to\alpha_B}\\ &=(1-x_C)\Delta\mu_{Fe}^{\gamma'\to\alpha_B}+(1-x_C)RT\ln\frac{a_{Fe}^{\alpha_B}}{a_{Fe}^{\gamma}}+x_CRT\ln\frac{a_C^{\alpha_B}}{a_C^{\gamma}}\end{aligned} \tag{4-8}$$

式中 $\Delta\mu_{Fe}^{\gamma'\to\alpha_B}$——由奥氏体贫碳区中形成贝氏体铁素体核胚时铁的偏克分子自由能差值；

a_{Fe}^{γ}——铁在奥氏体内的活度；

$a_{Fe}^{\alpha_B}$——铁在贝氏体铁素体内的活度；

a_C^{γ}——碳在奥氏体内的活度；

$a_C^{\alpha_B}$——碳在贝氏体铁素体内的活度；

x_C——碳的原子分数。

贫碳区 γ' 以热激活跃迁方式转变为 BF 亚单元时，可看成 $\gamma\to\alpha$ 的同素异构转变。此时，γ' 中碳含量极低，碳的原子分数 x_C 很小，故忽略。则式 4-8 简化为：

$$\Delta G^{\gamma\to\alpha_B}=\Delta\mu_{Fe}^{\gamma'\to\alpha_B}+RT\ln\frac{a_{Fe}^{\alpha_B}}{a_{Fe}^{\gamma}} \tag{4-9}$$

目前，上述各式的数值均难以获得，因此相变驱动力 $\Delta G^{\gamma\to\alpha_B}$ 尚难以精确计算。

4.2.4.3 相变阻力 $\Delta G^{\alpha_B\to BF}$

在临界点 B_s，相变阻力与相变驱动力的绝对值相等，如式 4-7。$\Delta G^{\alpha_B\to BF}$ 阻力应当包括：

（1）因为相变膨胀而使 BF 周围的奥氏体（γ_1）受胁迫产生的膨胀畸变能 N_j：

$$N_j=\frac{1}{2}EV_B(\sigma_i+K_yd^{-\frac{1}{2}})_{B_s} \tag{4-10}$$

式中 E——因体积膨胀所引起的应变量。

设 BF 铁素体片的体积 V_B 与其周围受胁迫的奥氏体的体积 $V_{\gamma1}$ 相同，取 $V_B=7.5\ \text{cm}^3/\text{mol}$[10]。

奥氏体在 B_s 温度的屈服强度 σ_{B_s} 为：

$$\sigma_{B_s}=(\sigma_i+K_yd^{-\frac{1}{2}})_{B_s} \tag{4-11}$$

式中 σ_i——点阵摩擦阻力；

K_y——钉扎位错的去钉扎应力；

d——奥氏体的晶粒直径。

(2) BF 亚单元的界面能 N_s；

(3) BF 亚单元内部形成位错(或孪晶)所需要的能量 N_d(或 N_t)；

(4) 在 BF 亚单元周围的奥氏体中(γ_1)也会形成位错所需要的能量 N_d；

(5) 母相 γ 中的晶体缺陷为新相形成贡献的能量 N_m；

(6) 当 BF 以切变方式转变时,需要增加一项切变能 N_q：

$$N_q = \frac{1}{2}\Phi V_B(\sigma_i + K_y d^{-\frac{1}{2}})_{B_s} \tag{4-12}$$

(7) BF 周围的奥氏体协作变形产生切应变所需要的能量为 N_x：

$$N_x = \frac{1}{2}\Phi V_{\gamma 1}(\sigma_i + K_y d^{-\frac{1}{2}})_{B_s} \tag{4-13}$$

上述各项之和即为相变阻力 $\Delta G^{\alpha_B \to BF}$：

$$\Delta G^{\alpha_B \to BF} = \frac{1}{2}[\Phi(V_B + V_{\gamma 1}) + EV_B](\sigma_i + K_y d^{-\frac{1}{2}})_{B_s} + N_s + 2N_d + N_t - N_m + N_q \tag{4-14}$$

4.2.4.4　相变阻力和驱动力的估算

鉴于通过式 4-8、式 4-9 难以实际精确计算,故估算相变阻力。在临界点 B_s 温度,相变驱动力的绝对值等于相变阻力,如式 4-14 所示。从式 4-14 可知,如果以切变方式进行,相变阻力显然较大,在这种情况下,系统自组织功能必然选择耗能较小的途径进行相变,即可能以台阶扩散机制或非协同热激活跃迁无扩散机制进行转变。因此暂时不考虑切变机制,省略切变能 N_q 和协作变形量 N_x 两项,则有：

$$\Delta G^{\alpha_B \to BF} = \frac{1}{2}EV_B(\sigma_i + K_y d^{-\frac{1}{2}})_{B_s} + N_s + 2N_d + N_t - N_m \tag{4-15}$$

(1) 膨胀畸变能 $N_j = \frac{1}{2}EV_B(\sigma_i + K_y d^{-\frac{1}{2}})_{B_s}$。

计算膨胀应变 $E = 0.05$；B_s 点处的 Fe-C 合金奥氏体的屈服强度 σ_{B_s} 与碳含量有关。

从图 4-1 可见,在 T 温度下,与 b 点的 α 保持平衡的奥氏体的成分位于 d 点,属于过共析成分,原子分数为 x_C,设其为 0.06,则在 B_s 温度时富碳奥氏体的屈服强度,参照文献[10]列为：

$$\sigma_{B_s} = 13 + 280x_C + 0.02(800 - B_s)$$

其中 130 MPa 为纯 γ-Fe 的屈服强度,800K 为纯铁的马氏体点。令 B_s = 773 K,一并代入上式,计算得屈服强度 σ_{B_s} = 310 MPa。代入式 4-15 可算得 N_j = 57 J/mol。

(2) 界面能 N_s

BF 亚单元为块状,长厚比约为 3[4],因此界面面积非常大。无论是大角度晶界、小角度晶界、非共格晶界、半共格界面、铁素体、奥氏体、亚片条界面等,界面能一律为 200×10^{-7} J/cm²[10]。由于贝氏体由亚片条、亚单元、超细亚单元等组成,界面面积很大,因此界面能很高。以贝氏体铁素体亚单元尺寸为长度 0.3 μm,宽度 30 nm,厚度 5 nm 计算,算得界面能 $N_s = 680$ J/mol。

(3) 位错应变能 N_d 和孪晶应变能 N_t。

贝氏体铁素体中的位错密度没有马氏体那么高,板条状马氏体内位错密度达 $10^{11} \sim 10^{12}$ cm^{-2}。电子显微镜测得 HSLA80 钢中贝氏体的位错密度约为 2×10^{10} cm^{-2},算得位错应变能约为 84 J/mol。设 BF 亚单元和周边奥氏体的相同体积中位错密度相同,则 $2N_d = 168$ J/mol。如果存在精细孪晶,也取 $N_t = 84$ J/mol。

母相 γ 中的晶体缺陷对新相形成贡献的能量 N_m 甚微,故忽略。

在 B_s 温度形成的贝氏体中存在位错亚结构(不考虑切变位移,则无孪晶),估算得贝氏体铁素体亚单元形成时的相变阻力约为[12,13]:

$$\Delta G^{\alpha_B \to BF} = 905 \text{ J/mol}$$

由于在临界点处相变驱动力在数值上等于相变阻力,即此刻的贝氏体铁素体形核驱动力约为 −905 J/mol。此值与实测值大体相符,如图 4−4*a* 所示。从图 4−4中可见,在 A_1 至 700℃的温度范围内,相变驱动力较小,约低于 200 J/mol,这是共析分解的驱动力。在相变温度低于 550℃时,这些钢将发生贝氏体相变,两相自由焓之差将接近 −1000 J/mol。

Aaronson 等人按 KRC 模型计算碳含量 0.1% ~0.5% 的 Fe-C 合金,先共析铁素体转变($\gamma \to \alpha + \gamma_1$)的驱动力为 −178 ~ −227 J/mol,显然,这不是贝氏体相变驱动力!而是先共析铁素体析出的驱动力。

4.3 相变热力学与相变机制的关系

随着温度的降低,过冷奥氏体转变的驱动力是不断增加的,但是发生相变的可能性和相变类型不同,在高温区发生铁素体−珠光体反应;在低温区(M_s 点以下)进行马氏体相变;但是,在中温区,过冷奥氏体的转变非常复杂,如,在"海湾区",过冷奥氏体处于亚稳状态,难以转变,在 $B_s \sim M_s$ 点之间形成上贝氏体和下贝氏体,其组织中存在不同含量的残留奥氏体,这些均说明相变不仅仅取决于驱动力的大小,还跟原子的活动能力密切相关。

与相变驱动力比较,随着温度的降低原子的活动能力越来越小。在高温区,碳原子、铁原子、替换原子均能够进行定向的无序的传质过程,即扩散。在 M_s 点以下,原子集体协同地位移,转变速度极快。事实上,在海湾区,原子有一定活动能力,但不发生转变。而在 $B_s \sim M_s$ 点之间,原子的位移方式复杂,碳原子是可以长程扩散的,而铁原子和替换原子是难以扩散的,但是可以通过非协同热激活跃迁方式进行位移。

4.3.1 原子位移方式与相变机制

过冷奥氏体的转变机制与原子的活动能力密切相关。从高温区到低温区,原子的位移方式极为复杂。按扩散理论,当温度在$(1 \sim 0.7)T_m$(T_m 为熔点)时,进行体扩散,即以点阵扩散为主;当在较低温度($(0.3 \sim 0.5)T_m$)时,以界面扩散为主;$0.3T_m$ 以下温度,界面扩散也过于缓慢。

在珠光体转变区,主要以界面扩散方式完成共析分解,碳原子、替换原子均能够长程扩散。

在中温区,间隙碳原子能够进行界面扩散,完成长程输运。

铁原子和替换原子情况不同。在贝氏体上部温度区,某些原子能够进行界面扩散,但是扩散速度越来越慢,难以长程扩散。有些合金钢,在相同温度下等温保持,先形成贝氏体铁素体,然后再共析分解,扩散型的珠光体转变被推迟进行,孕育期很长。在贝氏体碳化物(θ-Fe_3C)形成过程中,碳原子、铁原子均发生了位移。

而贝氏体铁素体往往形成很快,孕育期很短,以热激活跃迁方式完成原子的位移。

较低温区,在 M_s 附近,铁原子和替换原子均难以进行扩散,如果以非协同热激活跃迁位移也难以满足相变速率的要求,贝氏体铁素体的形成则可能以切变方式进行。

马氏体相变本身不需要任何原子的扩散即可以完成。在马氏体相变的全过程中,碳原子的扩散滞后于马氏体片的长大速度,甚至在液氮温度下,碳原子已经不能扩散,而马氏体仍然以极快的速度长大,但是需要很大的驱动力。

4.3.2 原子非协同热激活跃迁无扩散型转变

中温区,当界面扩散缓慢时,α-γ 界面两侧的原子,在化学力的驱动下仍然可以相互热激活跃迁而实现相变。

在奥氏体贫碳区中形成贝氏体铁素体晶核,相当于 fcc→bcc 多形性转变。A-F 相界面两侧的原子交互热激活跃迁,铁原子或替换原子由 A 转移到 F 核胚上需要越过一个位垒 Q,如图 3-8 所示。而原子由 F 相转移到贫碳的奥氏体(A)相时,则需要越过较高的位垒($Q+\Delta G_V$),越过较难。Q 为激活能,ΔG_V 是 A、F 两相的自由焓差,是相变驱动力。

相界面两侧的原子非协同热激活跃迁的距离较短。按热激活跃迁方式进行计算，得铁原子热激活跃迁的激活能 $Q = 120 \times 10^3$ J/mol。有人算得 γ 相原子跨越 γ-α 相界面的激活能为 193 ~ 198 kJ/mol[14]。此值也与碳在 γ-Fe 中的扩散激活能相当（140×10^3 J/mol）[15]。众所周知，碳原子的扩散速度比铁原子快得多。

由于 A 相→F 相的转变是个自发过程。算得激活能 Q 能够满足跨越 A-F 相界面的需求。相界面附近的铁原子和替换原子连续接踵地热激活跃迁，而且向 F 相中跃迁的原子数量占优势。这种位移不属于集体协同位移，是无序的，不能保证原子维持原来的相邻关系，而且相变后成分没有改变，是无扩散相变。这可能是贝氏体铁素体形核长大速度快，而孕育期很短的原因，称其为非协同热激活跃迁无扩散型相变。

观测表明，贝氏体铁素体（BF）与原奥氏体 A 具有 K-S 关系。在 γ-α 相界面上，γ 相一侧的 $\{111\}_\gamma$ 面上的铁原子依次热激活跃迁到 α 相的 $\{110\}_\alpha$ 晶面上。如果相界面上存在台阶或位错，则跃迁的原子容易被吸纳，铁原子也可以在 $\{110\}_\alpha$ 晶面上形成二维晶核，晶核的台阶继续吸纳跃迁来的原子，即使得台阶长大。

铁原子（包括替换原子）的这种热激活跃迁，是向自由焓低的 α 相中的无序迁移，是界面过程控制，由于没有浓度梯度，即 $\frac{dC}{dx} = 0$，按照菲克定律没有扩散通量，因此属于无扩散相变。

此外，上节的热力学估算没有考虑切变过程的影响，计算结果是相变阻力较小，如果以切变方式进行，将要增加切变能 N_q 和协作应变能 N_x。由于马氏体型的切变使位错密度增加到 $10^{11} \sim 10^{12}\ cm^{-2}$，则仅仅位错畸变能造成的阻力即可达到 420 J/mol。这样一来，相变阻力激增，在相变驱动力不足的情况下，系统自组织功能将不选择这种切变相变方式，而可能选择台阶机制或原子非协同热激活跃迁无扩散方式进行转变。

参考文献

[1] 陈昌曙. 自然辩证法概论新编[M]. 沈阳：东北大学出版社，1997，108 ~ 200.

[2] 刘宗昌. 钢的系统整合特性[J]. 钢铁研究学报，2002，14(5)：35 ~ 41.

[3] 徐祖耀，刘世楷. 贝氏体相变及贝氏体[M]. 北京：科学出版社，1991，100 ~ 290.

[4] 方鸿生，王家军，杨志刚，李春明，薄祥正，郑燕康. 贝氏体相变[M]. 北京：科学出版社，1999，315 ~ 330.

[5] 俞德刚. 贝氏体相变理论进展近况[J]. 金属热处理学报，1996，1(17)，增刊. 27 ~ 31.

[6] 刘宗昌. 贝氏体相变的过渡性[J]. 材料热处理学报，2003，24(2)：37 ~ 41.

[7] 林慧国，傅代直. 钢的奥氏体转变曲线[M]. 北京：机械工业出版社，1988，400 ~ 701.

[8] 刘宗昌，任慧平. 过冷奥氏体扩散型相变[M]，北京：科学出版社，2007.

[9] 康沫狂. 贝氏体相变理论研究工作的主要回顾[J]. 金属热处理学报，2000，21(2)：2 ~ 5.

[10] 徐祖耀. 马氏体相变与马氏体[M]. 北京:科学出版社,1980,100~290.

[11] Cohen M, et al., Thermodynamies in Physical Metallurgy, 1950, 242.

[12] 刘宗昌,王海燕,任慧平. 钢中贝氏体相变热力学[J]. 包头钢铁学院学报,2006,25(4):307~314.

[13] 刘宗昌,王海燕,任慧平. 贝氏体铁素体形成热力学[C]. 第九届全国热处理大会论文集,2007:175~180.

[14] 侯增寿,赵兴国,侯文义,梁伟. 界面过程控制生长≠扩散控制[J]. 材料热处理学报,2005,26(3):6~9.

[15] 余永宁. 金属学原理[M]. 北京:冶金工业出版社,2000,208~220.

5 贝氏体相变动力学

相变动力学是研究转变速度问题的，如形核率和长大速度等。贝氏体相变动力学是贝氏体相变理论研究的一个重要方面。相变动力学的物理内涵有助于推理相变机制，还可为工艺过程的制定与控制提供依据，因而既有理论意义又有实际应用价值。

因为相变动力学上表现出的整体特征往往反映了特定的相变机制，所以受到广泛关注。对于贝氏体相变的动力学特征，各派学者从不同的相变机制提出了各自的解释，有三种学说：(1)扩散台阶长大学说；(2)切变学说；(3)界面位错滑移－攀移学说(切变－扩散复合观点)。各学说的观点不同，存在分歧。

持扩散观点的学者从台阶扩散控制长大的角度出发，认为贝氏体铁素体板条以台阶方式长大，台阶的宽面为半共格界面，端部则为无序的非共格界面，它的长大速率受 α-γ 两相界面 γ 一侧碳向远离界面的 γ 内扩散的快慢所控制[1]。

持切变观点的学者们提出贝氏体的长大是以切变方式长大，重复形成亚单元，贝氏体长大动力学决定于亚单元的形成速率。

本书作者提出贝氏体铁素体(BF)依靠铁原子和替换原子的界面非协同热激活跃迁而增厚或伸长的长大机制。认为贝氏体长大动力学是受切变－扩散整合机制操控的[2]。

本章从整体动力学特征阐述贝氏体相变动力学图的变化规律，探究贝氏体相变机理。

5.1 贝氏体相变动力学图特征

在过冷奥氏体转变 TTT 图中，珠光体转变和贝氏体相变相互重叠、交叉，演化到形成“海湾区”，两条 C 曲线完全分离，这反映了过冷奥氏体相变过程的演化规律，体现了贝氏体相变的过渡性。图 5－1 所示为 Fe-C 系和 Fe-M-C 三元合金系统 TTT 图的示意图。可见，碳素钢的共析分解和贝氏体相变在 550℃附近重叠，但是加入不同的合金元素后对奥氏体和铁素体等相的自由焓产生不同的影响，因而影响了 A_1、M_s 等临界点的位置，也影响了元素的扩散速度，从而影响了共析分解和贝氏体相变动力学曲线的位置。

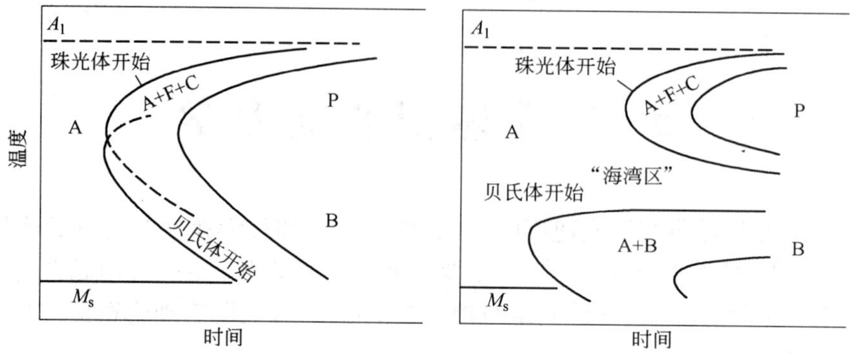

图 5－1　Fe-C 系 TTT 图(a)和 Fe-M-C 合金系 TTT 图(b)示意图

5.1.1　珠光体到贝氏体相变的演化

过冷奥氏体从共析分解到贝氏体相变是逐渐演化的过程。以含有铬元素的合金结构钢 TTT 图为例，可以看到随着铬含量的增加，珠光体和贝氏体的 C 曲线逐渐分离。从 45Cr 钢的 TTT 图（图 5－2a）可见，珠光体转变的“鼻温”（共析分解最快的温度）约为 650℃，低于“鼻温”时，分解速度逐渐变慢，孕育期越来越长。在珠光体转变的最低温度（约 480℃）需要经过 1000 s 的孕育期才能开始共析分解。

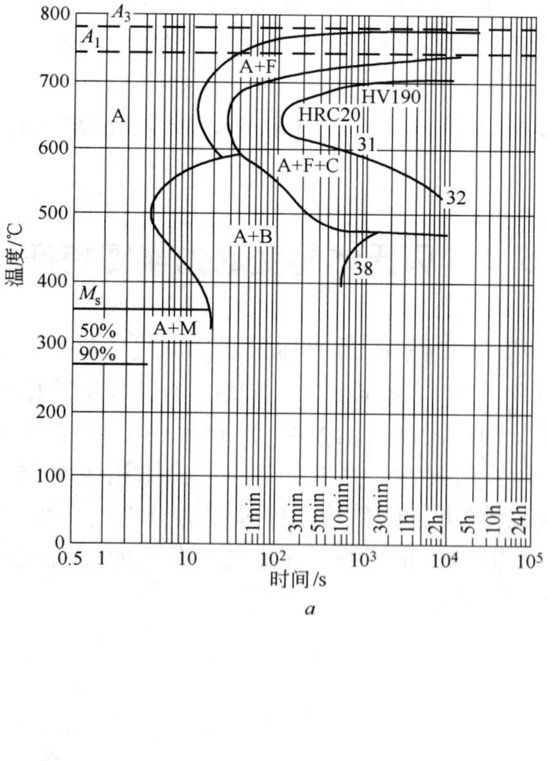

a

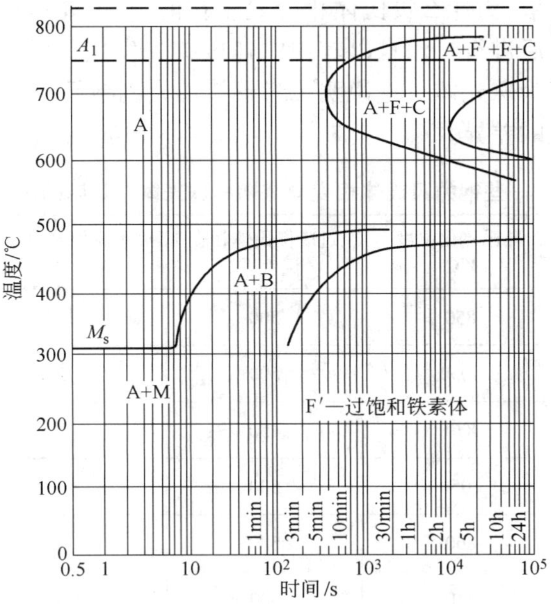

b

图 5 - 2 45Cr 和 40Mo3 钢的 TTT 图[3]

a—45Cr；*b*—40Mo3

温度低于珠光体的"鼻温"时，原子扩散速度越来越慢，形核率不断降低，共析分解越来越难，直到扩散不足以进行共析分解为止，即达到能够珠光体转变的最低温度。从 45Cr 钢的 TTT 图中可见，进行共析分解的最低温度约为 480℃，这说明在这种合金钢中，于 480℃以上温度，铁原子和替换原子能够长程扩散，主要是界面扩散，以便完成扩散型的共析分解。

从图 5 - 2*b* 40Mo3 钢的 TTT 图可见，在 500℃以上，共析分解已经停止，B_s 点为 500℃。在 500℃以下，贝氏体相变速度加快，孕育期变短，400℃时孕育期只有 10 s。

从 45Cr 钢的 TTT 图可见，在大约 480 ~ 590℃温度范围内，过冷奥氏体是先发生贝氏体相变，然后达到珠光体转变开始线（孕育期）时，才进行共析分解，即在共析分解之前，首先形成了上贝氏体。许多低碳合金钢的 TTT 图中均具有这些特征。表 5 - 1 统计比较了一些钢在相同的等温温度下的贝氏体相变孕育期和珠光体的孕育期（从文献整理）。可见，同种钢在相同的温度下等温，过冷奥氏体转变为贝氏体的孕育期极短，而需要进一步等温很长时间才能开始珠光体转变，转变为托氏体（极细珠光体）组织。

在 590 ~ 470℃的温度范围内，如果相变温度相同，即过冷度一定时，那么 γ 和 α 的自由焓差相同，即 Δ*G* 值一样，也即相变驱动力是相等的。既然此时铁原子和替换原子都能够扩散,为什么贝氏体相变发生在前边,即先形成贝氏体铁素体,珠光体转变反而在其后进行?而且以较快的速度首先发生贝氏体相变,而后经过很长的孕育期才分解为珠光体。这说明二者形核长大机制不同,原子位移方式不同,从而造成动力学上的差异。

表5-1　一些钢的贝氏体相变孕育期和珠光体孕育期的统计比较[4]

钢　种	奥氏体化温度/℃	过冷奥氏体相变温度/℃	贝氏体相变孕育期/s	珠光体相变开始时间/s
35Cr	850	500	1	400
30Mo	1050	500	1.5	10000
40Mn2V	870	450	1	3000
20CrMn	1050	500	1	1800
35CrMo	860	500	1.5	500
12CrNi3	840	500	0.5	8000
50CrMnMo	850	500	12	4000
18CrMnTi	900	500	2	4000
50CrNiMoV	850	500	50	>100000

共析分解的晶核是由铁素体和碳化物两相组成的,即 $F + M_3C$,两相共析共生,协同长大。这种晶核的形成,不仅需要碳原子扩散,也需要铁原子和合金元素原子的扩散。温度越低,扩散越慢,孕育形成这样的晶核需要较长的时间。但是,贝氏体晶核是单相,即BF,只要在过冷奥氏体中形成贫碳区,则 $\Delta G^{\gamma\to\alpha}<0$,即进行 $\gamma\to\alpha$ 的同素异构转变,或者超低碳奥氏体→贝氏体铁素体的多形性转变,原子以热激活跃迁方式位移迅速形成贝氏体晶核(BF),贝氏体相变即可开始,因此孕育时间短。从45Cr钢的TTT图中可见,如在500℃等温,不足4 s,贝氏体转变开始,而要共析分解则需等温200 s以后才能开始。

5.1.2　贝氏体相变速度比共析分解快的动力学图

多数合金结构钢的贝氏体转变动力学曲线往往在珠光体C曲线的偏左方,具有普遍性(高合金铬镍钢等除外)[5]。

图5-3是23MnNiCrMo钢的TTT图。该钢的主要化学成分为:0.24% C、1.46% Mn、0.49% Mo、1.01% Ni、0.28% Cr。该钢空冷可获得贝氏体组织,属于贝氏体钢。

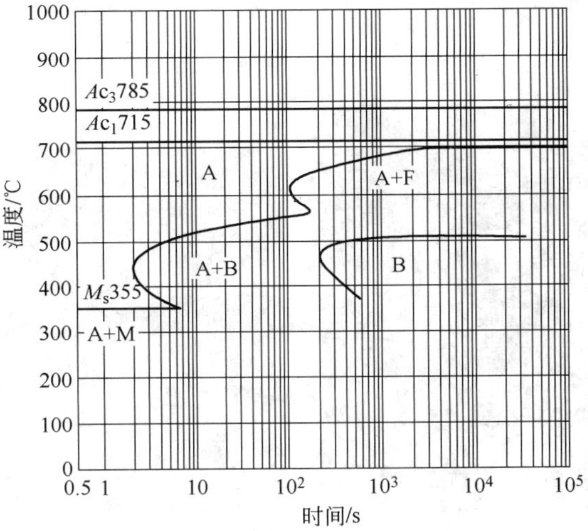

图 5－3　23MnNiCrMo 钢的 TTT 图(A_T:830℃)

从图 5－3 中可见,高温区出现铁素体的开始析出线,但是没有珠光体转变的开始线,更没有转变终了线。试验时在 625℃等温 8 h,观察其冷却后的组织,为先共析铁素体和马氏体组织。没有观察到珠光体组织,说明该钢的过冷奥氏体很稳定,难以发生共析分解而转变为珠光体组织,只有进一步延长等温时间才可能测得珠光体转变开始线。高温区的转变开始线是先共析铁素体析出线,在 550～715℃的高温区仅发生 A→F 转变,先共析铁素体的"鼻温"为 625℃,孕育期约为 113 s。在此温度区间,过冷奥氏体析出铁素体后,碳扩散进入奥氏体中,增大了奥氏体的稳定性,同时,钢中还含有 Ni、Cr、Mo、Mn,这些元素的整合作用,强烈推迟了共析分解。

该钢的贝氏体转变孕育期比珠光体短得多,在约 355～500℃区间等温得到贝氏体组织。图 5－4 为 475℃等温得到的粒状贝氏体组织;图 5－5 为在 375 ℃等温 8 h 后淬火得到的下贝氏体组织。

在较高温度下,先共析铁素体的析出和珠光体转变均为扩散型相变,碳原子、铁原子和替换元素原子扩散较快,形成平衡态的先共析铁素体＋珠光体组织;而在中温区,所有元素的扩散速度均显著降低,只有碳原子能够长程扩散,铁原子和替换原子的扩散速度极慢。计算表明,在中温区,铁原子在奥氏体中的扩散系数 D 降低到 10^{-20} ～ 10^{-24} cm^2/s 之间,降低了 6～9 个数量级,已经不能满足贝氏体相变速率的要求。然而,从图 5－3 中可见,形成贝氏体的时间比先共析铁素体析出的孕育期短得多,比共析分解更快。其根本的原因是相变机制上的区别,也即原子迁移方式的不同。如果贝氏体相变仍然是共析分解的扩散机制，那么相变速度应当更慢，而不是快得多，这说明贝氏体相变不是共析分解。

图 5－4　475℃等温得到的粒状贝氏体组织
（电子显微镜复型照片）

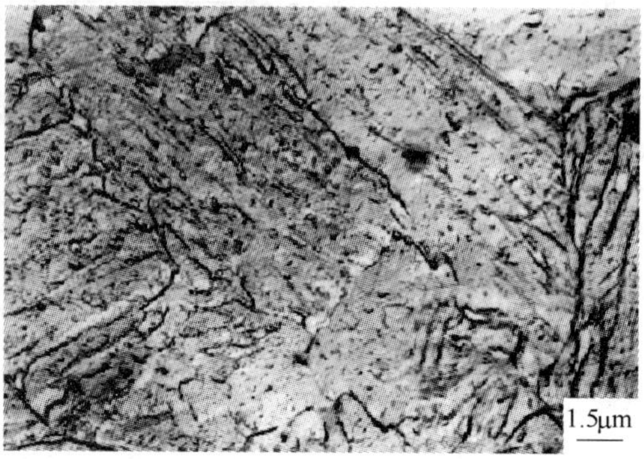

图 5－5　375℃等温得到的下贝氏体组织
（电子显微镜复型照片）

试验事实说明，与大多数动力学曲线一致，低碳贝氏体转变速度很快。显然，包括 23MnNiCrMo 钢在内的许多钢的贝氏体相变不是依靠铁原子的扩散进行的，而应当是另外的转变机制。本书作者研究认为，贝氏体铁素体的形核长大是依靠铁原子和替换原子的非协同热激活迁移完成的，是无扩散的界面控制过程。

5.1.3　贝氏体相变动力学具有变温性和等温性的双重特征

贝氏体相变具有 B_s、B_f 点，具有随着温度的降低，贝氏体转变量不断增加的现象，这一点是共析分解所不具备的。从图 5－6 可见，B_s 点约为 500℃，随着转变温度的降低，贝氏体转变量逐渐增加到 10%、25%、50%、75%……这一点与马氏体的降温转变相似，显然具有变温性，这反映了贝氏体相变不同于共析分解。同时，在马氏体点稍上等温（如 350℃），随着等温时间的延长，转变量不断增加，从开始线到 10%、25%、50%、75%……直到等温约 30 min，转变终止，表现了贝氏体转变的恒温性，这与共析分解相似。这一动力学特征说明贝氏体相变具有过渡性。

从图 5－6 中还可以看到，在 650℃等温，共析分解的孕育期约为 300 s，而在 400℃等温，贝氏体转变开始约为 20 s，显然贝氏体相变速度很快，而高温区的共析分解却很慢。如果共析分解和贝氏体相变均为铁原子长程扩散的相变，那么在高温时，共析分解为什么慢呢？而中温区的贝氏体相变为什么如此之快？这显示了两种相变机制的不同。

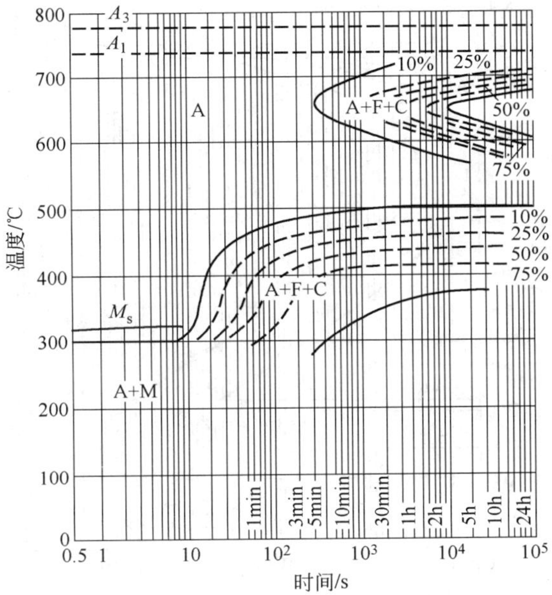

图5－6　35CrNiMo 钢的 TTT 图[3]（A_T:870℃）

5.1.4　贝氏体相变速度较共析分解慢的 TTT 图

合金钢结构钢的贝氏体 C 曲线往往在珠光体的左方，但是低碳合金钢渗碳后，贝氏体相变线将向右移。

共析碳素钢和过共析碳素钢的共析分解比贝氏体相变速度快，尤其是高碳下贝氏体的孕育期一般较长，图5－7是共析钢（T8）和过共析钢（T11）的 TTT 图。可见，在约 550℃（“鼻温”），共析分解速度极快，孕育期极短，约为 0.5 s，甚至难以试验测定（以虚线表示）。这表明在此温度下，珠光体转变速度极快。从整体上看，共析分解在 A_1～400℃之间，珠光体转变完成的时间在 100 s～20 min 左右。但是 400℃以下进行的贝氏体相变速度缓慢。T8 钢的下贝氏体相变在 M_s 点稍上，需要等温约 2 h，而 T11 钢的下贝氏体相变在 220℃，需要等温约 24 h，才能转变终止，显然高碳贝氏体相变速度变慢。

共析钢的马氏体点约为 220℃，在该温度下，马氏体相变速度极快，因为是原子集体协同的位移过程，无需扩散。但是在此温度等温如此长的时间后，才能发生贝氏体相变，则难以用切变机制解释，而是另有其故。

众所周知，贝氏体相变受碳原子扩散控制。高碳的过冷奥氏体形成贝氏体铁素体（BF）时，必须在贫碳的奥氏体区中进行 BF 的形核，BF 的长大也必须以碳原子从 α-γ 相界面的奥氏体侧扩散离去为先决条件。贝氏体铁素体形核的起点是成

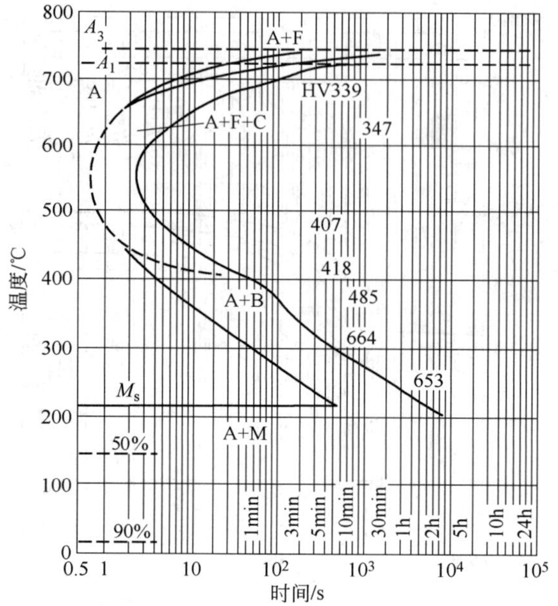

a

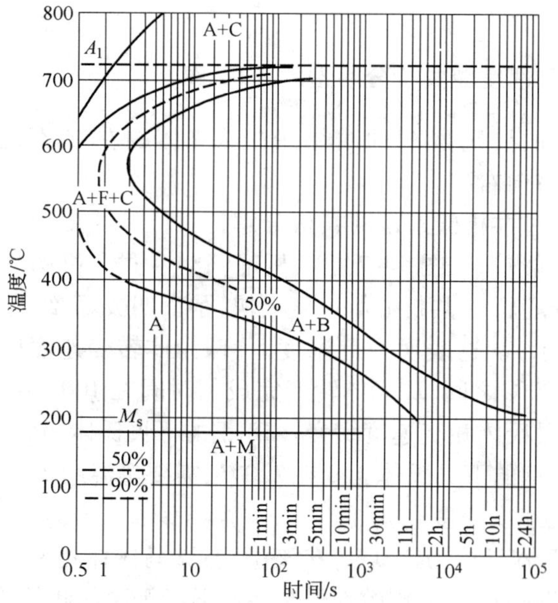

b

图 5-7 T8 钢(*a*)和 T11 钢(*b*)的 TTT 图的比较[3]

分涨落，系统依靠涨落形成贫碳区。已知碳原子是内吸附元素，碳含量过高的奥氏体中，其晶界和晶内缺陷处将吸附大量的碳原子。这将阻碍并延缓贫碳区的形成，从而推迟贝氏体铁素体在此处的形核，因而使孕育期变长，同时其长大速度也很慢。

5.1.5　上、下贝氏体具有独立的相变动力学曲线

从多数中温贝氏体相变 TTT 图来看，只有一条 C 曲线，即一个“鼻温”。但是，有些钢的动力学图中，上、下贝氏体转变似乎具有独立的相变动力学曲线。15CrMnMoV 钢的中温转变 TTT 图分为三条 C 曲线，即除了上、下贝氏体转变外，粒状组织还有一条 C 曲线。图 5－8 所示为该钢 TTT 图的一部分，只有转变开始线，没有测出转变终止线。如果上、下贝氏体转变开始线在“鼻温”附近重合，则为一条 C 曲线了。

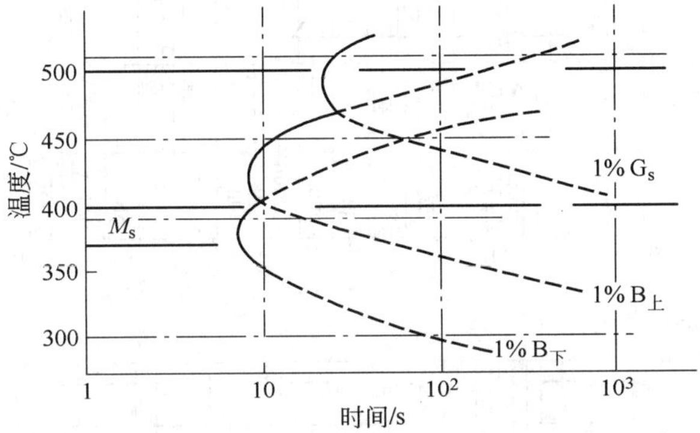

图 5－8　15CrMnMoV 钢的中温转变 TTT 图[6]

在 5CrMnMo 钢和 40CrMnTi 钢的 TTT 图中，如图 5－9 所示，转变开始线是一条，而转变终止线为两条，在 400℃左右各有上贝氏体转变终止线，而在 250～350℃之间有下贝氏体转变终止线，它可能反映了上、下贝氏体转变具有不同的机制。

碳在奥氏体中和在铁素体中的扩散激活能分别为 126 kJ/mol、84 kJ/mol。测得上贝氏体、下贝氏体转变激活能各为 126 kJ/mol、75 kJ/mol。据此分析，上贝氏体、下贝氏体转变分别受碳在奥氏体及铁素体中的扩散所控制，这表明，上贝氏体和下贝氏体是两种不同的转变，可能具有不同的转变机制[7,8]。

从图 5－10 可见，60Si2Mn 钢在上贝氏体转变区（约 400℃），转变终止线大幅度右移，出现一个大“肚子”。在 M_s 点稍上温度，还有一个下贝氏体转变终止线，转变终了的时间大大提前，约 3 h 转变终止。比较一下，在 400℃，10^5 s 未转变完，而在 250℃左右的较低温度，10^4 s 就完成了。这显然再一次表现出上贝氏体和下贝氏体转变机制的不同。这类钢的上贝氏体的相组成物与下贝氏体的相组成物不同，具有不同的转变过程。近年来，在 60Si2Mn 钢基础上，改进研发的新型弹簧钢 60Si2CrV，其上贝氏体组织和下贝氏体不同。

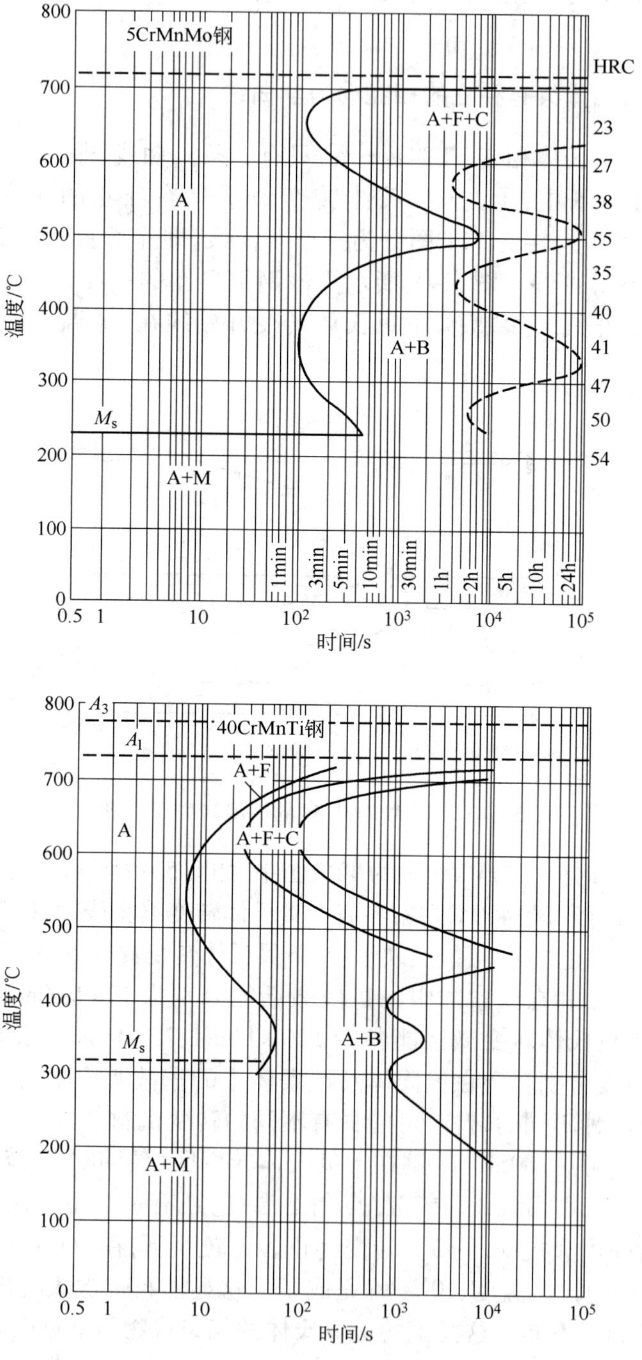

图 5-9　5CrMnMo 钢和 40CrMnTi 钢的 TTT 图[3]

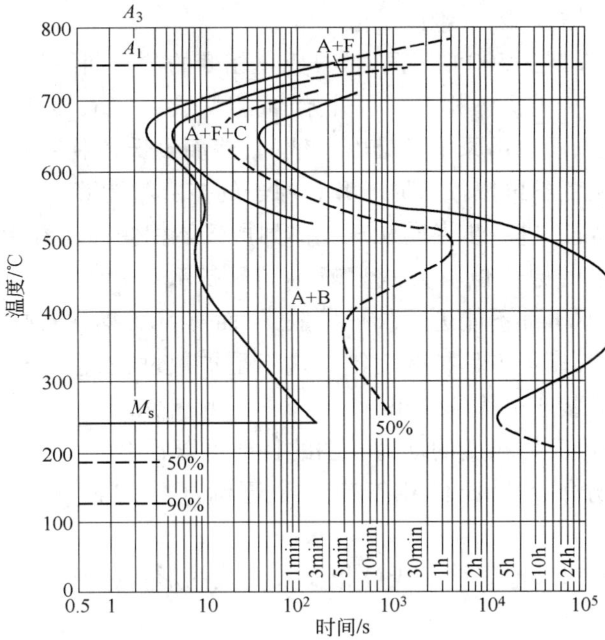

图 5－10　60Si2Mn 钢的 TTT 图[3]

5.1.6　具有宽广“海湾区”的 TTT 图

由于某些合金元素使珠光体转变 C 曲线上移，又使 B_s 点向下移动，许多合金钢的 TTT 图中形成了海湾区。当珠光体的 C 曲线与贝氏体的 C 曲线完全分离时，“海湾区”变宽，有时“海湾区”宽约 100℃以上，在此温度范围内长时间等温（一般不小于 10^5 s），过冷奥氏体不形成贝氏体，也不发生共析分解，而是处于亚稳状态。

在含钼的合金结构钢中，随着钼含量的增加，珠光体和贝氏体的 C 曲线分离较快，如 40Mo3 钢的 TTT 图（图 5－2*b*）可见，珠光体和贝氏体的 C 曲线已经完全分开，在 570～500℃区间存在一个宽阔的“海湾区”，等温 24 h 以上，贝氏体相变和共析分解均难以进行，说明扩散型的共析分解在“海湾区”的上部温度就已经终止。与 45Cr 钢不同，40Mo3 钢的珠光体转变开始线的左方（即共析分解之前），不发生贝氏体相变，而且直到 500℃（B_s）以上也不形成贝氏体。

许多中、高合金结构钢的 C 曲线存在宽广的“海湾区”，过冷奥氏体可以稳定地存在 10^6 s 以上而不发生相变。说明在此温度区间，完全扩散型相变已经被延迟到人们不再期待的程度，被认为扩散型相变已经终止，或被抑制。虽然在“海湾区”温度范围内，碳原子还是能够长程扩散的，但也没有引发相变，主要是钼等原子与铁原子结合力增强,因而难以扩散的缘故。

但是,当温度降低到500℃等温时,贝氏体相变的孕育期约为1000 s;再降低到400℃等温,只需10 s贝氏体相变即可开始,而且只要5 min,转变即告结束。在这样低的温度下,铁原子和钼原子是难以扩散的,然而贝氏体相变却迅速发生了,说明此时的贝氏体相变不再依赖铁原子和钼原子的扩散就能够完成。

这种动力学特征,进一步说明从珠光体到贝氏体相变存在着相变机制的演化。贝氏体相变过程中的原子位移方式显然不同于扩散型的共析分解。在500℃以下,铁原子和替换原子都不能进行长程扩散[9],而40Mo3钢在400℃,只需10 s,贝氏体相变即可开始,显然不是扩散机制。这不是扩散过程,也不是切变过程,而是原子非协同热激活跃迁位移的结果。

综上所述,从贝氏体相变的动力学图的特征可以看出:

(1) 从共析分解到贝氏体相变有一个逐渐演化的过程,具有不同的转变机制;

(2) 合金元素显著地影响贝氏体相变C曲线的形状和位置,“海湾区”可以将贝氏体相变与共析分解完全分离;

(3) 在低、中碳合金结构钢中,贝氏体相变孕育期极短,转变速度比共析分解快得多,这反映了相变机制上的区别;

(4) 随着碳含量的增加,在共析钢和过共析钢中,完全奥氏体化后,贝氏体转变速度反而比共析分解慢得多;

(5) 在某些钢中,贝氏体相变具有变温性和恒温性的双重特征;

(6) 某些钢中,上贝氏体和下贝氏体转变呈现两条C曲线,可能具有不同的转变机制,或转变产物的相组成不同。

总之,从总体动力学上,可以看出贝氏体相变不同于扩散型的共析分解,贝氏体相变具有过渡性特征,并且具有特殊的相变机制。

5.2 贝氏体相变动力学图类型

过冷奥氏体转变动力学图,即TTT图,从珠光体转变和贝氏体相变相互重叠、交叉到形成“海湾区”,两条TTT曲线完全分离,反映了相变过程的演化规律,体现了相变的过渡性。碳素钢的共析分解和贝氏体相变在550℃附近重叠,但是加入不同的合金元素对奥氏体和铁素体的自由焓产生不同的影响,因而影响了临界点A_3,A_1、M_s等的位置,影响了元素的扩散速度,从而影响了共析分解和贝氏体相变动力学曲线的位置。从两者的相互位置总结出下列几种类型的动力学图,涉及到贝氏体相变的某些特定的机制。

5.2.1 共析分解和贝氏体相变 C 曲线相互重叠(类型一)

碳素钢的 TTT 图中，珠光体转变和贝氏体相变两条 TTT 曲线是重叠的，即两种相变在 550℃（“鼻温”）处交叉。Kennon 等人[10]测得 Fe-C 系合金的 TTT 图，如图 5－11 所示。从图中可见，在“鼻温”附近等温，也即在 550℃附近等温，共析分解和贝氏体相变重叠，先发生共析分解，而后生成贝氏体组织，同一温度等温得到珠光体和上贝氏体两种产物，说明共析分解与上贝氏体转变不同，但有着密切的联系。从图中还可以看出过渡性，如在 400℃以上等温时，先形成珠光体，经过一段时间后，再形成贝氏体。而在 350～400℃等温时，则先形成贝氏体，而后形成珠光体。再降低温度，直到珠光体停止转变，只有上贝氏体形成。这是一个明显的过渡过程，是一个过冷奥氏体随着温度的降低，从平衡转变到非平衡转变的演化过程。

图 5－11 是 Fe-0.8% C-0.77% Mn 合金的 TTT 图，它实际上是一种共析碳素钢，图 5－12 为 T8 钢（0.76% C，0.29% Mn）的等温转变 C 曲线。比较两图，可见，“鼻温”在 550℃是两种相变的重叠温度。孕育期都在 1 s 左右，不过，在图 5－12 中“鼻温”附近用虚线表示，可能是实际测定中难以确定转变线的位置或者难以分辨珠光体和贝氏体的缘故。

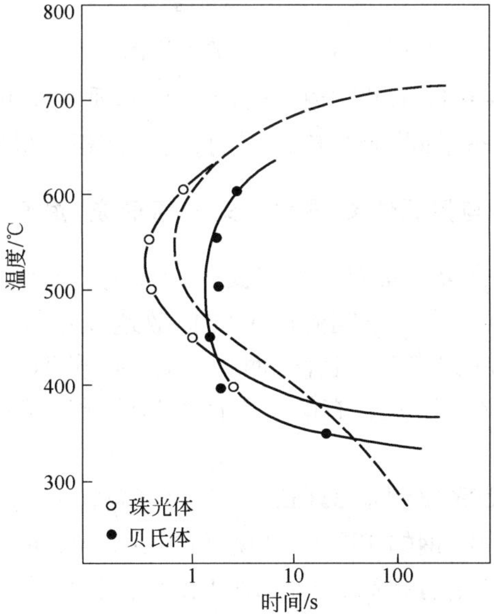

图 5－11 Fe-0.8% C-0.77% Mn 合金的 TTT 图[10]

从图 5－12 可见，T8 钢的奥氏体在 400℃以下，只进行贝氏体相变。从图 5－11 可见，在 400～550℃之间，贝氏体相变和珠光体转变是相互重叠的。

对于上贝氏体组织来说，其相组成物为 BF + θ-Fe_3C，而“鼻温”附近得到的托

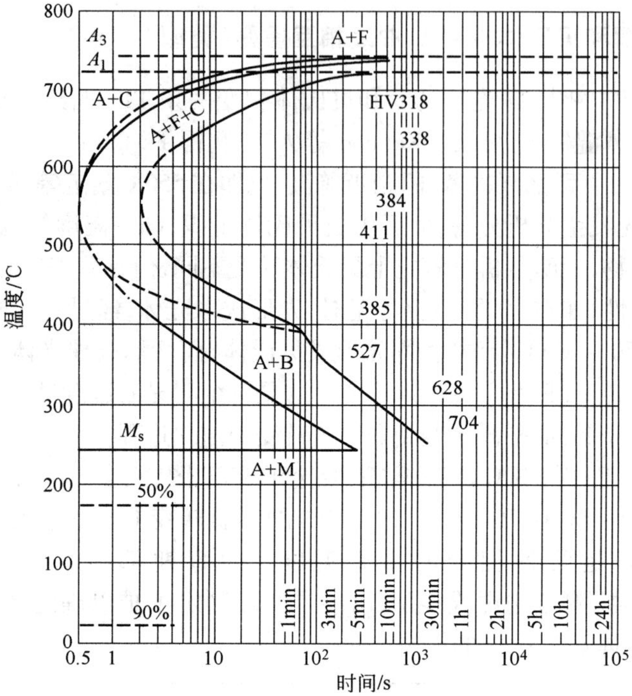

图 5－12　T8 钢的 TTT 图[3]

氏体组织也是铁素体 + θ-Fe_3C 两相的整合组织，本质上是相同的，但是两种组织的形貌不同，两相的形态不同，亚结构也不同，是两种相变机制转变的产物。

5.2.2　珠光体 C 曲线与贝氏体 C 曲线逐渐分离形成“海湾区”（类型二）

在合金钢中，由于合金元素对过冷奥氏体的稳定性产生不同的影响，也影响临界点的位置，同时，替换原子在不同温度下的扩散速度不等，因而造成两条曲线的逐渐分离，即共析分解的“鼻温”上移，而贝氏体的“鼻温”下移，最终形成“海湾区”。关于形成“海湾区”的原因，有的学者认为是溶质原子类拖曳作用造成的，此观点不够全面。

应用全自动相变膨胀仪测定 35Cr2Mo 钢的等温转变动力学图——TTT 图，如图 5－13 所示，与 35CrMo 钢的 TTT 图比较，可见，Cr、Mo 元素含量的增加，使珠光体转变开始线的“鼻温”稍有提高，但是，却使得贝氏体转变开始温度大幅度降低，B_s 点从 620℃左右降低到 500℃左右，致使两条 C 曲线从相互连接到完全分开，形成了一个宽广的“海湾区”，这说明 Cr、Mo 两元素，综合加入时，对共析分解和贝氏体相变，无论是相变温度，还是转变速度均产生了显著的影响，Cr、Mo 两元素使 C 曲线向右移，减慢贝氏体转变速度，随着其含量的增加，使得两条 C 曲线完全分开，形成宽广的“海湾区”。

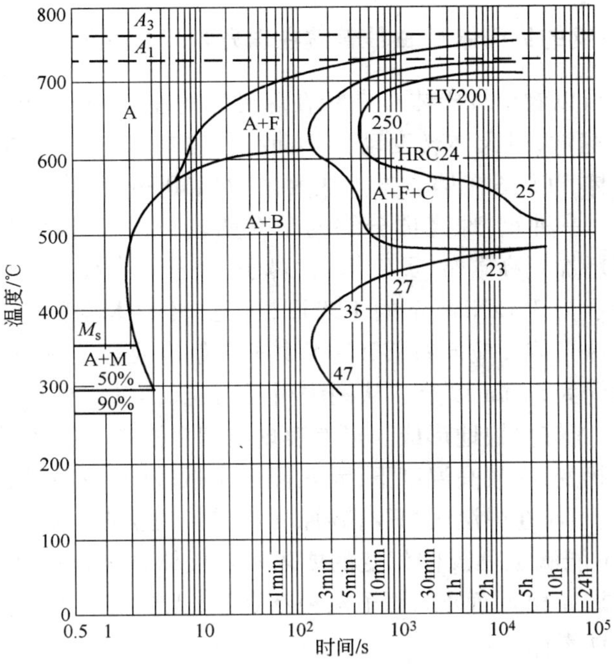

a

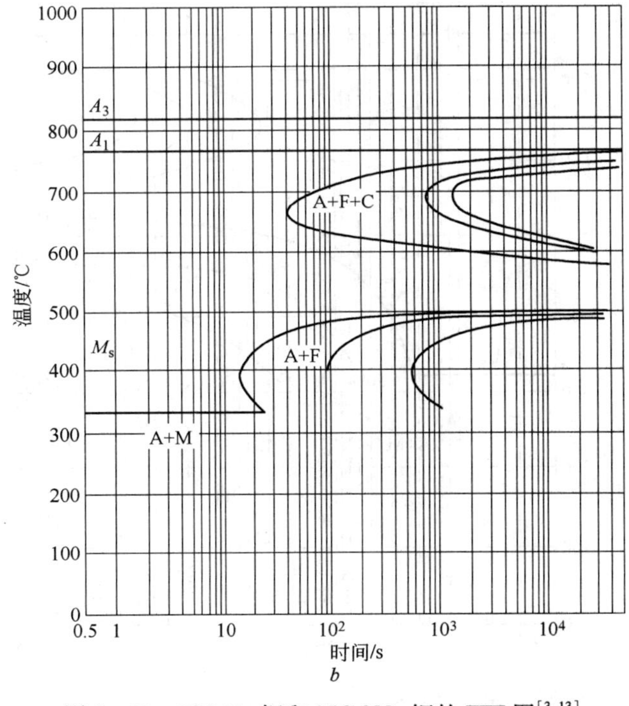

b

图 5－13 35CrMo 钢和 35Cr2Mo 钢的 TTT 图[3,13]

a—35CrMo(0.38%C、0.99%Cr、0.16%Mo)；*b*—P20(35Cr2Mo)(0.374%C、1.68%Cr、0.39%Mo)

5.2.3　合金结构钢的贝氏体 C 曲线普遍在珠光体 C 曲线的左方(类型三)

从图 5－13 可以看出贝氏体 C 曲线在珠光体的左方，即贝氏体转变的孕育期较短。这具有普遍性，贝氏体转变动力学曲线往往在珠光体 C 曲线的左方，而高碳合金钢的贝氏体 TTT 图在偏右方。从大量的(110 多种)合金结构钢的 TTT 图中分析发现[11]，同一种钢，珠光体分解的孕育期较长，而贝氏体相变的孕育期较短。只有碳含量增加到高碳时，贝氏体的“鼻子”才显著右移。

图 5－14 所示为 35CrNiW 钢的 TTT 图，可见，贝氏体转变 C 曲线在珠光体的左方。铁素体－珠光体反应向右移，650℃共析分解需要等温 30 多分钟，而先共析铁素体的析出时间为 5 min 以上。从图中可见，贝氏体铁素体析出时间比先共析铁素体孕育期短，能够更快地形成。显然表现出相变机制上的区别，先共析铁素体的析出是扩散型相变，在较高温度下，元素原子扩散较快，形成平衡态的先共析铁素体和珠光体组织；而在中温区，只有碳原子能够长程扩散，铁原子和替换原子的扩散极慢，已经不能满足贝氏体相变的要求。贝氏体铁素体往往在 0.5 s 至数秒内形成，这时，依靠在相界面处的原子热激活跃迁，无扩散的界面控制机制能够较快地形成贝氏体铁素体。

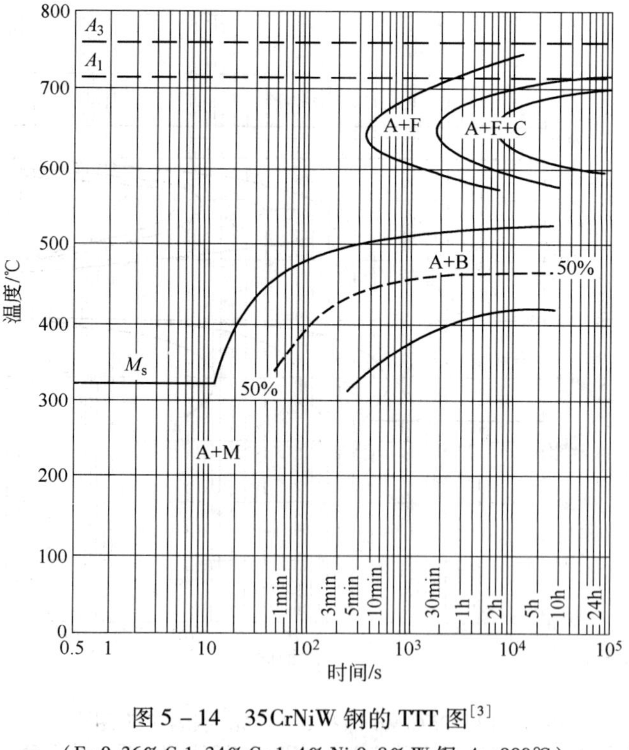

图 5－14　35CrNiW 钢的 TTT 图[3]

(Fe-0.36% C-1.34% Cr-1.4% Ni-0.8% W 钢，A_T:900℃)

图5－15所示为20CrMo钢在530℃等温2 s后淬火得到的贝氏体铁素体＋马氏体的整合组织照片。可见，贝氏体铁素体（BF）在奥氏体晶界上形核并长大。

图5－15 20CrMo钢的贝氏体铁素体＋板条状马氏体组织（LOM）

5.2.4 渗碳后贝氏体TTT曲线右移（类型四）

低碳合金钢的贝氏体C曲线在珠光体的左方，渗碳后将向右移，如图5－16是一个例子。从图中可见，20Cr2Ni2Mo钢渗碳前，过冷奥氏体转变为贝氏体的TTT曲线在左方（与珠光体相比），说明在中温区，贝氏体铁素体形成速度比共析分解开始分解的速度快。但是，渗碳后，在奥氏体化后等温淬火，贝氏体转变的开始线显著右移。

这里讨论的是相同成分的钢（即同为20Cr2Ni2Mo）奥氏体化后的等温转变，如图5－16*a*中，为什么渗碳处理后（图5－16*b*），碳含量提高了，共析分解的孕育期基本不变，但是贝氏体相变的孕育期为什么显著延长？从图中可见，在"鼻温"处从6 s延长到约200 s。

这涉及到珠光体和贝氏体转变机制的区别，过冷奥氏体分解为珠光体，晶核是铁素体＋碳化物两相，是共析共生的过程[4]。同时形成两相并协同长大，有一定困难，构建晶核需要一定时间；另外形成珠光体中的碳化物，需要替换原子，尤其是碳化物形成元素（Cr、Mo等）原子的位移，这些元素在奥氏体中的扩散系数比碳的扩散系数低约5个数量级。尽管是在较高温度区进行共析分解，替换原子尚能够扩散，仍然需要经过一段时间的孕育，才能开始共析分解。

而在中温区，贝氏体转变温度低，新旧两相自由焓差大，即驱动力增大，而且贝氏体相变的形核是单相，即贝氏体铁素体（BF）。渗碳体或ε-Fe_xC并不与BF共析共生，碳化物何时析出？要视具体条件而定，也可能不析出，而转变为无碳化物贝氏体。这是与珠光体转变本质上的区别之一。

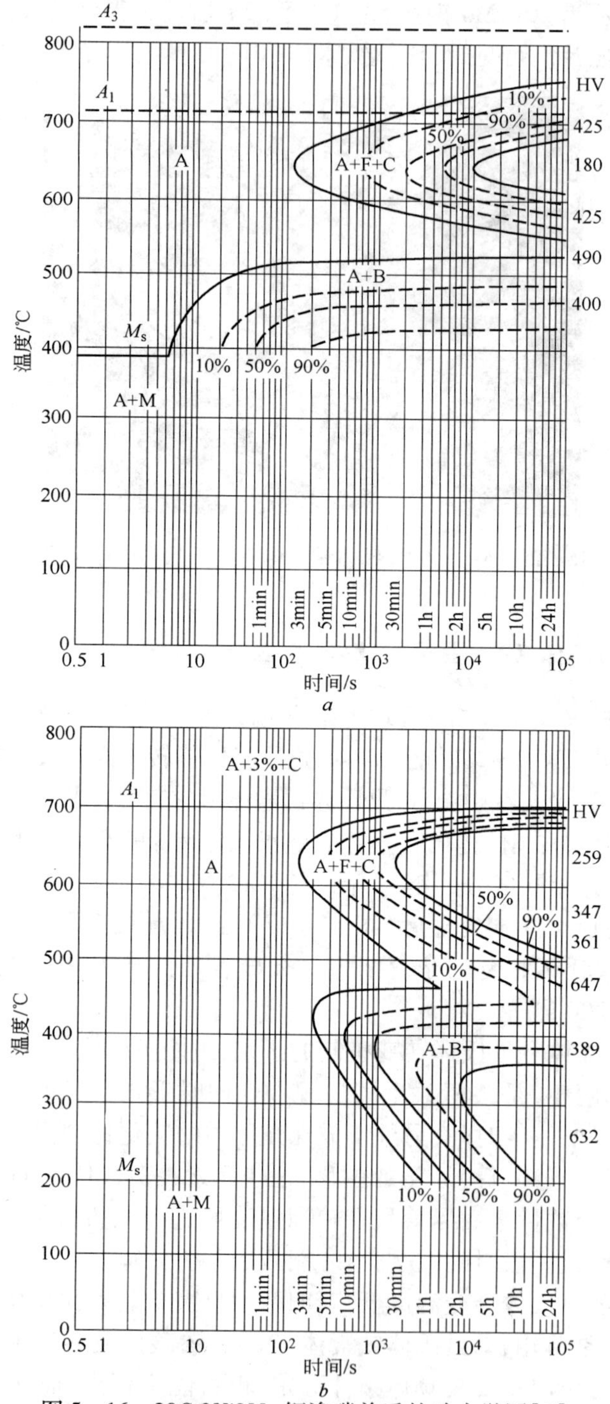

图 5－16　20Cr2Ni2Mo 钢渗碳前后的动力学图[3]

a—渗碳前；*b*—渗碳后

低于 500℃时，除了碳原子能够长程扩散外，铁原子和替换原子都不能进行显著的扩散[12]。这时，过冷奥氏体通过涨落形成贫碳区，贫碳区中，铁原子和替换原子以热激活跃迁方式越过界面，构筑铁素体晶核，速度较快，因此贝氏体铁素体孕育期较短。

贝氏体相变受碳原子扩散控制。该钢渗碳后，高碳的奥氏体不利于 BF 的形核及长大。BF 的形核必须在贫碳的奥氏体区中进行，BF 的长大必须以碳原子从 α-γ 相界面的奥氏体侧扩散离去为先决条件，碳的影响在低于 400℃时更加明显。奥氏体中碳含量增加，其晶界和晶内缺陷处也将吸附大量的碳原子，这将阻碍并延缓贫碳区的形成，从而推迟贝氏体铁素体在此处的形核，因而使孕育期变长。从图 5－16b 可见，在 400℃以下，贝氏体转变的最快温度（“鼻温”）显著地向右下方移动。

高碳钢的下贝氏体孕育期一般较长，图 5－17 为 T12 钢的等温转变 C 曲线。可见，贝氏体转变开始线和终了线均显著右移，在 M_s 稍上温度形成下贝氏体时，需要很长时间，甚至需要等温 24 h 才能转变完毕。可见，高碳奥氏体转变为贝氏体的过程较慢。

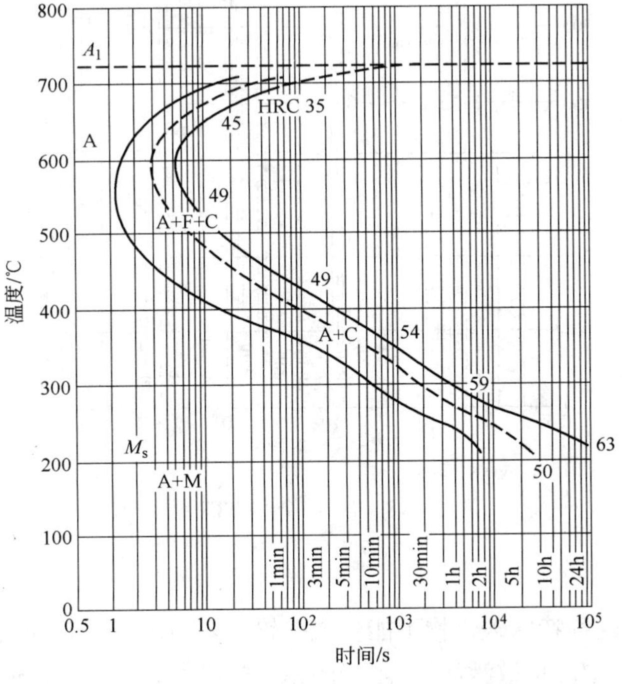

图 5－17 T12 钢的等温转变 TTT 图[3]

5.2.5　贝氏体 C 曲线严重右移直至消失(类型五)

对于某些高合金钢,其 TTT 图中只有珠光体转变 C 曲线,贝氏体的 C 曲线被右移到 10^5 s 以上,在 TTT 图中已经消失。不是这种钢中没有贝氏体相变,而是贝氏体转变发生在等温 1 天以后,失去了工程价值。

图 5 - 18 是一种高铬钢的 TTT 图,1Cr13 钢是铬不锈钢,含 13% Cr。从图中可见,在 980℃加热状态下,得到奥氏体 + 铁素体两相,存在 5% F。冷却过程中铁素体不变,奥氏体将分解为珠光体组织。这种钢,在 700 ~ 750℃之间,将形成合金碳化物[12]:$Cr_{23}C_6$。显然,合金元素原子进行了长程扩散。从其珠光体转变 TTT 图来看,铬使珠光体转变的 TTT 图右移,但是不够显著。

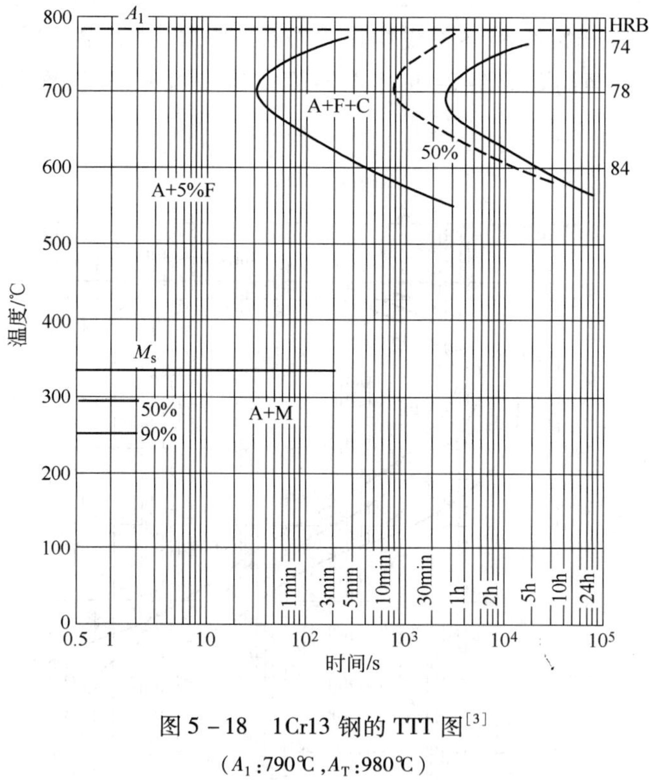

图 5 - 18　1Cr13 钢的 TTT 图[3]

(A_1:790℃,A_T:980℃)

在中温区,这种特殊碳化物不能生成。铬元素与碳原子有较强的亲和力,增加碳原子在奥氏体中的扩散激活能,阻碍碳原子的扩散,因此,铬推迟了贝氏体相变,使 TTT 曲线严重右移至消失。

5.3 影响贝氏体转变动力学的因素

5.3.1 奥氏体化温度的影响

奥氏体化状态，即奥氏体的晶粒度、成分的不均匀性、晶界偏聚、剩余碳化物量等，这些因素对过冷奥氏体的贝氏体相变均产生重要影响。奥氏体化温度不同，奥氏体晶粒大小不等，则过冷奥氏体的稳定性不一样。细小的奥氏体晶粒，单位体积内的界面积大，贝氏体铁素体形核位置多，将促进贝氏体转变。随着奥氏体化温度的提高，稳定奥氏体作用的溶质元素溶解更加充分，合金碳化物的溶解量增多，分布也会更加均匀，因而奥氏体更加稳定，则贝氏体转变的 C 曲线右移[9]。同一种钢于不同的温度奥氏体化，其测得的 TTT 图不同，如 H13 钢，880℃奥氏体化测得的 TTT 图与 1010℃奥氏体化的 TTT 图很不相同，如图 5－19 所示。

奥氏体化温度对转变动力学的影响在很大程度上是与合金元素在奥氏体中溶解程度和偏聚有关。如 H13 钢在 1010℃奥氏体化，由于加热温度较高，碳化物溶解较多，则奥氏体中溶入了较多的 Cr、Mo、V 等合金元素，提高了奥氏体的稳定性，使 C 曲线右移。

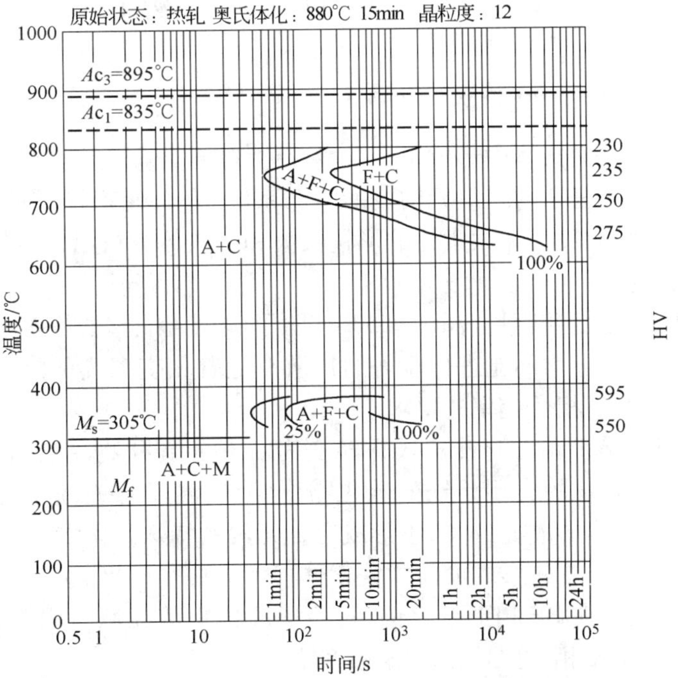

a

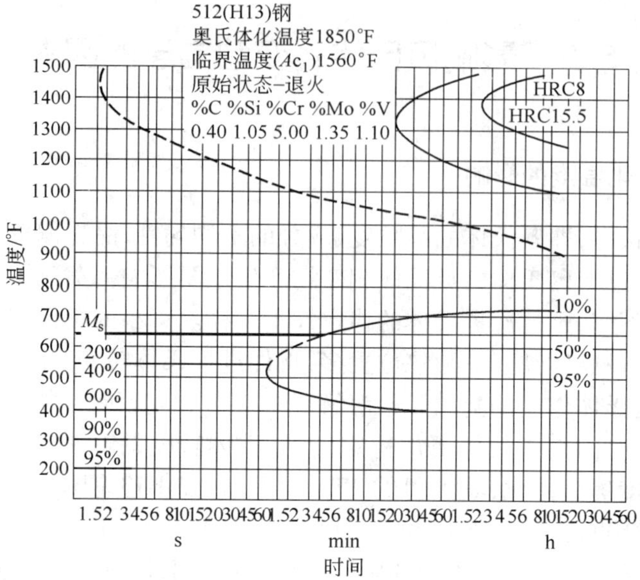

b

图 5－19　H13 钢的 TTT 图[13]

a—H13（美国）钢退火用 TTT 图（A_T:880℃）；b—H13 钢的淬火用 TTT 图（A_T:1010℃）$\left(1℉=\frac{5}{9}(℉-32)℃\right)$

5.3.2　合金元素对 $\gamma\rightarrow\alpha$ 转变的影响

合金元素溶入奥氏体中形成了合金奥氏体，随着合金元素数量和种类的增加，奥氏体变成了一个复杂的多组元构成的整合系统，合金元素将对贝氏体相变产生复杂的影响，从影响贝氏体铁素体的形核长大和渗碳体的析出，到对贝氏体相变整个过程产生影响。

钢中贝氏体相变温度一般低于 550℃，除了碳原子能够长程扩散外，铁原子和替换的合金元素原子均不能进行显著的扩散。随着相变温度的降低，扩散过程越来越困难，将跟不上相变速率的要求。

贝氏体相变是由单相过冷奥氏体转变为 α 相 + 碳化物 + 残留奥氏体等相的非平衡转变。碳化物的类型是铁的碳化物，与形成温度有关，温度较高时形成 θ-Fe_3C，温度低时可能形成 ε-Fe_xC，不形成合金元素的特殊碳化物。

贝氏体相变时，首先形成贝氏体铁素体（BF），在贫碳区，$\gamma\rightarrow\alpha$ 转变是热激活的无扩散型转变。在 BF 相形核之前，过冷奥氏体中依靠涨落出现贫碳区和富碳区，在贫碳区形成 α 相，这是贝氏体转变的起点。

贝氏体转变时 BF 片的长大速度低于马氏体转变时马氏体片的长大速度。BF

片条的长大受碳原子从附近奥氏体中扩散开去的速度所控制。合金元素若能降低奥氏体的化学自由能或增高铁素体的化学自由能，则可以降低 B_s 点，并使 $\gamma \rightarrow \alpha$ 转变速度减慢。

合金元素硅、锰、铬、镍等使贝氏体转变的孕育期增长，降低贝氏体铁素体的长大速度，钴则加速贝氏体铁素体长大。此外，锰、铬、镍、钼、钒等元素降低贝氏体相变的转变温度 B_s 点。铬、钼、钒、钨等使共析分解移向高温区，结果在珠光体转变和贝氏体相变温度之间，出现一个过冷奥氏体的中温亚稳区。

合金元素对 B_s 点温度的影响可用下式表示[12]：

$$B_s(℃)=830-270w(C)-90w(Mn)-37w(Ni)-70w(Cr)-83w(Mo)$$

钢中的碳含量提高时，不利于 BF 的形核及长大。BF 的形核必须在贫碳区，其长大是依靠碳原子从 γ-α 相界面的奥氏体一侧扩散离去为条件，如果合金元素阻碍了碳原子的扩散和贫碳区的形成，则降低 BF 的形成速度。

硅不溶入 $\theta\text{-}Fe_3C$ 中，特别强烈地阻止贝氏体转变时 $\theta\text{-}Fe_3C$ 的形成，促使尚未转变的奥氏体富集碳，因而使贝氏体转变进行较缓慢。镍、锰等奥氏体形成元素降低奥氏体的化学自由能，增高 α 相的化学自由能，因而降低 B_s 点，同时也使贝氏体转变减慢。钴由于升高临界点 A_3，降低 α 相的化学自由能，加速 $\gamma \rightarrow \alpha$ 转变，因而促进贝氏体转变。铬是碳化物形成元素，也是稳定奥氏体的元素，它与锰的作用相似，使 B_s 点下降，它使碳原子扩散减慢，能够有效地减慢贝氏体相变速度。

强碳化物形成元素钨、钼、钒、钛，由于增加碳在奥氏体中的扩散激活能，对贝氏体转变有一定的延缓作用。如含 0.78% W，把 T10 钢中贝氏体转变孕育期由 1s 左右增至 25s。1.9% V 把 T8 钢的贝氏体转变最小孕育期由 1s 左右增至 3 min 左右。

含强碳化物形成元素钨、钼、钒、钛的钢由于铁素体－珠光体的相变孕育期较长，而贝氏体相变孕育期短，在偏左方，空冷时容易获得贝氏体组织。这对于贝氏体钢的开发具有重要意义。

5.3.3　偏聚现象对贝氏体相变动力学的影响

溶质偏聚可分为平衡偏聚和非平衡偏聚。溶质原子在晶界上的偏聚有赖于基体内部溶质原子向晶界处扩散。实验证实，钢的奥氏体晶界处存在 B、Cr、Sn、P 等元素的非平衡偏聚。

奥氏体晶界的某些区域较其他晶界区域更有利于 α 相的形核。例如，微小的涨落能够产生具有 α 相特征的新的原子排列，这种新的排列可能成为 α 相的核心。当合金元素在晶界偏聚时，可能因为降低晶界能，或改变晶界结构使 α 相的形核有效性下降，阻碍贝氏体铁素体在晶界形核。

硼、稀土元素偏聚在奥氏体晶界，降低奥氏体晶界能阻碍 α 相和碳化物在晶界的形核，降低形核率，延长转变孕育期。硼、铈对于钢的转变 C 曲线的影响，如图 5－20 所示。图 5－21 为 60Mn2 钢中加入铈，铈在钢中的固溶量为 0.04%，铈元素偏聚在奥氏体晶界上，降低了晶界能，在连续冷却时推迟了过冷奥氏体的分解，表现为使 CCT 图向右下方移动[14]。研究表明固溶稀土元素也推迟贝氏体相变[15,16]。

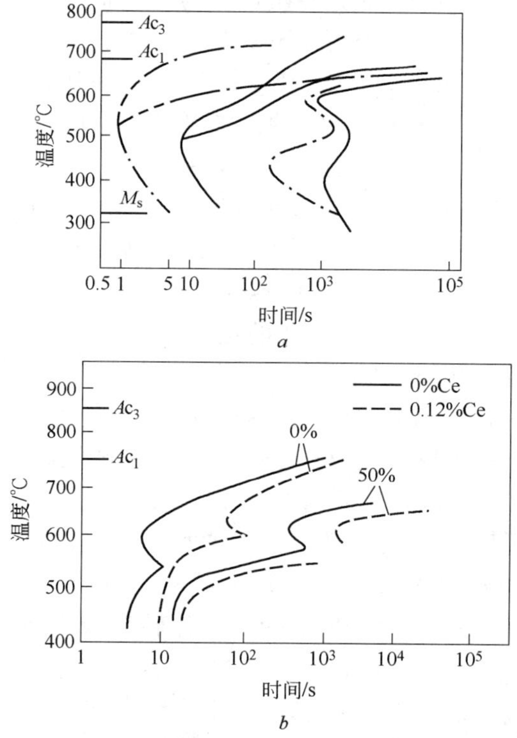

图 5－20　硼对 40Mn2 过冷奥氏体转变 TTT 图的影响(*a*)及铈对 Mn-V 钢过冷奥氏体转变 TTT 图的影响(*b*)[12]

由于某些合金元素使珠光体转变 C 曲线上移，又使 B_s 点向下移动，许多合金钢的 TTT 图中形成了“海湾区”。当珠光体的 C 曲线与贝氏体的 C 曲线完全分离时，“海湾区”变宽、变深（向右延伸），甚至长时间等温（一般不小于 10^5 s），过冷奥氏体也不形成贝氏体，也不共析分解，处于亚稳状态。在含钼的合金结构钢中，随着钼含量的增加，珠光体和贝氏体的 C 曲线分离较快，如 40Mo3、H13（美国）钢、W6Mo5Cr4V2 等钢的 TTT 图，珠光体和贝氏体的 C 曲线已经完全分开。从图 5－19 可见 H13 钢的 TTT 图中，在珠光体和贝氏体相变之间存在着宽广的“海湾区”。

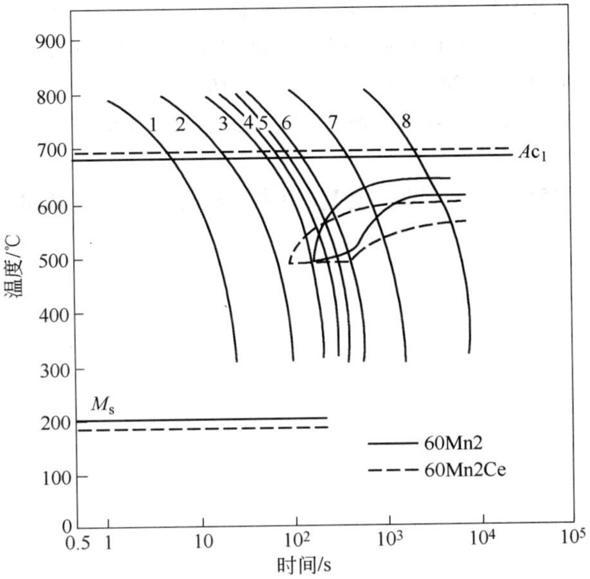

图 5－21 铈对 60Mn2 钢的 CCT 图的影响

1—20℃/s;2—5℃/s;3—2℃/s;4—1.6℃/s;5—1.1℃/s;
6—1℃/s;7—0.3℃/s;8—200℃/s

参 考 文 献

[1] Aaronson H I. Decomposition of Austenite by Diffusional Processes[J]. Interscience,New York,1962,387.

[2] 刘宗昌,王海燕,任慧平. 贝氏体铁素体形核机理求索[J]. 材料热处理学报,2007,28(1):53～58.

[3] 林慧国,傅代直. 钢的奥氏体转变曲线[M]. 北京:机械工业出版社,1988.

[4] 刘宗昌,任慧平,王海燕. 从动力学特征看贝氏体铁素体的形成[J]. 科学研究月刊,香港,总 22 期,2006,10:70～72.

[5] 闫俊萍,刘宗昌,李强,张丽颖. 煤机链条钢 TTT 曲线的研究[J]. 金属热处理,2001,6:33～35.

[6] 康沫狂. 贝氏体相变理论研究工作的主要回顾[J]. 金属热处理学报,2000,21(2):2～5.

[7] Hehemann R F. Phase Transformations[J]. ed by Aaronson H I. ASM,Metals Park,OH,1970:397～432.

[8] 戚正风. 金属热处理原理[M]. 北京:机械工业出版社,1986,14～130.

[9] 章守华. 合结钢[M]. 北京:冶金工业出版社,1981,22～40.

[10] Kennon N K,Raye N A. Metall,Trans,1982,13A:975.

[11] 刘宗昌,任慧平. 过冷奥氏体扩散型相变[M]. 北京:科学出版社,2007.

[12] 吴承建,陈国良,强文江. 金属材料学[M]. 北京:冶金工业出版社,2000.

[13]　G·A·罗伯茨,R·A·卡里. 工具钢(M). 徐进等译. 北京:冶金工业出版社,1987.

[14]　Liu Zongchang, Li Chengji. Influence of RE and Nb on the CCT Diagram of 10SiMn Steels[J]. HSLA Steels'90 October 28-November 2, 1990, 116.

[15]　刘宗昌,李文学,李承基. 10SiMn 钢的 CCT 曲线及铈的影响[J]. 金属热处理学报,1990, 11(1):75~80.

[16]　刘宗昌. 正火 45MnVRE 钢的组织[J]. 兵器材料科学与工程,1988(11):39~44.

6 各类相变的联系和区别

过冷奥氏体整合系统随着温度的降低,相变具有阶段性,在高温区、中温区、低温区分别发生共析分解、贝氏体相变、马氏体相变,是过冷奥氏体整合系统的三个转变阶段,三种相变各有特点,存在必然的联系,又有本质上的区别。

6.1 过冷奥氏体的共析分解

6.1.1 珠光体的组织形貌和定义

6.1.1.1 共析分解和珠光体的定义

以往,许多文献书刊中称“珠光体为铁素体和渗碳体的机械混合物”。此概念不正确,理由有三:其一,由铁素体+渗碳体构成的组织不全是珠光体,如碳素钢中的上贝氏体也可以由铁素体和渗碳体两相组成。其二,珠光体组织不是混合物,而是一个整合系统,不是混合系统。其三,钢中的珠光体是过冷奥氏体的共析分解产物,其相组成物是共析铁素体和共析渗碳体(或碳化物),是铁素体和碳化物以相界面相结合,有序配合,平衡状态下铁素体及碳化物两相是成一定比例的,有一定的相对量。而且两相以界面相结合,存在界面能,各相之间具有一定位向关系。

因此,钢中的珠光体是共析铁素体和共析渗碳体(或碳化物)有机结合的整合组织,不是机械混合物[1]。

钢中共析分解的新定义:**过冷奥氏体在 Ar_1 温度同时析出铁素体和渗碳体或合金碳化物两相构成珠光体组织的扩散型一级相变。**

6.1.1.2 珠光体的组织形态

在钢中组成珠光体的相有两相:铁素体和碳化物。碳化物包括渗碳体、合金渗碳体、各类合金碳化物。两种相的形态、分布是形形色色的,因此组织形貌复杂。珠光体组织形貌有片状、细片状、极细片状的;点状、粒状、球状的;渗碳体不规则形态的类珠光体。相间沉淀组织也是珠光体的一种组织形态。如图 6－1 示出了片状珠光体、类珠光体和粒状珠光体的组织形貌。

片状珠光体依片间距不同,可以分成珠光体、索氏体、托氏体三种。在光学显微镜下能够明显分辨出片层的珠光体,其片间距约为 150 ~ 450 nm,将其称为珠光体。片间距为 80 ~ 150 nm 的珠光体组织,称其为索氏体,其片层在光学显微镜下难以分辨;在更低的温度下形成片间距为 30 ~ 80 nm 的珠光体称为托氏体(也称为屈氏体),只有在电子显微镜下才能观察到片层结构。图 6 – 2 为极细珠光体的各类电子显微镜照片,可见,图 6 – 2*a*、*d* 是片状珠光体;图 6 – 2*b* 中的碳化物呈断续片状或短棒状;图 6 – 2*c* 中碳化物呈颗粒状。

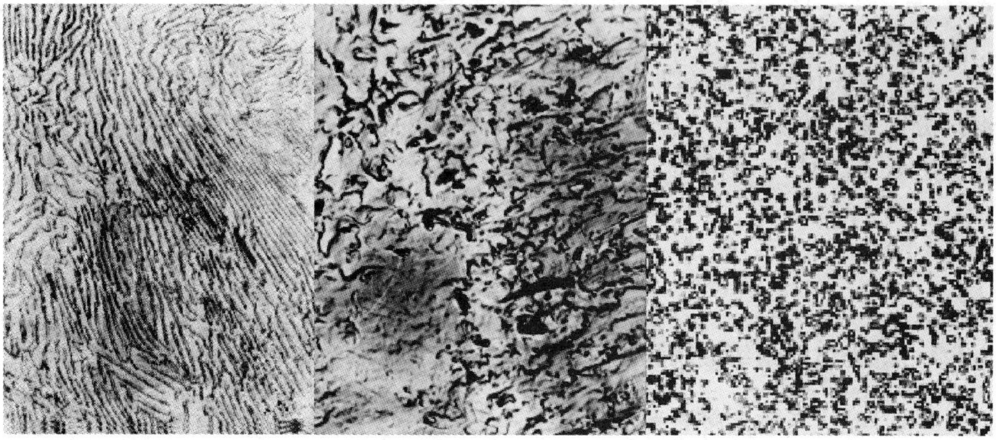

a　　*b*　　*c*

图 6 – 1　各种形貌的珠光体组织(LOM, ×500)

a—片状珠光体;*b*—类珠光体;*c*—粒状珠光体

当共析渗碳体(或碳化物)以颗粒状存在于铁素体基体上时称为粒状珠光体,如图 6 – 1*c* 所示。粒状珠光体可以通过不均匀的奥氏体缓慢冷却时分解得到,也可以通过其他热处理方法获得。碳化物颗粒大小不等,一般尺度为数百纳米到数千纳米。粒状珠光体较片状珠光体硬度低、韧性好,淬火加热时不容易过热,是淬火前良好的预备组织。

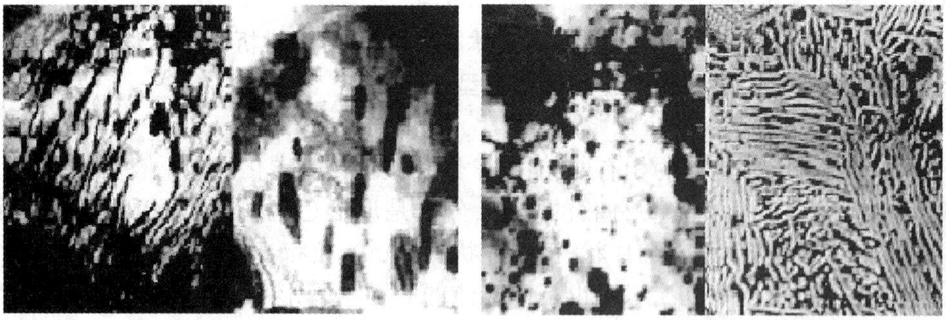

a　　*b*　　*c*　　*d*

图 6 – 2　钢中各类珠光体的电子显微镜组织

a—托氏体(TEM);*b*—渗碳体断续分布(TEM);*c*—VC 呈颗粒状(TEM);*d*—索氏体(SEM)

类珠光体也是共析分解的产物,也是共析铁素体和碳化物的整合组织,但是当转变温度较低,或奥氏体成分不够均匀时,碳化物不能以整齐的片层状长大,而是杂乱曲折地分布在共析铁素体的基体上,图 6-1b 所示为类珠光体的金相照片,图 6-3 为 X45CrNiMo4 钢(德国钢号)的类珠光体的电子显微镜照片。可见,碳化物形貌不规则,呈弯折片状、颗粒状、短棒状等杂乱地分布在铁素体基体上。

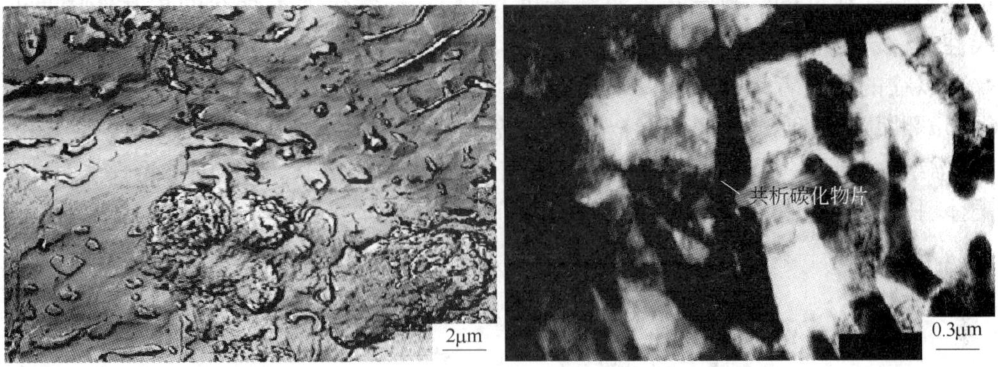

a *b*

图 6-3 X45CrNiMo4 钢的类珠光体组织(TEM)

a—二次复型;*b*—薄膜

6.1.1.3 珠光体的片间距

片状珠光体中相邻两片渗碳体(或铁素体)中心之间的距离称为珠光体的片间距。对于某厂生产的共析碳素钢 T8,测定了轧态的珠光体片层间距 S_0,沿着试样表面观察各个视场,测定片间距 S_0 在 150 nm 以下的索氏体占 55%,普通片状珠光体约占 50%。最大片间距 S_0 = 212 nm,最小为 133 nm。图 6-4 为该钢的索氏体扫描电子显微镜照片。图 6-4a 为 0.75% C 碳素钢珠光体组织的立体形貌。

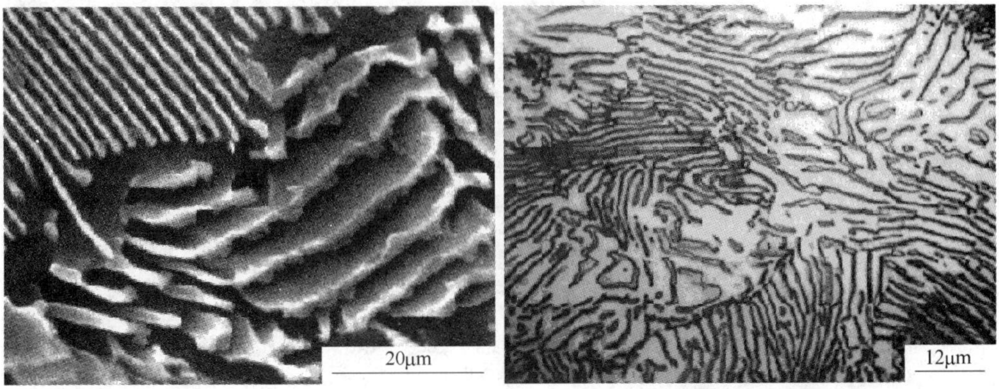

a *b*

图 6-4 珠光体的立体形貌(SEM)(a)及 T8 钢索氏体组织(LOM)(b)

温度是影响珠光体片间距大小的一个主要因素。随着冷却速度增加，奥氏体转变温度的降低，也即过冷度不断增大，转变所形成珠光体的片间距不断减小。这有两点原因：(1)转变温度愈低，碳原子扩散速度愈小；(2)过冷度愈大，形核率愈高。这两个因素与温度的关系都是非线性的，因此珠光体的片间距与温度的关系也应当是非线性的。科学技术哲学告诉我们[2]，自然界大量存在的相互作用是非线性的，线性作用其实只不过是非线性作用在一定条件下的近似。

以往的研究者将珠光体片间距与温度的关系简单化，处理为线性关系。如图6－5*a*测得了几种碳素钢和合金钢的珠光体片间距与形成温度之间的关系[3]，可见，描绘为线性关系，即过冷度越大，珠光体的片间距越小，依次转变为珠光体、索氏体、托氏体(也称屈氏体)，托氏体的片间距最小。

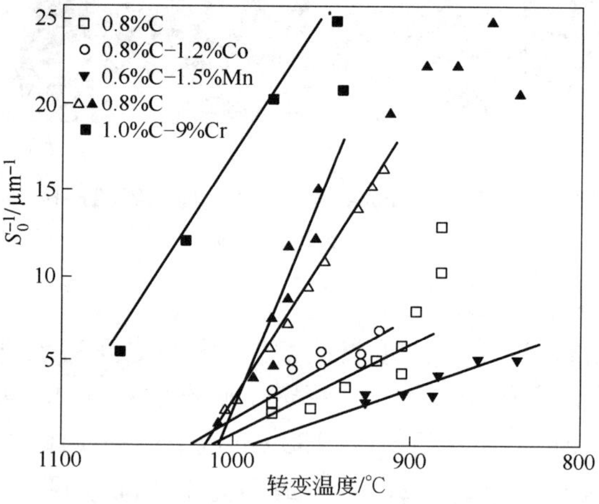

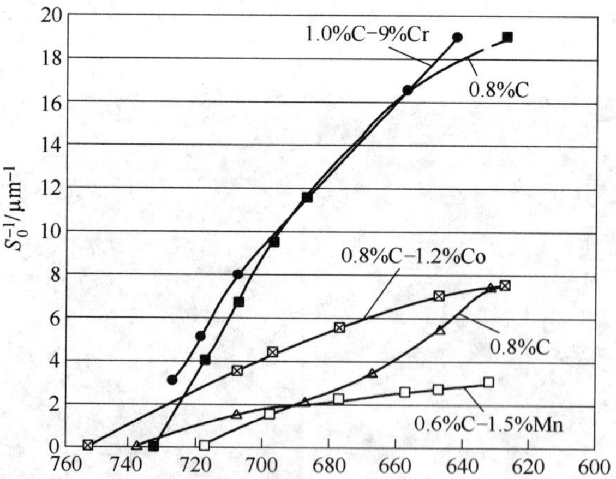

图6－5　珠光体片间距与形成温度之间的关系

只有当过冷度很小时才有近似的线性关系，但总的来看是非线性的。将图6－5*a*还原为非线性关系（重绘），则得如图6－5*b*所示的曲线。

Marder[4]也把碳素钢中珠光体的片间距与过冷度的关系处理为线性关系：

$$S_0 = \frac{C}{\Delta T} \tag{6-1}$$

式中 C——比例常数，$C = 8.02 \times 10^3$（nm·K）；

S_0——珠光体的片间距，nm；

ΔT——过冷度，K。

该作者没有说明过冷度 ΔT 的大小和范围，实际上只有过冷度较小时（约 $\Delta T = 50$℃）才有近似的线性关系。

6.1.1.4 珠光体组织形貌的多样性、复杂性

钢中的相变过程是自组织的。将钢加热到奥氏体化，得到一定化学成分的奥氏体，此奥氏体当满足自组织条件时（如环境、温度等），它好像"有头脑"一样对本系统进行自组织。无论是扩散型相变，还是无扩散型相变，同一种固态相变，依据不同的外部条件和内在因素，系统自组织"能动"地形成各种组织结构，使之具有形形色色的形貌。上述所说的片状、粒状珠光体是常见的形貌，图6－6展示了少见

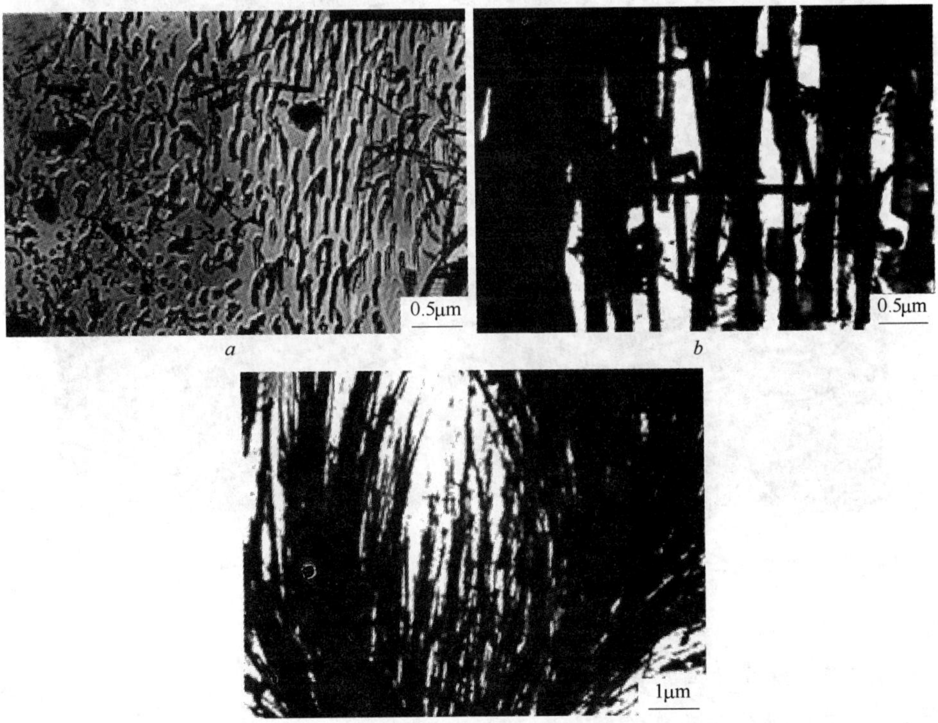

a *b* *c*

图6－6 H13钢的珠光体组织（TEM）

a—短棒状；*b*—树林状；*c*—针丛状

的几种珠光体形貌，其中图 6－6*a* 呈现短棒状，照片的右边均为向一个方向排列的短棒状，其左下边呈现粒状，它是短棒状的横断面；图 6－6*b* 呈现树林状，好像不同粗细的树干从地面上长出；图 6－6*c* 呈现丛针状，好像从地面上长出来一丛针叶状的草。

可见，奥氏体过冷到 A_1 以下共析分解为铁素体和碳化物的整合组织是个自组织过程，奥氏体同时析出两相，珠光体的多种形貌是奥氏体系统自组织的结果。珠光体有片状、粒状、针状、柱状、棒状、类珠光体以及“相间沉淀”等多种形貌，形形色色，但其本质不变，其基体均为铁素体。珠光体组织形貌的多样性、复杂性表现了自然事物自组织演化的神奇性。

6.1.2　珠光体的晶体学关系

过冷奥氏体共析分解为珠光体时，奥氏体、铁素体和渗碳体之间存在取向关系。目前已知珠光体在母相奥氏体 A_1-A_2 晶界上形核，并且向一侧的奥氏体中生长，即只在一个奥氏体晶粒中长大（设在 A_2 中长大），长大成为珠光体团，如图 6－7 所示。可见，珠光体从奥氏体晶界形核，然后向一侧的奥氏体晶内长大。

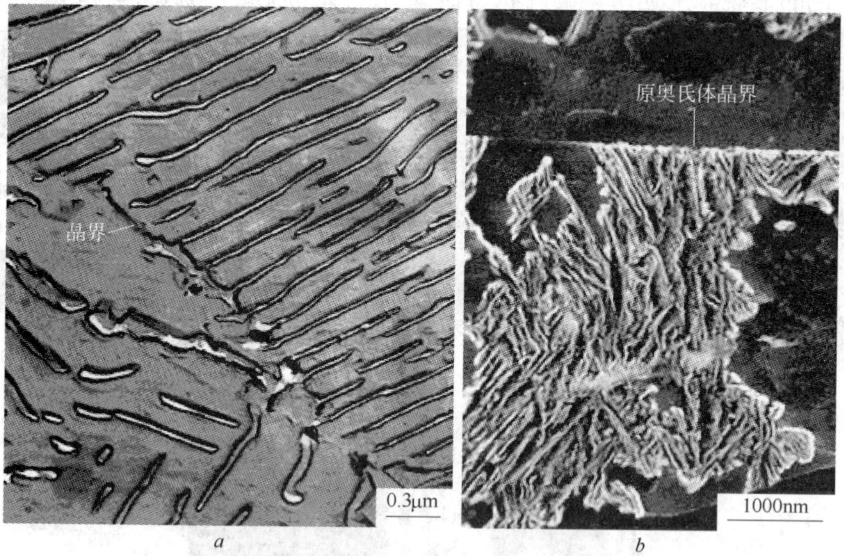

图 6－7　X45CrNMio4 钢的片状珠光体（复型照片）（*a*）和 35CrMo 钢的珠光体（SEM）（*b*）

6.1.2.1　珠光体与奥氏体 A_1 的位向关系

在 A_1-F 之间存在 K-S 关系：

$$\{011\}_F // \{111\}_A,$$

$$\langle 111 \rangle_F // \langle 101 \rangle_A$$

而在 A_1 与 θ-渗碳体之间可存在 Pitsch 关系，该关系接近于[5]：

$$(100)_{Fe_3C} // (1\bar{1}1)_\gamma, (010)_{Fe_3C} // (110)_\gamma, (001)_{Fe_3C} // (\bar{1}12)_\gamma$$

6.1.2.2 珠光体团中铁素体和渗碳体之间的位向关系

F 和 θ-渗碳体分别存在 Pitsch-Petch 关系：

$$(001)_{Fe_3C} // (5\bar{2}\bar{1})_\alpha$$

$[100]_{Fe_3C}$ 与 $[13\bar{1}]_\alpha$ 相差 2°36′

$[010]_{Fe_3C}$ 与 $[113]_\alpha$ 相差 2°36′

如果在奥氏体晶界上首先析出先共析渗碳体，然后形成珠光体晶核，长大为珠光体团，这时珠光体团中的铁素体和 θ-渗碳体之间存在 Bagayatski 关系[3]：

$$(001)_{Fe_3C} // (211)_\alpha$$

$$[100]_{Fe_3C} // [0\bar{1}1]_\alpha$$

$$[010]_{Fe_3C} // [1\bar{1}\bar{1}]_\alpha$$

图 6-8 为一张珠光体团中的铁素体和 θ-渗碳体之间位向关系的电子衍射图谱及标定，确定为 Bagayatski 关系。

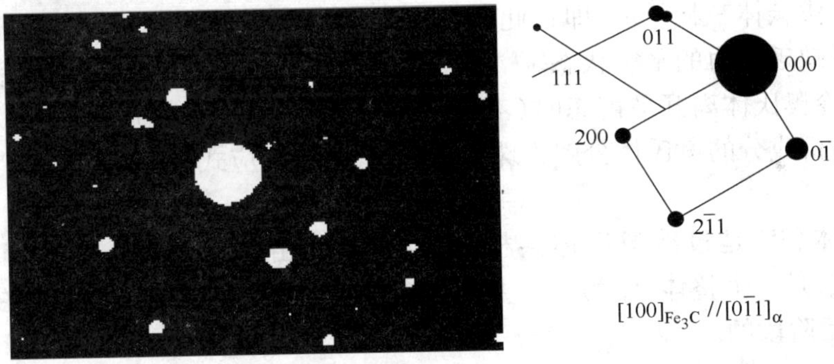

图 6-8 铁素体和 θ-渗碳体之间的 Bagayatski 关系衍射图及标定

另外，奥氏体与珠光体中两相的晶体学取向关系为[1]：

$$(111)_\gamma // (110)_\alpha // \approx (001)_{Fe_3C}$$

$$(110)_\gamma // (111)_\alpha // (010)_{Fe_3C}$$

存在 Bagayatski 关系的珠光体中，渗碳体与晶界上的先共析渗碳体存在晶体学的连续性，而珠光体内的铁素体与 A_1 之间没有特定的取向关系。

6.1.3 共析分解机理

6.1.3.1 珠光体的形核机制

许多文献中，在论述珠光体形成机理时，都要讲领先相问题。由于难以直接试验验证，故存在争议。虽然追究哪一个为领先相没有实际工程应用价值，但是，领先相问题的研究具有理论意义。

A　领先相观点应当摒弃

以往的书刊中称：“由于珠光体由两相组成，因此形核必然有领先相问题”。哪一个相为领先相呢？书刊中有各种说法：(1)一般认为渗碳体和铁素体均可成为相变的领先相；(2)过共析钢中通常以渗碳体为领先相，在亚共析钢中通常以铁素体为领先相；(3)在共析钢中两相都可以成为领先相；(4)过冷度小时，渗碳体是领先相；过冷度大时，铁素体是领先相。这些学说在试验上缺乏依据，在观点上很不统一，较为混乱，应当澄清。

难道珠光体是由两相构成的就必然存在领先相吗？不存在这一逻辑。化学中的分解反应是一个相同时变成两个相的过程，反应产物是按反应式同时生成的，举一个简单的例子，在钢的渗碳处理时，有分解反应式：$2CO \rightarrow CO_2 + [C]$，活性碳原子[C]与 CO_2 是同时形成的。过冷奥氏体以共析分解反应生成铁素体和渗碳体两相也不例外。

B　奥氏体共析分解反应

钢作为一个开放系统，具有整合特性。按照 Fe-C 平衡相图，在 727℃，奥氏体与铁素体、渗碳体三相平衡，即在此温度(A_1)共析反应和逆共析反应处于动态平衡，是一种缺乏活力的平衡状态。

当过冷奥氏体离开平衡态时(有过冷度 ΔT)，则在 Ar_1 温度发生共析分解反应，具有共析成分的奥氏体分解为珠光体时，其共析反应式为：

$$A \rightarrow P(F + Fe_3C)$$

珠光体(P)是过冷奥氏体共析分解的产物，由铁素体和渗碳体两相($F + Fe_3C$)构成，是一个整体，作为一个共析反应的产物是同时同步生成的，在时间上不是分先后阶段的。

C　从动力学图分析

从相变动力学上分析，应当看到各相出现的时间。例如，碳素钢的 TTT 图中，在 550℃附近(“鼻温”)的孕育期极短。图 6 - 9 所示为 T10 钢的等温转变动力学图。从图中可见，钢的共析转变开始线，在 550℃左右，约为 0.5 s 左右，即在“鼻温”处，经过 0.5 s 的等温时间，共析分解反应就完成了。显然，珠光体转变在此极短的时间内，就完成了珠光体($F + Fe_3C$)的形核长大全过程，这一试验事实，就足以说明珠光体中的两相：铁素体和渗碳体，是共析共生的，同时形成的，没有“领先”和“随后”之分，即不存在领先相。

取工业用钢 T8，加热到 900℃，奥氏体化，然后迅速冷却到 550℃的盐浴炉中，等温保持 9 s，再淬火到室温，在扫描电子显微镜下，放大 20000 倍，观察到一个微小的珠光体团在奥氏体中形成，如图 6 - 10 所示。该珠光体团仅仅由几片铁素体和渗碳体组成，横向尺寸为数百纳米，是珠光体晶核刚刚长大不久的尺寸，如果以铁素体和渗碳体各一片构成晶核，则此晶核约为 100 nm。

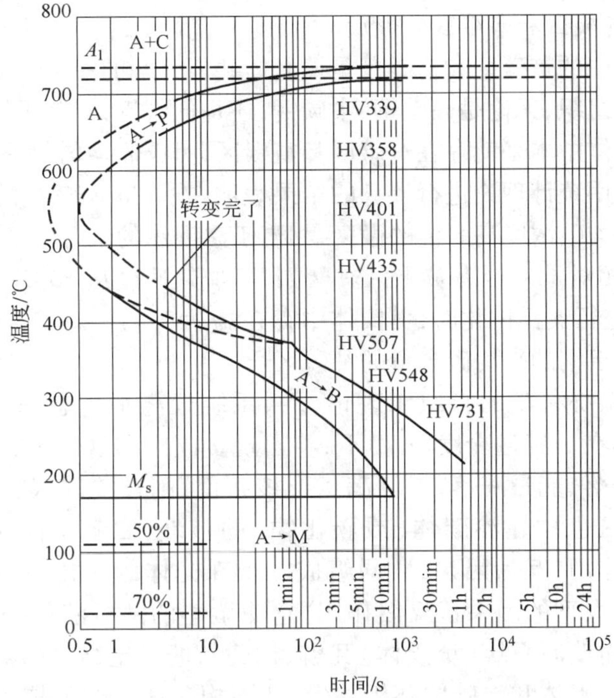

图 6－9 T10 钢的等温转变动力学图[7]

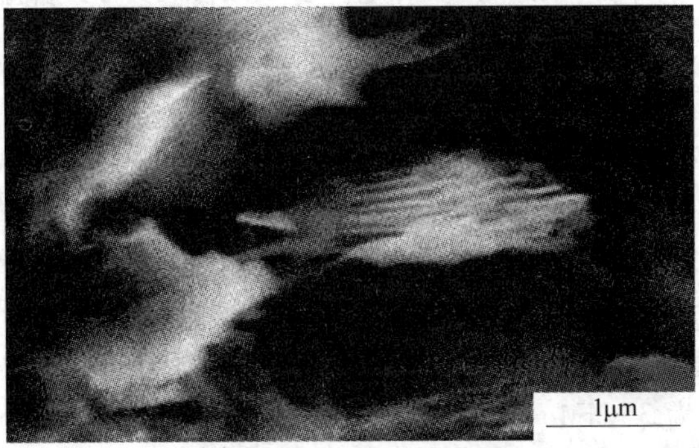

图 6－10 T8 钢 550℃等温形成的一个珠光体团(SEM)

20 世纪 80 年代 S. A. Hackney[6] 用高分辨率透射电子显微镜研究珠光体转变，观察了 F-A、C-A 界面的结构及界面形成过程，发现在界面上存在铁素体和渗碳体平直的相界面及共享台阶，表明珠光体晶核形成后依靠共享台阶长大，说明珠光体晶核的两相(铁素体 + 渗碳体)同时同步形成,共析共生,共享台阶协同长大。

综上所述,共析分解不存在领先相,领先相的观点应当摒弃。

6.1.3.2　贫碳区和富碳区的形成

过冷奥氏体中的贫碳区和富碳区是珠光体共析分解的一个必要条件。钢被加热后获得奥氏体组织,无论是高碳钢、中碳钢,还是低碳钢,其奥氏体中的碳含量是不均匀的。奥氏体中本来就存在贫碳区和富碳区,奥氏体均匀化是相对均匀,不均匀是绝对的。如用统计理论进行计算的结果表明,在含 0.85% C 的奥氏体中可能存在大量的比平均碳浓度高 8 倍的微区,相当于渗碳体的碳含量了,这说明奥氏体中存在富碳区,相对地应当有贫碳区。又如,当加热速度从 50℃/s 到 230℃/s 对亚共析钢 40 钢进行奥氏体化时,奥氏体中存在高达 1.4% ~1.7% C 的富碳区,相对地必然存在低于钢的平均碳含量的贫碳区[5]。

此外,按照系统科学的自组织理论[2,8],系统远离平衡态,必然出现随机涨落。过冷奥氏体在一定过冷度(ΔT)下,将出现贫碳区和富碳区的涨落。加上随机出现的结构涨落、能量涨落,一旦满足形核条件,则在贫碳区建构铁素体核坯的同时,在富碳区也构建渗碳体(或碳化物)的核坯,二者是同时同步,共析共生,非线性相互作用,互为因果,共同组成一个珠光体的晶核($F + Fe_3C$)。这种演化机制属于放大型的因果正反馈作用,它使微小的随机涨落经过连续的相互作用逐级增强,而使原系统(奥氏体)瓦解,构建新的稳定结构(珠光体)。因此,共析分解时,是铁素体和渗碳体共析共生,共同构建珠光体形核($F + Fe_3C$)的整合机制。至今,尚未发现珠光体转变时单独的铁素体"领先相晶核"或者单独的渗碳体"领先相晶核",看到的均为珠光体团,如图 6 - 11 所示为扫描电子显微镜下观察到的微小的珠光体团。

6.1.3.3　珠光体晶核

珠光体晶核一般在奥氏体晶界上形成。上已叙及,珠光体晶核由两相组成,即 F + Pc,其中 Pc 代表珠光体中的碳化物,包括 Fe_3C、MC、M_7C_3 等碳化物。珠光体的晶核可以由一片铁素体片和一片碳化物组成,也可能是几片铁素体和几片碳化物组成。只要其大于临界晶核尺寸,就可能长大为一个珠光体领域(或称珠光体团)。至今难以借助仪器实际测定珠光体晶核的尺寸,但是从试验观察可以推断其大小。图 6 - 11 为 35CrMo 钢 1050℃ 奥氏体化,在 530℃ 硝盐浴中等温 10 min,然后水冷淬火,得到贝氏体铁素体 + 珠光体 + 残留奥氏体的整合组织。图中所示为片层状的珠光体在晶界形核长大。图中所标的珠光体团尺寸实测为 1088 nm,而图中箭头 a 所指的珠光体团尺寸约为 270 nm,箭头 b 所指的珠光体团尺寸约为 550 nm,这些珠光体团都是由晶核长大的。如果图中的珠光体团的晶核是由一片铁素体 + 一片碳化物组成,则珠光体晶核的尺寸接近 100 nm。

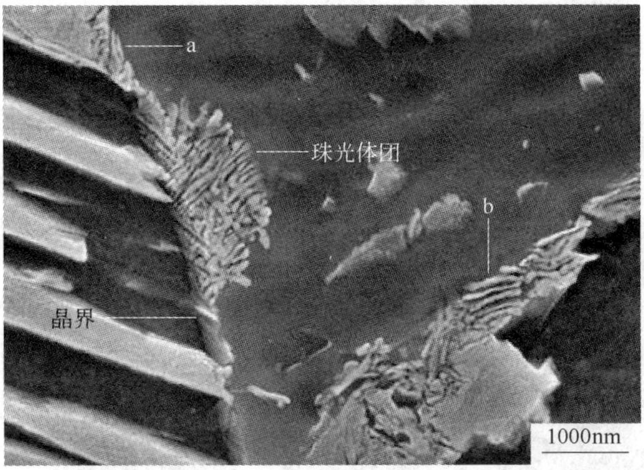

图 6-11 35CrMo 钢奥氏体晶界处形成珠光体晶核并长大(SEM)

图 6-12 所示为珠光体形核长大示意图,图 6-12*a* 中所示为在奥氏体晶界上由于涨落而形成贫碳区和富碳区,图 6-12*b* 为在贫碳区和富碳区分别形成铁素体和碳化物,共析共生,长大为珠光体团。图 6-12*e* 为 42MnV 钢的珠光体晶核在晶界形成并长大成珠光体团的 TEM 像,其尺寸已经长大到约 3 μm。

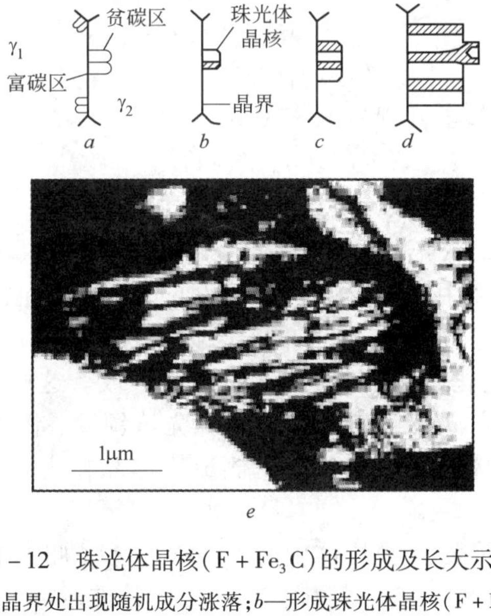

图 6-12 珠光体晶核($F + Fe_3C$)的形成及长大示意图

a—在晶界处出现随机成分涨落;*b*—形成珠光体晶核($F + Fe_3C$);
c、*d*—晶核长大,形成珠光体团;*e*—晶核在晶界形成并长大成珠光体团的 TEM 像

图 6-13 所示为共析碳素钢在连续冷却时,在晶界处形核并长大为一个微小的珠光体团的电子显微镜照片,可见,珠光体在原奥氏体晶界(界隅)形核并长大,

尚未转变的过冷奥氏体已淬火成马氏体组织，该珠光体团尺寸也很小，只有 2 ~ 3 μm。

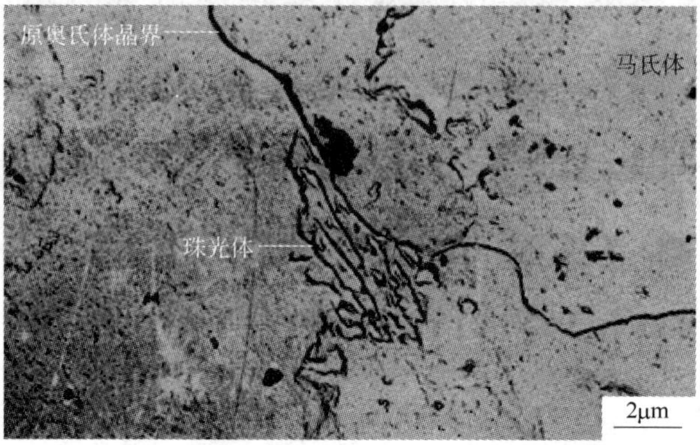

图 6 - 13　共析碳素钢的珠光体在晶界形核（TEM，二次复型）

上已叙及，珠光体晶核在晶界形成时，存在位向关系，其中的渗碳体与两个奥氏体晶粒 γ_1、γ_2 之中的一个（如 γ_1）保持一定的晶体学取向关系，即：

$$(100)_{Fe_3C} /\!/ (1\bar{1}1)_{\gamma_1}$$
$$(010)_{Fe_3C} /\!/ (110)_{\gamma_1}$$
$$(101)_{Fe_3C} /\!/ (\bar{1}12)_{\gamma_1}$$

珠光体中的铁素体与 γ_2 保持 K-S 关系：

$$(110)_{\alpha} /\!/ (111)_{\gamma}$$
$$[1\bar{1}1]_{\alpha} /\!/ [0\bar{1}1]_{\gamma}$$

如图 6 - 12*c* 所示，珠光体晶核形成后，铁素体片和 Fe_3C 片将同时长大，它们各自的旁侧的奥氏体中碳浓度将有不同的变化趋势。在铁素体旁侧的奥氏体中，碳原子逐渐增加，不断富碳，这有利于渗碳体的再形成；而渗碳体旁侧的奥氏体中，碳原子将不断贫化，这有利于铁素体的再形成。这样轮流出现，珠光体核不断长大，如图 6 - 12*c*、*d*、*e*，逐渐形成一个珠光体领域。图 6 - 12*e* 为 42MnV 钢的珠光体晶核在奥氏体晶界形成并向一侧奥氏体晶粒内长大，形成的一个珠光体领域。

已知碳是内吸附元素，当奥氏体中的固溶碳含量增加时，奥氏体晶界处也将要吸附较多的碳原子，晶界具有较高的碳含量，则势必推迟贫碳区的形成，因而延缓珠光体的形核过程。因此，奥氏体中的碳含量增加时，过冷奥氏体分解为珠光体的孕育期延长，转变开始线向右移，即奥氏体趋于稳定化。

6.1.3.4　珠光体晶核的长大

珠光体晶核在奥氏体晶界处形核后，珠光体晶核的侧向长大和端向长大，使其侧面更加容易形成贫碳区和富碳区,有利于晶核迅速长大为珠光体领域。

A 端向长大

经典的珠光体长大理论认为:珠光体晶核的端向长大过程有赖于碳原子从铁素体片前沿富碳奥氏体区向渗碳体前沿贫碳奥氏体中扩散,铁素体片前沿的碳含量降低,有利于铁素体长大,增碳的奥氏体则促使渗碳体长大,这样通过体扩散实现渗碳体和铁素体的端向长大,如图 6 – 14 所示。

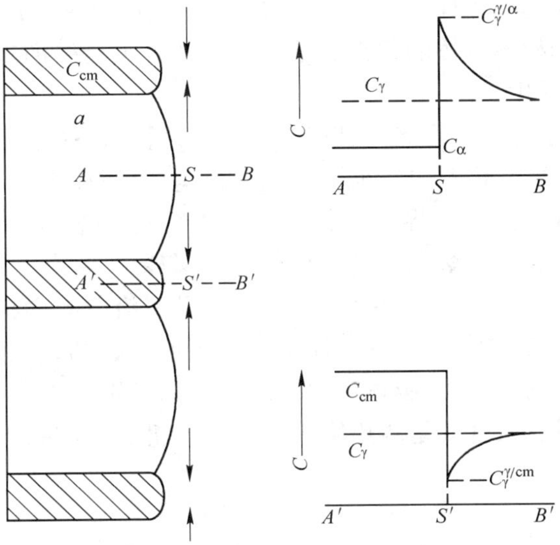

图 6 – 14 珠光体的端向长大示意图

铁素体和渗碳体的共析共生,两者互为因果,非线性相互作用,重复进行,迅速沿着晶界展宽,使珠光体团长大。珠光体的端向长大依靠铁素体和渗碳体的协同长大进行,这样,由一个珠光体核长大而成为珠光体领域。

Sundquist 指出[9],共析成分的碳素钢中珠光体的实测长大速度很快,约为 50 μm/s。而按体扩散计算所得的铁素体片长大速度很慢,为 0.16 μm/s,渗碳体片为 0.064 μm/s,两者相差 2 ~ 3 个数量级,看来远小于珠光体长大的实测值,这可能与铁素体和渗碳体的非线性相互协同作用有关,与界面扩散有关。因此,认为珠光体长大主要是通过界面扩散进行的,界面扩散速度要比体扩散快得多。已经指出:原子在奥氏体晶界的自扩散系数远远大于在晶内的自扩散系数,晶界自扩散系数约为晶内的 10^7 倍。界面扩散是珠光体长大速度较快的主要原因。

珠光体长大速度随着过冷度的增大而加速,而且与扩散系数成正比。珠光体晶核的长大不是依靠体扩散,而是以界面扩散为主迅速长大的。

过冷奥氏体的转变过程,不仅取决于相变驱动力的大小,还与原子的活动能力和位移方式密切相关。按扩散理论,当温度在 1 ~ 0.7T_m(熔点)时,进行体扩散,即以点阵扩散为主；当温度较低时（0.3～0.5T_m），以界面扩散为主；在0.3T_m以下温度时，界面扩散也过于缓慢或难以进行了。

珠光体转变在A_1稍下的较高温度范围内进行，主要以界面扩散方式完成共析分解，碳原子、替换原子均能够沿着相界面长程扩散，是共析铁素体和共析渗碳体两相共析共生、协同长大的扩散型相变。

B　台阶机制长大

台阶机制长大是珠光体转变机制研究的一个新的进展。认为共析铁素体和共析渗碳体两相与母相奥氏体的相界面是由连续的长大台阶所耦合，两相依靠台阶长大共析共生、协同生长。

图6－15*a*表示了一个珠光体晶核的侧向长大和端向长大示意图，图中的小箭头表示碳原子沿着F-A、C-A相界面的方向扩散，这种界面扩散速度很快。图6－15*b*表示铁素体和渗碳体两相的界面位置。铁素体长大时，排出碳原子，使F-A相界面处碳原子浓度增加，其“邻居”，即渗碳体长大消耗了碳原子，使C-A相界面处的碳原子浓度降低，此时在化学势作用下，碳原子迅速沿着界面扩散到渗碳体前沿，协助渗碳体长大；而铁素体前沿的碳原子浓度降低则有利于铁素体的长大。铁素体长大需要铁原子的供应，渗碳体长大排出的铁原子则沿着相界面扩散到铁素体前沿，促进铁素体长大，这就是两相协同竞争长大机制。如果界面存在台阶，则促进协同长大过程。

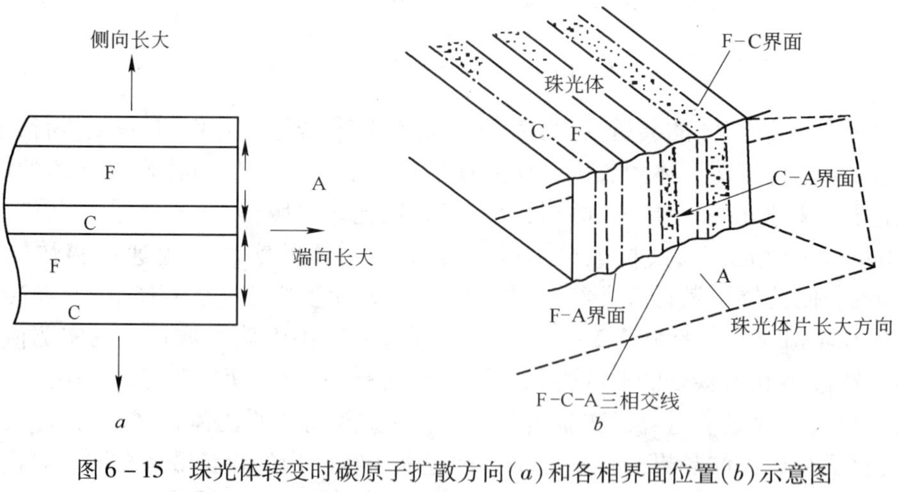

图6－15　珠光体转变时碳原子扩散方向（*a*）和各相界面位置（*b*）示意图

按照珠光体长大的经典理论，F-A，C-A相界面的端刃部应当具有非共格结构。但是，根据研究的位向关系，这两个相界面应具有半共格结构，否则珠光体的两个组成相与母相之间不会有任何晶体学取向关系，而实验结果表明存在晶体学取向关系。这就说明，经典的珠光体长大理论不够完善。许多实验结果表明，晶粒界、孪晶界可使长大停止或改变珠光体铁素体片、渗碳体片的长大方向，晶粒界往往阻碍珠光体领域的发展。这些表明以相界面非共格无序的长大机制不够正确，应当修正。

F-A、C-A 相界面具有半共格结构，而且存在界面台阶。20 世纪 80 年代中期 S. A. Hackney 用高分辨率透射电子显微镜研究了 Fe-0.8% C-12% Mn 合金的珠光体转变，观察了 F-A、C-A 界面的结构及界面形成过程，发现在界面上存在平直的相界面、错配位错及台阶缺陷，台阶高度约为 4 ~ 8 nm，且台阶是可动的，认为珠光体长大时，界面迁移依赖台阶的横向运动。

图 6-16 所示为 Fe-0.8% C-12% Mn 合金经 1300℃加热 12 h + 600℃保温 12 h 后淬水处理后，观察发现珠光体上存在共享台阶，可见铁素体和渗碳体组成的珠光体组织按照台阶机制长大。这种高碳高锰钢在珠光体转变结束后，未转变的奥氏体可以稳定地存在于室温，因而，转变前沿的界面上，可避免马氏体相变的干扰。从图中可以看到呈现片状的铁素体(F)和渗碳体(C)。照片中的虚线表示界面与薄膜样品上下底面的交截线，可以看到存在长大台阶。

铁素体和渗碳体依靠共享台阶进行共析共生而协同长大，形成片状珠光体组织。图 6-17 为珠光体共享台阶示意图，可见，铁素体和渗碳体享有共同的台面和阶面，在共析共生过程中，共析台阶是个整体，一起向奥氏体中推移，从而共析共生而长大。这表明珠光体长大前沿界面与奥氏体之间维持着部分共格关系，这与早期提出的珠光体中的铁素体和渗碳体的非共格界面长大学说不同。

图 6-16 Fe-0.8% C-12% Mn 合金的珠光体及共享台阶[6] (TEM)
(1300℃加热 12 h + 600℃保温 12 h 后淬水)

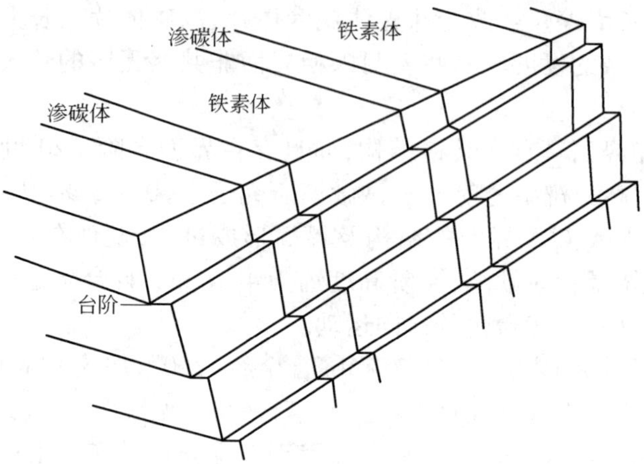

图 6－17　铁素体、渗碳体共析的共享台阶示意图

所谓共享台阶机制，是指共析转变产物中的铁素体和渗碳体，在相变前沿界面上存在可移动的生长台阶，该台阶属于两相共有，要求共析两相具有相同的生长速度。共析转变产物通过台阶的侧向迁移而长大。

以上叙述了共析分解的新概念、新理论，总结如下：

（1）概念是理论的细胞。珠光体的新定义：钢中的珠光体是共析铁素体和共析渗碳体（或碳化物）有机结合的整合组织，不是机械混合物。

钢中共析分解的新定义：过冷奥氏体在 Ar_1 温度同时析出铁素体和渗碳体或合金碳化物两相构成珠光体组织的扩散型一级相变。

（2）过冷奥氏体在一定过冷度下，将出现贫碳区和富碳区的涨落。加上随机出现的结构涨落、能量涨落，非线性相互作用，属于放大型的因果正反馈作用，它使微小的随机涨落经过连续的相互作用逐级增强，而使原系统（奥氏体）瓦解，建构新的稳定结构（珠光体），即在贫碳区构建铁素体核坯的同时，在富碳区也构建渗碳体（或碳化物）的核坯，共同组成珠光体的晶核（$F + Fe_3C$）。铁素体和渗碳体两相是同时同步，共析共生，不存在领先相。

（3）珠光体一般在奥氏体晶界上形核。晶核在晶界形成时，与奥氏体存在位向关系。F-A、C-A 相界面具有半共格结构。

（4）共析铁素体和共析渗碳体两相与母相奥氏体的相界面是由连续的长大台阶所耦合，两相依靠共享台阶的侧向迁移而长大，共析共生、竞争协同生长。

（5）珠光体转变是过冷奥氏体在高温区的扩散型相变。珠光体的形核长大不单是体扩散，而是以界面扩散为主进行的，长大速度很快。

（6）珠光体有片状珠光体、粒状珠光体、类珠光体等形形色色的形貌。珠光体中的铁素体和渗碳体是平衡转变的产物，其中位错密度较低，也没有孪晶亚结构。

6.2 贝氏体相变与共析分解的区别

早在20世纪60年代末,某些持扩散观点的学者认为贝氏体相变是共析分解反应的延续,贝氏体组织是共析分解的产物,并且应用共析分解的热力学计算模型(KRC、LFG、MD等模型),按共析分解反应式($\gamma \rightarrow \alpha + Fe_3C$)进行了相变驱动力的计算,依据其计算结果,指出相变驱动力不足以进行切变过程,从而否定贝氏体相变的切变机制[10,11]。这引起两个学派长达30多年的学术论争。

贝氏体相变是不是共析分解?已经成为一个需要彻底弄清楚的关键问题。

本节根据以往的大量研究资料以及我们应用电子显微镜观察研究的结果,分析阐述了贝氏体相变与共析分解的表象上的差异和本质上的区别,指出贝氏体相变绝非共析分解。

6.2.1 珠光体和贝氏体的相组成物

众所周知,珠光体由共析铁素体+共析碳化物(渗碳体或特殊碳化物)两相组成。而贝氏体可以由贝氏体铁素体(BF)+渗碳体组成,或铁素体+残留奥氏体组成,或铁素体+M-A岛组成,或铁素体+ε-碳化物+残留奥氏体+马氏体等多相组成[12],如图6-18所示,可见,图6-18*a*是片状珠光体,由F+碳化物两相组成;图

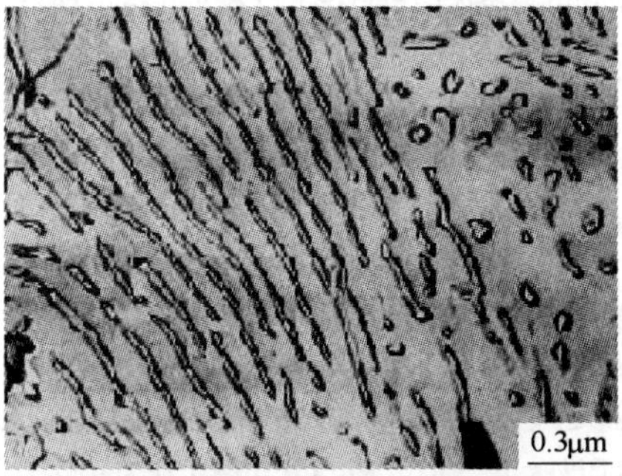

a

b

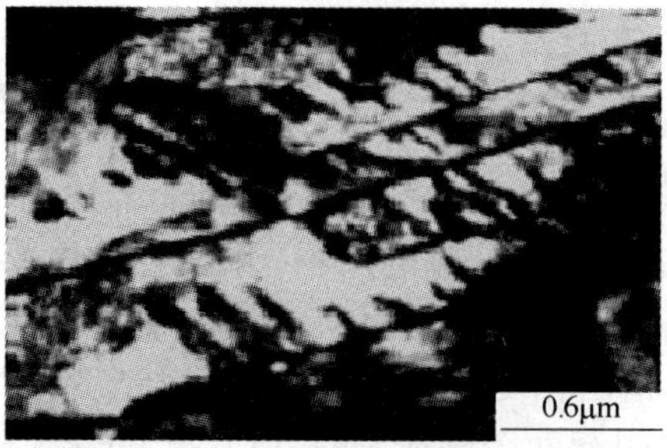

c

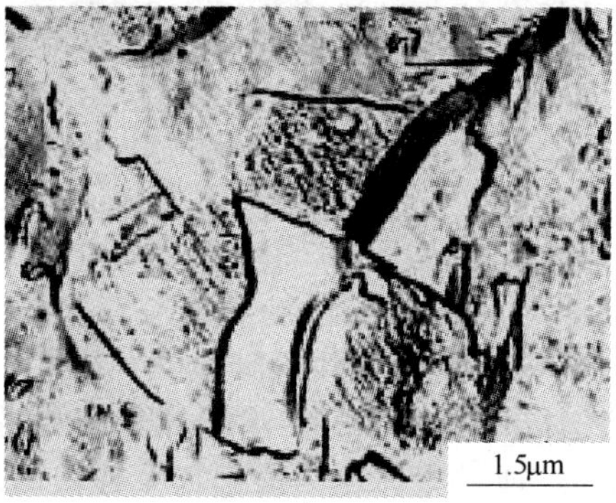

d

图 6－18　珠光体(复型)(*a*)，下贝氏体(TEM)(*b*)、无碳贝氏体(LOM)(*c*)、粒状贝氏体(复型)(*d*)

6－18*b* 是下贝氏体组织，由 BF＋ε-Fe_xC＋γ′组成；图 6－18*c* 是无碳贝氏体，由 BF＋γ′组成；图 6－18*d* 是粒状贝氏体，由 BF＋M-A 岛组成。显然，珠光体与贝氏体的相组成物截然不同，组织形貌上也差异很大。

6.2.2　两种相变的晶核

上节已经叙及，过冷奥氏体共析分解为珠光体，其晶核是两相，即由 F＋碳化物组成。共析分解反应式为：A→F＋Fe_3C，两相共析共生，以共享台阶协同长大。然而，贝氏体的晶核是单相，即贝氏体铁素体(BF)。贝氏体碳化物并不与贝氏体铁素体共析共生，相反，渗碳体可能完全不能析出，而形成无碳化物贝氏体，也可能需要保温很长时间，才能形成渗碳体。贝氏体在原奥氏体晶界形核长大照片如图 6－19 所示。该图是 20CrMo 钢的过冷奥氏体在 530℃等温 3 s 后淬火得到的组织，可见，贝氏体铁素体在奥氏体晶界形核并长大，在而后的淬火过程中余下的奥氏体转变为板条状马氏体组织。该组织中没有碳化物形成。

显然，珠光体是共析铁素体和共析渗碳体相有机结合的一个整体，没有碳化物的伴生就不称其为珠光体。而对于贝氏体而言，渗碳体形成与否，贝氏体相变照常进行。这说明共析分解与贝氏体相变在形核长大机制上是有原则区别的。

图 6 – 19 贝氏体铁素体(BF)在晶界形核长大(SEM)

6.2.3 两种相变产物的形貌

从图 6 – 18 可见珠光体与贝氏体在形貌上截然不同。珠光体的基体是铁素体,珠光体有片状、粒状、棒状、柱状等形貌,基体铁素体有时呈片状,有时是等轴状。

贝氏体的组织形貌极为复杂,名称较多,如羽毛状贝氏体、粒状贝氏体、准上贝氏体、准下贝氏体、针叶状贝氏体、逆贝氏体、柱状贝氏体、正三角形贝氏体、N 形贝氏体、蝴蝶形贝氏体、特殊下贝氏体等。形态各异的贝氏体,其实都是上贝氏体或下贝氏体的变态。贝氏体组织形态的多样性说明了贝氏体相变的极其复杂性和过渡性。

上贝氏体、下贝氏体是传统的贝氏体分类。按照组成相分类,可分为无碳化物贝氏体和有碳化物贝氏体两大类,这是与珠光体组织的重大区别,珠光体中必然存在碳化物。贝氏体相变是自组织的,同一钢种,在不同的热处理条件下,系统可以转变为不同形貌的贝氏体[13]。

6.2.4 珠光体和贝氏体的亚结构

人们很少提及珠光体的亚结构,主要是由于珠光体是平衡组织或接近平衡状态的组织,其中的位错密度低,约为 $10^6 \sim 10^7\ cm^{-2}$。图 6 – 20*a* 为 H13 钢的片状珠光体的电子显微镜照片,黑色片条是特殊碳化物,难以看到其中的亚结构。当然珠光体的铁素体或渗碳体片中也有亚晶。

贝氏体是中温区的非平衡相变产物,具有转变不完全性。近年来的研究发现,贝氏体铁素体的亚结构,内容丰富,极为复杂,贝氏体铁素体片条由亚片条、亚单元乃至超细亚单元构成,界面积很大,界面能高,如图 6 – 20*b*,*c*,*d* 所示。位错密度也较高，约为 $10^9 \sim 10^{10}\ cm^{-2}$，位错储存能高。

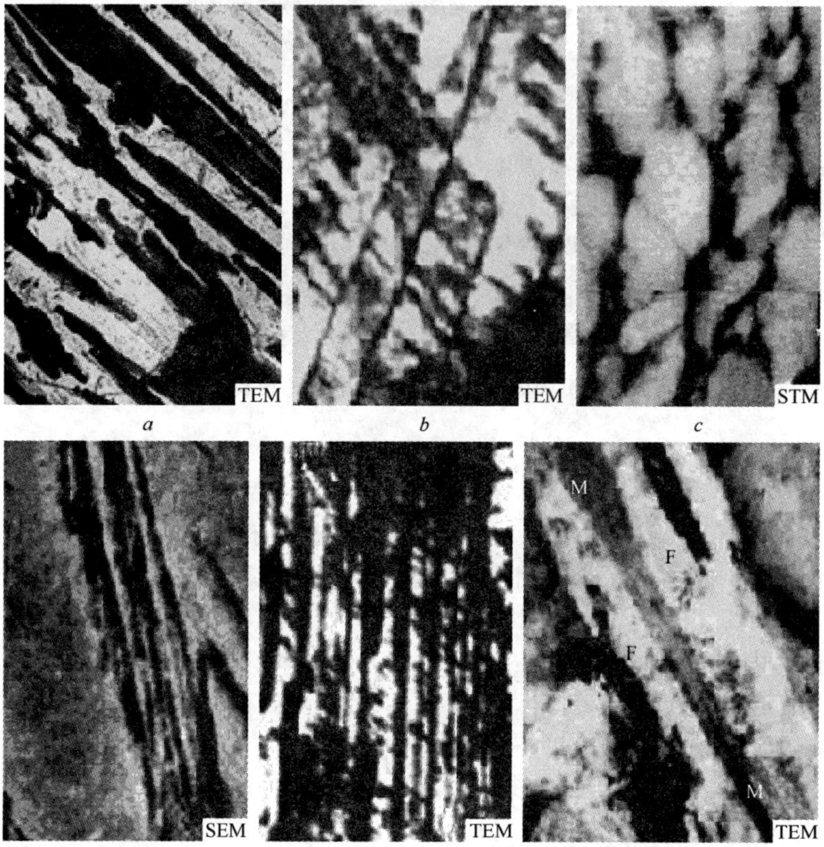

图 6 - 20　珠光体（a）、下贝氏体（b）、贝氏体亚单元（c）[9]、贝氏体亚片条（d）[10]、贝氏体孪晶（e）[14,15]、贝氏体中脊 M-M（f）[16]

近年来，许多学者发现存在精细孪晶，如图 6 - 20e 所示，还有贝氏体中脊，如图 6 - 20f 所示。当然持台阶扩散观点的某些学者并不认同孪晶的存在，但是依据贝氏体相变的过渡性质，存在孪晶也是有可能的，而且近年来已有多位学者、研究者试验观察，发现了贝氏体中存在孪晶。本书作者认为：在贝氏体中存在孪晶不具有普遍性，在上贝氏体中不可能存在孪晶亚结构。孪晶可能在高碳高合金钢中的下贝氏体中出现，形成的温度应当是在 300℃ 以下到 M_s 点附近。在上贝氏体温度区或 300℃ 以上等温形成的贝氏体中，即使产生了孪晶，它也会在等温过程中（相当于回火）消失，是观察不到的。

6.2.5　两种相变产物的位向关系

6.2.5.1　奥氏体与珠光体中的铁素体和渗碳体之间的取向关系

在奥氏体与珠光体的铁素体(A_1-F)之间存在 K-S 关系，而奥氏体与珠光体的渗碳体之间(A_1-θ)存在 Pitsch 关系[12]。

铁素体和渗碳体之间可分别存在 Pitsch-Petch 关系、Bagaryatsky 关系，其中 Pitsch-Petch 关系为：

$$(001)_{Fe_3C} /\!/ (5\bar{2}\bar{1})_{\alpha}$$
$$[100]_{Fe_3C} \text{与} [13\bar{1}]_{\alpha} \text{ 相差 } 2.6°$$
$$[010]_{Fe_3C} \text{与} [113]_{\alpha} \text{ 相差 } 2.6°$$

Bagayatski 关系是[12]：

$$(001)_{Fe_3C} /\!/ (211)_{\alpha}$$
$$[100]_{Fe_3C} /\!/ [0\bar{1}1]_{\alpha}$$
$$[010]_{Fe_3C} /\!/ [1\bar{1}\bar{1}]_{\alpha}$$

奥氏体与珠光体中两相的晶体学取向关系为[12]：

$$(111)_{\gamma} /\!/ (110)_{\alpha} /\!/ \approx (001)_{Fe_3C}$$
$$(110)_{\gamma} /\!/ (111)_{\alpha} /\!/ (010)_{Fe_3C}$$

6.2.5.2　贝氏体中的位向关系

观察贝氏体铁素体与残留奥氏体之间存在的取向关系。贝氏体组织中往往存在残留奥氏体。研究表明，贝氏体铁素体和奥氏体之间同时存在 K-S 关系和 N-W 关系。图 6-21 是具有 K-S 关系的贝氏体铁素体和奥氏体的高分辨像。从图中可见，贝氏体铁素体条片均与残留奥氏体 γ′成相同 K-S 关系。

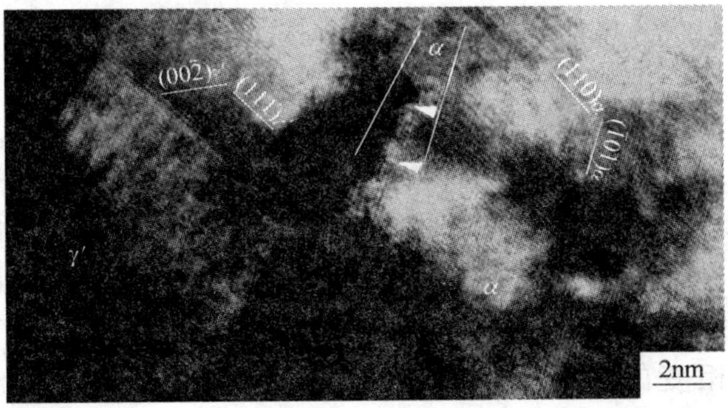

图 6-21　具有 K-S 关系的贝氏体铁素体和奥氏体的高分辨像[14]

其次，贝氏体碳化物与基体间的位向关系研究发现：上贝氏体中的渗碳体与铁素体之间的位向关系符合 Pitsch 关系。下贝氏体中的碳化物与铁素体之间的位向关系大部分遵循 Bagayatski 关系和 Jack 关系[5]。Jack 关系为：

$$[0001]_{\varepsilon} /\!/ [011]_{\alpha}$$
$$[10\bar{1}1]_{\varepsilon} /\!/ [10\bar{1}]_{\alpha}$$
$$[10\bar{1}0]_{\varepsilon} /\!/ [2\bar{1}\bar{1}]_{\alpha}$$
$$[1\bar{2}10]_{\varepsilon} /\!/ [\bar{1}\,\bar{1}1]_{\alpha}$$

显然，贝氏体中的位向关系较珠光体复杂，有相同点，也有不同点。与马氏体中位向关系比较，均具有 K-S 关系和 N-W 关系。这表现为贝氏体相变具有过渡性。

6.2.6　其他

（1）珠光体中的铁素体、渗碳体两相存在着比例关系，如共析碳钢的珠光体中，渗碳体的相对量约占 13%；而贝氏体中的各相没有固定的比例关系，渗碳体析出量不定，甚至不析出，还会夹杂着不定量的 M-A 岛等相。

（2）共析分解是扩散型相变。贝氏体相变虽然也属于扩散型相变，但是一般只有碳原子的扩散，铁原子和替换原子的扩散能力极小，一般不发生再分配和长程扩散。

（3）与珠光体转变不同，贝氏体相变具有不完全性，存在残留奥氏体，甚至在某些钢中，较高温度形成的上贝氏体中都有大量残留奥氏体。

（4）在热力学方面，贝氏体相变驱动力比共析分解的大。

（5）在相变动力学方面，共析分解的 C 曲线在许多方面不同于贝氏体的 C 曲线，如贝氏体相变动力学方面表现有等温性和变温性。

总之，贝氏体相变与共析分解从表象到本质均不同，贝氏体相变绝非共析分解，二者不能混淆。

6.3　马氏体相变

至今，没有人怀疑贝氏体与马氏体的区别，但是持切变观点的一些学者认为贝氏体相变具有马氏体相变那样的表面浮凸现象，也具有马氏体那样的切变机制。近年来，一些学者发现贝氏体中存在孪晶亚结构，更为贝氏体的切变机制增加了试验依据。有人则明确地表示：贝氏体相变就是贫碳区的马氏体转变。

弄清马氏体相变的本质和特征，明确其与贝氏体相变的区别也是至关重要的。

6.3.1　马氏体相变的特征

马氏体相变相对于珠光体分解和贝氏体相变来说，是在更低温度下（很大过

冷度 ΔT)进行的无扩散相变,因此,马氏体相变具有一系列的相变特征。

6.3.1.1 不变平面应变的晶格改组

20 世纪 20 年代,就发现马氏体转变有表面浮凸现象。30 年代后相继提出了 K-S 模型、G-T 模型等切变学说。认为马氏体相变后,在其磨光的试样表面上出现倾动,即形成表面浮凸[12]。这一现象被用来说明马氏体相变产生了宏观切变。认为马氏体形成时,与其相交的试样表面发生倾动,由此认为马氏体相变中有切变发生。同时,马氏体和奥氏体之间的界面上的原子是共有的,既属于马氏体,又属于奥氏体,将这种界面称为切变共格界面。

一般认为以切变方式进行相变,依靠母相和新相界面上的原子以集体协同地、定向有序地位移,完成晶格改组的转变,它是马氏体相变的根本特征,并且历来认为表面浮凸现象是支持马氏体相变切变机制的重要试验证据。

2008 年作者等发现共析碳素钢真空退火后,得到片状珠光体组织,在试样表面出现了表面浮凸现象。从而认为表面浮凸是过冷奥氏体转变产物的一个普遍现象,不能作为马氏体相变的特征,也不能作为切变机制的试验依据。

6.3.1.2 马氏体相变的无扩散性

钢中马氏体相变的热滞很大,即需要很大的过冷度。在较低的温度下(M_s 点以下),碳原子和合金元素的原子均已扩散困难。这时,系统自组织功能使其进行无需扩散的马氏体相变。从上述马氏体相变时出现的宏观均匀切变现象可以设想,在马氏体相变过程中原子是集体协同移动的。马氏体相变与扩散型相变不同之处在于晶格改组过程中,相邻原子的相对位移量小于一个原子间距,尽管某一原子的绝对位移量可能很大。母相中的原子转移到新相后,即集体协同位移后,化学成分没有变化,此即马氏体相变的无扩散性。

无扩散性的试验依据为:(1)马氏体相变无成分变化,仅仅是晶格改组;(2)马氏体相变可以在相当低的温度下进行,而且可以极快的速率进行转变。例如,Fe-Ni 合金,在 -196℃,一片马氏体的形成约需 $5\times10^{-5}\sim5\times10^{-7}$ s。在如此低的温度下,转变已经不可能以扩散方式进行。看来,马氏体相变根本上不需要碳原子、铁原子和替换原子的扩散即可完成,即无需扩散。无扩散性是马氏体相变最主要的特征。

20 世纪 80 年代,Thomas 等指出马氏体相变时,可能有碳原子的扩散。理论计算认为低碳钢马氏体相变中,由于 M_s 点高,碳原子扩散速率大,可能存在碳原子的扩散,并且指出是替换原子无扩散[11]。这一观点不能动摇马氏体相变的无扩散性质。一片马氏体的形成,不需要碳原子的扩散就能够完成晶格改组。马氏体晶格迅速构建之后,由于碳原子尚有足够的扩散能力,可能扩散进入其周边奥氏体中,也可以在马氏体片中偏聚,形成弘津气团或柯垂尔(Cottrell)气团,这些是该马氏体片形成之后的过程。

6.3.1.3 位向关系和惯习面

马氏体相变的晶体学表明是新相和母相之间同样存在着一定的位向关系。如上所述，马氏体相变时，原子不需要扩散，只作有规则的很小距离的移动，新相和母相界面始终保持着切变共格。因此，相变完成后，两相之间的位向关系仍然保持着，如K-S关系、G-T关系、西山关系等。

A K-S关系

Курдюмов 和 Sachs 用 X 射线测出 1.4% C 钢马氏体和奥氏体之间的位向关系是[11]：

$$\{011\}_{\alpha'} // \{111\}_{\gamma}$$
$$\langle 111\rangle_{\alpha'} // \langle 101\rangle_{\gamma}$$

B G-T关系

Grenniger 和 Troiaon 精确地测定了 Fe-0.8% C-22% Ni 合金奥氏体单晶中马氏体的位向，结果发现K-S关系中的平行晶面和平行晶向实际上略有偏差。指出位向关系为[3]：

$$\{011\}_{\alpha'} \text{与} \{111\}_{\gamma} \text{相差} 1^\circ$$
$$\langle 111\rangle_{\alpha'} \text{与} \langle 101\rangle_{\gamma} \text{相差} 2^\circ$$

C 西山关系(N关系)

西山在 30% Ni 的 Fe-Ni 合金单晶中，发现在室温以上具有 K-S 关系，而在 -70℃以下形成的马氏体具有下列关系[11]：

$$\{011\}_{\alpha'} // \{111\}_{\gamma}$$
$$\langle 211\rangle_{\gamma} // \langle 110\rangle_{\alpha'}$$

此称西山关系。

马氏体相变中新相和母相之间存在的位向关系发现最早，表现十分突出，而且依据位向关系设计了一些切变模型。但是，应当指出，后来在珠光体转变、贝氏体相变等许多相变中均发现了位向关系，如过冷奥氏体转变过程中普遍存在K-S关系。

如上所述，珠光体组织中、贝氏体组织中、马氏体组织中均存在晶体学位向关系，因此位向关系也是过冷奥氏体转变产物的普遍现象。但是，具体的位向参数有些区别。

马氏体在母相的一定晶面上开始形核长大，此晶面称为惯习面。通常以母相的晶面指数表示。钢中马氏体的惯习面随着碳含量和形成温度不同而异，有：$(557)_{\gamma}$，$(225)_{\gamma}$，$(259)_{\gamma}$。有色金属及合金中的马氏体具有复杂的惯习面，如$(133)_{\gamma}$、$(155)_{\beta}$、$(122)_{\beta}$等。

按照经典的马氏体相变理论，惯习面是无畸变不转动的平面，不变平面应变是马氏体相变的独有特征，这一点应当与贝氏体相变区别开来。

6.3.1.4 马氏体内的亚结构

马氏体是一种显微组织,在组织内部出现的组织结构称为亚结构。在钢的马氏体中,低碳马氏体内出现极高密度的位错。在高碳马氏体中主要以大量精细的孪晶和高密度的位错作为亚结构;有的马氏体中亚结构是层错。可见,马氏体从形核到长大,伴生大量亚结构,如精细孪晶、极高密度的位错或层错等。

除了以上主要特征外,马氏体相变还有可逆性、非恒温性等现象。但是,钢中的马氏体相变就不存在可逆性。马氏体相变也有恒温下进行的,即等温形成的马氏体。因此,可逆性和非恒温性并不具有普遍意义。

综上所述,马氏体相变的主要特征归纳如下:

(1) 无扩散性,即无论间隙原子还是替换原子均不扩散,即完成马氏体晶格改组;

(2) 不变平面应变的晶格改组;

(3) 以非简单指数晶面为不变平面,即存在惯习面;

(4) 相变伴生大量亚结构,即极高密度的晶体缺陷,如精细孪晶、高密度位错、层错等。

第(1)条是指马氏体相变中不需要碳原子和替换元素原子的扩散就能完成晶格改组,故称“无需”扩散,因此无需扩散性或无扩散性是马氏体相变的一个主要的特征;但是只有这一条是不够的,因为块状转变等也是无扩散型相变。第(2)条是马氏体相变的独有的特征。第(4)条,应当指出,在贝氏体组织中位错密度也较高,但是不如马氏体中的位错密度高,所以称其为“极高”密度的位错,这也是其他相变组织不能比拟的。至于第(3)条,在扩散型相变中有时也不同程度地出现惯习面,如块状转变、贝氏体相变等。

以往一直认为表面浮凸现象是马氏体相变的一个特征,但是研究表明,珠光体、贝氏体相变也有表面浮凸现象发生。对于浮凸的形貌也有不同看法,一般认为马氏体相变浮凸形貌为 N 形,并且认为这是切变的特征。但存在争议,在 Fe-Ni-C 合金的$\{259\}_f$型马氏体中,表面浮凸呈现帐篷形(Λ),而且板条状马氏体的表面浮凸均呈现帐篷形,即马氏体表面浮凸与贝氏体比较没有什么不同,均呈帐篷形。帐篷形浮凸不具备切变特征[10]。

最近试验研究发现,共析分解的珠光体组织也有表面浮凸现象,而且浮凸呈现 Λ 形,并且指出浮凸是由于各相比容不同,珠光体中的铁素体片和渗碳体片不均匀体积膨胀的结果。

至此,先后在马氏体相变、贝氏体相变、珠光体转变中,均发现了表面浮凸效应,而且浮凸形状相同,因此,表面浮凸现象已经不能作为马氏体相变的特征,既不是马氏体相变的独有特征,也不是贝氏体相变的特征,而是过冷奥氏体的相变产物的共有的一种试验现象。

6.3.2　马氏体相变的判据

根据马氏体相变的特点,一般认为马氏体相变的判据有三个[5]:

(1) 不变平面应变的晶格改组;

(2) 无扩散性;

(3) 相变伴生极高密度的晶体缺陷,如位错、孪晶、层错等亚结构。

此3条特征可试验确定。只有同时具有这3条特征的相变才能认为是马氏体相变。马氏体相变和马氏体的定义也必须与这些特征和判据相联系。

6.3.3　马氏体相变与马氏体的定义

实际上,马氏体相变不需要任何元素原子的扩散就能完成。依据上述的马氏体相变的特征和判据,可将马氏体相变定义为:**原子经无需扩散的集体协同位移,进行不变平面应变的晶格改组的一级相变,称为马氏体相变[17]**。

至于马氏体的定义,以往有以下几种定义:

定义1:马氏体是碳在α-Fe中的过饱和固溶体,(产生于20世纪20年代)。

由于在钢和合金中,马氏体有时不含碳,有时不仅是体心立方晶格,还有密排六方、有序正交、有序面心立方、有序正方等晶格。因此,该定义已过时。

定义2:在冷却过程中所发生的马氏体转变的产物统称为马氏体(提出于20世纪50年代)。

这个定义似乎包罗万象,但是很不成功。于是,20世纪80年代某些学者又将其作了修改。如定义3。

定义3:母相无扩散的,以惯习面为不变平面的切变共格的相变产物,统称为马氏体。并且认为这个定义可以用于钢,也可以用于非铁金属。

实际上定义3也不成功。它指出的是马氏体相变的本质特征,即:无扩散的不变平面应变的晶格改组。但这只是马氏体相变过程的规律性的概括,不是马氏体本身的物理实质的说明。作为马氏体的定义应当是将马氏体组织结构自身的物理本质进行科学抽象,即指出马氏体自身的属性,而不是马氏体相变过程的属性,不宜用过程的属性代替产物的属性。因此,该定义虽然较前两个有所进步但也应当摒弃。

据此,将马氏体定义为[17]:**马氏体是原子经无需扩散的不变平面应变的晶格改组过程得到的具有严格晶体学关系和惯习面的,形成相中伴生极高密度位错或层错或精细孪晶等亚结构的整合组织**。该定义既概括了马氏体相变过程的属性,也指出了马氏体组织结构自身的物理本质,即马氏体与母相化学成分相同,晶体结构不同,存在不变平面应变产生的独特的精细亚结构。

6.3.4 马氏体相变与贝氏体相变的区别

综上所述,马氏体相变与贝氏体相变既有联系又有本质上的区别。

(1) 贝氏体相变发生在中温区,马氏体相变发生在其低温区,但有重叠和交叉。二者相变驱动力不等。马氏体相变需要更大的相变驱动力。

(2) 贝氏体是以贝氏体铁素体为基的复相组织,马氏体是单相的过饱和固溶体。

(3) 贝氏体相变是扩散型相变,碳原子是能够长程扩散位移的。马氏体相变本身,任何元素的原子均不需要扩散就能够完成,是无扩散型相变。

(4) 贝氏体组织形貌和亚结构与马氏体不同,尤其是贝氏体组织中存在亚片条、亚单元、超细亚单元等亚结构。

(5) 钢中的马氏体相变动力学主要表现为变温转变,等温马氏体极少;而贝氏体相变普遍具有变温性和恒温性。

(6) 目前一般认为:马氏体相变中原子是集体协同的切变位移,是不变平面应变的晶格改组。但是在贝氏体相变中,原子的位移方式存在争议,其中切变位移、台阶扩散位移两种方式是多年来两派论争的焦点。近年来,本书作者认为:贝氏体相变过程中,除碳原子长程扩散外,铁原子和替换原子的位移方式主要是相界面处原子非协同热激活跃迁,这种位移方式与贝氏体相变实际相符合[12,18,19]。

参 考 文 献

[1] 刘宗昌. 珠光体转变理论研究的新进展[J]. 金属热处理,2008,33(4):1~8.

[2] 陈昌曙. 自然辩证法概论新编[M]. 沈阳:东北大学出版社,1997,108~200.

[3] 刘云旭. 金属热处理原理[M]. 北京:机械工业出版社,1981,39~70.

[4] Marder A R,et al. Met. Trans. ,1976,7A:1801.

[5] 刘宗昌等. 材料组织结构转变原理[M]. 北京:冶金工业出版社,2006.

[6] Hackney S A,Shiflet G J. Acta Metall. ,1987,35:1007~1019.

[7] 林慧国,傅代直. 钢的奥氏体转变曲线[M]. 北京:机械工业出版社,1988,225~240.

[8] 刘宗昌. 钢中相变的自组织[J]. 金属热处理,2003,28(2):13~17.

[9] Sundquist B E. Acta Met. ,1968,16:1413.

[10] 方鸿生,王家军,杨志刚,李春明,薄祥正,郑燕康. 贝氏体相变[M]. 北京:科学出版社,1999.

[11] 徐祖耀. 马氏体相变与马氏体[M]. 北京:科学出版社,1981.

[12] 刘宗昌,任慧平. 过冷奥氏体扩散型相变[M]. 北京:科学出版社,2007.

[13] 刘宗昌,任慧平,宋义全. 金属固态相变教程[M]. 北京:冶金工业出版社,2003.

[14] 李凤照,奥青,孟凡妍,孟祥敏,刘玉先. 贝氏体中的贝氏体铁素体精细孪晶[J]. 材料热处理学报,2001,2:5~8.

[15] Kang Mokuang, Zhang Mingxing, Zhu Ming. In Situ Observation of Bainite Growth during Isothermal Holding[J]. Acta Materialia, 2006, 54: 2121 ~ 2129.
[16] 魏成富,栾道成. 贝氏体中脊形貌特征研究[J]. 材料热处理学报, 2001, 22(3): 14 ~ 18.
[17] 刘宗昌. 钢件淬火开裂及防止方法[M]. 北京:冶金工业出版社, 2008.
[18] 刘宗昌,王海燕,任慧平,李文学,王玉峰. 贝氏体铁素体形核长大的热激活迁移机制[J]. 金属热处理, 2007, 32(11): 1 ~ 5.
[19] 刘宗昌,王海燕,王玉峰,任慧平,李文学. 贝氏体碳化物的形貌及形成机制[J]. 材料热处理学报, 2008, 29(1): 32 ~ 37.

7 贝氏体相变的特征及定义

对于如何描述贝氏体相变的特征，如何确切地定义贝氏体和贝氏体相变，自20世纪70年代起，一直存在争议。原因是由于设备仪器条件等因素的限制，对贝氏体组织结构的本质研究不够深入，认识不够充分，没有把过冷奥氏体的转变作为一个整合系统来研究，没有注意到共析分解→贝氏体相变→马氏体转变的一系列演化规律，忽略了各类相变的联系和区别，存在认识上的偏差，导致了近40年的学术论争。

20世纪末以来，更多的学者对贝氏体相变和贝氏体进行了深入的观测和分析，对贝氏体相变的特征有了进一步的认识，尤其是高分辨电子显微镜等设备的应用，对贝氏体组织结构的观测更加清晰，运用系统整合理论，认识得到深化，因而，科学地总结贝氏体相变的特征，并在此基础上与时俱进地更新理论和概念是必要的。

本章主要阐述贝氏体相变的过渡性特征，并且科学地给予贝氏体和贝氏体相变的定义。

7.1 贝氏体相变的过渡性

钢中的贝氏体相变发生在中温转变区，它与高温区的共析分解以及低温区的马氏体相变都有密切的联系，因而更具复杂性，认识贝氏体整合系统更具艰巨性。从高温区到低温区存在一个相变的演化过程，具有转变贯序。本节依据科学技术哲学的理论[1]，综合大量试验事实，分析阐述了贝氏体相变的过渡性质。

试验研究表明，贝氏体相变最主要的特征是相变的过渡性[2~4]。

7.1.1 过冷奥氏体转变的中间过渡环节——贝氏体相变

过冷奥氏体作为一个整合系统，从整体上看，从高温区扩散性的共析分解到低温区马氏体无扩散相变是一个逐级演化的过程。全过程可以分为三个不同性质的阶段，即高温区珠光体转变→中温区贝氏体相变→低温区马氏体相变。三个阶段既有联系又有区别，应当把握整合系统的整体性，中温转变是这个系统的中间过渡环节。

碳及合金元素原子的扩散速度随着温度的降低而减慢，是导致分阶段转变的一个诱因。在高温区，原子扩散能力强，奥氏体进行扩散型的共析分解转变为珠光体组织；而在低温区，原子难以扩散，则发生无扩散的马氏体相变；在中温区，碳原子尚有足够的扩散能力，能够长程扩散，而铁原子和替换原子已经失去扩散能力，但能够热激活跃迁，实现晶格改组。

贝氏体转变跟共析分解、马氏体相变既有联系，又有区别，表现出从扩散型相变到无扩散型相变的过渡性、交叉性，同时又具有自己的特殊性。它在转变产物上既打上了共析分解的"烙印"，又打上了马氏体相变的"烙印"。贝氏体的组织形貌十分复杂，表现为既承袭了珠光体组织的某些特征，又保留了马氏体组织的一些色彩，具有明显的过渡性。

过冷奥氏体作为一个整合系统，从高温区到低温区，从扩散型转变过渡到无扩散型转变，系统自组织功能安排一个过渡区，即中温转变区，是符合自然事物的演化规律的。

7.1.2　上贝氏体转变和珠光体分解的联系与区别

贝氏体相变同珠光体转变同样具有扩散性质，首先是碳原子的扩散，故有人称其为半扩散型相变。其次，铁和合金元素的原子在中温区的扩散能力并不相同，各合金元素在 α 相中开始显著扩散的温度为：硅高于 300℃，锰高于 350℃，铬高于 400～500℃，钼高于 500℃，钨和钒在 500～550℃[5]，当然，合金元素原子在奥氏体中的扩散要比在 α 相中慢。转变温度越低，扩散越发困难。

上贝氏体在奥氏体晶界上形成贝氏体铁素体晶核，共析分解也可以在奥氏体晶界形成珠光体晶核，两者有相似性。

但是上贝氏体与珠光体在转变机制上有所区别，过冷奥氏体的共析分解是铁素体＋碳化物两相共析共生的过程，而贝氏体相变则是首先析出贝氏体铁素体晶核，并且长大；而渗碳体（或 ε-碳化物）何时析出？以什么形态析出？要视具体条件而定，有时可能不析出，它与贝氏体铁素体（BF）不存在共析共生的关系。

许多钢的共析分解与上贝氏体转变在一定温度范围内等温时出现重叠现象，如图 7－1 所示，可见，35Cr 钢的珠光体转变和贝氏体相变各有独立的 C 曲线，在 500～600℃之间等温时，共析分解和上贝氏体转变的 C 曲线重叠。从图 7－1*b* 可见，65 钢在 500～550℃之间等温时，共析分解和上贝氏体转变 C 曲线重叠。

从图 7－1*a* 中可见，在 500～600℃之间等温时，首先形成上贝氏体，等温 100 s 后又开始了共析分解，得到极细珠光体（托氏体），而在图 7－1*b* 中，65 钢在 500～550℃之间等温时，是先形成珠光体，等温一段时间后（数秒钟）再形成贝氏体组织，说明共析分解与上贝氏体转变既有不同，又有密切的联系，具有交叉性、重叠性和过渡性质。

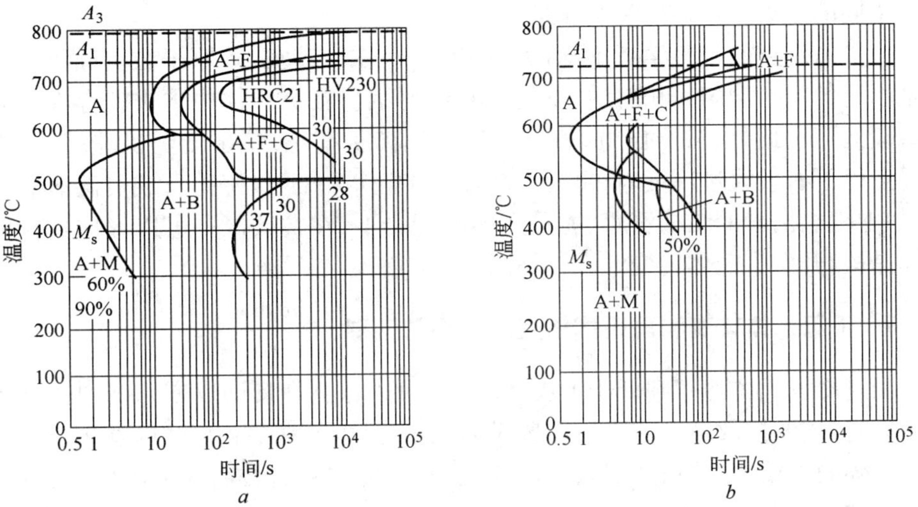

图 7-1 珠光体和贝氏体转变 C 曲线重叠[6]

a—35Cr 钢；*b*—65 钢

在珠光体转变 C 曲线的“鼻温”以下，随着温度的降低，孕育期愈来愈长，珠光体片间距越来越小，共析分解愈来愈困难，直至难以再进行共析分解，共析共生的过程将会逐渐停止，也即平衡的或准平衡的珠光体转变将终止，这时系统自组织功能将使之开始进行非平衡的贝氏体转变。

上贝氏体铁素体片在奥氏体晶界优先单独形核并长大，大量的合金结构钢贝氏体 C 曲线的开始线在珠光体的左方。从第 5 章中的图 5-16 中可见，20Cr2Ni2Mo 钢在 650℃等温转变时，珠光体的孕育期约 100 s，在 400℃贝氏体的孕育期仅 6 s。显然贝氏体铁素体的析出竟然比珠光体分解快，这表明贝氏体转变机制不同于共析分解。

与共析分解不同，渗碳体不再与铁素体共析共生，而是在适当的时机析出或不析出。如果在铁素体片间析出渗碳体颗粒，则得到羽毛状上贝氏体。如果碳化物不再析出，而以残留奥氏体保留到室温时，就得到了无碳化物贝氏体。如果在贝氏体铁素体基体上分布着的颗粒状奥氏体在冷却过程中部分地转变为马氏体，形成所谓 M-A 岛，则得到粒状贝氏体。可见，上贝氏体转变不属于共析分解。上已叙及，它与珠光体分解有本质上的区别。

钢的自组织功能使奥氏体在难以共析分解的温度下及时改变相变机制，虽然不能共析，但可以通过涨落形成贫碳区和富碳区，在贫碳区首先析出贝氏体铁素体，而在富碳的奥氏体中可能断断续续地析出渗碳体，也可能不形成渗碳体，这样在奥氏体中则不断富集碳，自组织功能将使其在适当的时候析出渗碳体，或在随后的冷却过程中转变为马氏体，或使之残留下来，而成为组织中的残留奥氏体，从而出现不同的上贝氏体结构和组织形貌。

持扩散观点的某些学者不承认贫碳区的存在。其实,碳原子在奥氏体中的分布是不均匀的。均匀是相对的,不均匀是绝对的。在奥氏体中本来就存在贫碳区和富碳区[7]。此外,按照自组织理论,系统远离平衡态,将出现随机涨落,也即在临界点以下有较大过冷度时,出现涨落(或称起伏)。通过涨落形成贫碳区和富碳区,加上随机出现的结构涨落、能量涨落的配合下,在贫碳区则可以形成贝氏体铁素体晶核,开始贝氏体转变。

7.1.3　下贝氏体转变和马氏体相变的联系与区别

当过冷奥氏体冷却到低于贝氏体转变图的“鼻温”时,即温度降低到下贝氏体转变区时,碳的扩散越发困难。在奥氏体晶界、晶内的缺陷处形成的贫碳区是低碳或超低碳的奥氏体,持切变观点的学者认为,该区域具有较高的马氏体点,可以切变方式转变为下贝氏体。

由于驱动力较小,以切变方式进行转变较为困难。但驱动力较小时,系统的自组织功能可以形成铁素体小基元(亚单元或超细亚单元)方式逐个进行切变,逐渐积累长大成一个下贝氏体铁素体片条。已有不少研究指出,贝氏体铁素体由许多细小的亚片条、精细亚单元组成[8]。还有人认为[9,10],贝氏体铁素体片条由 5 ~ 30 nm 细小孪晶组成,如图 7 - 2 所示。研究认为贝氏体铁素体亚片条就是细小的孪晶,亚片条之间存在孪晶关系。因此,在某些高碳高合金钢中,亚单元或超细亚单元的产生过程,可能就是以切变方式进行的,亚单元以激发形核的方式一个接一个地形成,从而以较小的驱动力逐级地完成了切变过程也是可能的[11]。

图 7 - 2　贝氏体铁素体中的精细孪晶[9,10](TEM)

下贝氏体的组织形貌具有针状或片状特征，与马氏体相似，在同一种钢中，淬火后可以同时得到下贝氏体和马氏体。马氏体点及其稍下的温度区往往与下贝氏体转变区重叠。过冷奥氏体在 M_s 稍下，开始时先形成一定量的马氏体，等温一段时间后，下贝氏体开始转变，余下的奥氏体转变为下贝氏体。这样，在同样温度下得到马氏体 + 下贝氏体的整合组织。原因有两个：

（1）在马氏体点稍下的温度等温，首先发生无扩散的马氏体变温转变，在马氏体相变进行的这段时间内，伴随有碳原子的扩散，在已经形成的马氏体中，以及尚未转变的奥氏体中，碳原子都在不断地扩散，而且碳原子扩散导致某些奥氏体微区贫碳，或者由于涨落而形成贫碳区，该区的马氏体点升高，于是可能以切变方式形成下贝氏体铁素体。

（2）马氏体形成时在其邻近的奥氏体中进行协作变形，产生的位错等缺陷增加了畸变能，该能量可以成为在该处激发形核的驱动力的补充部分，因而激发贝氏体亚单元的形核。

7.1.4 贝氏体的组成相和形貌的过渡性

钢中贝氏体的组成相十分复杂，不同于珠光体（珠光体只有两相（铁素体 + 碳化物）），也不同于单相的马氏体。贝氏体组织中除了贝氏体铁素体外，往往同时存在其他相，如渗碳体、ε-碳化物、残留奥氏体、马氏体或所谓 M-A 岛等。上贝氏体的组成相有时与珠光体相同，即含有铁素体和渗碳体两相，因此，上贝氏体组织打上了珠光体组织的“烙印”。贝氏体组织中存在着马氏体、残留奥氏体等相，说明它打上了淬火马氏体组织的“烙印”。从上贝氏体组织过渡到下贝氏体组织，表现了从珠光体到马氏体的过渡性和复杂的交叉性。

贝氏体的组织形貌十分复杂，形形色色，科学工作者给它们赋予了不少名称，如无碳贝氏体、羽毛状贝氏体、粒状贝氏体、柱状贝氏体、球状贝氏体等，还有所谓准上贝氏体、准下贝氏体、特殊下贝氏体、反向贝氏体等。其实只有上贝氏体和下贝氏体两大类本质上不同的贝氏体。系统的自组织功能会使过冷奥氏体转变成为千变万化的贝氏体形貌，在金相显微镜和电子显微镜下屡见不鲜，因此，没有必要给贝氏体组织起更多的名称，重要的是弄清楚其物理本质。

羽毛状上贝氏体、无碳贝氏体均与在晶界处形核长大的珠光体有相似之处，铁素体均呈条片状，仅碳化物分布形态有所区别。羽毛状的上贝氏体与片状珠光体颇有相似之处。图 7-3 所示为 GC15 钢 950℃加热奥氏体化，然后于 450℃等温，得到羽毛状上贝氏体组织，可见，酷似片层状的珠光体，图 7-3*b* 为 T8 钢的片状珠光体组织，两者对比，颇有相似之处。

下贝氏体在奥氏体晶内形核长大，呈现片状或针状特征。条片状的下贝氏体与板条状马氏体相似，如图 7-4 所示。

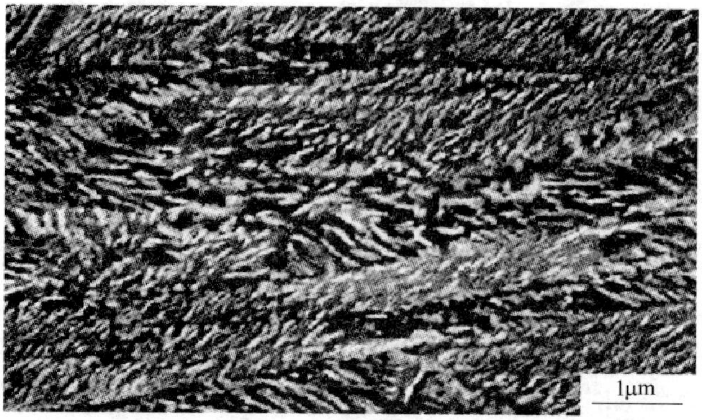

a

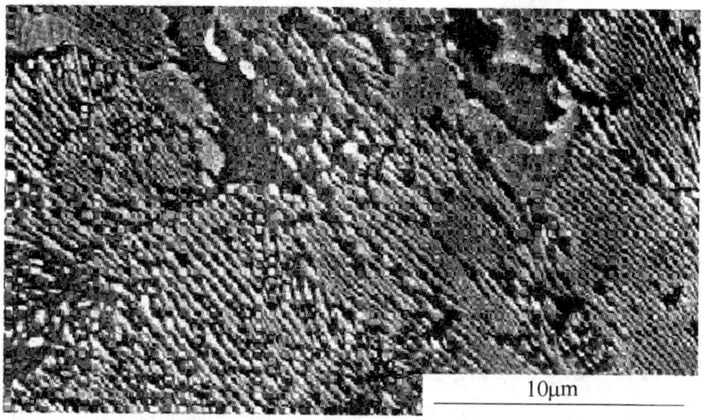

b

图 7-3　GC15 钢 950℃加热,450℃等温,羽毛状上贝氏体(TEM)(*a*)及
T8 钢的片状珠光体组织(SEM)(*b*)

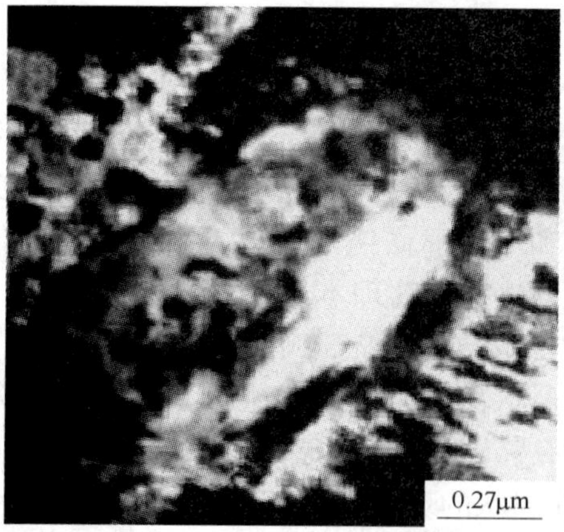

a

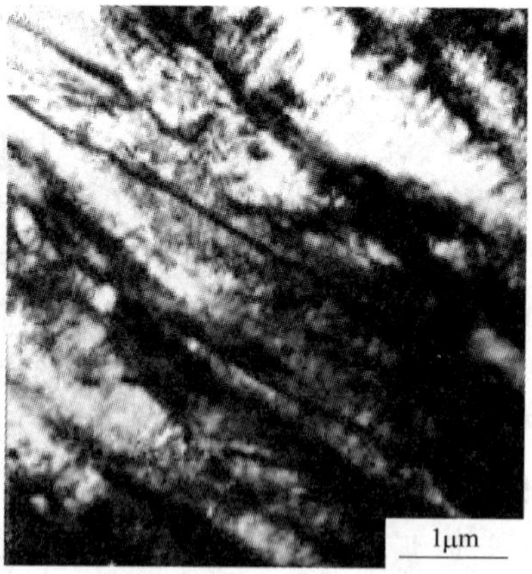

b

图 7-4　35Cr2Mo 钢的下贝氏体组织(*a*)和
板条状马氏体组织(*b*)(TEM)

针状的下贝氏体与片状马氏体相似，图7－5a为GC15钢950℃加热奥氏体化，然后于300℃等温，得到的针状（或片状）下贝氏体组织，酷似片状马氏体，图7－5b为高碳钢马氏体组织照片，可见颇为相似。

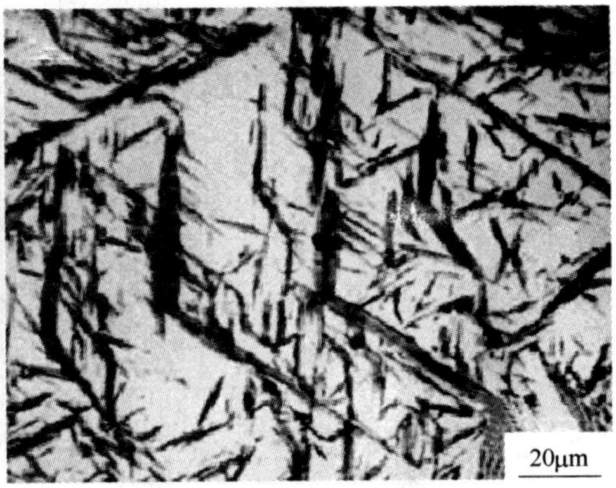

图7－5 GC15钢的片状下贝氏体组织（LOM）（*a*）及Fe-1.22%C马氏体（黑色片状，已被回火）（LOM）（*b*）

显然，从贝氏体组织形貌上看，表现了从珠光体到马氏体逐渐演化的特征，具有明显的过渡性。

7.1.5 变温转变和等温转变的动力学特征

贝氏体相变动力学曲线具有变温转变和等温转变的特征，说明在动力学方面存在过渡性。

高温区，在共析分解等温温度下，过冷奥氏体的转变为珠光体，其转变量随着等温时间的延长不断增加，直到转变为100%的珠光体为止（一般以99.5%的转变量为终止）。

在低温区，钢中的马氏体转变量具有降温转变特征，具有M_s、M_f点，即随着温度的降低，马氏体转变量不断增加，而且转变不彻底，往往存在不同程度的残留奥氏体。

在中温区，贝氏体相变中，具有B_s、B_f点，也具有随着温度的降低，贝氏体转变量不断增加的现象，同时又具有等温转变的特征。如图7－6的动力学曲线所示，随着温度的降低，贝氏体转变量逐渐增加。如35Cr2NiMo钢，约在480℃贝氏体转变开始，随着温度的降低，转变量增加到10%、25%、50%、75%……这一点与马氏体的降温转变相似；但是从图又可见，如果在M_s点稍上等温，例如在320℃等温时，则随着等温时间的延长，贝氏体转变量是不断增加的，这一点与珠光体等温转变相似。

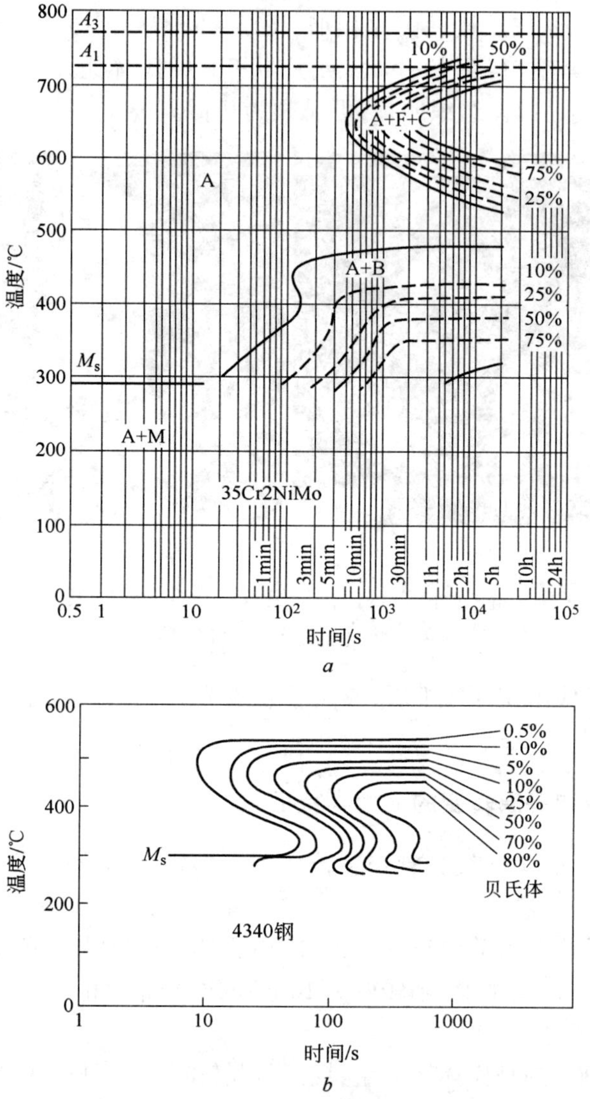

图 7－6　具有变温转变和等温转变的 TTT 图

a—35Cr2NiMo 钢[6]；*b*—4340 钢的 TTT 图[12]

从 4340 钢的 TTT 图可见，约在 520℃ 贝氏体转变开始，随着温度降低，转变量不断增加，约到 400℃，转变量增加到 80%，具有变温转变的特征。在马氏体点稍上等温时，转变量则随着时间的延长而增加，具有等温转变的特征。

由此可见，贝氏体转变动力学具有变温转变和等温转变的双重特征，既有珠光体转变的“烙印”，又有马氏体相变的“烙印”，具有过渡性。

7.1.6　亚结构的过渡性

共析分解的珠光体组织包括铁素体和渗碳体，其中的亚结构是较低的位错密度和亚晶；马氏体中的亚结构是极高密度的位错、层错和大量精细孪晶；而贝氏体组织中的亚结构处于二者之间，其中位错密度约为 $10^9 \sim 10^{10}\ cm^{-2}$，存在亚片条、亚单元，个别情况下有孪晶。图 7 - 7 全面地展示了过冷奥氏体随着转变温度的降低，组织形貌和亚结构的逐渐演化过程，表现了鲜明的过渡性特征。

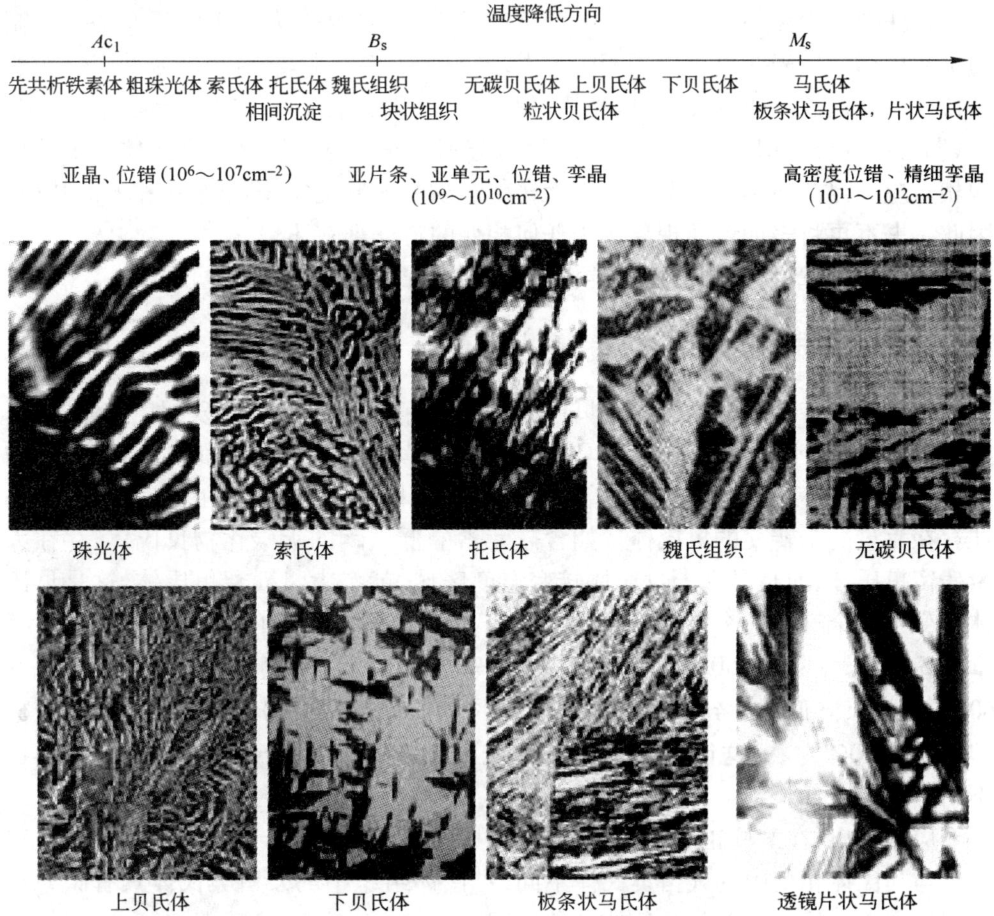

图 7 - 7　珠光体→贝氏体→马氏体的组织形貌和亚结构的演化和过渡性

贝氏体相变的过渡性特征符合自然事物演化的规律，符合从量变到质变的规律。共析分解具有扩散台阶机制，而马氏体相变具有切变机制，那么可以认为，贝氏体相变机制也应当具有过渡性质，即原子的位移方式存在过渡性。反过来说，正因为原子位移方式存在过渡性，才使得贝氏体相变的方方面面具有过渡性特征。

7.2　贝氏体相变的其他特征

贝氏体相变是介于共析分解和马氏体相变之间的过渡性相变，因此，从其表象到实质所反映的特征均与相变的过渡性质密切相关。

7.2.1　表面浮凸现象

以往把表面浮凸作为马氏体相变独有的特征，并且作为马氏体相变切变机制的试验依据。后来在贝氏体相变中也发现了表面浮凸现象，则又作为贝氏体相变的特征。最近试验研究发现，珠光体也有表面浮凸现象[13]。这些浮凸基本上均为“Λ”形或“N”形，但是浮凸形貌（或浮雕）分别与珠光体、贝氏体、马氏体组织的形貌相对应。浮凸乃是过冷奥氏体表面转变产物的普遍现象，不是某一相变的特征。因此本书不再将表面浮凸现象作为任何相变的特征来叙述。

本书第 10 章将详细阐述各类相变的表面浮凸现象及其形成机理。

7.2.2　贝氏体相变的不彻底性

与珠光体转变的明显区别是贝氏体相变具有不完全性，存在残留奥氏体，这一点与马氏体相变相似。不过低碳马氏体中，残留奥氏体量往往很少，随着碳含量增加，马氏体中的残留奥氏体逐渐增加。而在亚共析钢中，贝氏体相变后，组织中往往存在大量的未转变的奥氏体。如含硅元素的低碳钢的无碳化物贝氏体，存在大量残留奥氏体，而且是在上贝氏体转变温度区域，就有大量残留奥氏体，这是贝氏体相变不完全性的一个特点，这可以从贝氏体相变动力学曲线上看到。参看第 5 章图 5 - 14，可见在 450℃范围等温，即使等温 10^5s，贝氏体转变量也只有 50% ~ 60%。相反，降低温度到 M_s 稍上，等温不长的时间（不足 10 min），贝氏体转变量即可得到 90% 左右，这说明在贝氏体相变机制方面，与珠光体不同，与马氏体也不同。

应当指出，在某些钢中和有色金属中，贝氏体相变并不伴随不完全性。

与马氏体相变中的残留奥氏体不同，贝氏体组织中的残留奥氏体具有碳原子的富集现象。虽然板条状马氏体中的残留奥氏体薄膜也可能富碳，其碳原子的来源是无扩散的马氏体片形成之后，碳原子扩散进入残留奥氏体的。而贝氏体组织中的残留奥氏体，是贝氏体铁素体长大过程中的排碳作用，使碳原子扩散进入奥氏体的。

贝氏体中的残留奥氏体分布在贝氏体铁素体片条之间，或亚单元之间，呈块状、薄膜状或以 M-A 岛形式存在。

7.2.3 贝氏体相变具有 B_s、B_f 点

贝氏体相变存在开始温度 B_s 点和终了温度 B_f 点。在 B_s 点以上，不发生贝氏体相变。与马氏体点（M_s）相似，B_s 点温度与合金奥氏体的化学成分有关。碳和合金元素均降低 B_s 温度，并且减小转变速率。

在等温冷却条件下，存在 B_f 温度。B_f 点几乎与碳含量无关，对于许多合金钢，B_f 点几乎与合金元素 Cr、Ni、Mo 的含量无关，均处于 315 ~370℃范围内[8]。

B_f 温度可能低于或高于 M_s 温度。低于 M_s 温度的合金钢，无法获得单一的贝氏体组织；若 M_s 温度低于 B_f 点，才能获得接近于纯贝氏体组织。

7.2.4 贝氏体碳化物（Bc）的特点

在高温区，珠光体转变中形成的碳化物可以是渗碳体类型，也可以是复杂的特殊碳化物，如各种合金碳化物、VC、Cr_7C_3 等。马氏体相变是无扩散相变，刚刚形成的"新鲜"马氏体是单相，或者淬火马氏体在 100℃以下回火，尚未析出碳化物之前，均不存在碳化物。在中温区，贝氏体相变可以形成碳化物，也可以不析出碳化物，如无碳化物贝氏体、准贝氏体等。具有碳化物的贝氏体组织中，碳化物类型与珠光体有所不同，当温度高于 350℃时，贝氏体相变形成的碳化物均为 θ-渗碳体类型。转变温度低于 350℃时，贝氏体中的碳化物可以是 θ-渗碳体，也可以析出 ε-碳化物，下贝氏体中的碳化物主要是 ε-碳化物。由于 ε-碳化物是渗碳体的过渡相，所以，在长时间等温过程中，ε-碳化物可以转变为 θ-渗碳体。

贝氏体中碳化物的形态，多以细小平行的短片状或棒状存在。贝氏体相变温度较高时，碳化物尺寸增大。贝氏体相变温度越低，碳化物尺寸越小。碳化物片与贝氏体铁素体片条的主轴之间的分布也发生变化，上贝氏体中，θ-渗碳体片与贝氏体铁素体片条基本上平行排列，而在下贝氏体中，呈现夹角分布，不一定呈 55° ~60°夹角，有不同的角度。

图 7 -8 所示为 GCr15 轴承钢于 950℃奥氏体化，然后在 450℃的盐浴中等温 1 h，淬火后得到的上贝氏体组织的扫描电子显微镜照片，呈羽毛状，可见片条状碳化物与贝氏体铁素体片呈层状分布。图 7 -9 为 9Cr2Mo 于 350℃等温淬火得到的下贝氏体组织，可见碳化物短片与贝氏体片主轴呈现交角分布，但是角度有的是 55°左右，还有其他角度，分布比较复杂。

7.2.5 贝氏体铁素体亚结构特征

人们很少提及珠光体的亚结构，主要是由于珠光体是平衡组织或接近平衡状态的组织。铁素体中的位错密度低，约为 10^6 ~ 10^7 cm^{-2}。图 7 -10 为 X45CrNiMo4 钢（德国钢号）的片状珠光体组织的电子显微镜照片，黑色片条是合

金渗碳体，白色片条是铁素体，从片层中可以观察到亚晶。

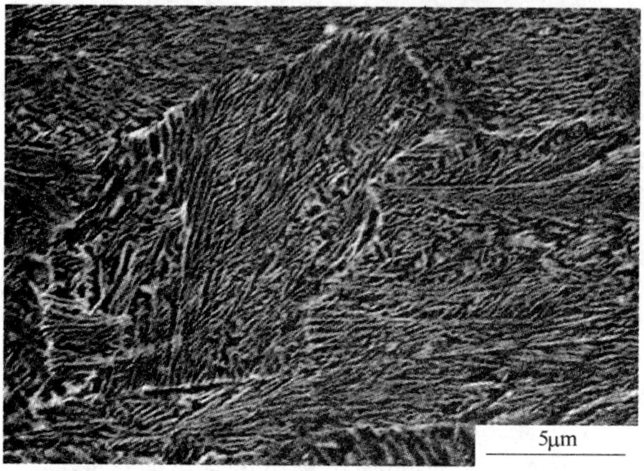

图 7 - 8　GCr15 的羽毛状贝氏体（SEM）

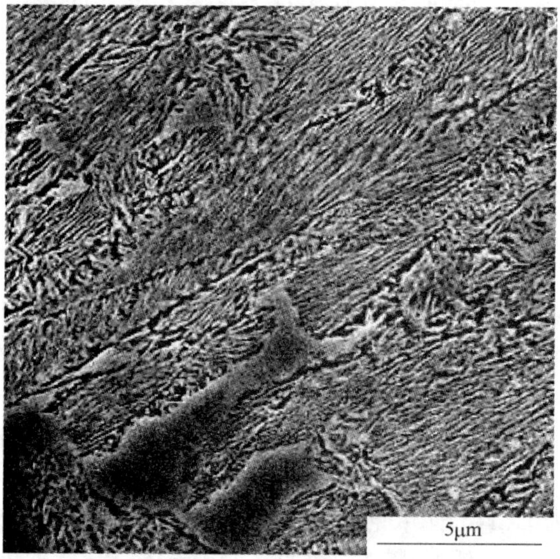

图 7 - 9　9Cr2Mo 钢 350℃ 等温得到的下贝氏体组织（SEM）

贝氏体是中温区的非平衡相变产物，具有转变不完全性。近年来的研究发现，贝氏体铁素体的亚结构，内容丰富，极为复杂，贝氏体铁素体片条由亚片条、亚单元乃至超细亚单元构成，界面积很大，界面能高，如图 7 - 11*b*、*c*、*d* 所示。位错密度也较高，约为 10^{10} cm^{-2}，位错储存能高。近年来发现存在精细孪晶，如图 7 - 11*a* 所示。当然有的学者不认同贝氏体中存在孪晶。多名研究者的试验观察，贝氏体中存在孪晶，不能轻易否定。但是应当指出，贝氏体孪晶不具备普遍性，只有在某些高碳高合金钢等材料中，在其下贝氏体相变中才可能形成孪晶亚结构。

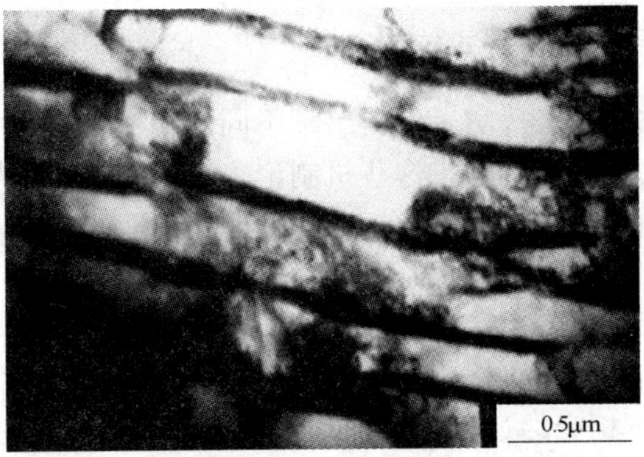

图 7-10 X45CrNiMo4 钢的片状珠光体组织(TEM)

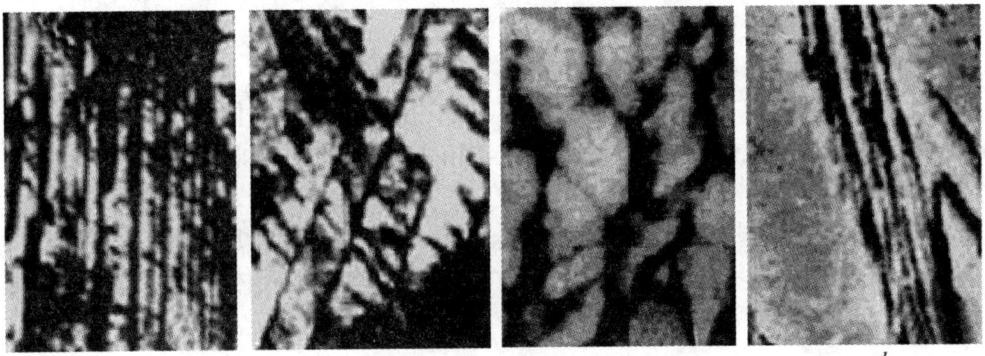

图 7-11 贝氏体的各类亚结构

a—贝氏体孪晶[10](TEM);*b*—35Cr2Mo 钢的下贝氏体(TEM);

c—贝氏体亚单元[8](STM);*d*—贝氏体亚片条[8](LOM)

7.2.6 贝氏体相变的晶体学特征

过冷奥氏体转变为珠光体、贝氏体、马氏体时,均存在晶体学位向关系。如珠光体转变时,其中一个奥氏体晶粒与铁素体之间存在 K-S 关系。钢中马氏体的位向关系较为复杂,存在 K-S 关系、G-T 关系、西山关系。而在中温区,贝氏体铁素体与奥氏体之间存在 K-S 关系和西山关系。看来,从高温到低温,除 K-S 关系始终存在外,位向关系越来越复杂。

在珠光体中,铁素体和渗碳体之间可分别存在 Pitsch-Petch 关系、Bagaryatsky 关系,而在贝氏体中,碳化物与铁素体、奥氏体之间也存在复杂的位向关系,如渗碳体与奥氏体之间存在 Pitsch 关系;铁素体和 θ-渗碳体之间存在 Bagayatski 关系;上贝氏体中渗碳体和铁素体之间的位向关系为 Исайчев 关系;ε-碳化物与铁素体之间存在 Jack 关系等。贝氏体中位向关系的极为复杂性和多变性是一个特点。

7.2.7　相变机制、原子位移方式的特征

就贝氏体相变机制而言，学者们提出了不同的相变机制，主要的是切变机制和台阶扩散机制，但也有混合机制。这些机制论争了将近40年，均有缺陷。

珠光体转变理论研究的新进展有台阶扩散机制；而马氏体相变是无扩散切变机制。某些持切变观点的学者认为，贝氏体相变中，铁原子、替换原子以切变方式迁移，最先提出了与马氏体相变相似的切变机制。而持台阶扩散观点的学者走向另一个极端，认为贝氏体相变是过冷奥氏体的共析分解，具有台阶扩散机制。这些学者均忽略了贝氏体相变的过渡性特征和系统整体上逐渐演化的规律性。

贝氏体相变带有共析分解和马氏体相变的双重特征，具有过渡性、交叉性。因此，贝氏体相变在转变机制上也会表现出过渡性特征，单一的切变机制或单一的扩散台阶机制都不够全面。

随着相变温度的降低，原子的位移方式也发生改变，并且应当逐渐演化，在高温区共析分解条件下，系统选择扩散位移方式；在低温区马氏体相变时，系统选择集体协同的位移方式；而在中温区的贝氏体相变时，原子则以非协同热激活跃迁方式进行位移，实现晶格改组[15~19]。

近年来，本书作者提出切变扩散整合机制[14~16]，指出在贝氏体相变形核长大过程中，相界面原子以非协同热激活跃迁方式位移，实现贝氏体相变，有理论依据，也与试验现象一致。

7.3　贝氏体和贝氏体相变的定义

科学技术哲学指出，科学概念是构成科学理论的细胞[20]。可见科学概念极为重要，但是，一个正确的科学概念的形成往往有个过程。在研究初期，观察不充分，测定欠准确，认识有片面性，则概念不够确切。随着科学研究的深入，通过科学抽象，搞清了事物的本质和内在规律性，则应当与时俱进，更新概念，促进理论进一步发展。爱因斯坦曾经说过："发明科学概念，并且在这些概念上面建立起理论，这是人类精神的一种伟大创造特性"。

科学概念是科学抽象的结果，即在科学研究过程中，通过对试验资料和数据的比较、分析，通过提纯、概括、抽取和把握本质的因素，形成科学概念，一般达到揭示研究的对象的普遍规律及其因果关系，即通过"去粗取精、去伪存真、由此及彼、由表及里"的科学抽象方法，建立新概念。

贝氏体是金属固态相变理论中的常用的重要概念。从1972~2006年，在国内外相变会议和期刊上，贝氏体的定义是争论的一个焦点问题。

在发现和研究贝氏体的历程中，从不同的视角不断有新的概念提出。以往曾

经以显微组织特征、表面浮凸现象、相变动力学等方面来定义贝氏体,即有所谓显微组织定义、表面浮凸定义和反应动力学定义等。由于20世纪中期,对贝氏体组织结构的观察以及对相变本质上的认识不够深入,也没有全面掌握其规律性,因此,由于条件的限制,贝氏体的定义不可能很确切,许多定义没有触及到贝氏体的本质,甚至偏差较大。随着观测设备的更新和进步,研究不断深入,对贝氏体组织形貌和微观亚结构的认识越来越清晰,因此,贝氏体的一些早期的概念已经过时,应当更新。

7.3.1 以往的贝氏体定义

20世纪对于贝氏体的定义曾经提出“显微组织定义、整体动力学定义、表面浮突定义”等多种定义形式,这些定义都没有触及到贝氏体组织深刻的本质,不够成功,本书不详细赘述。

由于贝氏体的定义涉及到贝氏体相变机制,因此一直存在激烈的论争,典型的提法有:

某些持切变学说的学者们认为:贝氏体是指中温转变时形成的针状分解产物。有三点特征:(1)针状组织形貌;(2)表面浮凸效应;(3)有自己的TTT图和B_s点。并将贝氏体定义为“铁素体和碳化物的非层片状混合组织”。

此定义已经过时,不准确。理由如下:(1)不是混合,而是整合。自然系统是整合系统,不是混合系统,混合系统没有自组织功能;(2)铁素体和碳化物的非层片状组织不仅仅是贝氏体,像粒状珠光体、回火索氏体等也是铁素体和碳化物的非层片状组织;(3)上已叙及,表面浮凸效应不是贝氏体相变的特征,因此定义中不宜于牵扯表面浮凸效应。

某些持台阶扩散学说的学者们认为:B_s点和TTT图是合金元素对共析分解动力学的一种影响形式,贝氏体是“扩散的、非协作的、两种沉淀相竞争的台阶生长的共析分解产物”,认为贝氏体是共析分解的延续,贝氏体组织是共析分解的产物。这一观点把贝氏体看成是共析分解的产物,很不正确。至今,某些持扩散学派观点的学者仍然认为贝氏体相变是共析分解。本书作者认为不能把贝氏体转变看成共析分解,二者存在本质上的区别,不能混为一谈[19]。概括贝氏体相变与共析分解的区别如下:

(1) 珠光体由铁素体+碳化物两相组成。贝氏体可以由铁素体+渗碳体组成,或铁素体+残留奥氏体组成或铁素体+M-A岛组成,或铁素体+渗碳体+残留奥氏体+马氏体等多相组成。

(2) 共析分解反应的珠光体晶核是两相,即F+渗碳体,或F+特殊碳化物;而贝氏体相变的晶核是单相,即贝氏体铁素体(BF)。

(3) 共析分解反应式为:$A \rightarrow F + Fe_3C$;贝氏体相变不能写成此式。上贝氏体和下贝氏体中的渗碳体晶核何时形成？以什么形态长大？析出与否？都要视具体条件而定。它不与贝氏体铁素体共析共生。

（4）共析分解在奥氏体晶界处形成珠光体晶核；而贝氏体相变可在晶界处形核，但有时在奥氏体晶粒内部形核及长大。

（5）珠光体是过冷奥氏体在高温区的平衡分解产物或接近平衡的分解产物，可表示在平衡相图上；而贝氏体是中温区的非平衡相变产物，具有转变不完全性，在平衡相图上不存在。

（6）珠光体中的位错密度低，约为 $10^6 \sim 10^7\ cm^{-2}$；而贝氏体铁素体由亚片条、亚单元乃至超细亚单元构成，位错密度较高，约为 $10^9 \sim 10^{10}\ cm^{-2}$，近年来还发现了精细孪晶[12,13]。

（7）珠光体中的铁素体、渗碳体两相存在着比例关系，如共析碳钢的珠光体中，渗碳体的相对量约占13%；而贝氏体中的各相没有固定的比例关系，渗碳体析出量不定，甚至不能析出，还会夹杂着残留奥氏体等相。

（8）珠光体中的铁素体碳含量极低（小于0.0218%），接近于平衡态；而贝氏体铁素体中（BF）含碳量处于过饱和状态。

概要地列举这些科学事实就足以说明贝氏体相变不是共析分解，故不能以共析分解来定义贝氏体。

此外，该定义中"扩散的、非协作的、两种沉淀相竞争的台阶生长的共析分解"，此话说的是共析分解过程的属性，而非产物的属性。

作为贝氏体的定义应当是贝氏体自身的物理本质的科学抽象，即指出贝氏体自身的属性，而不是贝氏体相变过程的属性，不宜用过程的属性代替产物的属性。

根据20世纪几十年中对贝氏体组织结构的大量观察和研究成果，贝氏体的定义不断改进和完善，如方鸿生在其《贝氏体相变》[8]一书中，提出的贝氏体定义为：

钢中的贝氏体是指过冷奥氏体在中温区形成的片状或板条状产物，板条或片状均指铁素体，碳化物分布于铁素体条片间或其内部，碳化物也可能推迟析出。此时，贝氏体只由铁素体相组成，有色合金贝氏体则仅由单相组成。贝氏体转变至少伴随如下特征：

（1）呈板条状或片状；

（2）相变过程伴随形成规则的表面浮凸，但浮凸形态上不具有不变平面应变特征，常呈帐篷形。

7.3.2 贝氏体和贝氏体相变的新定义

本书综合20世纪以来贝氏体相变的研究成果，结合我们自己的研究体会，运用科学技术哲学的方法论，从系统整合观点出发，对贝氏体相变及其产物，贝氏体的组织形貌和亚结构等进行了深入的观察和研究，通过科学抽象，从本质上定义了贝氏体[7,21]：

钢中的贝氏体是过冷奥氏体的中温过渡性转变产物，它以条片状贝氏体铁素体为基体，同时可能存在渗碳体或 ε-碳化物、残留奥氏体等相，贝氏体铁素体内部存在亚片条、亚单元、较高密度位错等精细亚结构。这种整合组织称为贝氏体。

关键词“整合”的英文是：integrate in a systematic way。“整合”即系统整体上的有机结合，有序配合，组织化匹配。

有色合金中的贝氏体组织简单，没有钢中的贝氏体组织结构如此复杂，它是单相组织构成的。它属于另外一种材料的整合系统，在研究其相变规律时要注意与钢（Fe-C-M）的整合系统区别。

至今，在书刊中尚没有找到“贝氏体相变”的科学的定义。当然，在当今贝氏体相变机制争论激烈的时候，给贝氏体相变一个科学的定义却非易事。不过，本书作者以抛砖引玉的精神提出贝氏体相变的定义。

依据钢中贝氏体相变的如下特征：

(1) 贝氏体相变发生在过冷奥氏体转变的中温区；

(2) 贝氏体相变是介于共析分解和马氏体相变之间的具有过渡性质的相变；

(3) 贝氏体的晶核是单相，即贝氏体铁素体（BF）；

(4) 贝氏体的相组成物十分复杂，可以由铁素体 + 渗碳体组成，或铁素体 + 残留奥氏体组成或铁素体 + M-A 岛组成，或铁素体 + ε-碳化物 + 残留奥氏体 + 马氏体等多相组成；

(5) 贝氏体中具有复杂的亚结构和位向关系；

(6) 贝氏体相变是非平衡的一级相变，具有一些转变不完全性的特色；

(7) 贝氏体相变是受碳原子扩散控制的扩散型相变。

据此，试将钢中贝氏体相变的定义如下[7,22]：

过冷奥氏体在中温区发生的具有过渡性特征的非平衡相变。以贝氏体铁素体（BF）形核长大为主要过程，可能伴随着渗碳体（或 ε-碳化物）析出，或形成残留奥氏体，或生成 M-A 岛等相构成的多种形貌的贝氏体整合组织的一级相变。

参 考 文 献

[1] 肖海涛，张法瑞．自然辩证法简编[M]．北京：北京航空航天大学出版社，1996，55～156.

[2] 刘宗昌．钢中相变的自组织[J]．金属热处理，2003，28(2)：13～17.

[3] 刘宗昌．贝氏体相变的过渡性[J]．材料研究学报，2003，24(2)：37～41.

[4] 刘宗昌．贝氏体相变机制的探讨[J]．包头钢铁学院学报，2005，24(3)：195～203.

[5] 章守华．合金钢[M]．北京：冶金工业出版社，1981，30～45.

[6] 林慧国，傅代直．钢的奥氏体转变曲线[M]．北京：机械工业出版社，1988，400～701.

[7] 刘宗昌，任慧平．过冷奥氏体扩散型相变[M]．北京：科学出版社，2007.

[8] 方鸿生，王家军，杨志刚，李春明，薄祥正，郑燕康．贝氏体相变[M]．北京：科学出版社，

1999,80 ~ 220.

[9] Kang Mokuang,Zhang Mingxing,Zhu Ming. In Situ Observation of Bainite Growth During Isothermal Holding[J]. Acta Materialia,2006,54:2121 ~ 2129.

[10] 李风照,奥青,孟凡妍,孟祥敏,刘玉先．贝氏体中的贝氏体铁素体精细孪晶[J]. 材料热处理学报,2001,2:5 ~ 8.

[11] 刘宗昌,任慧平,宋义全．金属固态相变教程[M]. 北京,冶金工业出版社,2003.

[12] Bhadeshia H K D H. 2nd edition. Bainite in Steels. London:IOM Communikations Ltd,2001.

[13] 段宝玉,刘宗昌,任慧平,王海燕,计云萍．T8 钢中珠光体表面浮凸观察[J]. 内蒙古科技大学学报,2008,27(2):108 ~ 114.

[14] 刘宗昌,王海燕,任慧平．贝氏体相变的切变－扩散整合机制[J]. 金属热处理,2006,31,增刊:36 ~ 43.

[15] 刘宗昌,王海燕,任慧平．贝氏体铁素体形核机理求索[J]. 材料热处理学报,2007,28(1):53 ~ 58.

[16] 刘宗昌,王海燕,任慧平,李文学,王玉峰．贝氏体铁素体形核长大的热激活迁移机制[J]. 金属热处理,2007,32(11):1 ~ 5.

[17] 刘宗昌,王海燕,李文学,任慧平．贝氏体碳化物形成机理[J]. 热处理技术与装备,2007,28(4):19 ~ 23.

[18] 刘宗昌,王海燕,王玉峰,任慧平,李文学．贝氏体碳化物的形貌及形成机制[J]. 材料热处理学报,2008,29(1):32 ~ 37.

[19] 刘宗昌,王海燕,任慧平,李文学．贝氏体相变特点的研究[J]. 材料热处理学报,2007,28,增刊:168 ~ 29.

[20] 陈昌曙．自然辩证法概论新编[M]. 沈阳:东北大学出版社,1997.

[21] 刘宗昌等．材料组织结构转变原理[M]. 北京:冶金工业出版社,2006.

[22] 刘宗昌 ,王海燕,计云萍,李文学,任慧平．钢中贝氏体相变理论研究的新进展[J]. 内蒙古科技大学学报,2008,27(2):99 ~ 108.

8 中温区原子位移方式与相变的关系

固态相变过程是晶格改组或重构的过程,它依靠原子的位移来完成,因此原子的位移是最基本的过程。

不同类型的固态相变过程中,原子的位移方式不同,有扩散位移、切变位移、热激活跃迁位移等方式。奥氏体的形成、共析分解是扩散型相变,碳原子、铁原子和替换原子均能够长程扩散。低温区的马氏体相变是无需原子扩散的集体协同的位移过程,一般称为切变。

然而,在中温区的贝氏体相变过程中,切变学派认为原子进行集体协同的切变位移。扩散学派认为原子是台阶扩散位移。

上已叙及,贝氏体转变具有过渡性,原子的位移方式也从扩散型向切变型过渡,如原子在界面处的热激活跃迁就是一种位移方式。

本章首先叙述扩散的基本规律,然后阐述以往很少提到的一种位移方式,即非协同热激活跃迁的界面控制过程,再逐一研究相变中原子的位移特点及其影响规律。

8.1 扩散的定义和基本规律

在金属和合金中,当成分、结构不均质时,在热力学条件下,都将趋于均匀化。例如,合金钢钢锭或钢坯的扩散退火,就是在高温下,依靠原子的运动,改善或消除钢中的枝晶偏析,使钢锭成分趋于均匀的工艺操作。这是由于成分分布不均匀,溶质原子从高浓度区域向低浓度区域扩散运动的结果。

固态相变过程中的扩散,是晶格改组过程中原子位移的一种方式,但不是唯一的方式。由于扩散学派强调在贝氏体相变中,原子位移是台阶扩散机制,铁原子和替换原子是扩散位移。但包括切变学派在内的许多学者并不同意这种看法,因此有必要重申扩散的本质和定义。

8.1.1 扩散的本质和定义

各种书刊、不同作者给扩散下的定义有所区别:

(1) 固态中的扩散本质是在扩散力(浓度、电场、应力场等的梯度)作用下,原子定向、宏观的迁移[1]。这里指扩散是原子的宏观迁移。

(2) 通过原子(分子)的无规则运动,导致宏观传质,这种过程称为扩散[2]。

(3) 原子迁移的微观过程以及由于大量原子的迁移而引起物质的宏观流动，称为扩散[3]。

(4) 扩散是物质内部由于热运动而导致原子或分子迁移的过程[4]。

(5) 扩散的本质是粒子不规则的布朗运动[5]。

(6) 原子在固体中从高浓度区域向低浓度区域的运动，称为扩散[6]。

上述，引用了几种典型书刊、教材中关于扩散的定义及对于扩散本质的论述，可见说法并不完全一致。综合起来，重新定义为：**原子(分子、离子)在扩散力的作用下，进行无规则运动导致的传质过程，称为扩散**。这种传质过程是粒子定向的、不规则的运动，可以是下坡扩散，也可以是上坡扩散，可能是宏观的物质迁移，也可能是微观迁移(纳米尺度范围)的物质流。

这种传质过程导致金属不同区域成分的变化，如金属的氧化、烧结、渗碳、渗金属、均质化处理、成分发生改变的固态相变、金属的蠕变等过程都与扩散密切相关。在研究这些过程时，必须熟悉扩散的规律。晶体中的扩散过程与晶体缺陷存在紧密的关系。

扩散理论的研究包括两方面：一是宏观规律研究，讨论物质的浓度分布与扩散时间的关系，研究扩散速度，建立扩散方程并求解；二是研究扩散过程中原子或离子运动的微观机制，即原子的微观的无规则运动和宏观物质流之间的关系。

8.1.2　扩散定律

研究在一定热力学条件下扩散物质在固态金属中的浓度分布与扩散时间的关系，建立扩散方程并求解。

8.1.2.1　Fick 第一定律和稳态扩散

Fick 第一定律表示了物质的扩散通量 J 与浓度梯度的关系，即在一维扩散条件下，在单位时间通过单位面积的扩散物质量，即扩散通量 J〔mol/(cm^2 · s)〕：

$$J = -D\left(\frac{\partial C}{\partial x}\right) \tag{8-1}$$

在三维扩散条件下，其通式为：

$$J = -D\nabla C \tag{8-2}$$

其中，负号表示扩散方向与浓度梯度增长的方向相反；D 为扩散系数，cm^2/s；∇C 为浓度梯度。这就是扩散第一定律。注意，当 $\left(\frac{\partial C}{\partial x}\right)=0$ 时，$J=0$，表明在均匀的合金体系中，不存在原子的净流。

Fick 第一定律式中各项采用的量纲为：

$$\frac{克}{厘米^2 \cdot 秒} = \frac{厘米^2}{秒}\left(\frac{克/厘米^3}{厘米}\right)$$

菲克扩散第一定律是由大量试验事实总结出来的。一般只在稳态扩散的情况下才能直接应用它测量扩散系数。所谓稳态扩散是指体系中各点的浓度不随时间的变化而变化，即$\frac{\partial C}{\partial t}=0$，因而各处的浓度梯度$\frac{\partial C}{\partial x}$有确定值，这时才有可能测量扩散通量 J。不过在固态扩散情况下，扩散系数 D 较小，体系达到稳态可能需要很长时间。

1953 年 Smith[7] 利用稳态扩散测定了碳原子在 γ-Fe 中的扩散系数。把薄壁铁管（直径 r，长度 l）放入加热炉中，管内通渗碳气氛，管外控制脱碳气氛，在 1000℃长时间加热，管壁内各点的碳浓度不再随着时间变化，即达到$\frac{\partial C}{\partial t}=0$。测得 1000℃，碳含量为 0.15% 时，扩散系数 $D=2.5\times10^{-7}\ \mathrm{cm^2/s}$；当为 1.4% C 时，$D=7.7\times10^{-7}\ \mathrm{cm^2/s}$。表明该条件下，$D$ 是碳浓度的函数。

8.1.2.2 Fick 第二定律

在大多数情况下，固态中各点的浓度随着时间的变化而变化，进行非稳态扩散。此时，菲克第一定律仍然成立。但是，由于扩散通量 J 不稳定，则不能直接测得扩散系数。为此借助于质量守恒定律，将菲克第一定律演变为应用更广泛的形式，即菲克第二定律。实质上是从菲克第一定律推导出来的，其表达式为：

$$\frac{\partial C_{\mathrm{A}}}{\partial t}=\frac{\partial}{\partial x}\left(D_{\mathrm{A}}\frac{\partial C_{\mathrm{A}}}{\partial x}\right) \tag{8-3}$$

当扩散系数与浓度无关时，式 8-3 变为：

$$\frac{\partial C_{\mathrm{A}}}{\partial t}=D_{\mathrm{A}}\frac{\partial^2 C_{\mathrm{A}}}{\partial x^2} \tag{8-4}$$

式中 C_{A}——组元 A 浓度；

D_{A}——组元 A 的扩散系数。

8.1.3 扩散系数

原子在晶体中占据确定的位置，但扩散的事实是原子可以从一个位置位移到另一个位置。各个原子在其结点附近连续地振动着，偶尔它及其近邻的原子的振动变得十分激烈，足以使该原子跳跃到相邻位置上。研究表明，原子即使跳跃到最近邻的位置上，完成一次跳跃所需能量也是很大的，需要较大的能量涨落，并且相邻的几个原子要进行精确的同步运动。较大距离的跳跃是不太可能的。

把原子无规则跃迁运动与菲克第一定律联系起来，考虑两个原子平面，相隔 α，其中一个平面上溶质浓度为 C_1，另一个平面上浓度为 C_2。二者都用单位体积的原子数来表示。

令原子的平均跳跃频率为 Γ，表示原子在单位时间内的跳跃次数。在平面 1 上单位面积溶质原子的数目为 $n_1 = C_1\alpha$，在平面 2 上的数目为 $n_2 = C_2\alpha$。在时间 δt 内，注意 δt 小于 $1/\Gamma$。在平面 1 上进行跳跃的溶质原子总数是 $n_1\Gamma\delta t$。

溶质原子可以跳跃到最近邻的位置，对于不同的晶体点阵，溶质原子最近邻的位置数目 z 是不同的。对于简单立方点阵，则 $z=6$。那么，在 δt 时间内，平面 1 上的溶质原子的 1/6 将从平面 1 跳跃到平面 2。

在 δt 时间内，从平面 1 跳跃到平面 2 上的净原子数目，即为扩散通量 J。若原子跳跃频率相同，则有：

$$J = \frac{1}{6}\Gamma(n_1 - n_2) = \frac{1}{6}\Gamma\alpha(C_1 - C_2) \tag{8-5}$$

选 x 轴垂直于此两个平面，则有：

$$C_2 = C_1 + \alpha\frac{\partial C}{\partial x} \tag{8-6}$$

将式 8-6 代入式 8-5 得扩散通量 J：

$$J = -\frac{1}{6}\Gamma\alpha^2\frac{\partial C}{\partial x} \tag{8-7}$$

此式与菲克第一定律比较，得扩散系数：

$$D = \frac{1}{6}\Gamma\alpha^2 \tag{8-8}$$

可见，扩散系数直接与原子的跳跃频率有关。式 8-8 的推导过程中没有假定任何机制，仅仅指出在所有方向上的跳跃概率相等，并且所有跳跃的 α 是相同的。这对所有立方点阵是有根据的近似，因而在所有方向上 D 是一样的。非立方点阵中，在不同方向上的 D 值是不同的。

在上述推导中，假定原子平均跳跃频率 Γ 与原子所在的位置无关，跳跃方向是随机的。这时，只要 $n_1 > n_2$（或 $C_1 > C_2$），就会有从平面 1 到平面 2 的扩散通量，即造成宏观物质流。即使不存在浓度梯度，原子也在作无规则行走。

900℃时，碳在 α-Fe 中的扩散系数约为 10^{-10} m^2/s，由式 8-8 可以估算碳原子的跳跃频率 $\Gamma \approx 10^{10}$/s[5]。晶体中原子的振动频率约为 $10^{12} \sim 10^{13}$/s。可见，碳原子在 900℃时，大约需要振动 $10^2 \sim 10^3$ 可能跳跃一次。

原子跳跃一次的距离 α 与晶体结构有关。对于碳在 α-Fe 中的扩散，碳原子从一个间隙位置跳跃到相邻的间隙位置。若考虑体心立方晶体中的八面体间隙，晶格常数为 a，则距离 $\alpha = \frac{a}{2}$，代入式 8-8，间隙原子扩散系数与晶格常数 a 的关系：

$$D_{\text{bcc间隙}} = \frac{1}{24}a^2\Gamma \tag{8-9}$$

对于体心立方晶体中的自扩散,原子从一个点阵位置跳跃到最近邻的位置,从体心到顶角,$\alpha = \frac{\sqrt{3}}{2}a$,代入式 8-9 得:

$$D_{体心} = \frac{1}{8}a^2\Gamma \tag{8-10}$$

同理,对于面心立方晶体自扩散,$\alpha = \frac{\sqrt{2}}{2}a$,则:

$$D_{面心} = \frac{1}{12}a^2\Gamma \tag{8-11}$$

对于对称性较差的晶体,由于在 x、y、z 方向跳跃一次的距离不同,扩散系数 D 将不等,表现为各向异性。

试验表明,金属中的扩散系数 D 与温度的关系为:

$$D = D_0\exp\left(-\frac{Q}{RT}\right) \tag{8-12}$$

式中 D_0——指数前因子;

Q——扩散激活能。

可见,随着温度的升高,扩散系数急剧增加。相反,金属及合金在冷却过程中,随着温度的降低,扩散系数急剧减小,扩散速度大幅度降低,则随着过冷度的增大,相变速度变慢,或者相变类型发生改变。

8.1.4 扩散机理

金属和合金具有晶体结构,在这样致密的晶格中原子通过什么方式从一个平衡位置跳跃到另一个平衡位置? 目前已经能够应用场离子直接观察到原子在晶体表面的运动。但是还不能借助于任何仪器直接观察到晶体内部单个原子的运动。

一般认为,原子迁移时所需克服的势垒(激活能)最小,这种迁移方式将是主要的。从统计力学看,激活能越小的过程出现的概率越大。

在多晶体金属中,扩散物质可以沿着金属表面、晶界、位错线进行迁移,称为表面扩散、晶界扩散、位错扩散。也可以在晶粒点阵内部发生迁移,称为晶格扩散或体扩散。

对于致密结构的晶体,已经提出几种不同的体扩散机制,如图 8-1 所示。

8.1.4.1 交换机制

如图 8-1①是相邻两个原子的直接交换,对于密排金属,这种交换会引起很大的瞬时畸变能,依靠能量涨落来克服这么大的畸变能,理论上概率很小,也缺乏试验支持。图 8-1②的轮换方式需要 N 个原子集体运动,可能性也不大,也没有实验支持。

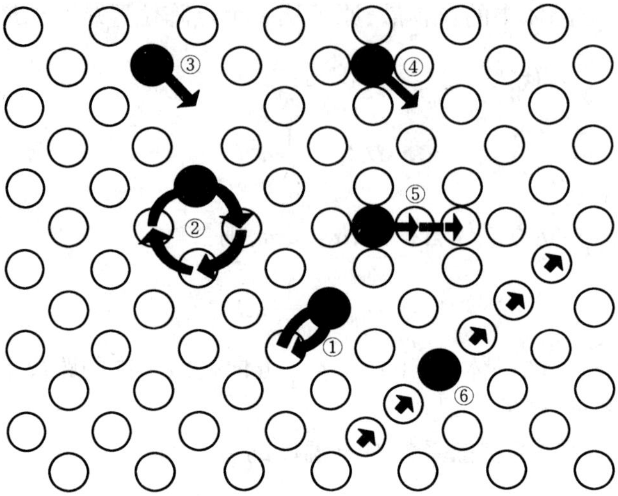

图 8 – 1　晶体中原子扩散机理示意图

①—直接交换；②—轮换；③—空位；④—间隙；⑤—推填；⑥—挤列

8.1.4.2　间隙机制

在间隙固溶体中，间隙原子从一个间隙位置跳跃到相邻的空着的间隙位置（图 8 – 1③），称为直接间隙机制。小的间隙原子，例如钢中碳就是通过这种机制扩散的。

如果间隙原子较大，就很难从一个间隙位置跳到另一个间隙位置，因为跳跃过程中会造成相当大的瞬时畸变能。如果以图 8 – 1⑤的扩散方式，位于间隙位置的原子把它最近邻的位于正常点阵位置的原子推入间隙位置，而自己占据该位置，这个机制称推填机制。硅中的自扩散和硅中某些置换型溶质的扩散可能通过这种机制。

在致密排列的金属中，自间隙原子的形成能极大，在热平衡时，其浓度几乎可完全忽略。不过当材料处于非平衡态时，例如经过塑性变形或辐照后，情况就不同，材料中产生不少 Frankel 缺陷，即相同数目的空位和自间隙原子，这些自间隙原子可通过推填机制扩散。在金属与合金中自间隙原子并不正好位于间隙位置正中，而是与最近邻的原子形成哑铃状组态。在面心立方晶格中，哑铃轴沿 <100> 方向；在体心立方晶体中，哑铃轴沿 <110> 方向。

在低温，经过辐照的金属，间隙原子可能形成挤列组态，如图 8 – 1⑥所示。正常点阵中排 N 个原子的位置，挤进一个原子，容纳了 $N+1$ 个原子。

8.1.4.3　空位机制

热力学计算表明，在一定温度下，晶体中总是存在一定的平衡空位浓度，这是因为一定数量空位的存在可以增加晶体的组态熵，从而降低自由能。

在熔点附近,金属中每 $10^3 \sim 10^4$ 个点阵位置中就存在一个空位。空位最近邻的原子有可能和空位交换位置而迁移,如图 8－1③所示。空位机制引起的晶格畸变能(扩散激活能)相对较小。对于金属与合金中的溶剂原子和置换型溶质原子,空位机制是择优选择的方式。

除了单个空位外,还存在双空位、三空位等空位团簇,它们也对扩散有贡献。随着温度的升高,双空位与单空位数目的比值升高,双空位对扩散的贡献也增加。在稀合金中,溶质与空位之间存在相互吸引的作用,形成溶质－空位对(复合体),这会影响溶质原子的扩散。

8.1.4.4 短路扩散机制

线缺陷(位错)和面缺陷(表面、晶界和相界等)中原子排列比较无序,原子在这些缺陷处的扩散比晶体内更容易。近年来,纳米材料和薄膜材料迅速发展,迫切要求了解短路扩散机制。

关于晶界扩散的机制,目前人们尚无一致的看法。不过有充分的证据表明,金属与合金中沿晶界扩散主要是通过空位机制,但在某些情况下也不排除间隙机制和其他机制。晶界上某些原子排列较为紧密,有些区域原子距离较远,这种不规则排列的原子可能以比晶粒内原子更高的跳跃频率(Γ)运动,具有较低的激活能 Q。在较低温度下,晶界扩散的相对贡献增加得多。在发生固态相变时,最快的方式经常是晶界扩散。

沿着晶界、相界、位错的扩散,是扩散的快速通道,或称为短程扩散。因为这些缺陷处的扩散激活能远比点阵中的小,其扩散系数大得多,在接近熔点处(T_M)约高 1000 倍,而在 $0.5T_M$ 以下要高 10^6 倍。

原子在晶界、相界、位错线上的快速扩散以及元素的偏聚具有重要意义,如低碳钢中 C、N 元素扩散偏聚到位错线上是应变时效和蓝脆的原因。溶质原子在晶界上的偏聚会引起回火脆性,影响晶界的迁移率,从而对再结晶、晶粒长大产生明显的影响。溶质原子在晶体缺陷处的偏聚对固态相变的形核与晶核长大产生重要影响。

试验表明,沿着晶界的快速扩散使平均扩散速率增加,虽然在高温区晶界扩散和晶内扩散的差异不大,但是在低温区,晶界扩散将起主导作用,当温度小于 $(0.75 \sim 0.8)T_M$ 时,晶界扩散占主导地位。

晶界扩散系数 D_b 与式 8－12 相似,即为:

$$D_b = D_{b0}\exp\left(-\frac{Q_b}{RT}\right) \tag{8-13}$$

式中 Q_b——晶界扩散激活能,一般情况下,晶界扩散系数大于体扩散系数 D_L,即 $D_b > D_L$。

影响晶界扩散系数 D_b 的因素包括温度、晶界结构、合金元素等。降低温度,沿晶界的扩散系数减小。如表 8 – 1 所示，晶体结构不同，金属元素不同，晶界扩散的激活能不相等，α-Fe 比 γ-Fe 的扩散系数较大。

表 8 – 1　大角度晶界的自扩散系数和激活能[1]

元　素	$D_0/\mathrm{cm^2 \cdot s^{-1}}$	$Q/\mathrm{kJ \cdot mol^{-1}}$
Co	4	163.02
Cr		192.28
γ-Fe	2×10^{-4}	127.91
γ-Fe	3 ~ 5	163.02
γ-Fe	1	167.20
γ-Fe + 0.0018% B	3×10^{-3}	201.89
α-Fe	1.2	139.61
α-Fe	1.3	167.20
α-Fe + 0.0018% B	7.8×10^{3}	221.96
Ni	1.8×10^{-2}	108.68

晶界与[100]晶向之间的夹角称为倾角。倾角不同，扩散激活能不相等。添加元素对于晶界扩散产生不同的影响，如 Ag 在 Cu 中扩散时加入 Fe，可以促进晶界扩散。

位错扩散也是扩散通道，在位错中的原子比远离位错的原子具有较高的跳跃频率和较低的扩散激活能。普遍认为：刃型位错明显地增强原子的运动，而且沿着刃型位错扩散的 Q 值大约相当于沿晶界扩散的 Q 值，这样，在低温区沿着位错扩散将更为重要。

近年来的研究表明，不同位错结构的扩散激活能不同，以沿着不扩展位错的扩散最快，$Q_d/Q_L = 0.4$，沿着扩展位错扩散次之，沿着螺型位错扩散最慢，$Q_d/Q_L = 0.7$。Q_d 为位错中的扩散激活能；Q_L 为体扩散激活能。

以上所讨论的扩散是在平衡态或亚稳态下进行的。如果在淬火冷却情况下，在过冷状态下的相变中，晶界处于非平衡状态，这时，正在迁移的晶界中的扩散不同于静止状态。受化学位梯度作用诱发的晶界迁移使移动界面中扩散加速。在晶界迁移时的扩散系数比静止晶界时要增大几个数量级，即随着迁移晶界的扩散速度很快。在迁移晶界中扩散时，扩散原子可以跳跃很长的距离，激活熵很大。这对于珠光体、贝氏体相变动力学研究有一定意义。

8.2 原子位移的热力学分析

8.2.1 扩散的驱动力

设合金系中第 i 个组元的化学位以 μ_i 表示，则：

$$\mu_i = \left(\frac{\partial G}{\partial n_i}\right)_{TPn_j} \tag{8-14}$$

式中 G——Gibbss 自由焓；

n_i——第 i 个组元的原子数；

n_j——除了第 i 个组元外的其他成分的原子数。在扩散中，将扩散的驱动力定义为化学位对距离的微分，称为扩散力，用 F 表示：

$$F = -\left(\frac{\partial \mu_i}{\partial x}\right) \tag{8-15}$$

式中的负号表示驱动力与化学势下降的方向一致，即是元素的扩散总是向化学势减小的方向进行，也就是说，系统在等温、等压条件下，只要两个区域中，组元 i 存在化学势差 $\Delta\mu_i$，就将发生原子的迁移，产生扩散，直至 $\Delta\mu_i = 0$。

广义热力学认为扩散是一种不可逆过程，属于耗散结构，就是在时间、方向上具有不可逆性，过程是向熵增大的方向进行，即：

$$\left(\frac{\mathrm{d}s}{\mathrm{d}t} \geqslant 0\right) \tag{8-16}$$

在化学位的驱使下，第 i 个组元的扩散通量 J_i 也可以采用下式表示：

$$J_i = -D_i\left(\frac{\partial \mu_i}{\partial x}\right)$$

式中 D_i——第 i 个组元的扩散系数；

$\left(\frac{\partial \mu_i}{\partial x}\right)$——化学位梯度。

固态相变中，原子有切变位移和扩散位移等多种形式，其位移的驱动力即为化学力 $F = -\left(\frac{\partial \mu_i}{\partial x}\right)$。

菲克第一定律描述了物质从高浓度向低浓度扩散的现象，扩散的结果导致浓度梯度的减小，使成分趋于均匀。但实际上并非所有的扩散过程都是如此，物质也可能从低浓度区向高浓度区扩散，扩散的结果提高了浓度梯度。例如铝铜合金时效早期形成的富铜偏聚区，以及某些合金固溶体的调幅分解形成的溶质原子富集区等，这种扩散称为“上坡扩散”或“逆向扩散”。

从热力学分析可知,扩散的驱动力并不是浓度梯度$\left(\frac{\partial C}{\partial x}\right)$,而应是化学势梯度$\left(\frac{\partial \mu}{\partial x}\right)$,这不仅能解释通常的下坡扩散现象,也能解释上坡扩散等扩散现象。

在化学势的驱动下,扩散原子在固体中沿给定方向运动时,会受到固体中溶剂原子对它产生的阻力,阻力与扩散速度成正比,故当溶质原子扩散加速到其受到的阻力等于驱动力时,溶质原子的扩散速度就达到了它的极限速度,也就是达到了原子的平均扩散速度。

扩散原子的平均速度 v_i 正比于驱动力 F_i,即有 $v_i = B_iF_i$。比例系数 B_i 为单位驱动力作用下的速度,称为迁移率,当原子的迁移率为负值时,即为下坡扩散。

扩散通量等于扩散原子的质量浓度 C_i 与其平均速度的乘积:

$$J = C_iB_iF_i = -C_iB_i\left(\frac{\partial \mu_i}{\partial x}\right) \tag{8-17}$$

说明扩散通量取决于化学势梯度。不管是上坡扩散还是下坡扩散,都是由相邻两个区域的化学势梯度造成的。组元原子迁移的结果是化学势梯度的减小,直至化学势之差变为零,即 $\Delta\mu_i = 0$。

8.2.2　各种化学势梯度下原子的位移

在各种化学势梯度作用下,原子都要进行位移。浓度不同,则合金的化学位不同,在浓度梯度作用下,原子进行下坡扩散。

金属晶体的晶界上,原子排列的规则性较晶内差,能量较高,存在化学势梯度。如果溶质原子进入晶界,从而可以降低系统的总能量,则溶质原子将向晶界迁移,造成晶界偏聚,使溶质原子在晶界上的浓度高于晶内的浓度。

应力场对于原子的迁移也有影响。如果晶体中存在弹性应力梯度,那么,较大直径的原子必将向点阵受拉应力的区域迁移;而较小直径的原子迁移到受压的部分。热处理和相变过程中,金属内部经常产生内应力,分为第一类内应力、第二类内应力和第三类内应力。不均匀的内应力对原子的迁移和扩散有一定影响。

无扩散相变的驱动力是两相化学自由焓之差。原子在这种化学势梯度作用下,可以进行非协同的界面原子的热激活跃迁,如同素异构转变。如果原子进行集体协同的切变位移,则为马氏体相变。

8.3　原子非协同热激活跃迁位移

金属同素异构转变,也是无扩散相变,因为,相变前后的两相化学成分相同,表明无扩散发生。但是原子在转变过程中发生了迁移,从 α 相迁移到 β 相,即实现

α→β 的相变。在这个相变过程中,原子在两相化学势梯度作用下,即由于两相存在自由焓之差(ΔG_V),原子在相变驱动力作用下,依靠热激活跃迁,越过晶界位垒(激活能),如图 8-2 所示。当旧相原子逐一转入新相中去时,即使新相晶核长大。

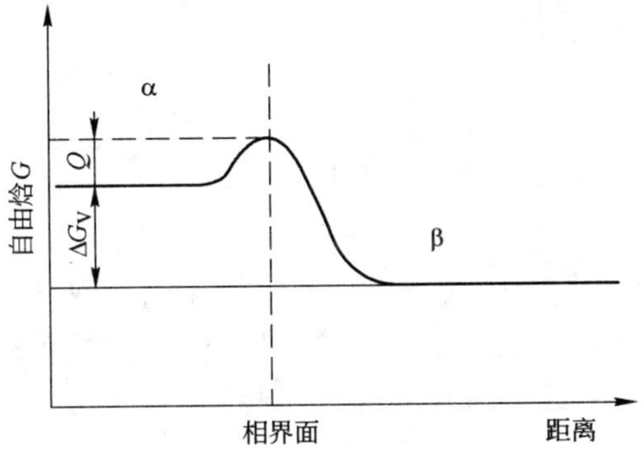

图 8-2 原子越过界面时自由焓变化

这种转变属于非协同的无扩散相变。新相长大速度与原子热激活跃迁的数量有关。

从图 8-2 可见,原子由 α 相转移到 β 相时,需要越过 Q 位垒,而由 β 相转移到 α 相时,则需要越过 $Q+\Delta G_V$ 位垒。Q 为激活能,ΔG_V 是两相自由焓差。

则单位时间内单位界面净转移原子数 n 为:

$$n = n_{\alpha-\beta} - n_{\beta-\alpha} = n_0 \nu \exp\left(-\frac{Q}{KT}\right)\left[1-\exp\left(-\frac{\Delta G_V}{KT}\right)\right] \tag{8-18}$$

式中 $n_{\alpha-\beta}$——单位时间内单位界面由 α 相转移到 β 相的原子数;

$n_{\beta-\alpha}$——单位时间内单位界面由 β 相转移到 α 相的原子数;

ν——原子震动频率;

n_0——α 相、β 相单位晶体界面上的原子数。

得出界面移动速度为:

$$v = \frac{n}{n_0}a = a\nu \exp\left(-\frac{Q}{KT}\right)\left[1-\exp\left(-\frac{\Delta G_V}{KT}\right)\right] \tag{8-19}$$

式中 a——原子层间距。

讨论:

(1) 当过冷度很小时,两相自由焓差 ΔG_V 很小,$\Delta G_V \ll KT$

此时,$\exp\left(-\frac{\Delta G_V}{KT}\right) \simeq 1-\frac{\Delta G_V}{KT}$

代入式 8-19,得:

$$v = \frac{a\nu}{KT}\Delta G_V \exp\left(-\frac{Q}{KT}\right) \tag{8-20}$$

表明界面移动速度 v 与 ΔG_V 成正比,也即与 ΔT 成正比。

(2) 当过冷度很大时,$\Delta G_V \gg KT$

此时,$\left[1-\exp\left(-\frac{\Delta G_V}{KT}\right)\right]=1$

代入式 8-19,得:

$$v = a\nu \exp\left(-\frac{Q}{KT}\right) \tag{8-21}$$

此式表明界面移动速度 v 随温度降低而减小。

在相界面处,原子非协同的热激活跃迁,使新相连续长大,是界面控制过程,当然与相界面的结构有关。一般认为非共格界面时,新相界面易于接纳来自母相的原子。当界面为共格界面或半共格界面时,则界面容纳因子小,不能连续长大,只能以台阶扩散长大。这种观点不全面,更缺乏试验依据。其实,无论是同素异构转变,还是块状转变,其相界面原子排列并非十分混乱,如图 8-3 所示为 SiC 晶格、晶界的高分辨像照片,可见,非共格界面上原子排列的规则性差一些,但并非十分混乱,原子从一个相移入另一个相中,只需要移动很小的距离,一般小于一个原子间距,就成为另一相晶格上的一员。至于共格界面上的原子(如图 8-3 所示),以及非共格界面上的原子,只要新相的自由焓低,母相的原子就势必转移到新相上去,可以被母相的位错容纳,或被界面台阶接纳,或在母相上形成二维晶核,均可非协同地热激活跃迁进入母相。

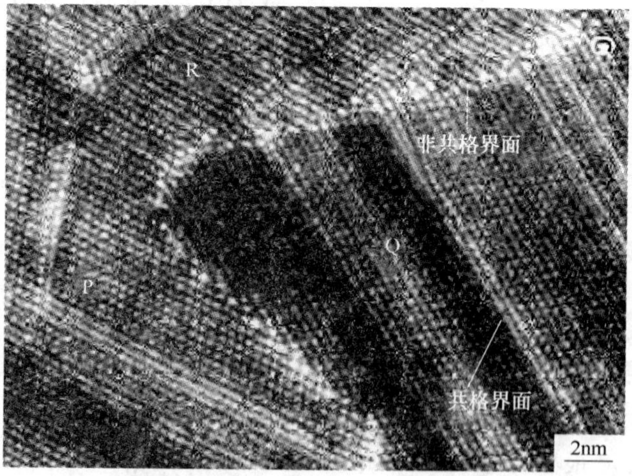

图 8-3　SiC 晶格、晶界高分辨像照片[9]

过冷奥氏体的转变,随着温度的降低,由于原子的扩散越来越困难,转变速度将变慢。但是,当相变不是以扩散方式进行时,即无扩散的非协同热激活跃迁方式进行,相变速度也是很快的。纯铁的块状转变(γ→α)也是无扩散型相变,转变速度也非常快。如果铁原子、碳原子、替换原子均一起协同地热激活位移,则进行马氏体相变,其转变速度极快。

8.4 原子的位移方式与相变机制

钢中发生的各类固态相变都涉及到原子的位移,都是原子以不同方式位移导致晶格改组的结果,因此,原子的位移是相变中最基本的运动过程。过冷奥氏体的转变主要有扩散型相变和无扩散相变,在新相形核长大过程中,原子的运动方式主要有三种:

(1) 扩散型位移,分为长程扩散和短程扩散;界面扩散和体扩散。

(2) 原子无扩散的集体协同位移,通常称为切变型位移。

(3) 界面原子非协同热激活跃迁位移,原子每次移动不超过一个原子间距,跃迁是无规则的,相变结果是成分不改变,也属于无扩散型位移。

钢作为一个整合系统,从整体上认识原子在各个温度区间的运动规律,有利于相变机制的研究。钢中各类相变过程中,碳原子、铁原子和替换原子的位移方式不同。在临界点 A_1 以下的高温区域,原子能够进行扩散,过冷奥氏体析出先共析铁素体,或者发生共析分解反应。这时原子的位移应当以界面扩散为主,体扩散为辅;在 M_s 点以下的低温区,发生马氏体相变时,原子是集体协同的位移。在中温区,原子的位移方式具有过渡性,是扩散式位移向无扩散位移的演化的过渡阶段,不排除原子的扩散。毫无疑问,如碳原子是能够扩散的,也不能排除原子的集体协同位移。此外,本书作者提出原子热激活跃迁位移方式,是贝氏体相变中原子位移的一种主要方式。

按照扩散的定义:**在金属和合金中,原子(分子、离子)在扩散力的作用下,进行定向的无规则运动而导致的传质过程,称为扩散**。那么,马氏体相变中原子的切变运动不是扩散过程,因为新相和母相成分相同,是无扩散型相变;钢中的奥氏体形成和共析分解反应,新相和母相成分不同,是扩散过程;贝氏体相变也属于扩散型相变,碳原子的运动是扩散过程,但是,铁原子和替换原子的迁移则可能存在多种方式,而主要是非协同热激活跃迁位移。

γ-Fe→α-Fe 的块状转变,没有成分变化,是铁原子非协同热激活跃迁的过程,是无扩散的相变过程。

一般认为,在贝氏体铁素体形成过程中,替换原子和溶剂原子(铁原子)不进行长程扩散和再分布。Aaronson 等采用电子探针测定表明,贝氏体铁素体中替换原子含量与相邻的奥氏体中一样。许多作者采用原子探针测定含 Si、Ni、Mn、Cr、

Mo 元素的钢中的贝氏体的成分，表明在贝氏体相变过程中替换原子没有显著的再分配，即不存在铁原子和替换原子的传质过程，因此贝氏体铁素体的形成是无扩散的。

必须注意：贝氏体中的 θ-M_3C(Fe_3C)的形成中，不仅碳原子有传质过程，铁原子也有传质过程。因为形成渗碳体片（或颗粒）所占据的体积区域内的化学成分与原奥氏体的成分是截然不同的，碳含量相差很大，说明在形成 θ-渗碳体的过程中，存在铁原子和碳原子定向的传质过程，成分发生了变化，这种位移当属扩散。

8.4.1　温度对原子位移方式的影响

原子在不同温度下的扩散能力不同，从菲克第一定律可知，扩散通量 J 与浓度梯度成正比，比例系数为扩散系数 D。D 与温度成非线性关系：$D = D_0\exp\left(-\frac{Q}{RT}\right)$。按照此方程可以计算铁原子和碳原子在奥氏体中的扩散系数，表 8－2 中列举了 700～200℃之间碳原子和铁原子的扩散系数。

表 8－2　铁原子和碳原子在 γ-Fe 中的扩散系数

温度/℃	绝对温度 T/K	碳原子在 γ-Fe 中的扩散系数 D/$cm^2 \cdot s^{-1}$	铁原子在 γ-Fe 中的扩散系数 D/$cm^2 \cdot s^{-1}$
700	973	6×10^{-7}	5.7×10^{-14}
600	873	8×10^{-8}	1.2×10^{-15}
500	773	6.8×10^{-9}	1×10^{-17}
400	673	2.8×10^{-10}	1.9×10^{-20}
300	573	3.4×10^{-12}	4.3×10^{-24}
200	473	6.8×10^{-15}	2.6×10^{-29}

从表 8－2 中可见，铁原子和碳原子在奥氏体中的扩散与温度的关系十分敏感，随着温度的降低，扩散系数按照数量级跳跃式地降低，如铁原子在 600～700℃之间（共析分解温度），扩散系数 D 为 10^{-14}～10^{-15} cm^2/s 之间；而当温度降低到中温区（300～400℃）时，扩散系数 D 降低到 10^{-20}～10^{-24} cm^2/s 之间，降低了 6～9 个数量级。如果说在高温区铁原子能够扩散的话，而在中温区则降低了百万倍以上，可以认为失去了扩散能力，难以扩散。

奥氏体被过冷到中温区时，铁原子的位移方式将发生演变，从每次移动一个原子间距向每次移动不超过一个原子间距演变，即过渡到相界面原子非协同热激活跃迁位移。

奥氏体被过冷到低温区时，铁原子和替换原子的位移方式将发生质的变化，即进行集体协同的切变式位移。

8.4.2　奥氏体形成阶段原子的扩散

钢被加热到奥氏体相区，形成奥氏体组织，先共析铁素体和渗碳体将溶入奥氏体中，该阶段属于扩散型相变。碳原子、铁原子、替换原子均能够长程扩散，由于加热温度较高，以体扩散为主，当然，晶界、相界、位错等缺陷也是快速扩散通道。

图 8－4*a* 表明共析钢的片状珠光体组织加热到 845℃时，奥氏体在片状珠光体的渗碳体和铁素体交界面处形核。图 8－4*b* 为奥氏体在高碳铬钢片状珠光体中形核的电子显微镜照片[10]。

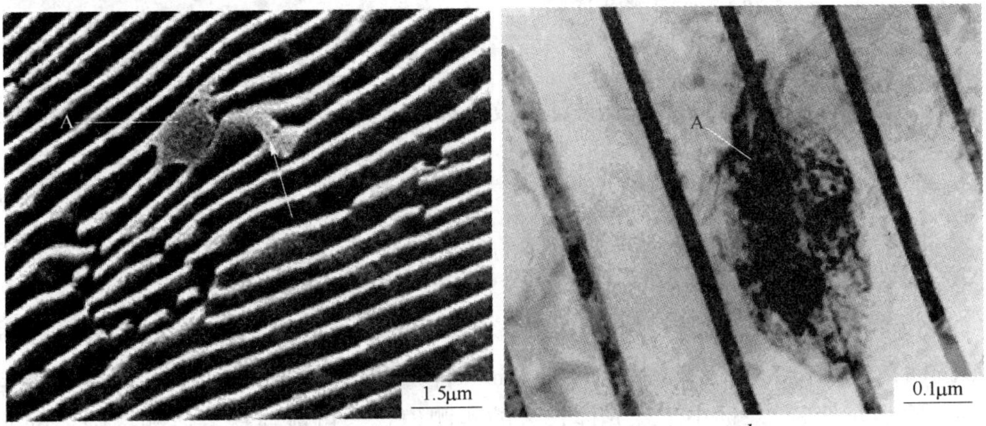

a　　*b*

图 8－4　奥氏体在铁素体、渗碳体界面上形核

a—T8 钢(SEM)；*b*—奥氏体在高碳铬钢片状珠光体中形核(TEM)

8.4.3　过冷奥氏体共析分解反应阶段的扩散

过冷奥氏体共析分解温度在 A_1 至约 500℃范围内，当然，不同化学成分的钢，具有不同的临界点 Ar_1，在此温度范围内，共析分解时原子以什么方式位移，目前尚没有一致的看法，也没有试验数据说明。

理论上指出，当温度在 $0.3 \sim 0.5T_M$（熔点）范围内时，晶界扩散占有重要地位[11]。对于共析钢来说，$0.3 \sim 0.5T_M$ 相当于 260～610℃，即在此温度范围内原子以界面扩散方式进行。沿着金属的界面、位错的扩散，是扩散的快速通道，或称短程扩散，因为这些部位的扩散激活能远较点阵中要小，其扩散系数也要比点阵内部的大得多，如在 T_M 处约高 10^3 倍，而在 $0.5T_M$ 以下要高 10^6 倍。原子沿着晶界、位错线的快速扩散具有重要意义，对于珠光体的形核以及晶核长大具有重要的影响。

近年来的研究认为，共析分解转变为珠光体组织以界面扩散为主，碳原子、铁原子、替换原子均能够以界面扩散的方式进行长程扩散，实现扩散型相变[8]。

晶界扩散机制与晶界的结构有直接的关系。对于小角度晶界，扩散原子是沿着晶界中的位错通道迁移的。对于大角度晶界扩散机制较为复杂。通过晶界扩散激活能的计算和晶界扩散的同位素扩散试验，肯定了晶界扩散也是以空位机制进行的。

按照扩散无规行走理论，扩散系数取决于粒子的跳跃频率和每一次跳跃的距离。如下：

$$D = \frac{1}{6}\alpha^2 \Gamma$$

式中　Γ——原子每秒平均跳跃次数；

　　α——一次跳跃的距离。

对于体心立方晶体中，原子的自扩散系数 $D_{bcc} = \frac{1}{8}a^2\Gamma$；对于面心立方晶体中，原子的自扩散系数 $D_{fcc} = \frac{1}{12}a^2\Gamma$，其中 a 为晶格常数。

原子从一个平衡位置跳跃到相邻的另一个平衡位置，跳跃距离为一个原子间距。

共析碳钢中珠光体的实测长大速度很快，约为 50 μm/s。而按体扩散计算所得的铁素体片长大速度很慢，为 0.16 μm/s，渗碳体片为 0.064 μm/s。两者相差 2 ~3 个数量级，看来远小于珠光体长大的实测值。这可能与铁素体和渗碳体的非线性相互协同作用有关，与界面扩散有关。因此，有人认为珠光体长大主要是通过界面扩散进行的[2]。

8.4.4　贝氏体相变阶段原子的位移

贝氏体相变阶段原子的位移方式较为复杂，可能存在界面扩散、非协同热激活跃迁、切变等多种位移方式，表现出过渡性质。界面扩散主要是指碳原子的长程扩散。在贝氏体铁素体形核长大过程中，铁原子、替换原子的位移方式主要是原子热激活跃迁，相变速度也较快，并且要受碳原子扩散控制。因此，贝氏体相变速度介于共析分解反应和马氏体相变之间。贝氏体碳化物的形成，需要碳原子的长程扩散，也需要铁原子和替换原子的迁移。

有些钢的贝氏体相变温度在 600℃ 附近进行，温度较高，这时铁原子和替换原子的界面扩散是可能的。

某些高碳钢、高合金钢的贝氏体相变，其下贝氏体相变发生在温度较低的 M_s 附近，这时，铁原子、替换原子难以扩散。此时，不排除以切变方式形成贝氏体铁素体亚单元(BF)的可能性。

各合金元素的原子在中温区的扩散能力并不相同，各合金元素在 α 相中开始显著扩散的温度为：硅高于300℃，锰高于350℃，铬高于400～500℃，钼高于500℃，钨和钒在500～550℃[12]。贝氏体转变后，碳原子在过冷奥氏体中的分布是不均匀的，在贝氏体铁素体片附近或者铁素体片之间，碳处于过饱和状态。测定结果表明，残留奥氏体中的碳含量比平均值高。例如，高硅钢的上贝氏体转变后，室温下，残留奥氏体的碳含量约为1.7%。Klier等研究发现，贝氏体相变过程中，相邻的奥氏体中发生碳的富集[13]。Cameron发现[14]，在碳含量为0.41%的合金发生贝氏体转变后，残留奥氏体中的碳含量为1.2%，显著高于基体中的碳含量，说明贝氏体相变过程中存在碳原子的长程扩散。

贝氏体碳化物形成过程中需要碳原子、铁原子的迁移，因为渗碳体的化学成分与过冷奥氏体的成分不同，而且相差很大，铁原子必须经历传质过程，才能完成渗碳体的晶格改组，这种铁原子的传质过程也属于扩散过程，因为成分发生了变化。但是，铁原子的位移方式却是相界面原子的非协同热激活跃迁，而不是长程扩散。

贝氏体碳化物（用BC表示）包括θ-Fe_3C和ε-$Fe_{2.4}C$两种类型，其碳含量分别为6.67%C和7.9%C。显然，在碳化物形成时，碳原子必须向碳化物形核的区域富集，在碳化物形核长大过程中，碳原子需长程扩散。同时，在碳化物形核的区域，碳原子富集了，铁原子含量必然相对减少。铁原子也需要位移，铁原子离开渗碳体占据的区域，进入贝氏体铁素体中，也是个微观范围内的传质过程，应当属于扩散过程。然而，铁原子和替换原子在中温区扩散较慢，因此，渗碳体形核长大需要较长时间孕育期。如Bhadeshia[15]在Fe-0.3%C-4.08%Cr合金的贝氏体相变时，在435℃等温30 min以上，才能析出渗碳体。在多元合金的低碳钢中，甚至长时间等温，也不析出渗碳体，如Fe-0.06%C-1.84%Mn-2.48%Ni-0.2%Mo合金钢，将过冷奥氏体在460℃等温，贝氏体铁素体析出后很长时间，也没有发现θ-Fe_3C的形成，只能获得贝氏体铁素体+残留奥氏体的整合组织，即无碳化物贝氏体。从T11钢的动力学TTT图中可见，过冷奥氏体在200℃等温1 h以上才开始形成下贝氏体。

8.4.5 马氏体相变阶段

目前普遍认为，在马氏体相变阶段，原子无需扩散即可完成马氏体相变，原子以切变方式集体协同位移，每次原子的位移距离小于一个原子间距，因此转变速度极快。本章不再赘述。

在本书第10章中，将详细阐述表面浮凸现象及其形成机理，指出表面浮凸是过冷奥氏体转变产物的普遍现象，并非马氏体相变所独有，因此马氏体相变的切变机制缺乏试验依据。马氏体相变过程中，原子是以集体的、有组织的位移方式进行的，是更为复杂的位移方式，绝非简单的机械式的切变位移，因此所有的切变模型均与实际不完全符合。

8.4.6　碳原子的长程扩散

从高温区到低温区,碳原子均能够进行长程扩散。在共析分解反应和贝氏体相变过程中,碳原子均能够长程扩散,仅仅是随着温度的降低,扩散速度变慢而已。

在珠光体形成的过程中,碳原子迅速地进行长程扩散。碳原子的扩散系数是温度的函数,温度越高,扩散速度越快。Mehl 和 Wells 确定碳原子在奥氏体中的扩散系数为[16,17]:

$$D_{\mathrm{C}}^{\gamma\text{-Fe}} = (0.06 + 0.07w(\mathrm{C}))\exp\left(-\frac{32000}{RT}\right) \tag{8-22}$$

碳原子在 α-Fe 中的扩散系数为:

$$D_{\mathrm{C}}^{\alpha\text{-Fe}} = 0.02\exp\left(-\frac{19200}{RT}\right) \tag{8-23}$$

碳原子在 γ-Fe 中的扩散激活能约为 133.978 kJ/mol(32 kcal/mol);而在 α-Fe 中的扩散激活能约为 83.736 kJ/mol(20 kcal/mol)。由此可见,如果转变温度相同,碳原子在 α-Fe 中的扩散系数将远远小于在 γ-Fe 中的扩散系数,即 $D_{\mathrm{C}}^{\alpha\text{-Fe}} \ll D_{\mathrm{C}}^{\gamma\text{-Fe}}$,主要原因是体心立方晶格较面心立方晶格的致密度小,面心立方晶格中的间隙大,碳原子容易迁移的缘故。

碳原子的扩散方向是复杂的,有时下坡扩散,有时上坡扩散,受浓度梯度、化学势梯度、应力梯度等因素的综合影响。渗碳体的形成需要碳原子的上坡扩散;特殊碳化物的形成,如 VC、Cr_7C_3 等碳化物中含有高浓度的合金元素,在形成过程中存在合金元素的上坡扩散,如高碳钢的球化退火,得到粗大的粒状珠光体组织,其中的碳化物颗粒,是通过碳原子和合金元素原子的上坡扩散而聚集粗化的。

在贝氏体相变中,奥氏体转变为无碳化物贝氏体、羽毛状贝氏体、粒状贝氏体、准贝氏体等组织均说明碳原子进行了长程扩散。在这些组织中,条片状的贝氏体铁素体中碳含量较低,有一些过饱和;而残留奥氏体中的碳含量是很高的,如 Cameron 发现[14],在碳含量为 0.41% 钢转变为贝氏体后,残留奥氏体的碳含量达到 1.2%,这说明碳原子离开铁素体向奥氏体中富集。

贝氏体相变的形核是单相,即形成贝氏体铁素体(BF)。BF 在奥氏体的贫碳区中形核,其周围区域富碳,碳原子不断扩散离去,进入奥氏体中,BF 晶核长大,受碳原子扩散控制。富碳的奥氏体中碳含量不断增加。这种奥氏体如果不能析出碳化物而残留下来,则形成无碳贝氏体或"准贝氏体";若析出渗碳体,则形成羽毛状贝氏体(BF + θ-Fe_3C)。这些事实说明,碳原子在贝氏体相变过程中发生了长程扩散。

8.4.7　体扩散和晶界扩散

当温度在 $0.3 \sim 0.5T_{\mathrm{M}}$(熔点)范围内时,晶界扩散占有重要地位,依此,对于钢来说,在 270 ~630℃之间,主要进行界面扩散。过冷奥氏体在一定过冷度(ΔT)下共析分解,即在 Ar_1 温度形成珠光体,主要依靠界面扩散进行相变,当然也会发生某种程度的体扩散。

沿着界面、位错等缺陷进行扩散,是扩散的快速通道,因为这些部位的扩散激活能远较点阵中小,其扩散系数也要比点阵内部的大得多。在 T_M 处约高 10^3 倍,而在 $0.5T_M$ 以下要高 10^6 倍以上。奥氏体晶界的自扩散系数远远大于晶内的自扩散系数,其表达式为[16,18]:

$$D_{晶界}^{\gamma\text{-Fe}} = 2.3\exp\left(-\frac{30600}{RT}\right) \tag{8-24}$$

$$D_{晶内}^{\gamma\text{-Fe}} = 0.16\times10^{-6}\exp\left(-\frac{64000}{RT}\right) \tag{8-25}$$

将两式比较,显然晶界自扩散系数为晶内的 10^7 倍。

晶界扩散机制与晶界的结构有直接的关系。对于小角度晶界,扩散原子是沿着晶界中的位错通道迁移的。对于大角度晶界扩散是以空位机制进行的。

原子沿着晶界、位错线的快速扩散具有重要意义,对于形核以及晶核长大具有重要的影响。试验表明,铁素体－珠光体相变往往在晶界形核,并且沿着晶界迅速长大。如图 8－5 所示,该图是 20CrMo 钢 950℃奥氏体化后,在 650℃等温 3 s,即等温到 TTT 图的先共析铁素体析出线附近,然后淬火,试样在扫描电子显微镜下观察,发现先共析铁素体沿着原奥氏体晶界析出并且长大。照片中的其他部分为没有转变的奥氏体在淬火过程中转变为板条状马氏体组织。

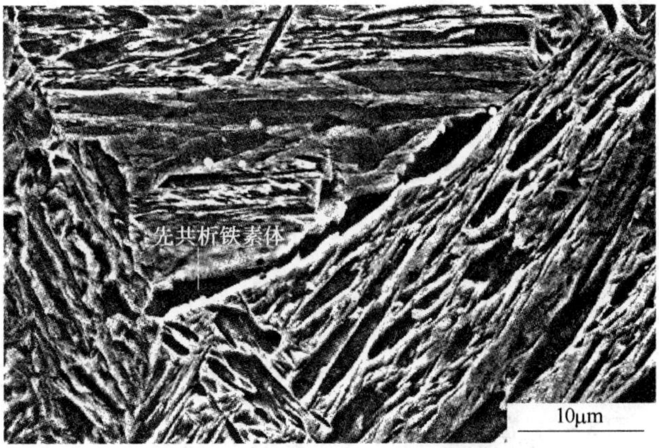

图 8－5　先共析铁素体沿着原奥氏体晶界析出(SEM)

珠光体长大可能是以界面扩散和体扩散方式进行的,以界面扩散为主。转变温度越低,越趋于界面扩散。

8.4.8　合金元素对碳原子扩散的影响

在合金钢中，过冷奥氏体共析分解时，合金元素对转变产生明显的影响，其中合金元素对碳原子在奥氏体中扩散的影响是原因之一。碳化物形成元素与碳原子之间有较强的亲和力，增加碳的扩散激活能，降低其扩散系数。如图 8－6、图 8－7 所示。

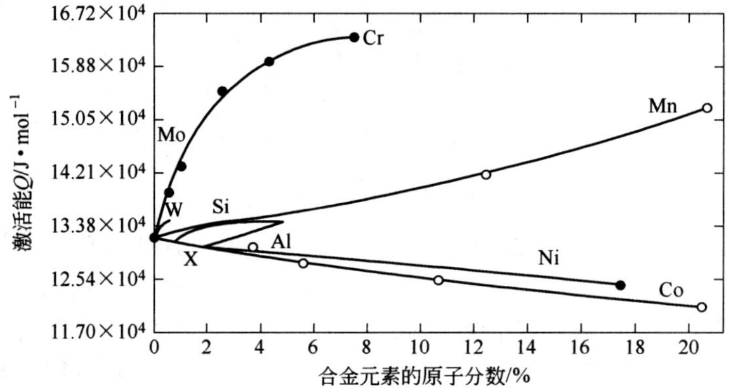

图 8－6　合金元素对碳在奥氏体中扩散激活能的影响[19]

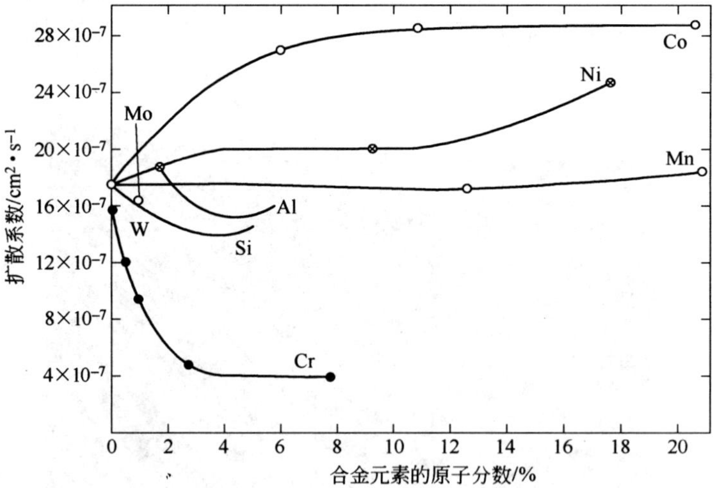

图 8－7　合金元素对碳在奥氏体中扩散系数的影响[19]

显然：

（1）碳化物形成元素，如 Cr、Mo、W 等，增加碳原子在奥氏体中的扩散激活能，而降低扩散系数，这是由于 Cr、Mo、W 等过渡族元素与碳原子有较强的亲和力，阻碍碳原子的扩散。

(2) 非碳化物形成元素，如 Ni、Co 等，降低碳原子在奥氏体中的扩散激活能，而增大扩散系数。但是，Si、Al 也是非碳化物形成元素，却降低扩散系数。

(3) Mn 是弱碳化物形成元素，在含量较低时(3%以下)，对于扩散激活能和扩散系数均没有显著的影响；当含量高时，会逐渐提高扩散激活能，但对扩散系数仍然没有明显的影响。

8.4.9 合金元素的扩散

替换原子在奥氏体共析分解时，也发生扩散，不过扩散速度很小，而且不同元素扩散速度也不相同。Блантер[19]研究了各种合金元素的扩散激活能和扩散系数，如表 8－3 所示。可见，合金元素在 γ-Fe 中的扩散激活能较大，因此，在 γ-Fe 中的扩散系数较小，即在铁素体中容易扩散。同时，比较碳原子的扩散系数，可知，合金元素的扩散速度比碳原子要小得多。在共析分解时，虽然碳原子在奥氏体中能够迅速长程扩散，但是合金元素原子扩散太慢，则将延迟珠光体转变。所以，从 TTT 图上可见，某些合金钢的珠光体转变 C 曲线被合金元素右移，是原因之一。

表 8－3 各种合金元素在 γ-Fe 和 α-Fe 中的扩散激活能、扩散常数[19]

合金元素	扩散激活能 $Q/J \cdot mol^{-1}$		扩散常数 $D_0/cm^2 \cdot s^{-1}$	
	在 γ-Fe 中	在 α-Fe 中	在 γ-Fe 中	在 α-Fe 中
Mo	24.66×10^4	24.12×10^4	0.068	3467
Cr	40.55×10^4	34.28×10^4	1.8×10^4	3×10^4
Co	43.47×10^4	22.57×10^4	1.2×10^5	0.4
W	37.62×10^4	29.26×10^4	10^3	380
Ni	28.22×10^4		$0.344+0.12w(\text{Ni})$	
Mn	27.76×10^4		$0.486+0.011w(\text{Mn})$	
Si		20.06×10^4		0.44

8.4.10 铁原子的自扩散

在铁碳二元合金中，共析分解形成珠光体，只有铁素体 + Fe_3C 两相。相变时需要铁原子自扩散。奥氏体中铁原子的自扩散系数为[20]：

$$D^{\gamma\text{-Fe}}=10^{-x(\text{C})}\exp\left(-\frac{69000-7000x(\text{C})}{RT}\right) \tag{8-26}$$

其中，$x(\text{C})$表示碳的原子分数，$10^{-x(\text{C})}$项相当于扩散常数 D_0。此式说明碳原子影响铁原子的自扩散，当碳含量增加时，奥氏体中的铁原子自扩散系数增大，即扩散速度加快。从铁碳合金过共析钢的 TTT 图分析，随着碳含量的增加，过冷奥氏体转变为珠光体的速度反而加快。

在铁素体中，铁原子的自扩散系数为[16,21]：

$$D^{\alpha\text{-Ee}} = 5.3 \times 10^2 \exp\left(-\frac{67100}{RT}\right) \quad (8-27)$$

比较上述两式，可见，铁原子在铁素体中的扩散系数较大，$D^{\alpha\text{-Ee}}$大于$D^{\gamma\text{-Fe}}$，即铁原子在铁素体中的自扩散速度快，其原因是铁素体晶格中原子的致密度不如奥氏体的大。

8.4.11 原子的位移与相变机制的关系

过冷奥氏体从珠光体转变到贝氏体相变，再到马氏体相变，是一个逐渐演化的过程，存在一个转变贯序。在各种相变过程中，原子的位移方式不同是导致各类相变机制不同的根本原因。

首先，在较高的温度区间，过冷奥氏体发生共析分解，转变为珠光体组织，这是原子能够进行长程扩散的相变。碳原子、铁原子、替换原子等均能够长程扩散，以界面扩散和体扩散完成共析共生的晶格改组[21]。原子每次移动距离为一个原子间距。

其次，在中温区，即在 B_s 点以下，碳原子可以长程扩散，但是铁原子和替换原子逐渐难以扩散，直至不能扩散。此时，为了完成过冷奥氏体转变为自由焓更低的贝氏体组织，原子在化学势驱动力作用下，界面处的铁原子和替换原子以非协同的热激活跃迁方式，从母相转入新相中，实现晶格改组，从而形成贝氏体组织[22~24]。原子每次移动距离小于一个原子间距，但每个原子的移动矢量不一。

第三，在低温区，即在马氏体点以下，相变驱动力较大，碳原子、铁原子均以无扩散方式位移，实现无需扩散的马氏体相变。所有原子集体的、有组织的位移，但这种位移不是简单的、机械式的切变过程。原子集体有组织的位移并不完全是切变位移。马氏体相变过程中原子的位移是更为复杂的移动方式，至今并未真正搞清楚。

自 20 世纪 30 年代开始，有些学者依据马氏体与奥氏体的位向关系设计了一系列切变模型，均与实际不完全符合。其实位向关系只反映母相和新相之间的点阵对应关系，只要存在某种对应关系，则母相和新相之间必然存在一定的晶体学位向关系。但是这种对应关系通常是宏观的，它不反映母相和新相之间的界面上的真实结构和演化过程。仅靠位向关系通常不能完全反映相变的微观机制。

被学术界推崇的表象学说[25]，以矩阵式（$F = RBS$）描述马氏体相变，其中 F 是表面浮凸，S 为简单切变，这两项是按切变机制计算的。

在第 10 章中将要叙及，在珠光体、贝氏体、魏氏体组织、马氏体等转变中均已经发现表面浮凸现象，表面浮凸并非马氏体相变的特征，浮凸主要是由于各相质量体积不同,表面膨胀不均匀造成的,因此切变机制缺乏试验依据[26,27],这可能是表象学说的计算结果均与钢中马氏体相变不符的根本原因。虽然对 Au-Cd 合金等的惯习面和孪晶计算相符,但仅仅为个案,不具普遍性。

切变机制已提出 70 余年,尚不成熟,在近 20 多年来也没有新的进展,停滞不前。摆在面前的任务是:要么继续深化切变机制,使其与实际相吻合,成为成熟的理论;要么另辟蹊径,修改切变机制或提出新的相变机制。

参 考 文 献

[1] 戚正风. 固态金属中的扩散与相变[M]. 北京:机械工业出版社,1998,1 ~ 120.

[2] 余永宁. 金属学原理[M]. 北京:冶金工业出版社,2000,168 ~ 228.

[3] 曹明盛. 物理冶金基础[M]. 北京:冶金工业出版社,1985,303 ~ 310.

[4] 赵品. 材料科学基础[M]. 哈尔滨:哈尔滨工业大学出版社,1999,158 ~ 168.

[5] 肖纪美. 合金相与相变[M]. 北京:冶金工业出版社,2004,90 ~ 118.

[6] R. W. 卡恩. 物理金属学[M]. 北京:科学出版社,1985,440 ~ 450.

[7] Smith R P. Acta Met,1953(1).

[8] 刘宗昌等. 材料组织结构转变原理[M]. 北京:冶金工业出版社,2006.

[9] [日]进藤大辅,平贺贤二. 材料评价的高分辨电子显微方法[M]. 北京:冶金工业出版社,2002.

[10] Nakai K,Ohmori Y. Pearlite to Austenite Transformation in an Fe-2. 6Cr-1C alloy[J]. Acta Materialia,1999,47(9):2619 ~ 2632.

[11] 〔美国〕A. G. 盖伊. J. J. 赫伦. 物理冶金学原理[M]. 徐纪楠主译. 北京:机械工业出版社,1984.

[12] 章守华. 合金钢[M]. 北京:冶金工业出版社,1981.

[13] 方鸿生等. 贝氏体相变[M]. 北京:科学出版社,1999.

[14] Cameron J A. JIAI,1956,194:267 ~ 269.

[15] Bhadeshia H K D H. Bainite in Steels,1992:37.

[16] 康沫狂,杨思品. 钢中贝氏体[M]. 上海:上海科学技术出版社,1990.

[17] Wells C,Mehl R F. Metals Techanology,August,1940,1180.

[18] Бокштегнйн. С. З;идр:Мптом,21957,2.

[19] Блантер. М. Е.: Фаэовые Певрщения При Термической обработке Сталми, Металлургиздат,1962,1 ~ 129.

[20] Wagner C Z. Elektrochemic,1961,65:581.

[21] 刘宗昌,任慧平. 过冷奥氏体扩散型相变[M]. 北京:科学出版社,2007.

[22] 刘宗昌,王海燕,李文学,任慧平. 贝氏体碳化物形成机理[J]. 热处理技术与装备,2007,28(4):19 ~ 23.

[23] 刘宗昌,王海燕,任慧平. 贝氏体铁素体形核机理求索[J]. 材料热处理学报,2007,28(1):53 ~ 58.

[24] 刘宗昌,王海燕,任慧平,李文学,王玉峰. 贝氏体铁素体形核长大的热激活迁移机制[J].

金属热处理,2007,32(11):1 ~5.

[25]　徐祖耀. 马氏体相变与马氏体[M]. 北京:科学出版社,1999.

[26]　刘宗昌,段宝玉,王海燕,任慧平. 珠光体表面浮凸的形貌及成因[J]. 金属热处理,2009,34(1):24 ~28.

[27]　段宝玉,刘宗昌,任慧平,王海燕,计云萍. T8 钢中珠光体表面浮凸观察[J]. 内蒙古科技大学学报,2008,27(2):108 ~114.

9 贝氏体相变机制

9.1 概　　述

在钢中和有色金属中都存在贝氏体相变。对其相变机制已经进行了大量的研究工作，但是观点尚待统一。近年来持扩散观点的学者和持切变观点的学者仍有些争论。学者们对贝氏体相变的形核机制提出了台阶扩散机制和切变机制两种不同的学说，各有成绩和缺陷。学说经过实践检验和理论验证，不断完善才能发展为理论❶。

9.1.1 贝氏体相变的切变学说

贝氏体相变的切变观点最早是由 Zener 提出的[1]。柯俊和 Cottrol 等人在抛光的试样表面观察到表面浮凸现象，认为与马氏体表面浮凸类似，为不变平面应变类型，将此作为贝氏体相变切变机制的重要依据，开拓性地提出了贝氏体相变切变学说。此后该观点被 Hehemann 和 Bhadeshia 所接受，发展成为系统的切变学说。我国学者康沫狂等支持这种学说，并且做了大量研究工作。

Hehemann 等 1961 年提出的切变机制的核心内容是：在贝氏体相变时，首先形成过饱和的铁素体，铁原子和替换原子不发生扩散，贝氏体铁素体以马氏体相变方式形核长大。铁素体长大速度高于碳原子的扩散速度，导致碳原子在铁素体中过饱和，随后，碳原子析出，形成碳化物。从过饱和铁素体中析出碳化物，形成下贝氏体。碳原子扩散进入奥氏体中，再从奥氏体中析出碳化物，形成上贝氏体。

Bhadeshia 提出一个贝氏体相变模型[2]，他们研究表明，相变前沿没有合金元素原子的再分配。对于贝氏体相变温度区间合金元素原子的扩散能力的计算结果表明，合金元素的扩散几乎可以忽略，认为是由碳原子扩散导致贝氏体铁素体形核和单独贝氏体条片的切变长大[3]。首先铁素体亚单元在奥氏体晶界形核，然后向奥氏体晶内切变长大，当切变造成的畸变足够大时，贝氏体长大停止。随后在已形成的亚单元尖端形成新的亚单元，重复这一过程，则形成一个铁素体片条。碳化物析出在亚单元之间。

---

❶ 科学技术哲学指出：假说或学说经过理论检验和实践检验，达到与客观实际一致，假说就向理论过渡，转化为理论。

持切变学说的学者研究指出，在贝氏体相变孕育期内，碳原子扩散向晶体缺陷处聚集，从而在奥氏体中形成贫碳区和富碳区。贫碳区为贝氏体切变形核提供场所，贝氏体在贫碳区形核。

康沫狂等证明了贝氏体铁素体条片中含有过饱和的碳原子[4]，认为切变形核长大的贝氏体铁素体亚单元构成了条片状贝氏体铁素体。

9.1.2　贝氏体相变的台阶－扩散学说

20 世纪 60 年代末，美国冶金学家 H. I. Aaronson 及其合作者提出贝氏体台阶－扩散机制[5]。其核心内容是：贝氏体是过冷奥氏体的非层片状共析分解的产物。在贝氏体相变过程中，存在碳原子、铁原子和替换原子的扩散过程。贝氏体铁素体是通过台阶的激发形核－台阶长大机制进行的，长大过程受碳原子扩散控制。台阶的台面是共格或者半共格的，而阶面是非共格的。贝氏体碳化物在奥氏体－铁素体晶界形核并且向奥氏体内部长大。

徐祖耀、方鸿生等学者支持扩散学说，并且做了大量试验和理论工作，取得显著成绩。

台阶扩散学说经历了台阶机制、台阶扭折机制和激发台阶机制三个阶段的发展。按照台阶扩散学说，贝氏体铁素体的形核长大过程受扩散控制，在铁素体片宽面上存在生长台阶。由于台阶阶面前沿的碳富集程度高，根据非均匀形核理论，碳化物易于在阶面和台面的交角处形核。

9.1.3　扩散－切变复合观点

持扩散－切变复合观点的李承基等人提出的扩散－切变复合长大模型[6]，预见了块状铁素体→贝氏体→位错马氏体→孪晶马氏体等转变产物随温度降低而出现的转变顺序，说明了相变机制随着温度的降低而转化，即从扩散→切变的转化，由位错攀移→位错滑移→孪生的转化。这是一个不断过渡、不断演化的过程，是一个从量变到质变的过程。还有的学者提出了扩散－切变耦合机制，或扩散－切变复合机制，认为贝氏体相变是扩散－切变的耦合过程[7,8]。

9.1.4　切变扩散整合机制——非协同热激活跃迁机制

虽然切变学说和扩散学说都有一定的成绩和优点，但也各自存在不足，均与实际不相符。

本书作者研究指出：贝氏体相变具有“切变－扩散整合机制”[9~11]。贝氏体相变是中温区的相变，是珠光体相变和马氏体相变之间的过渡性相变，这种机制不是扩散机制和切变机制的简单相加，不是混合，也不是耦合，而是系统的自组织功能作用下的整合，是过冷奥氏体复杂系统整体上的有机结合（integrate in a systematic way)的转变方式。

在贝氏体相变过程中,碳原子的界面扩散和体扩散都是可能的位移方式。而铁原子和替换原子的位移,可依相变的具体温度不同而采用不同的方式。低碳甚至超低碳的奥氏体贫碳区转变为贝氏体铁素体亚单元(BF),是成分不变的形核过程,通过相界面处原子非协同热激活跃迁实现位移。

上已叙及,切变机制和台阶扩散机制都有不足,且双方争论30多年不见端倪,此事本身就说明各自的学说存在缺陷。综合并发展两种学说的优点,摒弃不足,实现理论的整合是终极目标,也是本书要阐述的问题。

9.2 超低碳钢的贝氏体相变

碳含量为0.08%~0.25%的钢是低碳钢,而0.03%~0.08%的钢则为超低碳钢。超低碳贝氏体钢是一类高强度、高韧性、多用途的新型钢种。由于其碳含量极低,因而彻底消除了碳对贝氏体韧性的不利影响。奥氏体在激冷或控轧控冷后可获得极为细小贝氏体组织,具有高密度位错和精细亚结构,因而具有高的强韧性,然而对于这种超低碳贝氏体的组织结构及其形成机理尚缺乏研究。

本节从分析超低碳贝氏体的组织结构开始,阐述了这种贝氏体的形成机理,为贝氏体铁素体的形核长大机制奠定了基础。

9.2.1 超低碳贝氏体的制备

采用纯铁、超低碳稀土钢、X65等钢研究块状转变和贝氏体相变。实验用钢的化学成分如表9-1所示。

表9-1 钢材的化学成分(质量分数,%)

试验用钢	C	Si	Mn	P	S	La	Cu	Nb
纯 铁	0.013	0.01	0.02	0.004	0.004	0		
超低碳稀土钢	0.010	0.04	0.058	0.008	0.004	0.041		
	0.011	0.03	0.061	0.009	0.003	0.029		
X65管线钢	0.065	0.25	1.55	0.014	0.003	0.045V	0.012Ti	0.045

钢材由真空感应炉冶炼,将铸锭锻成直径为20 mm的坯料。用DK77型电火花切割机床切取不同尺寸的试样。3 mm厚度的试样加热奥氏体化后,以冰盐水激冷,其他试样应用Gleeble-1500D热模拟试验机控制冷却速度测定CCT曲线,并且观察热模拟后试样的组织形貌。应用QUNTA-400环扫电子显微镜、JEM-2010透

射电子显微镜观察组织结构。

9.2.2　块状相变的组织形貌

在第3章已经阐述了块状相变。γ-Fe在0～55000℃/s的冷速之间,发生三种转变:(1)当冷速小于5000℃/s时,得到等轴状铁素体组织;(2)超过5000℃/s,直到30000℃/s,相变点稳定在740℃,发生块状相变;(3)当冷速超过35000℃/s以后,相变点在700℃左右,发生马氏体相变[12]。

将0.013%C的纯铁和含0.029%La、0.041%La的稀土钢试样(厚度3 mm)加热到1100℃,保温后空冷,得到如图9-1所示的组织。当保温后在冰盐水中激冷时,则得到图9-2的组织。从图9-1可见纯铁的正火组织为等轴状铁素体,是长程扩散的较为平衡的γ→α的多型性转变的结果,晶界较平滑且规则。正火过程中,含镧的稀土钢组织转变方式不同,发生了块状相变,形成了块状铁素体,晶界很不规则。铁素体晶粒形状不同,有块状、条片状,粗细不等,显然是镧的影响所致。从图9-2可见,纯铁、含0.041%La的稀土钢在冰盐水中冷却后均得到块状组织。可见,等轴状铁素体在增大冷却速度的情况下演化成条片状。此外加入稀土元素镧后显然促进了块状转变,促进了条片状铁素体的形成。块状或条片状形貌均为块状转变产物。从图9-2中可见从块状形貌到条片状的演化。

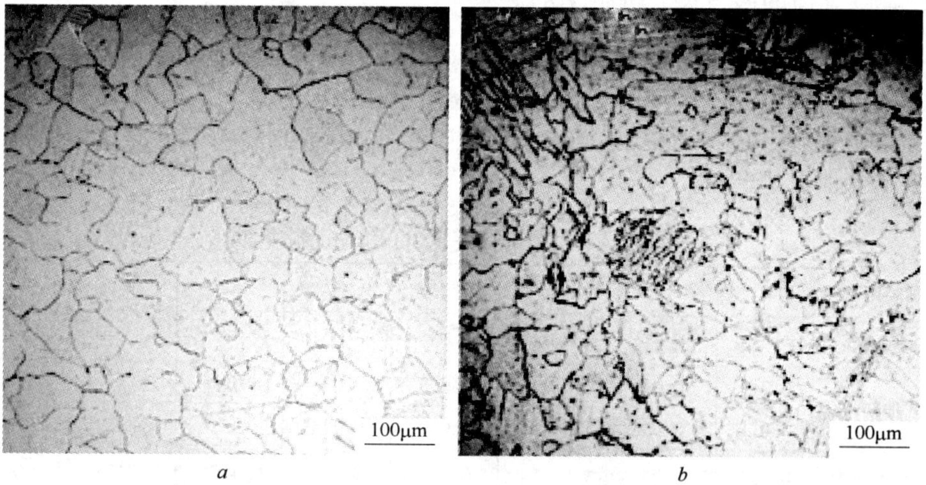

图9-1　纯铁等轴状铁素体(*a*)和含有0.041%La的稀土钢的块状组织(*b*)(LOM)

条片状的块状铁素体组织与钢中的无碳化物贝氏体铁素体片条(BF)形貌相似,而且均为体心立方晶格,因此这种块状相变与钢中贝氏体相变具有亲缘关系[12~13]。

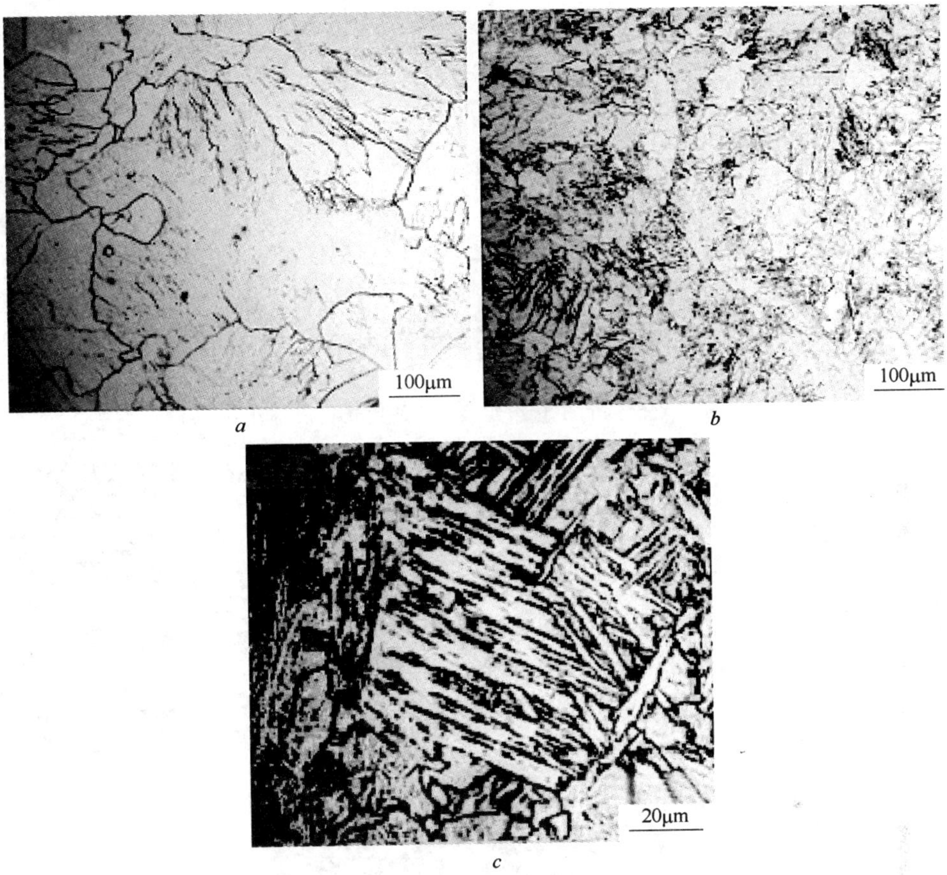

图 9－2　纯铁(a)、含 0.041% La 的稀土钢(b,c)的块状组织(冰盐水中冷却)(LOM)

9.2.3　超低碳贝氏体的组织形貌和亚结构

将 X65 管线钢试样于 1000℃加热，以 25℃/s 冷却得到块状组织，如图 9－3a 所示。可见，以不规则界面的块状铁素体为主，但中间也存在条片状的铁素体。加热到 1080℃，冷却到 980℃变形 25%，然后水冷，由于冷却速度较快，得到完全的条片状贝氏体组织，属于超低碳贝氏体，如图 9－3b 所示。可见，增大冷却速度，组织由块状形貌向条片状形貌演化。

图 9－4 为含 1.4%～1.6% Mn，Nb、Cu、Ni、Mo、B 元素总量为 0.8%～1.2% 的超低碳贝氏体钢的组织。可见随着冷却速度的增大，转变温度由 600℃降低到 450℃，组织形貌由块状演化为条片状贝氏体。也可以清楚地看到，随着冷却速度的增加，转变温度随之降低，组织形貌由块状铁素体晶粒演化为条片状贝氏体铁素体。

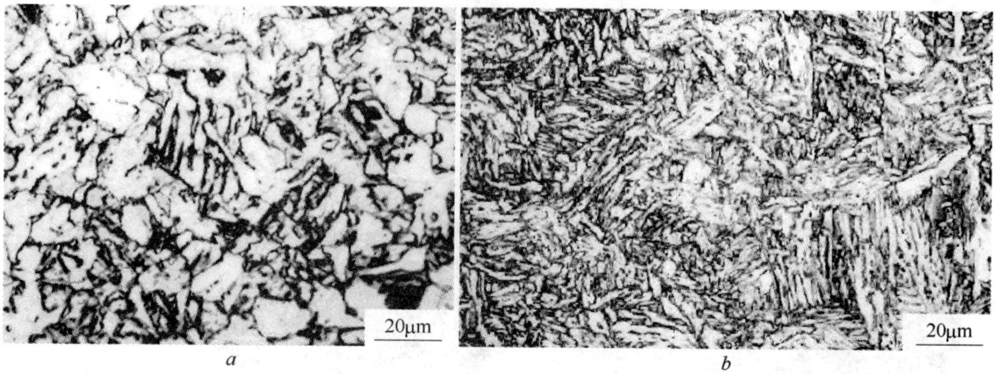

图 9-3　X65 钢的块状组织(*a*)及条片状贝氏体组织(*b*)

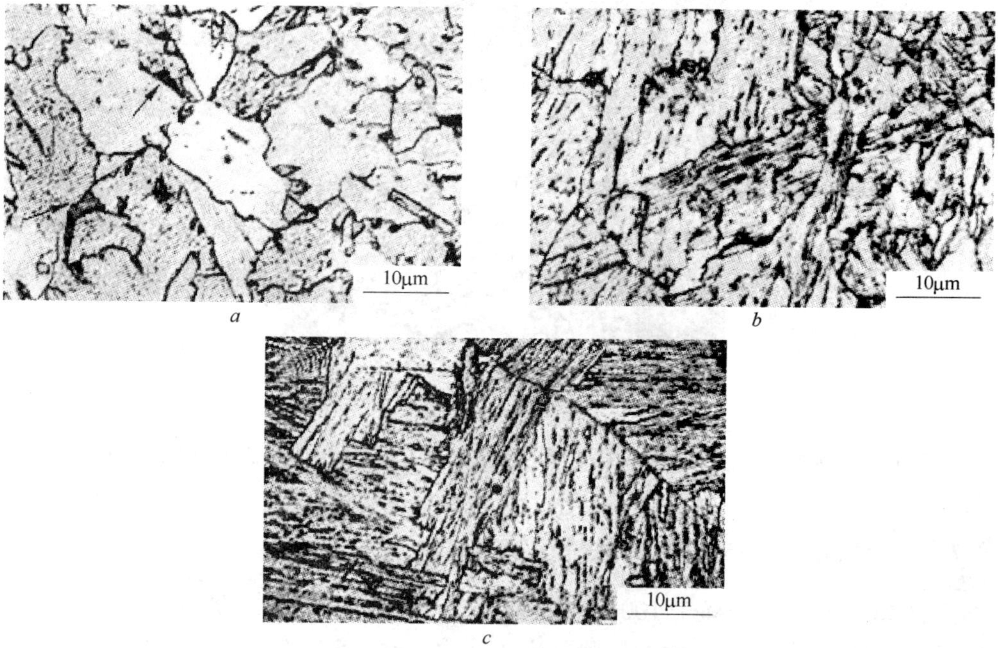

图 9-4　1.4% ~1.6% Mn、Nb、Cu、Ni、Mo、B 元素总量为 0.8% ~1.2%
的超低碳贝氏体组织[14](LOM)

a—冷却速度为 0.5℃/s；*b*—冷却速度为 10℃/s；*c*—冷却速度为 30℃/s

应用 JEM-2010 电子显微镜观察含 0.029% La 的超低碳贝氏体的片条时发现，贝氏体片条由亚单元组成，如图 9-5*a* 所示。将含有 0.05% C、1.5% Mn、0.25% Mo 及 Nb、Cu、B 微量元素的超低碳贝氏体钢奥氏体化后淬水，电子显微镜观察时发现铁素体亚单元中存在较高密度的位错亚结构[14]，如图 9-5*b* 所示。一般认为，贝氏体铁素体中位错密度较高，约为 $10^9 \sim 10^{10} cm^{-2}$。

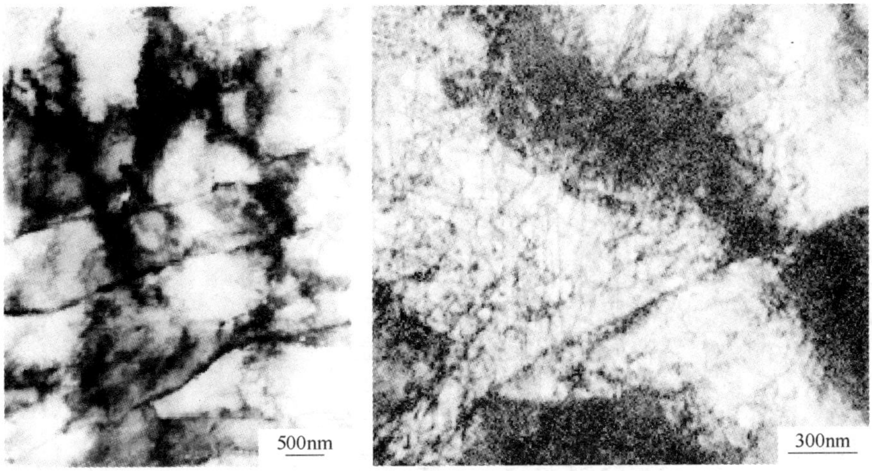

a　　b

图9－5　含有0.029% La的稀土钢条片状贝氏体中的亚单元和位错(*a*)
及超低碳贝氏体中的高密度位错(*b*)(TEM)

9.2.4　超低碳贝氏体组织形成机理

贝氏体的转变机理已经争论近40年,但对超低碳钢中的贝氏体形成机制尚很少触及。在贝氏体理论争论中的一个焦点问题是贝氏体相变时过冷奥氏体中是否存在贫碳区。本书所讨论的是超低碳贝氏体,钢中的碳含量仅仅为0.03%～0.08%,如此低碳含量的钢,在加热奥氏体化时,碳原子主要被晶体缺陷所吸纳。对于含有Nb、V、Mo等强碳化物形成元素的超低碳钢来说,由于微量的碳必形成难溶的特殊碳化物,固定了碳原子,这些钢的奥氏体晶格中到处是“无碳区”,或间隙碳原子含量极微的贫碳区。因此不必讨论贫碳区和富碳区的形成机制问题。无碳的奥氏体区域转变为贝氏体相当于$\gamma \to \alpha$多晶型转变。

9.2.4.1　超低碳贝氏体的形成与纯铁的块状转变的关系

目前,块状相变的机理尚不成熟,对块状相的长大机制存在争议。一般认为,块状转变也是一种中温转变,是介于马氏体相变和长程扩散的多晶型转变间的一种中间型转变,块状转变CCT图的位置正好与贝氏体转变CCT曲线位置相当[15],如图9－6所示,图9－6*a*为块状相变在CCT曲线中的位置示意图,图9－6*b*是实测的X65钢CCT图。比较两图可见,块状相变与贝氏体转变位置重叠,那么两者成什么关系呢?

稀土钢、X65钢,其过冷奥氏体在较高温度下,原子扩散速度较快,发生长程扩散的A→F转变,形成等轴状铁素体组织,如图9－6*b*的F区。当冷却速度大于25℃/s时,则可得到条片状的贝氏体组织(图9－6*b*的B区)。

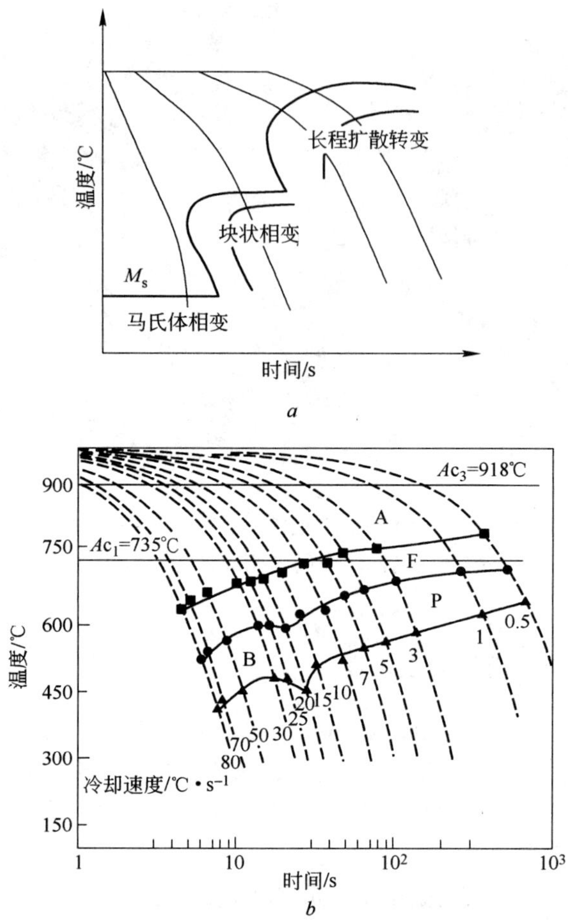

图 9－6　块状相变在 CCT 曲线中的位置示意图(a)和 X65 钢的实测 CCT 图(b)

块状相变的特点之一是无成分变化;特点之二是界面迁移速率极高;特点之三是具有不规则界面的块状形貌,块状组织也可以呈现条片状特征[15],如图 9－1、图 9－2 所示,可见,铁素体既有不规则块状,也有条片状的,与无碳化物贝氏体组织中的铁素体(BF)相似。超低碳贝氏体中条片状的铁素体,成分与奥氏体相同,也具有亚单元和高密度位错等亚结构。转变速率比纯铁的块状转变慢,则是由于在超低碳贝氏体钢中,加入了 Mn、Mo、B、La 等合金元素,使过冷奥氏体趋于稳定,故使 C 曲线向右移,因而推迟了过冷奥氏体到贝氏体的转变。

由此看来,超低碳贝氏体钢的块状转变的组织和超低碳条片状贝氏体组织,晶格类型相同,也具有亚单元、高密度位错等亚结构。那么,超低碳贝氏体钢的块状组织和这种钢的贝氏体组织本质上没有区别,仅仅在形貌上从块状演化为条片状,而块状组织也可以为条片状。这样,超低碳钢的块状转变和超低碳贝氏体相变从成分、晶格类型、组织结构、动力学等方面来看，属于同一类相变，即中温区的贝氏体相变。

9.2.4.2 超低碳贝氏体的形成机制

超低碳贝氏体与原奥氏体的成分相同，相变过程中不受碳原子扩散控制，本质上是 γ→α 的无扩散型相变。

由于新相和母相的成分相同，原子只需非协同热激活跳跃就可以跨越相界面，即不需要原子的长程扩散就可以使界面迁移，因而界面迁移速度比长程扩散快，界面移动是由界面过程控制的。有人认为：块状相变时不需要短程扩散或长程扩散，只是相界与母相原子联动位移就可以完成[16]。

科学技术哲学告诉我们，自然事物演化的自组织条件之一是出现随机涨落[17]。在贝氏体相变孕育期内，在过冷奥氏体中必然出现随机的涨落。新相的晶核是以涨落作为种子的：(1)结构涨落可以形成体心核胚；(2)能量涨落可以提供核胚和临界晶核所需要的能量上涨。由于新旧相成分相同，不需要浓度涨落。各种涨落的非线性正反馈相互作用，使涨落迅速放大，致使奥氏体结构(fcc)失稳而瓦解，构建 bcc 结构的 BF 晶核。那么，过冷奥氏体在此温度范围的孕育期内，通过涨落，无碳的 γ 相则以块状相变机制迅速形成贝氏体铁素体晶核，实现 γ→α(BF)转变。

由于新相和母相的成分相同，但是两相原子的自由焓不等，如图 9－7 所示，原子只需热激活跃迁就可以跨越界面，直接地、连续地转入新相，即不需要原子的长程扩散，也不依靠原子的短程扩散，就可以使界面迁移，因而界面迁移速度快，形核长大速度极快。

由于长大速度极快，因此有人对扩散机制提出了疑问，并且理论计算了纯铁块状相变时以铁原子跨相界短程扩散的方式完成相变的时间，结果表明，计算值比实验值小得多，相差 3～4 个数量级，因而认为由奥氏体(γ 相)形成块状铁素体(α 相)时，通过铁原子的跨相界短程扩散是难以实现的，认为是相界与母相原子联动位移的结果，指出相界上的原子转入新相，与母相原子转入相界基本上是同步的，相界不断向母相迁移，新相不断长大。显然，以这种方式长大，长大速率要比跨相界的原子扩散高得多。

图 9－7 为 γ、α 两相自由焓之差和原子越过相界面示意图。相界面上的 γ 相原子只需要以激活能 Q 热激活跃迁很小的距离(不大于一个原子间距)就可以进入新相 α。铁原子和替换原子的这种热激活跃迁是相互的，但从 γ 相进入 α 相的原子数量多。热激活跃迁也不能确保原子的相邻关系不变。

γ 相中的原子是依次接踵地跃迁进入自由焓低的 α 相中，这种移动方式酷似切变位移。由于 γ、α 两相成分相同，因此也非扩散过程，可以认为原子热激活跃迁是介于扩散位移和切变位移之间的一种形式，可看成是一种过渡方式。这种位移体现了贝氏体相变的过渡性[10]。

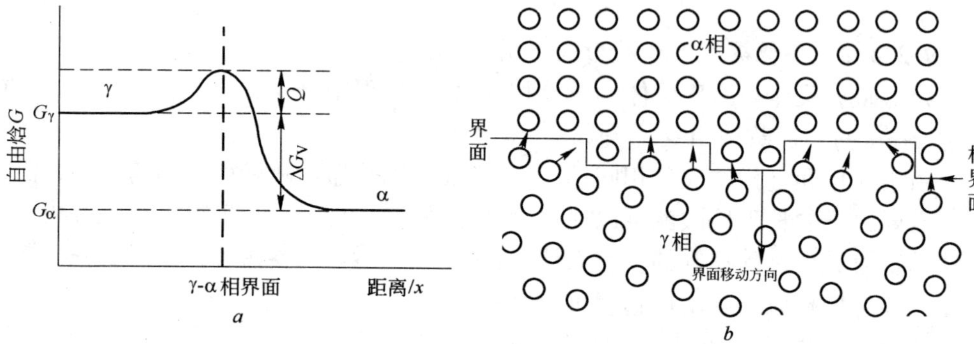

图9－7　原子越过界面时自由焓变化示意图(*a*)及原子从 γ→α 热激活迁移,界面移动示意图(*b*)

9.2.5　转变温度对超低碳贝氏体形貌的影响

从图9－4和图9－6可见,在连续冷却情况下,随着冷却速度的增大,转变温度也较低,组织形貌由块状演化为条片状贝氏体。从图9－2、图9－4可见冷却速度越大,转变温度越低,贝氏体条片状倾向越大。

新相形成时,在新相周围引发应力场,产生畸变能,此为相变阻力。无论是共格畸变能,还是非共格畸变能,均与新旧相错配度和母相的弹性模数 E 成正比,从而影响新相的形状,如相变产生的非共格畸变能 $U=\frac{1}{4}E\Delta^2 f\left(\frac{b}{a}\right)$,其中,$\Delta$ 为体错配度;$f\left(\frac{b}{a}\right)$是一个与新相形状有关的函数,称形状因子。新相从圆盘状到针状,a 为直径,b 为厚度(长度)[17]。

新旧相错配度与温度变化无关,而弹性模量 E 是温度敏感的物理量,温度越高,弹性模量迅速降低[18,19]。在较高温度时,弹性模量较小,因而相变畸变能小,新相晶核可为球状,最后长大为等轴状晶粒。随着温度的降低,弹性模量 E 迅速增大,畸变能变大,这时新相晶核逐渐演化为盘状、针状等形貌,最后长大为条片状。

在中温区,过冷奥氏体转变温度较高时,原子活动能力强,新相形成时引起的畸变能较小,转变为具有不规则晶界的块状铁素体。在连续冷却条件下,冷却速度增大时,过冷奥氏体转变温度降低,畸变能增大,新相以条片状形核长大,条片状的方向则归于$(011)_\alpha /\!/ (111)_\gamma$ 位向,新相沿着$\{111\}_\gamma$ 晶面长大,以减小畸变能,最后长大为条片状贝氏体组织。

总之:

(1) 超低碳钢的块状转变组织与超低碳贝氏体都是中温区转变产物,本质上是一致的。

（2）超低碳贝氏体组织呈条片状，贝氏体铁素体条片具有亚单元和高密度位错等亚结构。

（3）超低碳钢过冷奥氏体在中温区以 $\gamma \rightarrow \alpha$ 多晶型转变的形式转变为贝氏体，在形核长大过程中，碳原子和替换原子以非协同热激活跃迁方式进行位移，是界面控制过程。

（4）超低碳贝氏体的形貌受转变温度的影响，冷却速度越大，转变温度越低，相变引发的畸变能越大，贝氏体由不规则块状逐渐演化为条片状。

9.3 过冷奥氏体中的贫碳区

钢中的奥氏体是碳和各种化学元素溶入 γ-Fe 中所形成的固溶体，其中 C、N 等元素存在于奥氏体的间隙位置，或者晶格缺陷处。而具备形成固溶体条件的合金元素，其原子半径与铁原子半径相差不大的则固溶于替换位置。还有一些化学元素难以固溶，则多数吸附于奥氏体晶界等晶格缺陷处。

上节叙及，超低碳贝氏体钢中，其奥氏体中基本上是不含碳的，或者说是碳含量极少，到处是无碳区或微碳区。但是对于碳含量较多的钢种，奥氏体中溶解较多的碳，则过冷奥氏体向贝氏体转变的孕育期中，存在贫碳区和富碳区的形成问题。

9.3.1 奥氏体化学成分的不均匀性

奥氏体的成分，无论从理论上，还是从工业实际上都是不均匀的。均匀是相对的，不均匀是绝对的，即使应用高温扩散退火也难以使其绝对均匀。

碳原子在奥氏体中的分布是不均匀的。如用统计理论进行计算的结果表明，在含 0.85% C 的奥氏体中可能存在大量的比平均碳浓度高 8 倍的微区，这相当于渗碳体的碳含量了[17]，这说明奥氏体中存在富碳区，相对地应当有贫碳区。当奥氏体中含有碳化物形成元素时，如 Cr、W、Nb、V、Ti 等，由于这些合金元素与碳原子具有较强的亲和力，因此这些合金元素周围的碳原子也容易偏聚。

奥氏体中有许多晶体缺陷，包括晶界、亚晶界、孪晶界、位错、层错等，当存在其他相时，还有相界面。晶体缺陷处，畸变能较高。碳、合金元素、杂质元素等原子与这些缺陷发生交互作用，在缺陷处的溶质原子浓度往往大大超过基体的平均浓度，这种现象称为内吸附。如硼钢中，硼原子主要吸附在奥氏体晶界。

碳原子、氮原子在位错线上吸附称为柯垂尔气团。溶质原子在层错附近偏聚，形成铃木气团。合金元素与位错和层错交互作用而形成偏聚态，是新相形核的有利位置。Mn、Cr、Si 等元素都能降低奥氏体的层错能，从而引起溶质原子的偏聚，并且扩展位错变宽。Nb、V、Ti 等原子也能富集于层错，形成偏聚，并且有利于特殊碳化物的形成。

产生晶界偏聚和柯垂尔气团的主要原因是溶质原子与基体原子的弹性作用。晶体点阵发生畸变时需要很大的能量，溶质原子在完整的晶体内引起的畸变能很高，因此，比晶体原子大或小的溶质原子将从晶内迁移到晶界、相界面和位错等缺陷处。碳原子、氮原子等间隙原子趋向于向受膨胀的缺陷区迁移，以使点阵畸变松弛，从而降低系统的内能。因此，无论间隙原子还是替换原子的偏聚过程都是自发进行的。

若用 C_g 表示晶界区的溶质偏聚浓度，C_o 为溶质在基体晶内的浓度，则内吸附方程为[20]：

$$C_g = C_o \exp\left(\frac{E}{RT}\right)$$

式中　E——溶质原子在晶内和晶界区引起的畸变能之差，它是晶界偏聚的驱动力；

R——气体常数；

T——绝对温度。

溶质原子与基体原子的原子半径差别越大，E 值也越大，则偏聚程度越高。由此可见，在奥氏体中，碳原子在晶体缺陷处的偏聚是自发的，不均匀性是绝对的。

钢材中普遍存在碳偏析，即使采用高温扩散退火也不能完全消除。工业用钢中，碳含量不均匀性是普遍现象。贫碳区的尺度大小不等，大的如结构钢的带状组织中的铁素体晶粒带，它是带状的低碳奥氏体区转变来的，具有微米级的尺度；小的富碳区，如柯垂尔气团、弘津气团，其尺度只有晶格常数大小。实际应用的合金钢中普遍存在带状组织，是枝晶偏析造成的，锻轧生产中，高温长时间加热也难以消除，图 9－8 为钢的带状组织形貌。可见，该钢材中存在着明显的带状组织，退火

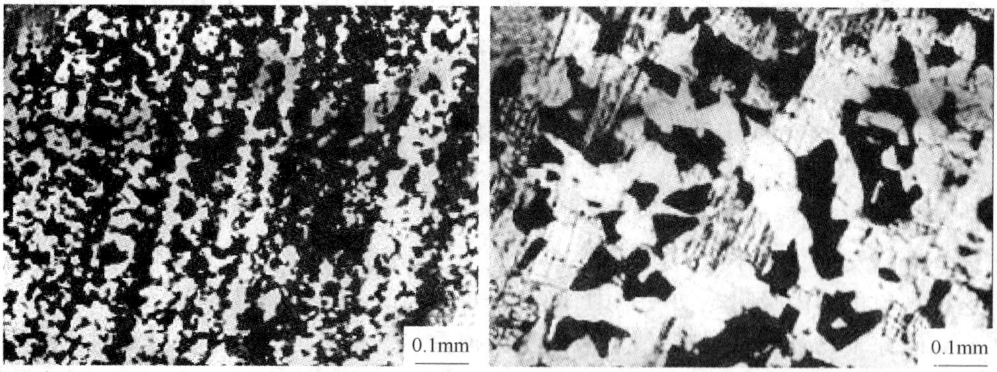

a　　　　*b*

图 9－8　42CrMo 钢带状的组织（LOM）

a—锻材原始组织；*b*—锻后 1250℃退火

后成分仍然不太均匀。图9－9为H13(美国钢号)模具钢中的带状组织,可见存在严重的贫碳带和富碳带,其中还存在液析碳化物。这使得钢在加热奥氏体化时碳和合金元素分布不均匀。

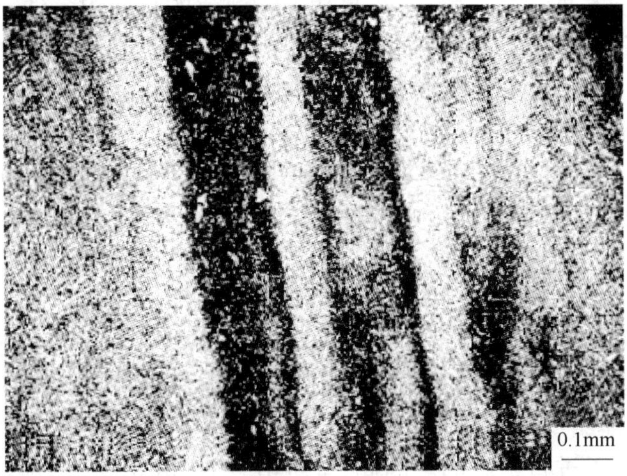

图9－9 H13钢的带状组织

9.3.2 贫碳区

持切变观点的学者认为,在贝氏体转变孕育期内,借助于晶体缺陷形成贫碳区和富碳区,或通过上坡扩散分解为贫碳区和富碳区。在贝氏体转变孕育期内,由于奥氏体内晶体缺陷与碳原子的相互作用,形成贫碳区和富碳区。在贫碳区内,贝氏体铁素体可以按低碳或超低碳马氏体的切变机制形核。在贝氏体预相变期发生了原子的偏聚,形成贫化区,该原子贫化区即为贝氏体相变的形核位置。在8Mn8SiMo钢中发现,奥氏体晶界上富碳而其附近贫碳,贫碳区是BF的形核位置[4]。

持扩散观点的学者则认为:贝氏体转变不可能出现贫碳区和富碳区的Spinodal分解。他们通过研究贝氏体相变所产生的内耗,证明贝氏体相变孕育期内发生贝氏体的形核过程,形核是由母相点阵软化所致,它并不需要形成贫碳区。

近年来,对成分预分配问题有较好的研究,如Cu-26.84% Zn-4.22% Al合金中,经220℃等温60 min后,溶质贫化区中Zn、Al最大降低幅度分别为12.7%和16.4%,最大贫化区面积可达1250 nm^2,大于这种合金马氏体形核的临界条件:19 nm^2。因为成分贫化而使M_s点升高,接近等温温度[7]。在电子显微镜下,原位动态观察到,在贫化区出现晶核,表明在孕育期内溶质原子在应力梯度下向缺陷处扩散、偏聚,但伴随奥氏体基体因碳的偏聚而造成的强化,又会导致M_s点降低。因此，M_s 的变化是上两个因素综合的结果。在某等温时间内，M_s 点仍然随着贫碳程度的增大而升高。切变学派认为奥氏体中出现贫碳区为贝氏体的切变形成提供了热力学根据。

按照科学技术哲学的一般规律，自然事物演化的自组织条件，首先是出现随机涨落[21,22]，在贝氏体相变孕育期内，过冷奥氏体中必然通过随机的浓度涨落形成贫碳区和富碳区，浓度涨落形成贫碳区和富碳区不同于 Spinodal 分解，两者不相干。随机涨落是相变的诱因。

总之，奥氏体中成分是不均匀的，存在并且能够形成贫碳区和富碳区，既是科学事实，又有理论依据。贫碳区以各种方式形成，以多种形态存在。

9.3.3　钢中贝氏体相变

钢中碳原子在高温区、中温区和低温区都能够进行显著的扩散。问题是相变本身需不需要碳原子扩散，如马氏体相变不需要碳原子扩散，即可以完成无扩散的转变，获得马氏体组织。但是，在中温区，不管铁原子、替换原子扩散与否，贝氏体相变是需要碳原子进行扩散的。因此，有所谓“半扩散相变”之称。

Коган[23]用三种不同碳含量的钢测定某一温度下贝氏体等温转变动力学曲线以及与之相对应的奥氏体点阵常数的变化，也即奥氏体含碳量的变化。如图9－10所示。从图 9－10*a* 可见，中碳钢在转变的孕育期内，奥氏体中的含碳量已经增加，这意味着奥氏体中出现了富碳区和贫碳区。贫碳区的形成为贝氏体铁素体形核作了准备。图 9－10*b*1.18% C 的高碳钢，在孕育期内，奥氏体含碳量基本不变，随着相变的进行，奥氏体中的含碳量不断下降，是由于奥氏体中析出了碳化物的缘故。图 9－10*c*1.39% C 的高碳钢，在孕育期内，奥氏体中的含碳量就显著降低，表明等温一开始奥氏体中就形成了贫碳区，奥氏体的点阵常数变小，碳化物析出。

从碳含量和锰含量分析，上述三种钢的等温温度（275℃、350℃、400℃）均属于下贝氏体转变区，试验表明在孕育期内，某些局部区域有贫碳区和富碳区的形成。

碳在奥氏体中和在铁素体中的扩散激活能分别为 126 kJ/mol、84 kJ/mol。专门测定上贝氏体、下贝氏体转变激活能各为 126 kJ/mol、75 kJ/mol。据此分析，上贝氏体、下贝氏体转变分别受碳在奥氏体及铁素体中的扩散所控制，这表明，上贝氏体和下贝氏体是两种不同的转变[24]。可能具有不同的转变机制。

在贝氏体相变过程中，贝氏体铁素体亚单元的反复形成，使碳原子不断扩散进入奥氏体中，奥氏体中的碳含量不断提高，从而为形成渗碳体或 ε-碳化物创造条件。试验表明，贝氏体中的残留奥氏体薄膜，碳含量高，较为稳定，这也是碳原子在贝氏体相变时不断扩散的证明。同时说明，贝氏体相变受碳原子的扩散控制。

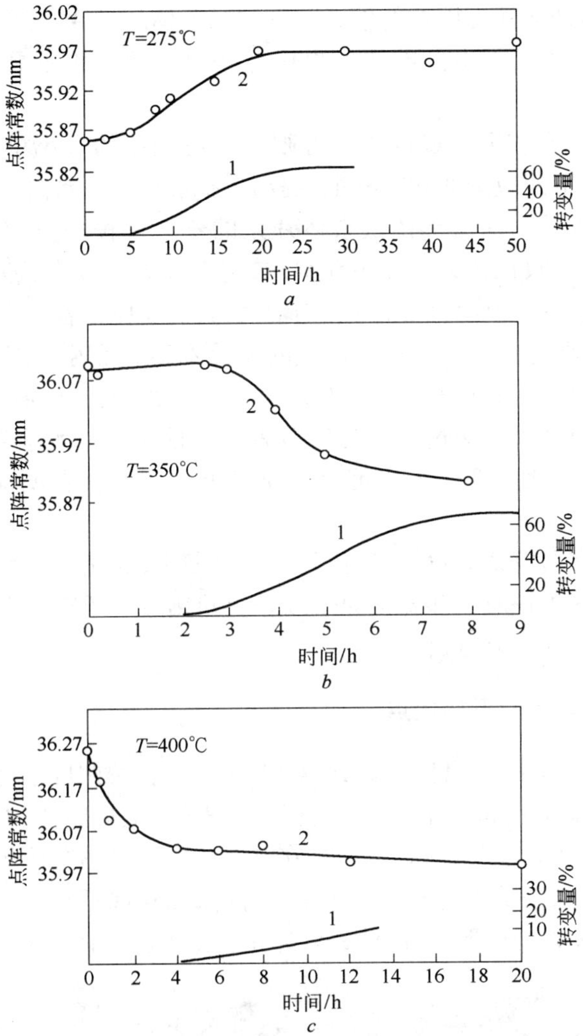

图9-10 等温转变量(曲线1)及奥氏体点阵常数(曲线2)与等温时间的关系[9,12]

a—0.48% C,4.33% Mn;*b*—1.18% C,3.58% Mn;*c*—1.39% C,2.74% Mn

9.4 贝氏体铁素体的形核

对于贝氏体的形核机制尚缺乏统一的论述,主要是对原子的移动方式认识不一。碳原子能够进行扩散是事实,但是铁原子和替换原子怎么位移?现在存在三种观点:一是切变形核,二是扩散形核,三是界面原子非协同热激活跃迁形核。

切变学派认为,在贝氏体转变孕育期内,由于奥氏体内形成贫碳区和富碳区,贫碳区内，贝氏体铁素体可以按低碳或超低碳马氏体的切变机制形核，亚单元不断切变伸长和增厚，并且指出贝氏体－奥氏体相界面的台阶不具备侧向迁移的可能性。

持扩散－台阶形核机制观点的学者则认为贝氏体的最小单元的浮凸是帐篷形，它不具备不变平面应变的切变特征，提出了扩散形核－台阶长大模型。

这两个学派都认为在贝氏体铁素体片条的长大过程中，存在激发形核现象。Hehemann[25]提出上贝氏体束由亚单元组成，它在长大过程中，随着贝氏体铁素体片条的加厚，相变引起的应力和应变急剧增大，其切变应力若高于贝氏体相变驱动力，贝氏体相变将要停滞，这时，在所形成的贝氏体亚单元附近、应力集中的区域形成另一个贝氏体晶核，该过程为应力激发形核。应力激发形核消耗了部分应变能，获得了额外相变驱动力。该过程与马氏体激发形核相似。实验表明，钢中的贝氏体片条几乎都是由亚片条、亚单元或超细亚单元组成，表明激发形核的客观存在[26]。

本书作者刘宗昌等认为：过冷奥氏体在孕育期中，其随机的浓度涨落必然形成贫碳区。在贫碳区中铁原子和替换原子以非协同热激活跃迁方式形成贝氏体铁素体核心，是界面控制的形核过程[27~29]。

9.4.1　贝氏体铁素体的形核地点

贝氏体晶核是单相，即贝氏体铁素体 BF(α 相)。按照固态相变的一般规律，贝氏体铁素体的形核是非均匀形核。金相观察表明，上贝氏体一般在奥氏体晶界处形核，图 9－11 所示为 20CrMo 钢试样在 950℃炉中加热奥氏体化，然后取出迅速冷却到 530℃的盐浴炉中，等温 2 s 后淬火，得到的组织照片。可见上贝氏体铁素体在晶界形核长大的情形，贝氏体铁素体正在沿着奥氏体晶界形成和长大，并且

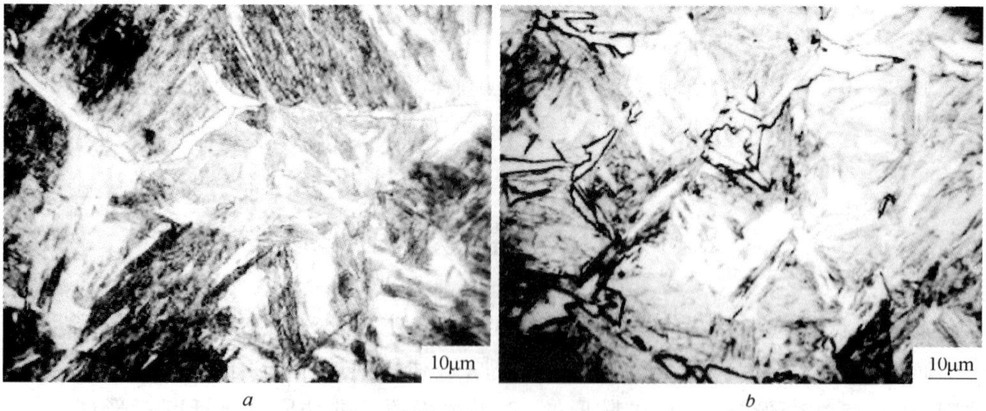

a　　*b*

图 9－11　20CrMo 钢贝氏体铁素体在奥氏体晶界形核并长大

有向晶内呈现锯齿状生长的趋势。从图9－12可以看到贝氏体铁素体晶核向奥氏体晶内长大的情形。

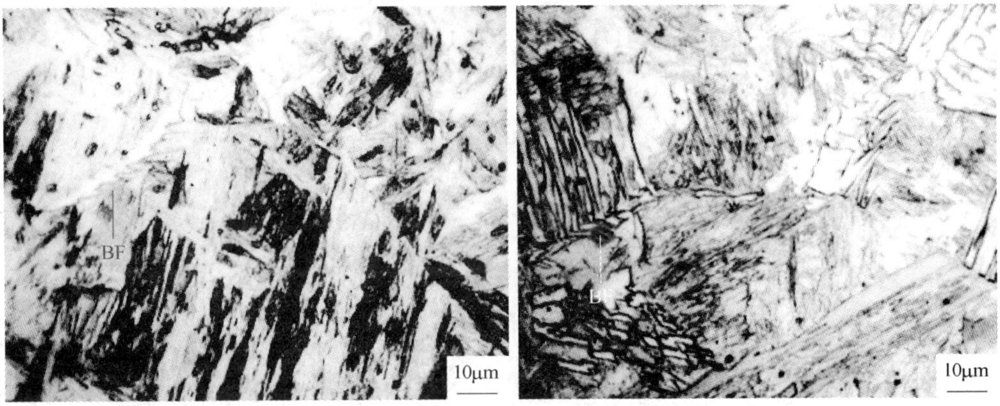

图9－12　20CrMo钢贝氏体铁素体晶核向晶内长大

a—BF向晶内生长；*b*—BF成排长入晶内

到目前为止,在电子显微镜等仪器下仅仅看到晶核长大后的贝氏体铁素体片条,不可能观察到临界晶核的大小和形貌。图9－13示出了在奥氏体晶界处形成的贝氏体铁素体小片条(BF)照片。

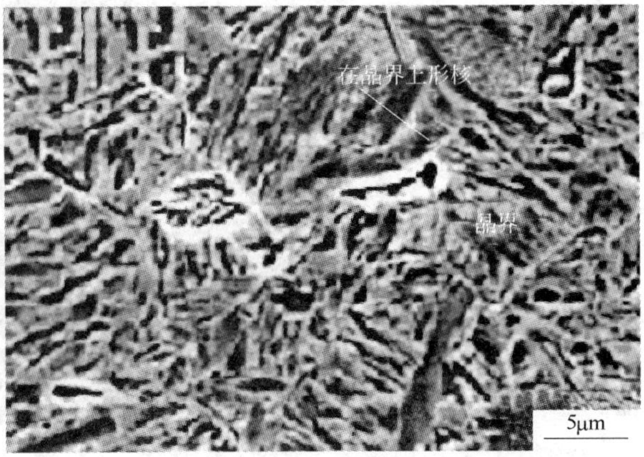

图9－13　34CrNi3Mo钢的上贝氏体在晶界形核并长大(SEM)

下贝氏体可以在奥氏体晶界形核,也可在晶内形核。亚单元形成后诱发应力应变场可以激发形核。

试样表面比晶内更容易形核,这是由于在自由表面上形核引起的畸变能小的缘故。图9－14为渗碳后的18CrNiW钢的高温金相照片。在试样表面上,沿着过冷奥氏体晶界形成下贝氏体,然后在表面长大,长大过程中存在激发形核的现象。

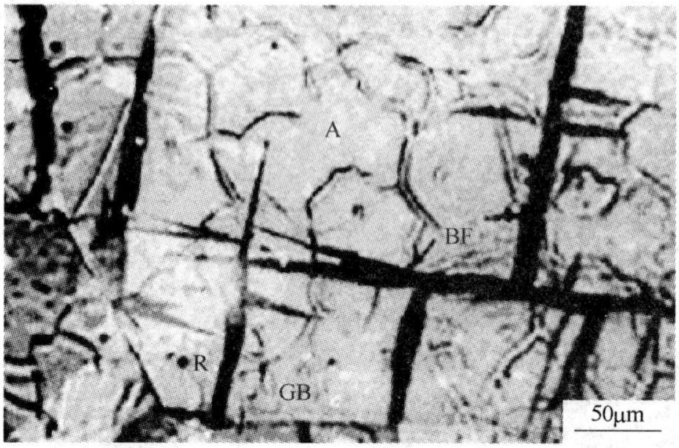

图 9－14　渗碳后的 18CrNiW 钢的下贝氏体在晶界形核并向晶内长大[30]（LOM）

将球墨铸铁试样加热到 950℃，保温后于 320℃ 硝盐浴等温，下贝氏体首先在石墨球与奥氏体的界面上形核，然后向奥氏体晶内长大，如图 9－15 所示。可见，下贝氏体呈细长的针状，在石墨球表面形核，然后向奥氏体晶内长大，如图 9－15*a*。图 9－15*b* 是进一步放大后的扫描电子显微镜照片，可见，在向晶内长大的途中，有激发形核长大现象。

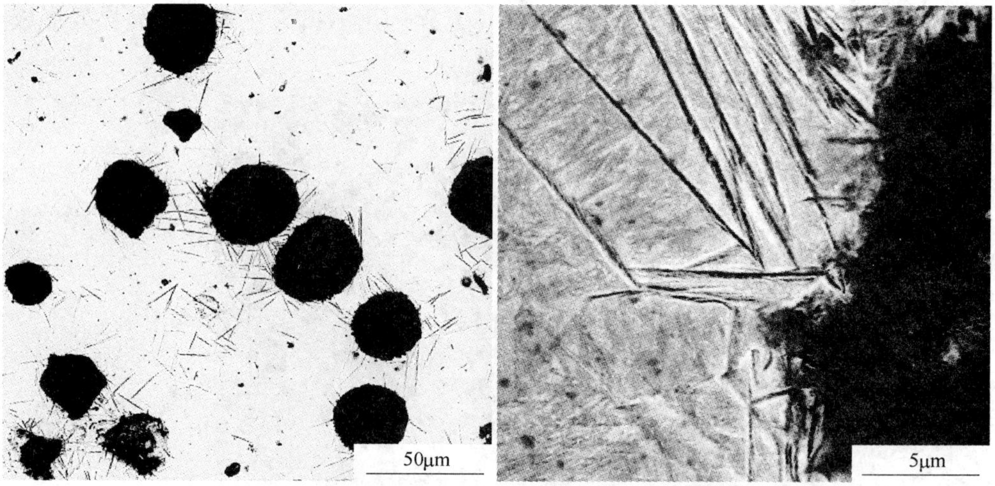

a　　*b*

图 9－15　下贝氏体在石墨球表面形核并向晶内长大（SEM）
（*a*，*b* 为同一视场下不同放大倍数）

9.4.2　贝氏体铁素体晶核尺度的推测

9.4.2.1　贝氏体铁素体亚结构的尺寸

大量试验研究表明，条片状的贝氏体铁素体是由亚片条组成。亚片条由亚单元构成，其宽度约0.5 μm，长度为10～50 μm。亚单元有方形、多边形等多种形貌，其宽度约70 nm，长度0.1～0.2 μm；亚单元由更细小的基元或超亚单元组成，宽度20～30 nm[5,9,26]。

球墨铸铁下贝氏体呈针状，内部由亚片条组成，如图9－16所示，亚片条的宽度约为160 nm。

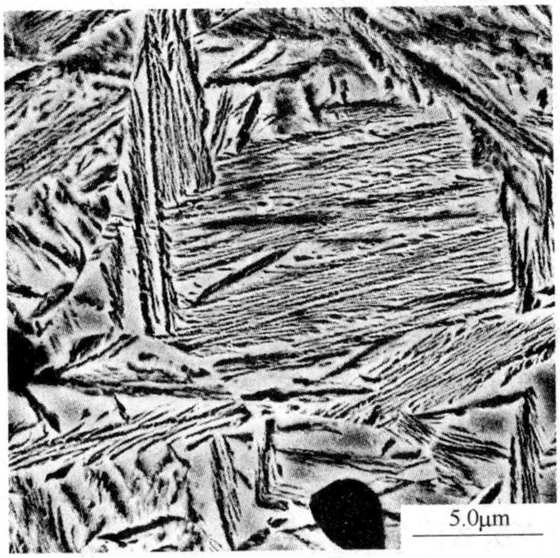

图9－16 球墨铸铁中下贝氏体中的亚片条（SEM）

近年来的研究表明，贝氏体铁素体中存在精细孪晶，并且认为贝氏体铁素体亚片条就是细小的精细孪晶，各个亚片条之间存在孪晶关系。图9－17所示为含硼贝氏体钢中的孪晶照片。观察发现，上贝氏体铁素体中孪晶片厚度为2～10 nm；下贝氏体的孪晶片厚度为2～3 nm[31,32]。

图9－17 贝氏体铁素体中的精细孪晶[31]（TEM）

总之,贝氏体亚单元的最小宽度约为数十纳米,亚片条最小宽度约为 100 nm,孪晶片的最小宽度约为 2 nm。

9.4.2.2　临界晶核的尺度

人们曾对新相形核的临界尺寸进行过一系列理论推导,各种表达式均说明临界半径随表面能 σ 的增加和晶核中的每个原子自由焓(ΔG_A)的变小而增大,但均难以具体计算,也不能直接观测到临界晶核形貌及其尺寸。

在电子显微镜下进行了大量观察,发现最小的亚单元尺度为 20 nm,最小孪晶片厚度为 2 ~ 3 nm。理论上,亚单元或孪晶片是由晶核长大的,那么,晶核的尺寸应当更小。推测为下贝氏体晶核的尺度在 2 nm 以下,上贝氏体晶核会大一些,可为数十纳米。贝氏体相变温度越高,晶核尺寸越大。这符合相变的一般规律,即相变温度越低,形核率越高,临界晶核尺寸越小。

贝氏体铁素体晶核在奥氏体贫碳区中产生,进行 fcc→bcc 晶格改组,则晶核的最小厚度起码是一个体心立方的单位晶胞。以晶格常数 a 代表它的大小,应当是大于 0.286 nm。因此可以认为贝氏体铁素体核坯的厚度在 0.286 ~ 2 nm。核胚是随机形成的,只有当能量涨落、成分涨落、结构涨落都满足临界晶核尺寸时,才有可能稳定地生长成为贝氏体铁素体亚单元或孪晶片,再由亚单元或孪晶片长大成为 1 ~ 100 μm 尺度的贝氏体铁素体片条。

在 Cu—26.84% Zn—4.22% Al 合金中,经 220℃ 等温,最大贫化区面积可达 1250 nm^2,大于贝氏体形核的临界面积 19 nm^2[9]。在 Fe-1.1% Cu 合金中,析出的最小的 ε-Cu 颗粒直径为 4 nm,其晶核尺寸应当更小。由此看来,贝氏体铁素体晶核的尺寸在长度和宽度上应当小于 2 nm,有几个原子层厚,呈片状[27]。

9.4.3　贫碳区的形成

涨落是自然系统演化的契机[21]。当奥氏体冷却到临界点以下时,原有的定态(fcc),虽已不稳定,但仍然处于亚稳状态。如果没有任何扰动,也即没有涨落时,系统仍然不会离开原有的状态,即奥氏体不会发生转变。然而,任何实际自然过程中总是存在涨落。在相变驱动力(ΔG)作用下,涨落必然发生。涨落是系统自组织的诱因,它是发育成为新相结构的种子,也即新相的晶核是以这种涨落作为种子的。涨落形成贫碳区是贝氏体相变的起点。有此起点,才能起步形核。

切变学派认为,在贝氏体转变孕育期内,借助于晶体缺陷形成贫碳区和富碳区,或通过上坡扩散分解为贫碳区和富碳区。某些持扩散观点的学者则认为:贝氏体转变不可能出现贫碳区和富碳区的 Spinodal 分解,不可能形成贫碳区。

钢材中普遍存在碳偏析。碳原子在奥氏体中的分布实际上是不均匀的。如用统计理论进行计算的结果表明,在含 0.85% C 的奥氏体中可能存在大量的比平均碳浓度高 8 倍的微区,这相当于渗碳体的碳含量了[33]。这说明奥氏体中存在富碳区,相对地必有贫碳区。

奥氏体中存在许多晶体缺陷,晶体缺陷处的畸变能较高,合金元素与这些缺陷发生交互作用,在缺陷处的溶质原子浓度往往大大超过基体的平均浓度。碳原子在位错线上吸附称为柯垂尔气团。溶质原子在层错附近偏聚,形成铃木气团。合金元素与位错和层错交互作用而形成偏聚态。在电子显微镜下,原位动态观察到在贫化区中出现晶核,表明在孕育期内溶质原子在应力梯度下向缺陷处扩散、偏聚[9]。

工业用钢中,碳含量的不均匀性是普遍现象。贫碳区的尺度大小不等,大的如结构钢的带状组织中的铁素体晶粒带,它是由带状的低碳奥氏体区转变来的,具有微米级的尺度;小的富碳区,如柯垂尔气团、弘津气团,其尺度只有晶格常数大小。

重要的是自然事物演化的自组织条件之一是出现随机涨落。在贝氏体相变孕育期内,过冷奥氏体中必然通过随机的浓度涨落形成贫碳区和富碳区。

9.4.4 贝氏体铁素体(BF)晶核的形成机理

浓度涨落可以形成贫碳区,结构涨落可以形成体心核坯,能量涨落可以提供核坯和临界晶核所需要的能量上涨。三种涨落的非线性正反馈相互作用,迅速放大涨落,使得奥氏体贫碳区的 fcc 结构瓦解,形成贝氏体(BF)晶核。上述已经推测晶核是数纳米范围内的片状相,而贫碳区的尺度当然比此范围大。

经典理论认为:临界形核功为临界晶核表面能的 1/3 。这部分能量是正值,是系统能量升高的因素。它是由系统自组织功能提供的,随机的能量涨落可以提供这部分能量。只有同时满足成分涨落、结构涨落、能量涨落三个条件的核胚才有可能成长为临界晶核。因此,涨落是种子,贫碳区是提供这三种涨落的有利地点,是 BF 晶核发育的土壤。

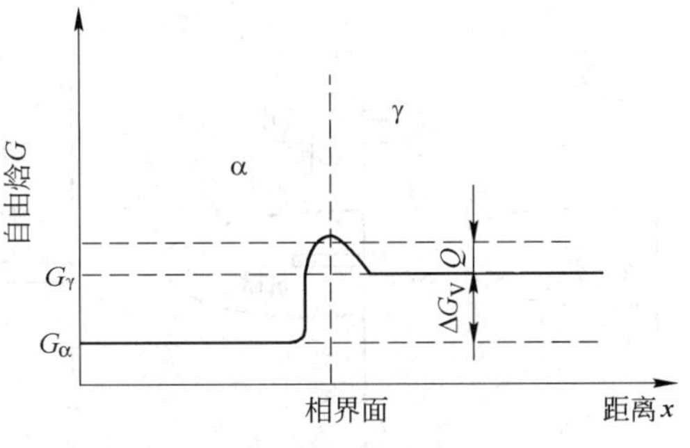

图 9 – 18 原子越过界面时自由焓变化

在贫碳区中形成铁素体晶核,相当于 fcc→bcc 多形性转变。γ-α 相界面两侧的原子交互的非协同地热激活跃迁,但向 α 相中跃迁的原子数量占优势。铁原子或替换原子由 γ 转移到 α 核胚上需要越过一个位垒 Q,见图 9 – 18。而原子由 α 相转移到 γ 相时,则需要越过较高的位垒 $Q+\Delta G_V$,越过较难。Q 为激活能,ΔG_V 是 γ、α 两相的自由焓差。由于 γ 相→α 相的转变是个自发过程。原子只需热激活跳跃并跨越相界面,就能够形成贝氏体铁素体晶核。相界面附近的原子连续接踵地热激活跃迁。这种位移过程中,各个原子的位移矢量不等，因此不能保证原子维持原来的相邻关系。对于 fcc→bcc 转变，界面过程控制的驱动力是界面两侧，也即 γ、α 两相的自由焓差。计算得 γ 相原子跨越 γ-α 相界面所需要克服的位垒，即激活能 Q 为 193～198 kJ/mol[34]。它比 γ 铁的扩散激活能 283.9 kJ/mol 小。因此，相界面移动速度较快，称为界面过程控制[9,34]。

按照传统的扩散理论，无论采用间隙机制，还是采用置换机制，原子一次跃迁的距离均为一个原子间距。但是，对于界面控制相变来说，相界面原子必定参与新相的形核长大过程。界面一般有 2～3 个原子层厚，原子排列不规则，自由焓较高，进入新相时原子位移距离小于一个原子间距。

当一部分原子跃迁进入新相点阵后，随即余下的原子所占空间相对增大，这时相界面的熵值增大，自由焓降低，这使得靠近界面处的原子容易进入相界面，其位移量也是小于一个原子间距，位移矢量不一。这样一来，原子就接踵而至，逐一逐层地微位移，相界面处于动态之中。

从热力学上看，扩散驱动力是系统化学位对距离的微分，即 $F=-\left(\frac{\partial\mu}{\partial x}\right)$。负号表示元素的扩散是向着化学位减小的方向。扩散激活能是原子位移一个原子间距所需要的自由能。但是，原子在相界面上的热激活跃迁的驱动力是相界面两侧 α、γ 两相的自由焓落差，即 ΔG_V，如图 9－18 所示。界面原子位移距离小于一个原子间距，原子越高，界面所需克服的位垒就越小，这表明，界面控制过程的转变速度必然较快。

图 9－19 描绘了贝氏体铁素体晶核形成过程。由于奥氏体和铁素体晶格常数不等，存在较大的失配度 δ，计算得 $\delta=0.216$，则相界面应当是半共格，在 γ-α 相界面上存在位错，如图 9－19d 所示。由于两相保持 K-S 关系，晶核呈片状，畸变能较小。

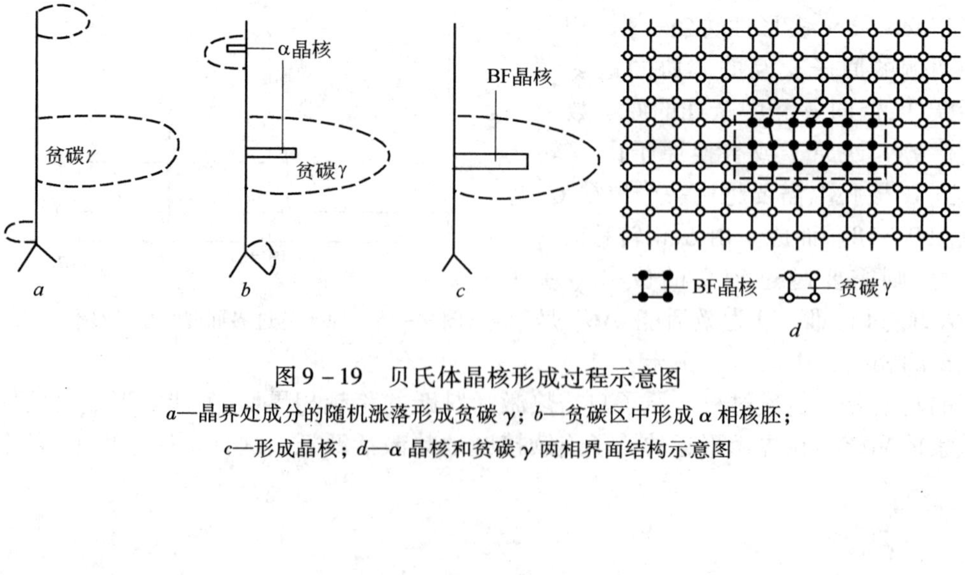

图 9－19　贝氏体晶核形成过程示意图

a—晶界处成分的随机涨落形成贫碳 γ；b—贫碳区中形成 α 相核胚；
c—形成晶核；d—α 晶核和贫碳 γ 两相界面结构示意图

在奥氏体的贫碳区中,形成贝氏体铁素体核坯或晶核,不存在长程扩散。在贫碳区内,不存在铁原子的浓度梯度,不满足菲克扩散定律。由此看来,贝氏体铁素体形核不属于扩散过程。

9.5 贝氏体铁素体晶核的长大

9.5.1 贝氏体长大的各种机制

通常,晶格重构型转变都可以依靠相界面的推移来完成,但对于相界面推移的方式往往认识不同。20 世纪 70 年代提出了片状产物的扩散台阶机制,引发了上、下贝氏体铁素体是切变长大还是台阶扩散长大的争论。

(1) 某些持切变观点的学者认为,贝氏体长大与马氏体相似,以切变方式进行,但贝氏体的长大速率比马氏体慢得多。Bhadeshia 设计了一个贝氏体亚单元重复形成的模型,如图 9-20 所示为此模型的示意图。指出每个亚单元的长大速率比较快,但是由于产生新的亚单元较慢,从而决定贝氏体束在整体上以较低的速率长大。

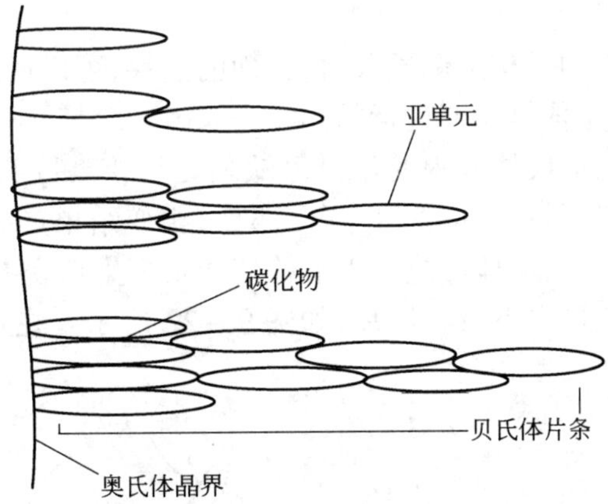

图 9-20 亚单元重复切变形成贝氏体束示意图[3]

切变学派根据贝氏体的表面浮凸效应判断贝氏体相变也是按切变长大机制进行的。切变包括滑移切变和孪生切变。第二类完全共格相界面可以通过切变使相界面迁移,直到共格破坏,成为含有错配界面位错的半共格相界面。这种半共格相界面通常具有晶体学位向关系,除了著名的 K-S 关系外,还有 N-W 关系(西山-Wasserman):

$$(111)_{fcc} /\!/ (110)_{bcc}$$
$$[\bar{1}01]_{fcc} /\!/ [001]_{bcc}$$

如果界面位错的柏氏矢量平行于界面，则位错只能在界面内滑移，那么，界面不可能因位错的滑移而迁移，因此属于不可动界面。如果界面位错的柏氏矢量不是平行于界面的，而且位错线正好是两相滑移面的交线，即界面位错，则此位错的滑移可以推动界面的迁移，如图 9-21 所示。

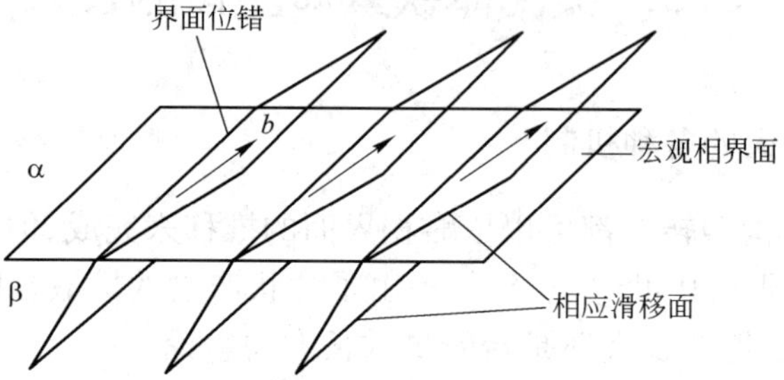

图 9-21　可滑动相界面及界面位错

显然，如果界面位错是刃型位错，其位错线方向与柏氏矢量垂直，则它只能在相界面内滑移，不可能导致相界面的迁移。如果界面位错是螺型位错，位错线的方向与柏氏矢量平行，它的滑移将导致相界面迁移，即以板条状马氏体的切变长大机制作为贝氏体长大机制。

长大需要相界面向母相一侧迁移，相界面的迁移，可以通过界面螺型位错的滑移来实现，因此长大是依靠切变进行的。

下贝氏体一般在奥氏体晶内的位错等缺陷处形核。按照切变机制，位错滑移切变或孪生切变形成下贝氏体 α 相片条，那么，相变结果产生精细孪晶和高密度位错。据此可以推测，贝氏体可能是以滑移切变及孪生切变方式形成亚单元，亚单元的重复产生逐级地形成下贝氏体片，如图 9-22 所示。在亚单元的边界上沉淀析出碳化物。

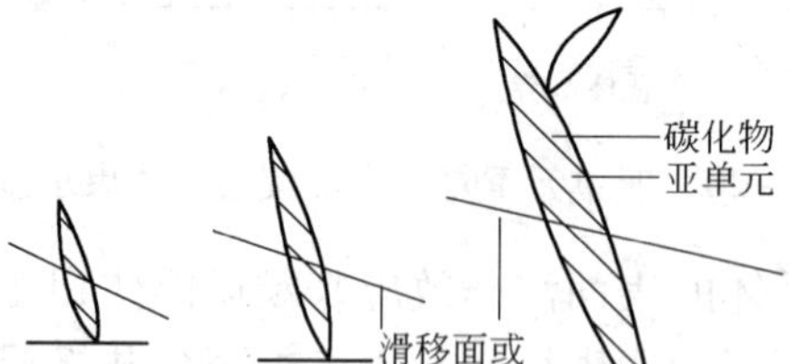

图 9-22　下贝氏体片形核长大示意图

(2) 倡导扩散台阶机制的 H. I. Aaronson 首先提出台阶长大机制。徐祖跃等的电子显微镜研究结果证实了贝氏体铁素体宽面上长大台阶的存在[5]。这种台阶的高度约几个纳米到几个微米。宽边为半共格界面,这种半共格界面的正向移动是靠台阶的横向迁移进行的。台阶的移动受控于碳在奥氏体中的体积扩散,如图9-23所示。

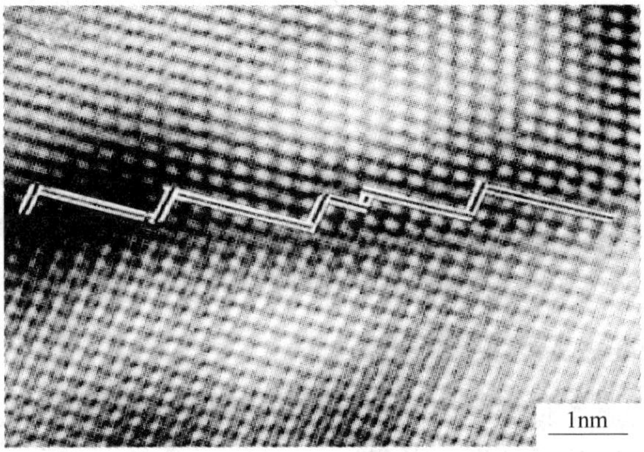

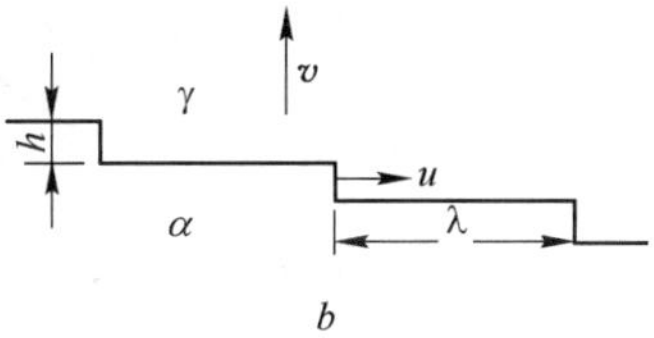

图9-23 Fe-2%Si-1.4%C钢中奥氏体-下贝氏体相界面台阶(*a*)和台阶长大示意图(*b*)

Howe[35]以原位温台高分辨电子显微镜和能量过滤TEM观察到Ti-H系fcc→hcp转变时,贝氏体相界面以台阶长大,证明其相变动力学是溶质原子长程扩散。徐祖跃认为此实验可证明台阶扩散长大。

从1990年开始,台阶扩散长大学派的开创者Aaronson不断说明:切变长大和扩散长大主要是通过台阶机制来实现的[12],承认片状产物可以切变长大,不过要借助于台阶机制。这表明,在fcc→bcc的转变,可以台阶切变长大,也可以台阶扩散长大。至此,可以认为这一点缩小了两派的观点分歧。台阶机制可以为扩散长大所利用,也可以为切变长大所利用。

(3)李承基等于20世纪80年代提出的扩散-切变复合长大模型预见了块状铁素体→贝氏体→位错马氏体→孪晶马氏体等转变产物随温度降低而出现的转变顺序[6],说明了相变机制随着温度的降低而转化,即从扩散→切变的转化,由位错攀移→位错滑移→孪生的转化。这是一个不断过渡、不断演化的过程,是一个从量变到质变的过程。

李承基等提出了一个界面位错攀移-滑移长大模型,即扩散-切变复合长大模型。它的首要条件是界面位错必须是刃型位错或刃型分量占主导。因为只有刃型位错才能攀移,而螺型位错是不能攀移的。图9-24所示为贝氏体铁素体-奥氏体界面结构(刃型位错)。柏氏矢量与位错线方向垂直,属于可滑动界面。该模型尚未得到试验证实。

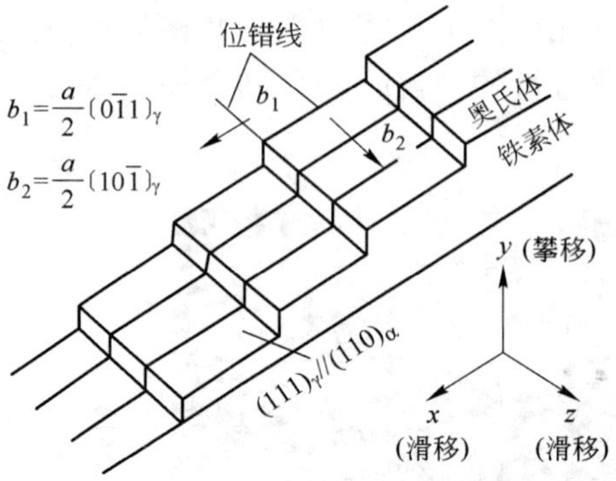

图 9 – 24　贝氏体铁素体 – 奥氏体界面结构(刃型位错)[12]

9.5.2　贝氏体铁素体(BF)长大的试验观察

近年来,本书作者等人研究提出了贝氏体铁素体长大新机制,指出使得相界面移动的主要方式:相界面原子非协同热激活跃迁位移。

为了考察贝氏体铁素体形核与长大过程,选用 35CrMo 钢,在 950℃ 炉中加热奥氏体化,然后在 530℃ 等温。经约 2 s 的孕育期就能够形成贝氏体,等温 400 s 后会发生共析分解,开始形成珠光体组织。依据 35CrMo 钢的 TTT 图[36],设计了等温热处理工艺曲线,如图 9 – 25 所示。

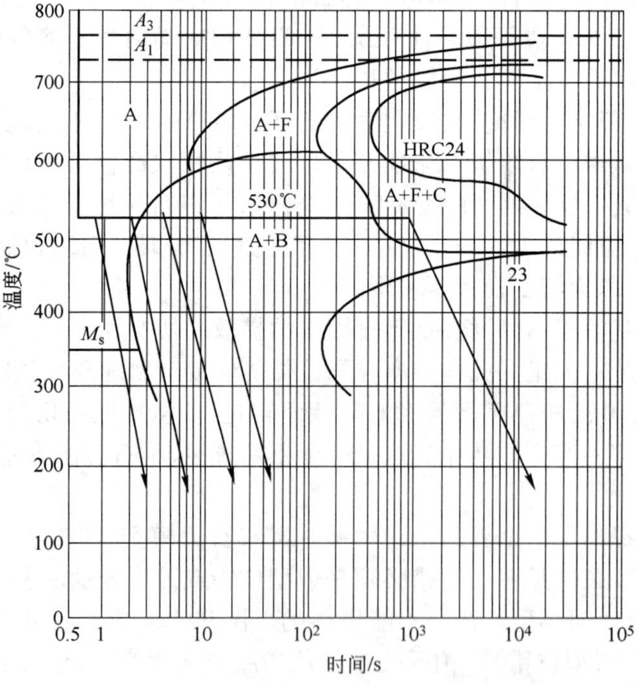

图 9 – 25　35CrMo 钢的 TTT 图和等温淬火工艺

从该钢的TTT图可见，同样在530℃等温淬火，贝氏体形成较早，较快，而珠光体在贝氏体形成之后，经较长时间等温才能形成珠光体组织。图9－26为35CrMo钢奥氏体化后在530℃硝盐浴中等温10 min，然后水冷淬火，得到贝氏体铁素体＋珠光体＋残留奥氏体的整合组织。图中所示为细片层状的珠光体团在原奥氏体晶界形核长大，左边粗片状的区域是贝氏体组织，黑色片条是贝氏体铁素体，灰白色片条是奥氏体。这一试验事实说明：在此同样温度下等温，贝氏体孕育期很短，转变较快，而珠光体孕育期较长，共析分解来得较晚。

图9－26　35CrMo钢奥氏体晶界处形成珠光体晶核并长大(SEM)

图9－27是20CrMo钢和35CrMo钢贝氏体铁素体在原奥氏体晶界形核并长大的情形，可见，贝氏体铁素体首先在奥氏体晶界处形核，然后向奥氏体晶粒内长大(图9－27*b*)。

a

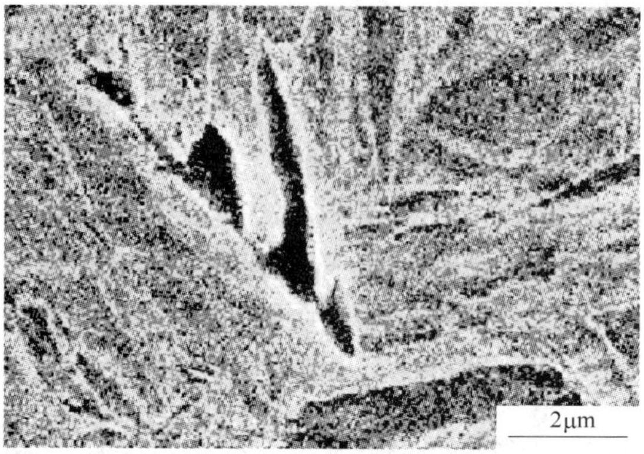

b

图 9-27 贝氏体铁素体在原奥氏体晶界形核
a—20CrMo 钢(LOM);*b*—35CrMo 钢(SEM)

贝氏体晶核是单相,即贝氏体铁素体 BF(α 相)。按照固态相变的一般规律,贝氏体铁素体的形核是非均匀形核,上贝氏体一般在奥氏体晶界处形核,可沿着晶界生长,也可向晶内长大。图 9-28 是 20CrMo 钢贝氏体铁素体在原奥氏体晶界形核(图 9-28*a*)并向晶内长大成为片条群的情况(图 9-28*b*)。

可见贝氏体铁素体片条相互平行地向晶内生长,这些片条可能沿着奥氏体的{111}生长,因为贝氏体铁素体与奥氏体具有 K-S 关系。许多贝氏体铁素体的晶核在晶界形成,沿着奥氏体的某一晶面长入奥氏体晶粒中,则形成了贝氏体铁素体片条群。

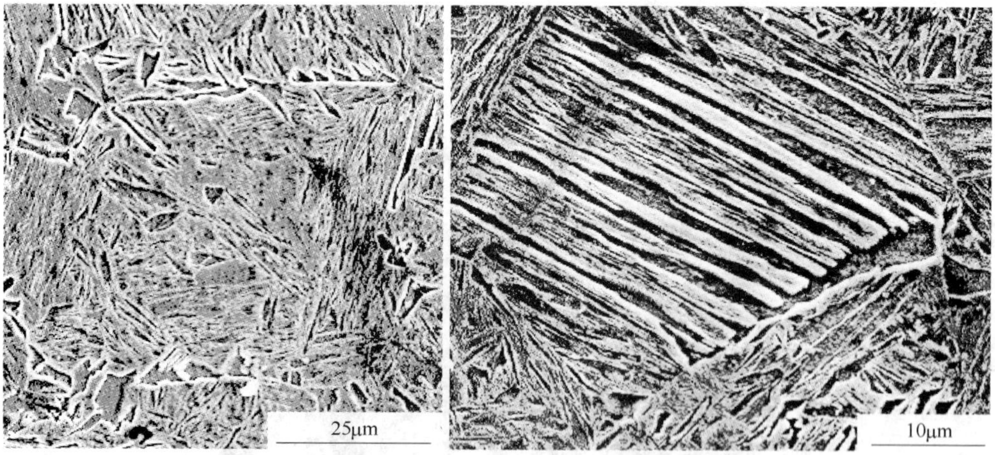

a *b*

图 9-28 20CrMo 钢贝氏体铁素体在原奥氏体晶界形核并长大(SEM)

9.5.3 上贝氏体铁素体长大速度和长大机制

9.5.3.1 上贝氏体铁素体的长大方式

从金相和电子显微镜观察表明,贝氏体铁素体在晶界形核并且沿着晶界延伸和向晶内长大。由于晶界两侧的奥氏体 γ_1 和 γ_2 位向不同,在 γ_1-γ_2 晶界上形成的贝氏体铁素体晶核(BF)不可能与 γ_1 和 γ_2 两个奥氏体晶粒同时具有共格晶面,如果 BF-γ_1 相界面呈共格关系,则 BF-γ_2 相界面不会有共格关系。上已叙及,如果贝氏体铁素体晶核与奥氏体的相界面没有共格连接,则晶核的形成不是切变过程,而晶核的长大也不可能以共格切变方式长大。

众所周知,马氏体是在奥氏体晶粒内部的位错等缺陷处形核,马氏体与奥氏体的相界面(M-A)保持共格关系,因此能够以切变共格方式长大,一旦共格遭到破坏,马氏体片即将停止长大。以往的大量研究和本次试验观察,均已证明,上贝氏体铁素体是在奥氏体晶界上形核的。因此,其形核长大机制不可能是切变机制,起码上贝氏体铁素体沿着晶界长大不可能以切变方式进行。此外,从热力学方面看,驱动力也较小,系统自组织功能不能选择切变位移方式[9]。

9.5.3.2 上贝氏体铁素体的长大需求

如果贝氏体铁素体片以扩散机制长大,则其长大速度 v 可用下式进行计算[9,18]:

$$v = \frac{C_{\gamma} - C_{\gamma-\alpha}}{2(C_{\alpha} - C_{\gamma-\alpha})}\sqrt{\frac{D}{\tau}} \tag{9-1}$$

式中 C_{γ}——奥氏体中铁的浓度;

$C_{\gamma-\alpha}$——与铁素体保持平衡的奥氏体的铁含量;

C_{α}——铁素体中的铁含量。

可见,贝氏体铁素体晶核的长大速度 v 与原子的扩散系数 D 及时间 τ 有关,扩散系数越大,长大速度越快,呈非线性关系;时间越长,长大速度越慢,是随时间的延长而变慢,长大到一定大小时就会终止。

在铁素体-珠光体转变温度区间,碳原子在奥氏体和铁素体中的扩散速度都很快,而铁原子和替换原子的扩散速度却比碳原子扩散慢得多。根据扩散系数 $D = D_0\exp\left(-\frac{Q}{RT}\right)$ 方程可以计算铁原子和碳原子在奥氏体中的扩散系数。

计算在530℃,碳原子在 γ-Fe 中的扩散系数。取 $D_0 = 2\times10^{-5}\,\mathrm{m^2/s}$,扩散激活能 $Q = 140$ kJ/mol。代入上式,计算得碳原子在 γ-Fe 中的扩散系数 $D_C^{\gamma} = 1.54\times10^{-10}\,\mathrm{cm^2/s}$;同样,计算在530℃,铁原子在 γ-Fe 中的自扩散系数,取 $D_0 = 1.8\times10^{-5}\,\mathrm{m^2/s}$,扩散激活能 $Q = 270$ kJ/mol,代入上式,计算铁原子在 γ-Fe 中的自扩散系数 $D_{Fe}^{\gamma\text{-}Fe} = 4.8\times10^{-19}\,\mathrm{cm^2/s}$。可见,两个扩散系数 D_C^{γ} 和 $D_{Fe}^{\gamma\text{-}Fe}$ 相差9个数量级。这说明在贝

氏体铁素体的析出过程中，主要受铁原子的自扩散和替换原子的扩散速度控制（注：一般认为贝氏体相变受碳原子扩散控制）。虽然贝氏体铁素体（BF）的形成需要碳原子扩散离去，但是，由于碳原子的扩散速度远比铁原子的扩散速度快得多，因此碳原子的扩散速度对贝氏体铁素体形成速度的影响退居第 2 位。因此，应用式 9－1 计算先共析铁素体的长大速度时，应当考虑代入铁原子的扩散系数。

20CrMo 钢于 950℃加热奥氏体化，然后在 530℃等温，试验等温转变时间 $\tau = 2$ s。

取奥氏体中铁的浓度 $C_{\gamma} = 99.8\%$，与铁素体保持平衡的奥氏体的铁含量为 $C_{\gamma-\alpha} = 99.1\%$，铁素体中的铁含量为 $C_{\alpha} = 99.98\%$。将上述各值一并代入式 9－1，整理得到长大速度约为 $v = 1.9 \times 10^{-10}$ nm/s。此计算值太小，说明按照体扩散实现贝氏体铁素体的长大是不可能的。

原子沿着界面扩散，扩散速度较快，称为高扩散率通道。一般晶界的扩散激活能比晶内低，对于自扩散，晶界扩散激活能约为晶内的 0.4～0.6 倍。其扩散系数要比点阵内部大得多，在 $0.5T_{M}$（金属的熔点）以下要高 10^{6} 倍以上，在 20CrMo 钢中，$0.5T_{M} = 748$ K，约为 475℃。取奥氏体晶界扩散系数 $D_{Fe}^{\gamma-Fe} = 4.8 \times 10^{-13} cm^{2}/s$。按照晶界扩散系数再次计算贝氏体铁素体长大速度得 $v = 1.9$ nm/s。

显然，即使按照界面扩散速度计算，得到的计算值仍然太小，与实测值相差太大。

按照图 9－29 测得贝氏体铁素体片条向晶内的长大线速度为 17763 nm/s 和 14998 nm/s。按照图 9－30 所示，20CrMo 贝氏体铁素体在沿着相界面长大的速度为 11090 nm/s。Aaronson[37] 等用热离子发射显微镜直接观测了贝氏体铁素体的形

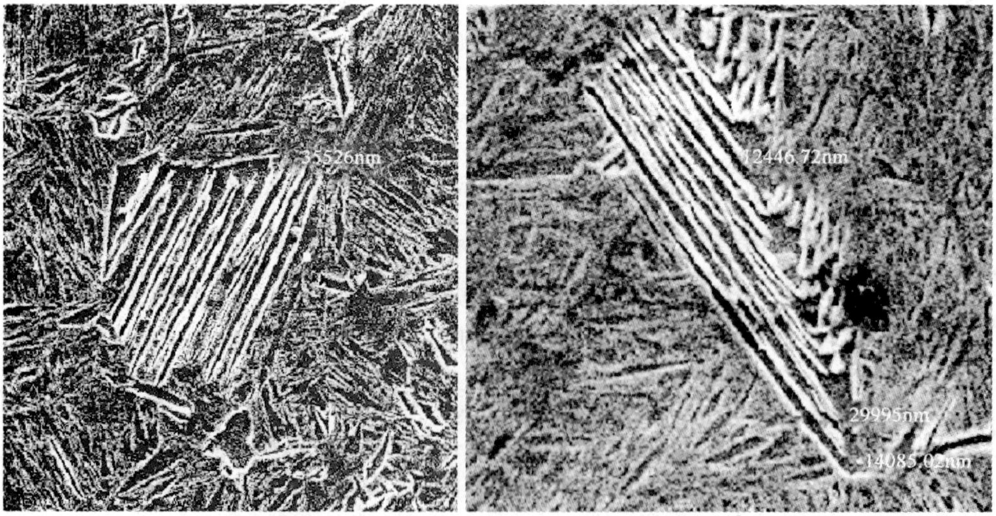

a　　b

图 9－29　20CrMo 钢贝氏体铁素体片条及尺寸（SEM）

成与长大，测出含有 0.66% C、3.32% Cr 钢在 400℃ 等温处理时，得到上贝氏体铁素体条片随着时间的增加而呈直线增长，如图 9－31 所示，三个贝氏体铁素体片条的长度与等温时间均呈直线关系。平均长大速度约为 14 μm/s（14000 nm/s），与本试验的实测值很接近。

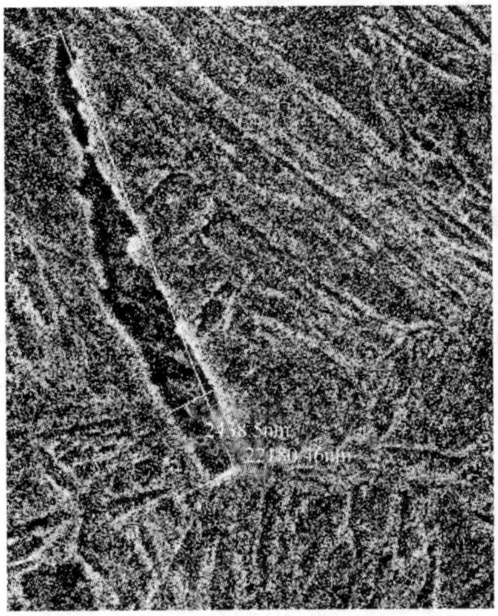

图 9－30 20CrMo 贝氏体铁素体在相界面上长大及尺寸测定（SEM）

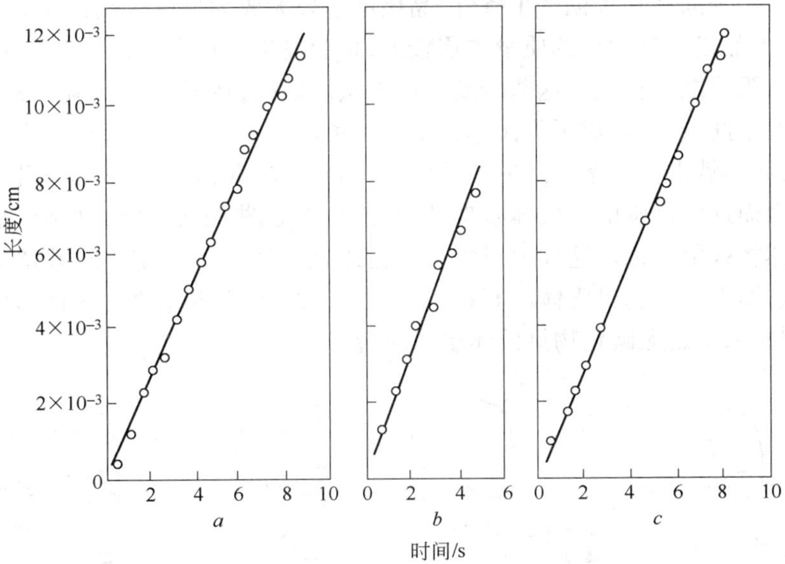

图 9－31 0.66% C、3.32% Cr 钢在 400℃ 等温时上贝氏体铁素体条片的长大速度[9,12]

a—第一片；*b*—第二片；*c*—第三片

计算表明，无论按照体扩散，还是按照界面扩散，计算值都是太小，均比实测值低 3～4 个数量级。说明贝氏体铁素体的长大机制不是扩散过程。

试验实测、理论分析和计算均表明切变机制和扩散台阶机制均不能解释上贝氏体的长大速度。

9.5.3.3　上贝氏体铁素体长大的非协同热激活跃迁机制

上述分析、计算、实测均表明上贝氏体铁素体片条沿着晶界延伸和向晶内长大，不是切变过程，也非扩散过程。

过冷奥氏体在孕育期间，由于涨落而形成贫碳区和富碳区。在贫碳区中形成贝氏体铁素体晶核，相当于 $\gamma\rightarrow\alpha$ 多形性转变。相界面附近的原子连续接踵地热激活跃迁，实现晶核的长大。

由于是原子联动位移，接踵跃迁，原子每一次移动的距离小于一个原子间距，好像多米诺骨牌效应，一个个地连续倾倒那样，奥氏体中的铁原子逐一地接踵跌入 α 相中，因此长大速度很快。这种热激活迁移方式似切变，而非切变；似扩散，而非扩散，是中温区贝氏体相变过渡性的体现，是一种“切变”－扩散整合机制。

9.5.4　贝氏体形核长大过程

贝氏体铁素体片条的长大是亚单元重复形成的过程。例如，无碳化物贝氏体的形成过程应当是：首先，在过冷奥氏体晶界上由于成分涨落而随机地出现贫碳区，接着在某些贫碳区形成贝氏体铁素体晶核。该晶核处的碳原子扩散到其周围的奥氏体中，为晶核长大创造了条件，晶核迅速长大成为贝氏体铁素体亚单元。具有体心立方晶格的铁素体的质量体积较大，相变发生体积膨胀，因而产生畸变应力和畸变能，阻碍继续长大。这些畸变能促成激发形核，在亚单元前端再激发产生新的亚单元，如此重复，形成了贝氏体铁素体片条。

在贝氏体铁素体片条之间的奥氏体中，不断富集碳，而且受铁素体片条的多向压应力，因而这些富碳的奥氏体越来越稳定，如果是硅钢或铝钢，则难以析出渗碳体，奥氏体将残留下来。这样就形成了贝氏体铁素体片条＋富碳的残留奥氏体的整合组织，即无碳化物贝氏体（BF＋A′）。图9－32是无碳化物贝氏体形成过程示意图。图9－33是无碳化物贝氏体组织形貌。

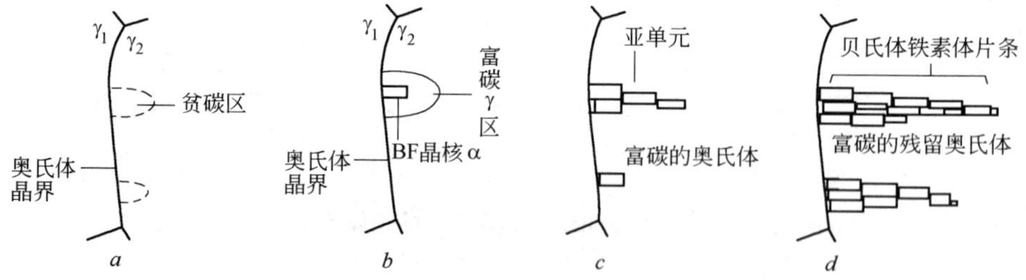

图9－32　无碳贝氏体形核及长大示意图

a—随机形成贫碳区；*b*—晶界形核 α；*c*—亚单元增多，晶核长大；*d*—转变终了，BF＋γ

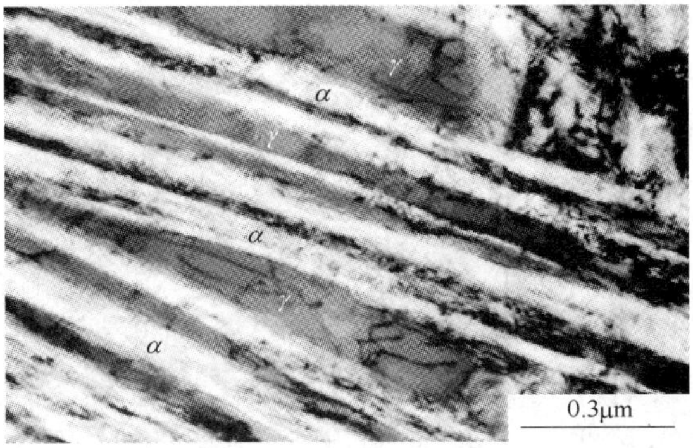

a

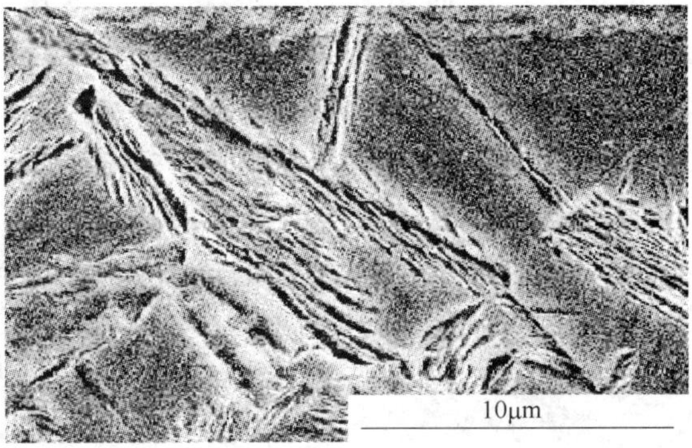

b

图 9-33 含硅钢的无碳上贝氏体(*a*)和无碳准下贝氏体(*b*)

羽毛状贝氏体的形成过程与无碳化物贝氏体形成过程相似。区别在于从富碳奥氏体中析出了渗碳体分布在贝氏体铁素体片条之间。由于渗碳体形核需要较高的碳浓度涨落,碳原子进行扩散富集需要时间,铁原子的自扩散更需要时间,渗碳体形核困难,长大也慢,只能长大到细小的片状、短棒状或断续的颗粒而终止长大,因此,在贝氏体铁素体片条之间分布着渗碳体,呈现羽毛状,如图 9-34 所示。

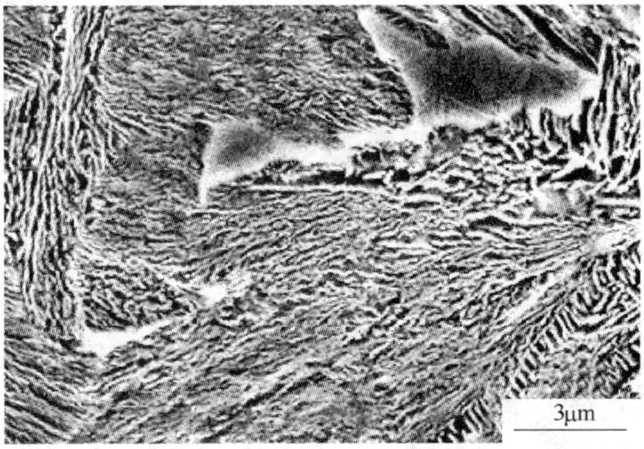

图 9-34 轴承钢的羽毛状贝氏体组织(SEM)

如果贝氏体铁素体片条之间的富碳奥氏体难以析出渗碳体，奥氏体在冷却过程中部分地转变为马氏体，形成颗粒状的 M-A 岛，则成为粒状贝氏体。它是无碳化物贝氏体的一个特例。

下贝氏体的形成过程与上贝氏体不同，形核地点可在晶界，也可在晶内的缺陷处，也是首先通过涨落产生贫碳区。在贫碳的奥氏体中形成贝氏体铁素体晶核，并且迅速长大为下贝氏体亚单元。片状的亚单元侧面是富碳奥氏体，它可能析出 ε－碳化物，也可能稳定，不足以沉淀析出碳化物。如果析出了碳化物，消耗了碳原子，则将又一次贫碳，这有助于形成第二片亚单元。这样，在亚单元侧面不断重复形成亚单元，而构成下贝氏体片。当该贝氏体片引发的畸变能足够大时，停止长大。这时依靠激发形核，产生第二个贝氏体铁素体片。同样，贝氏体片的形成造成体积膨胀，对片间的奥氏体产生压应力，如果难以继续转变，以残留奥氏体薄膜形式存在于亚单元之间，则成为所谓的准下贝氏体。图 9－35 示出弹簧钢不同视场的两幅贝氏体照片。

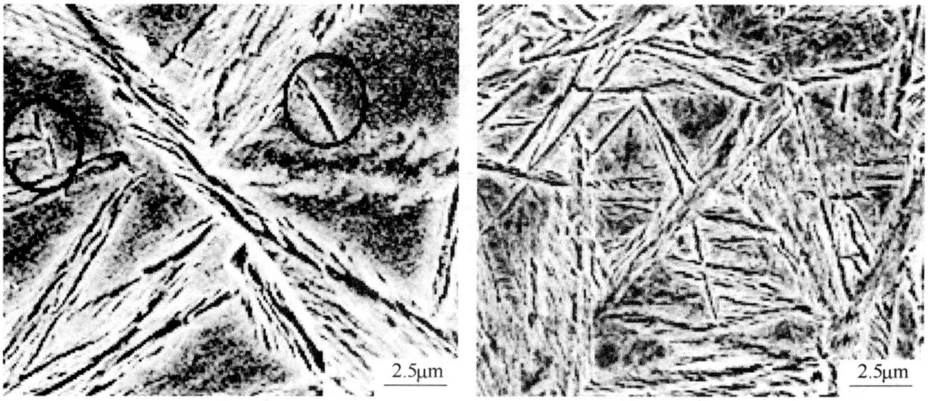

a　　*b*

图 9－35　60Si2CrV 弹簧钢的准下贝氏体组织(SEM)

9.6　贝氏体碳化物形成机理

钢中的碳化物种类很多，除了 θ－渗碳体外，还有许多特殊碳化物，如 MC、$M_{23}C_6$、M_7C_3 等。在合金钢的退火组织中，能够生成多种特殊碳化物；在珠光体组织中，碳化物种类较多。但是在中温区，过冷奥氏体转变为贝氏体时，由于是非平衡转变，元素扩散困难，碳化物难以形成，尤其是特殊合金碳化物一般情况下难以生成。所以，在贝氏体组织中多数是 θ－渗碳体，有时也会形成 ε-Fe_xC。

钢中碳化物总是与铁素体或奥氏体共存。从 Fe-C 相图可见，渗碳体可以从奥氏体中析出，称为二次渗碳体，也可以从铁素体中脱溶，如沿着 *PQ* 线降温时，析出三次渗碳体，如果冷却较快，铁素体中碳原子不能充分脱溶，则铁素体中碳将处于过饱和状态。

奥氏体共析分解时，渗碳体与铁素体共析共生，两相协同生长，形成珠光体组织，它是共析渗碳体和共析铁素体的整合组织。

碳化物也可以从淬火马氏体中脱溶，存在一个脱溶贯序，如中碳马氏体回火时脱溶贯序为：碳原子偏聚团（Dc、Hc）→ε-Fe_xC→θ-Fe_3C[11]。

贝氏体相变不是共析分解过程，其碳化物与贝氏体铁素体不是共析共生的，不存在两相竞争协同生长的关系，例如，无碳化物贝氏体组织中，除了贝氏体铁素体片条外，只有残留奥氏体，θ-Fe_3C 没有析出。粒状贝氏体是由 BF + M-A 岛组成的整合组织，也没有碳化物。显然，贝氏体相变过程中，碳化物与贝氏体铁素体不是共析共生的，不属于共析分解反应，而是一种非平衡转变。

在中温区，经过一定时间，或较长时间等温，才能够形成渗碳体。在含铝、硅的合金钢中，由于铝、硅不溶入渗碳体中，因此，铝、硅原子不扩散离去，渗碳体则难以形成，就只能得到 BF + 残留奥氏体的无碳化物贝氏体。

尽管碳化物（θ 或 ε）往往不一定存在于贝氏体组织中，但它仍然是贝氏体组织中的一个组成相，其形成规律也是贝氏体相变机制的一个组成部分。

在碳素钢和某些合金钢中，存在贝氏体碳化物，其形成与贝氏体铁素体亚单元的形核长大密切相关，由于铁素体中碳含量很低，随着亚单元的形成和长大，不断排碳，碳原子长程扩散进入其周边的奥氏体中，使得奥氏体越来越富碳，这就为碳化物的析出创造了条件。

本节主要阐述贝氏体碳化物的形核地点，长大规律。

9.6.1 贝氏体碳化物类型

9.6.1.1 θ-Fe_3C

表 9－2 中列举了铁碳化合物的类型及其晶体学参数。在铁碳合金中形成 θ-Fe_3C，在合金钢中，有些碳化物形成元素在渗碳体中有一定溶解度，故形成合金渗碳体 θ-$(Fe,M)_3C$。渗碳体为正交晶格，每个晶胞中有 12 个铁原子，碳含量为 6.67%。

表 9－2 碳化物的晶体学参数[12]

类　型	化学式	碳含量/%	晶格	点阵常数/nm	单胞中铁原子数
η	Fe_2C	9.7	正交	$a=0.4700$ $b=0.4320$ $c=0.2830$	4

续表 9 – 2

类　型	化学式	碳含量/%	晶格	点阵常数/nm	单胞中铁原子数
ε	$Fe_{2.4}C$	7.9	六方	$a=0.2754$ $b=0.4349$ $c/a=1.579$	6
χ	Fe_5C_2	7.9	单斜	$a=1.1562$ $b=0.4573$ $c=0.5060$ $\beta=97.74°$	20
θ	Fe_3C	6.7	正交	$a=0.4525$ $b=0.5087$ $c=0.6744$	12

从铁 – 渗碳体相图来看，在临界点 A_1 以下，平衡相只有铁素体和 θ-Fe_3C，不存在其他碳化物。但是在非平衡相变中，可能形成如表 9 – 2 中的碳化物，χ-Fe_5C_2、ε-$Fe_{2.4}C$ 等是不稳定的，它们是 θ-Fe_3C 的过渡相。一般认为，贝氏体碳化物主要是 θ-Fe_3C 或 θ-$(Fe,M)_3C$。在中温区，碳原子能够长程扩散，而在渗碳体形成过程中，铁原子不需要长程扩散，只要相界面原子热激活迁移很短的距离，就能够形成渗碳体。奥氏体中的少量合金元素，只要在渗碳体中能够溶解，可以就地转入渗碳体中，形成 θ-$(Fe,M)_3C$。由于碳化物形成元素不能长程扩散，因此贝氏体相变时未见形成特殊碳化物。

9.6.1.2　ε-碳化物

下贝氏体中碳化物除了 θ-$(Fe,M)_3C$ 外，还有 ε – 碳化物，化学式为 ε-$Fe_{2.4}C$，碳含量为 7.9%，六方结构。含硅钢中难以形成渗碳体，因为硅在渗碳体中的溶解度极低，在形成渗碳体时，硅原子需要长程扩散离去，然而，硅原子在中温区扩散速度太慢，实际上硅阻碍了 θ-Fe_3C 的形成。

ε-碳化物中能够溶入某些合金元素，因此，一般 ε – 碳化物在下贝氏体中形成。经过较长时间保温，ε – 碳化物可转化为 θ-Fe_3C。

9.6.2　贝氏体碳化物的来源

贝氏体碳化物来源于 α 还是 γ，或者是 α-γ 相界面，这是两派学术论争的一个焦点问题，它实质上是碳化物的形核地点问题，即碳化物在贝氏体铁素体中形核？还是在奥氏体中形核？或者是在 BF-γ 相界面处形核？

关于上贝氏体中碳化物，即 θ – 渗碳体的来源认识基本上是一致的，即渗碳体在富碳的奥氏体区内析出，存在于贝氏体铁素体片条之间或与残留奥氏体共同存在。

对下贝氏体碳化物的来源认识不一致。一种观点认为，初始的贝氏体类同于马氏体具有全饱和固溶碳含量，贝氏体铁素体中含有过饱和碳，碳化物析出自碳过饱和的铁素体。但持扩散观点的学者不同意这种观点，认为 Bc 来源于奥氏体，贝氏体铁素体中的碳含量是平衡态的。在贝氏体铁素体形核长大过程中，具有近于平衡的碳含量（小于 0.03%），大量的碳在铁素体开始形成时就扩散进入奥氏体中，碳化物即来源于铁素体生长前沿的富碳奥氏体内，在长大过程中被铁素体包围[26]。

9.6.2.1　贝氏体铁素体固溶碳含量

贝氏体铁素体中的固溶碳含量成为讨论的一个热点。对于贝氏体铁素体中的固溶碳含量存在不同的认识。持切变观点的一些学者认为，初始的贝氏体类同于马氏体具有全饱和固溶碳含量；而持扩散观点的一些学者认为，贝氏体铁素体中的碳含量是平衡态的。其实，上、下贝氏体铁素体中的碳含量不同，BF 中碳的过饱和度随着相变温度的降低而增加，与钢的成分也有关系。合金元素对贝氏体的形核长大速率有明显的影响，其速率影响了碳原子被拘陷的程度。

铁素体中的平衡碳含量按铁碳平衡图上所标定的，在 727℃ 为 0.0218% C，即碳原子在 α-Fe 中的最大溶解度；在室温，碳在铁素体中的溶解度小于 0.001% C，这个数值说明平衡态的铁素体中基本上是不含碳的。由于碳是扩大 γ 相区的元素，因此碳原子在奥氏体中的溶解度较大，而在铁素体中溶解度极小。

贝氏体相变是过冷奥氏体在中温区的非平衡转变，因此，贝氏体形成初期，碳含量是过饱和的，但是难以实际测定过饱和程度。设有一个成分为 C 的铁碳合金，如图 9－36 所示，C 成分的奥氏体过冷到中温区 T 温度下，进入 A＋F 两相的亚稳区，转变为无碳化物贝氏体，得到的贝氏体铁素体（BF）的成分为 C_{BF}，奥氏体成

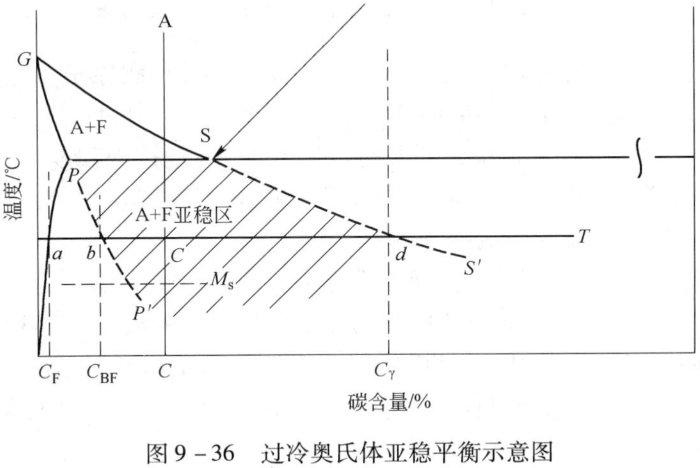

图 9－36　过冷奥氏体亚稳平衡示意图

分为 C_γ。这样的贝氏体组织冷却到室温，贝氏体铁素体的碳含量是过饱和的，过饱和度大于 0.0218% C。但是准确地测定贝氏体铁素体中的固溶碳含量是不可能的，实际上没有办法制取到新鲜的 BF。据研究厚度约为 500 nm 的上贝氏体铁素体片条，其完成排碳的时间，估计只需几毫秒。Aaronson 等估计上贝氏体铁素体的碳含量约为 0.03%[24]。

贝氏体铁素体中具有较高的位错密度，在中温区等温时，由于位错的运动会使位错密度降低，因此，上贝氏体中的位错密度较下贝氏体低。原子探针分析表明，贝氏体铁素体中的碳原子数随着等温温度的降低而增大。上已叙及，下贝氏体的缠结位错，位错密度约为 $2\times10^{10}\text{cm}^{-2}$。已有的资料说明，马氏体中的位错密度为 $2\times10^{12}\text{cm}^{-2}$时，可以吸纳 0.2% C 的碳含量，而不出现正方度。因此可以认为，贝氏体铁素体较高的位错密度增大了碳原子的溶解度（位错禁锢碳原子），比平衡态铁素体具有过饱和碳。研究认为位错的柯垂尔气团中碳原子浓度约为 7.4%（原子分数）[38]。

在高碳高硅钢的贝氏体研究中，对奥氏体和铁素体经过 X 射线和原子探针分析，表明贝氏体铁素体中存在过饱和碳，如表 9－3 所示。已知钢中的碳含量为 4.34%（原子分数）。从表中可见，残留奥氏体中被富碳，而贝氏体铁素体中也含有过饱和的碳含量。

表 9－3　奥氏体和贝氏体铁素体中碳含量的测定[38]

等温工艺	X 射线分析（原子分数）/%		原子探针分析（原子分数）/%	
	残留奥氏体	贝氏体铁素体	残留奥氏体	贝氏体铁素体
200℃保持 144 h	6.6 ±0.44	2.92 ±0.30	5.39 ±0.18	0.62 ±0.10
300℃保持 8 h	5.57 ±0.44	1.37 ±0.30	6.85 ±0.22	0.52 ±0.04

实际上，贝氏体在中温区形成，然后迅速冷却到室温，碳原子不能从铁素体中平衡脱溶，因此，从这个角度来讲，铁素体也是被碳原子过饱和的。

综上所述，贝氏体铁素体中碳原子是过饱和的，但是过饱和度不大，应当小于 0.2%。具有这样过饱和度的 α 相（BF）中不能析出 ε－碳化物[12,17]。

9.6.2.2　贝氏体碳化物的分布特征

贝氏体碳化物的存在位置或分布特征被认为与其来源有关。

将 P20 钢于 870℃奥氏体化 2 h，然后于 500℃等温淬火 2 h，得到上贝氏体整合组织，如图 9－37 所示，可见，贝氏体碳化物呈短棒状，长短不等，沿着 BF 的长轴方向分布。渗碳体分布于贝氏体铁素体片条内部，即 Bc 被贝氏体铁素体包围，而且分布是不均匀的，是非均匀形核的表征。

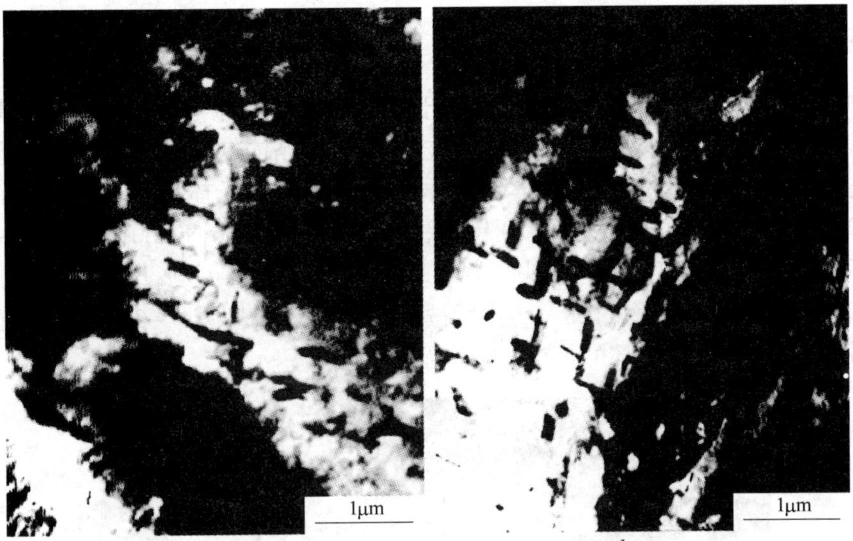

a *b*

图 9－37 P20 钢上贝氏体中的碳化物分布的两幅 TEM 照片

短棒状碳化物与 BF 长轴呈夹角分布。碳化物从条片状铁素体界面开始向内部延伸，有的横贯整个铁素体片，有的长大到半截而终止。从图 9－37*b* 可见，碳化物大部分分布在铁素体片中间。这些上、下贝氏体碳化物经过电子衍射分析，证明均为渗碳体，即 θ-M_3C。

方鸿生等人用 Fe-0.5% C-3.28% Mn 钢等温淬火，获得下贝氏体组织，如图 9－38所示。可见，图中大部分贝氏体碳化物分布在铁素体内部，但也有的进入了残留奥氏体内部。

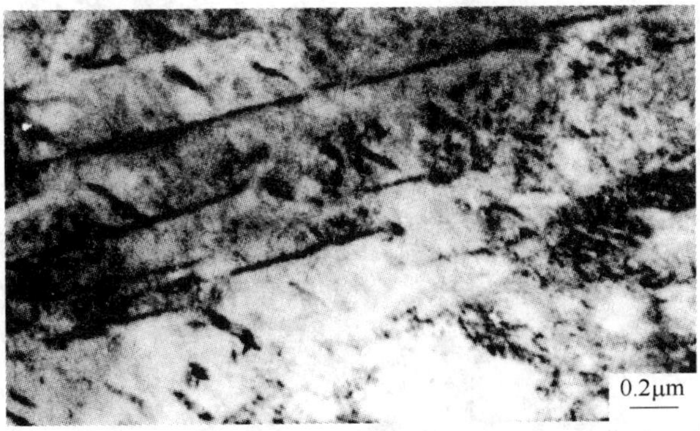

图 9－38 Fe-0.5% C-3.28% Mn 钢下贝氏体碳化物[26]
(1150℃ ×72 h，1100℃ ×1 min，300℃ ×15 min)(TEM)

综上所述，贝氏体中的碳化物是非均匀形核，分布于铁素体内部或者从界面处向铁素体片内部长大或长入奥氏体中。

9.6.3　贝氏体碳化物的形核

贝氏体碳化物的形成也是一个形核长大的过程。根据相变的一般规律，贝氏体碳化物的形核也是非均匀形核，即优先在界面等晶体缺陷处形核。电子显微镜观察表明，贝氏体碳化物在贝氏体铁素体片条之间的奥氏体界面上形成或在贝氏体亚单元间形成。图 9 - 39 为 P20 钢（图 9 - 39*a*）和 23MnNiCrMo 钢（图 9 - 39*b*）的下贝氏体组织，可见，图中箭头所指 Bc 为 θ - 渗碳体，可见，Bc 在界面处形核，然后呈楔形长大，碳化物的长大终止后被铁素体包围。从图 9 - 39*b* 也可以看到碳化物分布在铁素体片内部的情况（左侧箭头）。

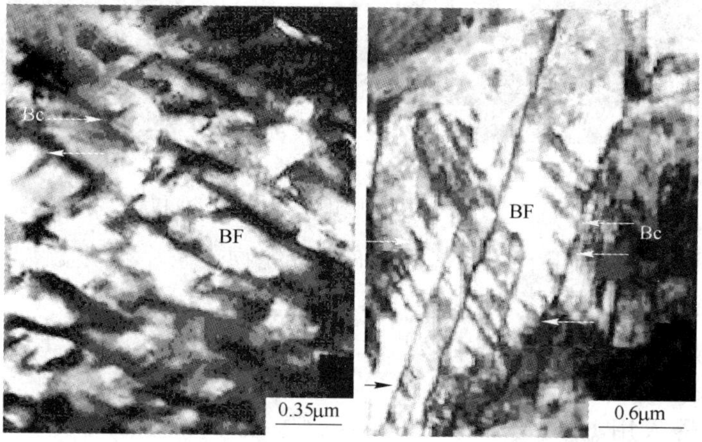

图 9 - 39　P20 钢（*a*）和 23MnNiCrMo 钢（*b*）的下贝氏体（TEM）

图 9 - 40 是 GCr15 钢 950℃ 奥氏体化后，于 220℃ 硝盐浴等温得到的下贝氏体，

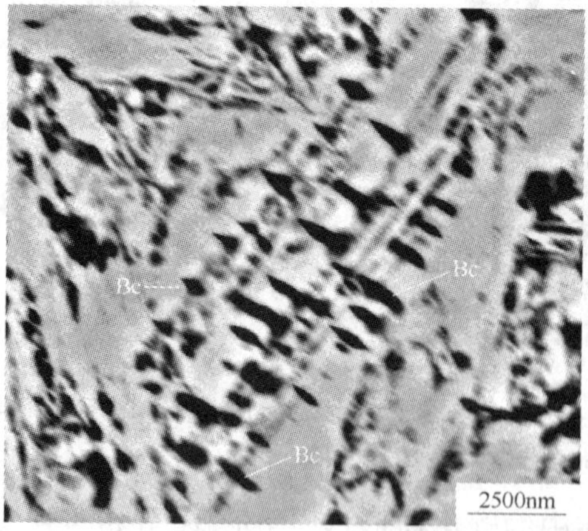

图 9 - 40　GCr15 钢的下贝氏体组织（背散射电子像）（SEM）

可以看到碳化物呈楔形长大的情况。可见，在相界面上形核，在界面处尺寸较粗大，向前长大时逐渐变得尖细而成楔形。

关于对贝氏体碳化物的形核机制研究报道甚少，有些学者提出台阶形核机制，认为贝氏体碳化物在 α-γ 相界面上的台阶阶面附近形核，认为碳化物来源于富碳的奥氏体[39]。

已知 ε-$Fe_{2.4}C$ 的碳含量为7.9% ，θ-Fe_3C 的碳含量是6.7%[12]。因此，形成碳化物时，需要很高的碳原子的浓度涨落，如此高浓度的涨落在铁素体内部是难以出现的；ε-$Fe_{2.4}C$（六方结构）和 θ-Fe_3C（正交晶格）难以在铁素体晶格中形成结构涨落；因此，在贝氏体铁素体中难以形成碳化物晶核。

碳是扩大 γ 相区的元素，贝氏体铁素体亚单元的形成使碳原子不断排出而进入富碳奥氏体中，奥氏体中将溶入大量的碳原子。尤其在 BF-γ 相界面上，碳原子易于吸附偏聚，而且碳原子沿着界面的扩散速度很快，加上与富碳的奥氏体相邻接，则 BF-γ 相界面为碳化物的形核提供了有利条件。

贝氏体碳化物（Bc）的形核同样需要浓度涨落、结构涨落和能量涨落。在BF-γ 相界面容易出现这些随机涨落。三种涨落的非线性正反馈作用，建构了 Bc 结构的晶胞，从而使系统自由焓降低。因此，可以断言：BF-γ 相界面是碳化物形核的有利地点，而且与试验事实相符。

在高硅钢中，硅难以溶入渗碳体中，但在 ε－碳化物和贝氏体铁素体中两相中的浓度是相同的，硅没有发生重新分布，认为硅促进了 ε－碳化物的析出，并且与碳原子被位错禁锢有关。原子探针测定表明，由于碳原子被禁锢在位错处，致使 ε－碳化物无法析出[38]。

9.6.4 贝氏体碳化物的长大

贝氏体碳化物在 BF-γ 相界面上形核，并且向奥氏体内部长大，碳化物的长大促进了铁素体的长大。随着铁素体亚单元的重复形成碳化物不断长大，这是碳原子不断沿着界面扩散输运的过程，也是铁原子在相界面上非协同热激活跃迁的过程[40,41]。

由于上贝氏体铁素体在奥氏体晶界形核，然后沿着惯习面向奥氏体晶粒内部长大，呈条片状平行排列，片条之间分布着富碳的奥氏体，如图 9－41 所示。上贝氏体碳化物在 BF-γ 相界面上形核，向富碳奥氏体中长大，因此，短棒状或纤维状的 θ－渗碳体当然要沿着铁素体片主轴方向平行排列。上贝氏体中碳化物的形成过程示意图，如图 9－42 所示，图 9－42*a* 表示在过冷奥氏体晶界上由于涨落而形成贫碳区和富碳区，图 9－42*b* 为在贫碳区中形成贝氏体铁素体亚单元晶核，图 9－42*c*表示在 BF-γ 界面处析出碳化物晶核，图 9－42*d* 表示在亚单元重复析出的过程中，碳化物也不断形核长大的情况。

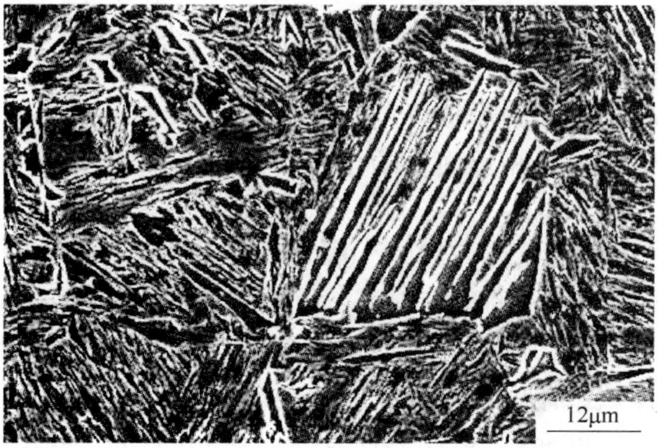

图 9－41　20CrMo 钢贝氏体铁素体片条从晶界向晶内平行排列生长（SEM）

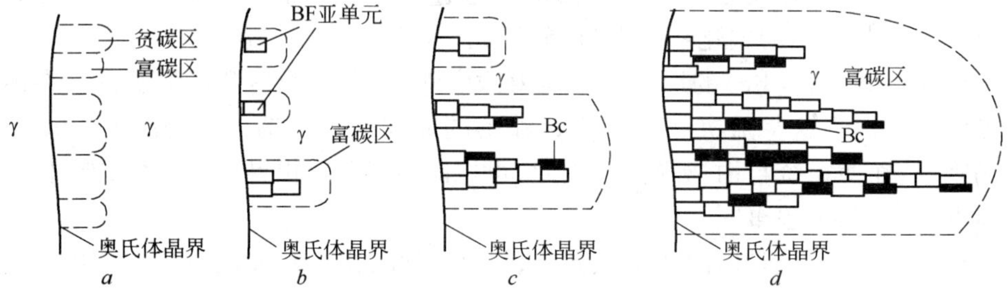

图 9－42　上贝氏体中碳化物的形成过程示意图[40,41]

图 9－43 所示为下贝氏体铁素体片条和亚单元形成以及 θ－渗碳体形核长大的示意图解。图 9－43*a* 为在奥氏体晶界或位错等缺陷处由于涨落而形成贫碳区和富碳区，在能量涨落和结构涨落的非线性交互作用下，BF 亚单元形核（图 9－43*b*），铁素体片条依靠亚单元重复形成而长大，并且排碳。亚单元的重复形成，使周边的奥氏体中不断富碳。依靠涨落在 BF-γ 相界面处形成 θ－渗碳体晶核（图 9－43*c*），这时则出现了 Bc-BF 相界面和 Bc-γ 相界面，碳原子沿着相界面长程

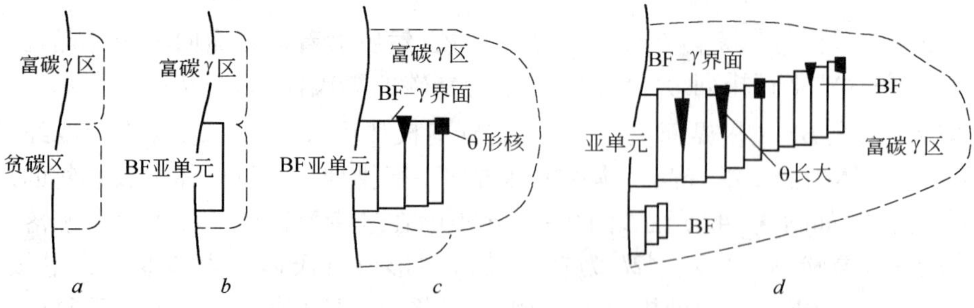

图 9－43　下贝氏体铁素体亚单元及碳化物形核长大示意图[40,41]

扩散,供应渗碳体晶核长大所需要的碳原子。碳化物借助于贝氏体铁素体的长大而长大,也可以长入富碳的奥氏体中。碳化物的长大需要大量碳原子长程扩散供应,由于长程扩散供应困难,碳化物长大到一定大小后会停止,而铁素体将继续长大,碳化物终究被铁素体所包围(图 9 - 43*d*)。

大量的试验观察表明,下贝氏体碳化物在 BF-γ 相界面上形核,由于界面扩散速度较快,碳化物容易沿着界面长大,铁素体的生长排碳,促进碳化物靠近铁素体长大,碳化物的长大使得其周边的奥氏体中碳含量降低,又促进铁素体继续长大。碳化物的持续长大受到碳原子长程扩散供应的限制,而陷入困境,于是停止长大,而被铁素体包围。碳化物也可以长入奥氏体中,这使其周边的奥氏体贫碳而转变为铁素体。这一切,导致最终碳化物被铁素体包围。

9.6.5 贝氏体碳化物形核长大时原子的位移

θ - 碳化物的形成是个传质过程,首先需要碳原子的长程扩散,同时也需要铁原子迁移,因为 θ-Fe_3C 的碳含量是 6.67%(质量分数,下同),铁原子含量则为 93.33%,这与奥氏体的成分不同,在构建 Bc 晶格的同时,多余的铁原子需要迁移到铁素体中去,即碳原子的扩散是朝着 Bc 方向,以满足构建 Bc 晶格的需要;而铁原子的迁移方向与此相反,即向铁素体中迁移。

对于铁原子的迁移方式存在不同的认识:一种观点是切变位移;另一种则为扩散台阶位移。本书作者不同意这两种观点,认为由于中温区的转变温度低,铁原子和替换原子不能像扩散机制所述的那样,以换位机制、挤列机制、间隙机制等方式进行扩散位移,通常认为在贝氏体相变中,铁原子和替换原子是不能长程扩散的。

计算表明,当温度从 600 ~ 700℃降低到中温区(300 ~ 400℃)时,铁原子在 γ-Fe 中的扩散系数 D 降低到 10^{-20} ~ 10^{-24} cm^2/s 之间,降低了 6 ~ 9 个数量级。如果说在共析分解时铁原子能够扩散的话,而在中温区的扩散系数则降低了百万倍以上,可以认为已经失去了扩散能力,即不能进行扩散,或者说在中温区依靠铁原子的扩散进行相变是难以想像的,也不符合动力学实际。

上已叙及,贝氏体铁素体的形成具有原子非协同热激活迁移机制。依靠铁原子的热激活迁移可以实现 BF 的形核长大,那么,在贝氏体碳化物(Bc)的形成时,铁原子和替换原子的移动同样是非协同热激活的,一次跃迁的距离很短,不超过一个原子间距,也即依靠非协同热激活迁移实现界面移动,贝氏体碳化物的形核长大是界面控制过程。依靠铁原子和替换原子在 Bc-BF 相界面和 Bc-γ 相界面上热激活跃迁,Bc 向奥氏体内长大,也可以向铁素体内长大。如果相界面上存在台阶,则可能有利于原子的热激活迁移长大。

本书提出贝氏体碳化物形成的整合机制主要是:

(1) 贝氏体铁素体中的碳原子是过饱和的,但过饱和度不大,一般不超过

0.2%。在铁素体内部不具备渗碳体的形核长大条件。

（2）贝氏体亚单元的重复形成使奥氏体中富碳，有利于碳化物（Bc）在 BF-γ 相界面上形核。

（3）贝氏体碳化物沿着相界面长大，可以长入奥氏体中，也可以长入亚单元之间，碳化物长大较慢，后被铁素体包围。

（4）贝氏体碳化物的形成是碳原子沿着相界面长程扩散的过程。而铁原子和替换原子的位移是非协同热激活跃迁，即依靠热激活跃迁的界面控制过程实现 Bc 的晶格改组。

9.7　碳含量对贝氏体组织形貌的影响

贝氏体本质上是以贝氏体铁素体为基体，其上分布着 θ - 渗碳体（或 ε - 碳化物）、残余奥氏体、马氏体等相构成一个复杂的整合组织，其形貌受转变温度、合金成分等多种因素的影响，在较高温度区形成上贝氏体，在贝氏体“鼻温”以下至 M_s 点附近的较低温度区域形成下贝氏体。碳含量和合金元素均影响贝氏体的形貌。但对碳含量的影响规律的研究不充分，理论上不系统，认识不一致。

切变学说推论当钢中碳含量足够高时，不形成上贝氏体；钢中碳含量足够低时，不形成下贝氏体。此与试验事实基本上相符，如 Fe-7.9% Cr-1.1% C 的高碳高铬钢，贝氏体转变开始温度为 B_s = 300℃。在碳含量低于 0.4% C 的铁碳合金中没有观察到下贝氏体组织；在碳含量为 0.8% ~ 1.8% C 的铁碳合金中没有观察到上贝氏体组织[1]。

根据对不同碳含量的工业用钢的贝氏体组织进行的观察，总结了贝氏体组织形貌随着碳含量增加而演化的规律。

9.7.1　不同碳含量钢的中温转变组织形貌

取碳含量极低的高纯钢、12CrMo、20CrMo、35CrMo、9CrMo 和 GCr15 等工业用钢，经过完全退火后，切取厚度为 3 mm 的金相试样。将试样分别加热到 950 ~ 1100℃奥氏体化，然后分别在 300 ~ 530℃的盐浴炉中等温，令其转变为贝氏体或部分贝氏体，然后分别取出在水中淬火。碳含量极低的高纯钢试样，经奥氏体化后直接在冰盐水中激冷。试样经抛光、侵蚀，应用金相法和 QUANTA-400 型环扫电子显微镜观察组织形貌。

9.7.1.1　超低碳高纯钢的块状转变组织

将含有 0.041% La 的高纯钢（实际上是 Fe-0.041% La 合金）薄试样加热到

1100℃奥氏体化，然后冰盐水激冷得到块状组织，在金相显微镜下观察，如图9－44*a* 所示。可见铁素体晶粒形貌不规则，其形貌不同于长程扩散形成的等轴铁素体。在含铜超纯钢（Fe-1.5% Cu-0.06% C）中也发现了块状转变组织。该钢于950℃加热后冰盐水激冷，经对金相组织观察，并非等轴状铁素体晶粒，而是块状铁素体组织，晶界形状不规则，如图9－44*b* 所示。块状转变组织也可以呈现条片状特征，如图9－45*a* 所示，可见，铁素体组织呈条片状，与无碳化物贝氏体组织中的铁素体片条相似。

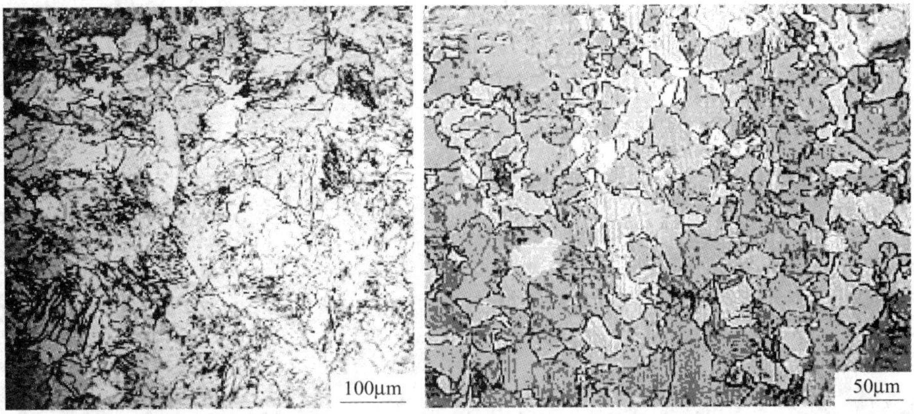

a *b*

图9－44 Fe-0.06% C-La 钢经冰盐水淬火后的块状铁素体（*a*）及 Fe-1.5% Cu-0.06% C 合金的块状铁素体（*b*）

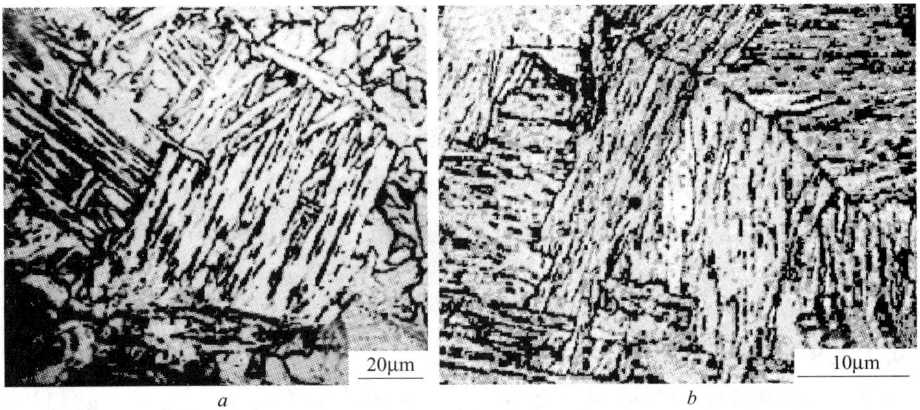

a *b*

图9－45 稀土高纯钢的块状铁素体组织（冰盐水淬火）（*a*）及 0.04% C 超低碳贝氏体组织（*b*）

高纯铁（w_C <0.005% C）γ 相以超高速冷却时（5000～35000℃/s），才能发生

块状相变，相变在740℃进行[12]。加入0.041% La显然对纯铁的块状相变产生促进作用，可能是镧增加了γ-Fe的稳定性的缘故[42]。

一般认为，控制块状转变速率的是形核率，晶核一旦形成，长大速度极快，约为$10^5 \sim 10^7$nm/s之间。由于新相(α)和母相(γ)的成分相同，因此不属于扩散相变，原子只需热激活跃迁就可以跨越界面使界面迁移，不需要原子的长程扩散，因而界面迁移速度极快。

9.7.1.2 低碳铬钼钢的贝氏体组织形貌

将12CrMo钢薄试样加热到950℃奥氏体化，然后分别淬入530℃和400℃的硝盐炉中等温，得到了贝氏体组织。在扫描电子显微镜下观察，发现均为无碳贝氏体，如图9－46所示，它是贝氏体铁素体＋残留奥氏体两相的整合组织。当等温温度低时，贝氏体铁素体片条细小一些。

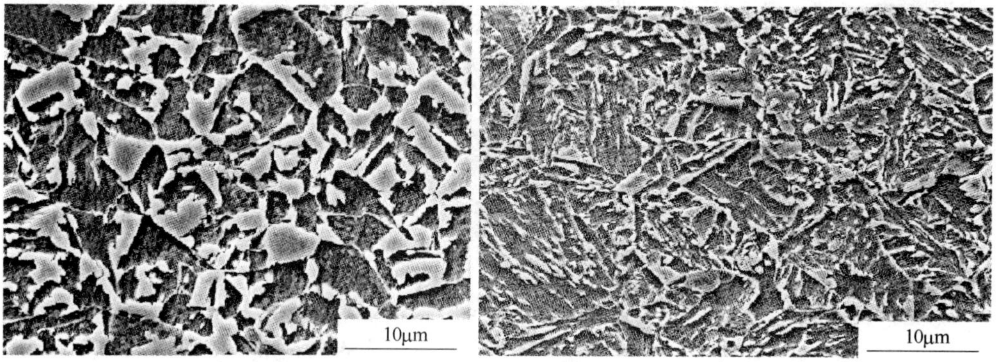

a *b*

图9－46 12CrMo无碳贝氏体(SEM)

a—530℃等温；*b*—400℃等温

图9－47是20CrMo钢试样于530℃等温3 s得到的无碳贝氏体＋马氏体的整合组织，可见贝氏体铁素体(BF)片条沿着晶界形核，并且向奥氏体晶内长大。图9－47*b*中标出了贝氏体铁素体(BF)片条的长度。贝氏体铁素体既有块状的，也有条片状的，如图9－46*a*、*b*所示。然而从图9－47*a*、*b*可见，初生的贝氏体铁素体均呈条片状。

9.7.1.3 中碳铬钼钢贝氏体组织形貌

将35CrMo钢经过950℃奥氏体化后，于530℃等温10 min，得到无碳贝氏体，也是由贝氏体铁素体(BF)片条＋残留奥氏体(γ′)组成，图9－48所示为无碳贝氏体的不同形貌。可见与20CrMo钢的无碳贝氏体组织相似。贝氏体铁素体(α)的形状不规则，并非全部为片条状，而是有的呈块状，有许多地方BF与γ′的界面呈锯齿状。铁素体片条之间为富碳γ相，由于碳含量增高，又含有Cr、Mo合金元素，

再加之转变为 α 相后，质量体积增大，γ 相受挤压，因而富碳 γ 趋于稳定，不能再发生转变而残留下来。

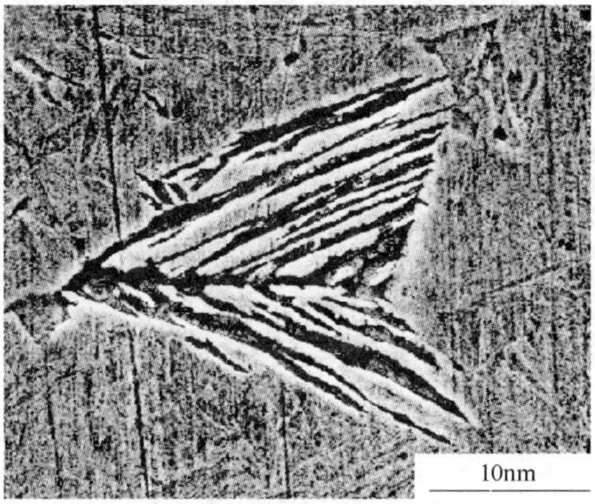

a

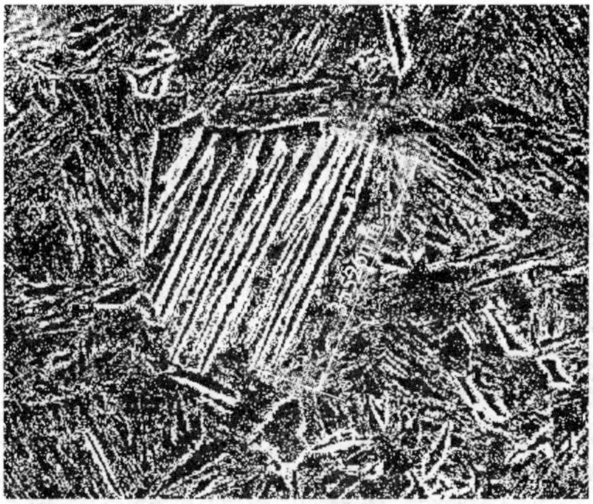

b

图 9-47　20CrMo 无碳贝氏体 + 马氏体组织(SEM)

a—沿晶界向两侧长大；*b*—BF 片条的尺寸

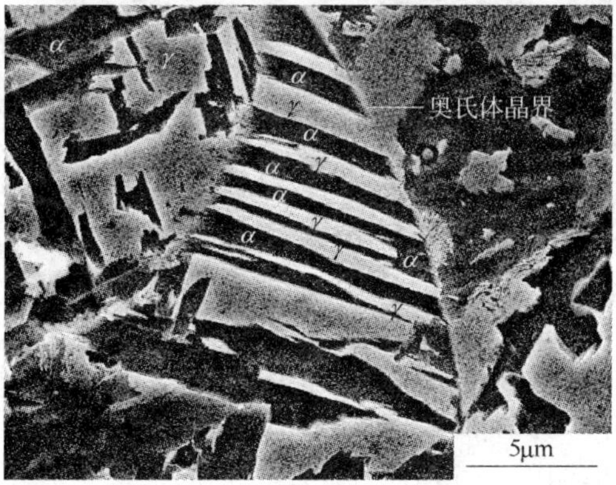

a

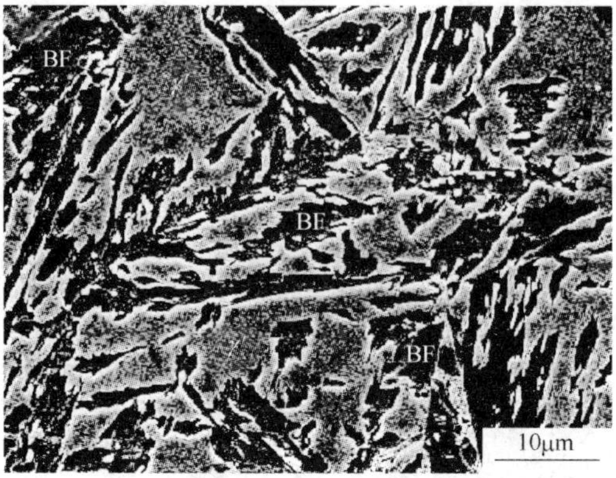

b

图 9－48　35CrMo 无碳贝氏体(SEM)
a—条片状；b—岛状

9.7.1.4　9CrMo 钢和 GCr15 钢的贝氏体组织形貌

GCr15、9CrMo 钢于 950℃奥氏体化(A_{cm} = 900℃)，碳化物已经溶解，碳原子全部溶入奥氏体中，然后迅速淬入 450℃盐浴中等温 40 s，水冷淬火，得到羽毛状贝氏体 + 马氏体的整合组织，如图 9－49 所示。可见，碳化物与贝氏体铁素体呈片层状相间分布，碳化物呈白亮色的薄片状，在二维平面上呈细丝形状，长短不一，有的较直，有的弯曲，大多数沿着铁素体片的主轴方向排列。

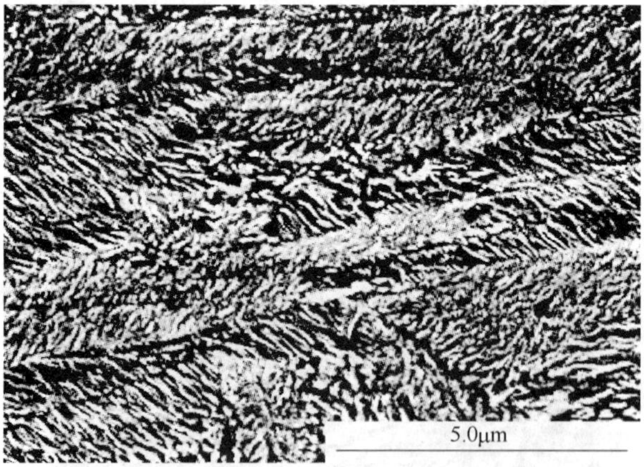

图 9－49　GCr15 钢羽毛状上贝氏体的 SEM 组织(530℃等温)

将 9Cr2Mo 和 GCr15 钢试样在 950℃奥氏体化，然后在 300 ~ 350℃下等温，则得到竹叶状下贝氏体 + 马氏体组织，图 9－50a 为金相照片。图 9－50b 为 9Cr2Mo 钢的下贝氏体 + 马氏体组织(350℃等温)。

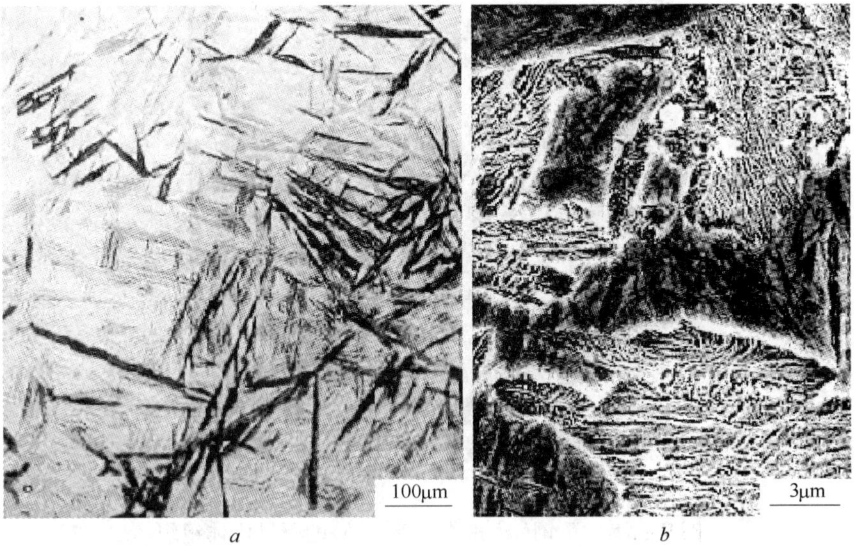

图 9－50 9Cr2Mo 钢的下贝氏体＋马氏体组织（350℃等温）

a—LOM；*b*—SEM

S7 钢于 950℃奥氏体化后于 300℃等温得到的下贝氏体组织如图 9－51*a* 所示；图9－51*b*是球墨铸铁 320℃等温处理得到的下贝氏体组织。从这些照片可见，高碳钢和高碳铸铁的下贝氏体组织形貌呈片状或针状。在 S7 钢的一片下贝氏体内部，存在大量的片状碳化物，碳化物将贝氏体片分割为许多铁素体亚单元。还可以观察到这些碳化物片与贝氏体片主轴没有固定的夹角，并非以往书刊中所说的呈 55°夹角。铸铁的下贝氏体中没有渗碳体，是无碳化物贝氏体，针状贝氏体片中存在的残留奥氏体薄膜将片分割为许多亚单元。

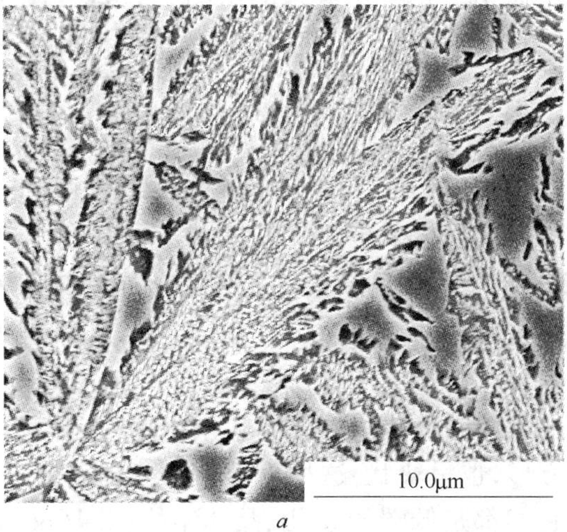

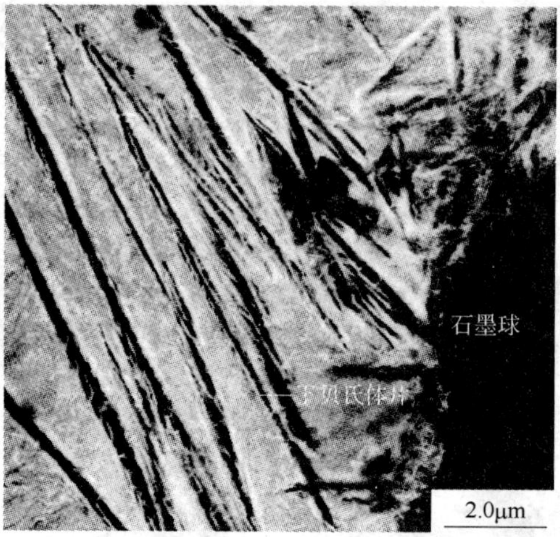

b

图 9 - 51　S7 钢(*a*)和球墨铸铁(*b*)的下贝氏体组织

9.7.2　贝氏体形貌随碳含量增加而演化

上述组织观察表明,超低碳的高纯钢在中温区进行块状转变,得到不规则的块状铁素体或片条状的铁素体组织,实质上是超低碳贝氏体;低碳钢 12CrMo 和 20CrMo,在中温区等温得到块状或条片状的无碳贝氏体;35CrMo 钢等温淬火得到粒状或条片状的无碳化物贝氏体组织;高碳钢 GCr15 和 9Cr2Mo 钢,等温淬火得到羽毛状贝氏体和竹叶状的下贝氏体组织。显然,随着碳含量的增加,贝氏体形貌发生了显著的变化,总结于图 9 - 52 中。这里虽然存在合金元素的作用,但除图 9 - 52*a*、*b*是不含铬钼的高纯钢外,其余的从图 9 - 52*c* ~ 图 9 - 52*g*,含铬钼量基本上是一样的,因此这种形貌的演化,主要是碳含量增加的结果。这种变化趋势是显而易见的。

9.7.3　碳含量对贝氏体形貌的影响机制

9.7.3.1　块状转变与贝氏体相变的关系

纯铁的块状转变与钢中贝氏体铁素体的形成具有亲缘关系。在 Fe-C 合金中,形成块状铁素体的最高碳含量为 0.02% ~0.03%,与贝氏体铁素体的碳含量相近[12,15]。

大量观察表明,贝氏体铁素体片条由亚片条组成,亚片条由亚单元、超细亚单元组成,亚单元近似方形,也呈块状,这种贝氏体铁素体基元与块状相变的铁素体没有本质上的区别,它们都是低碳的 α 相、晶体结构相同(bcc)。因此贝氏体亚单元可能就是由铁素体晶核尚未充分长大的块状转变产物[12]。

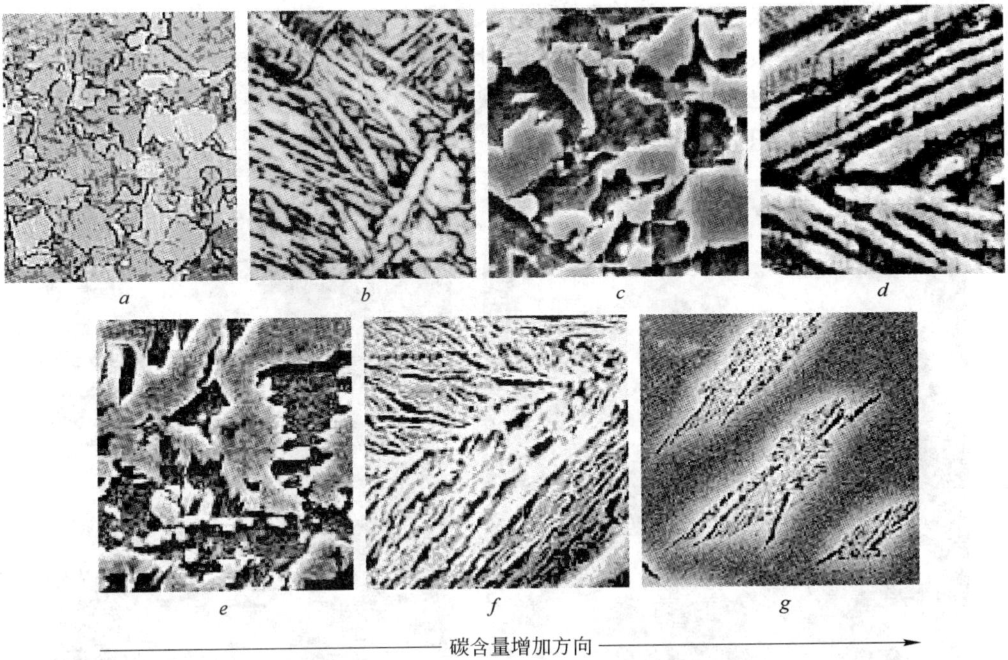

图9－52 贝氏体形貌随碳含量的增加而演化

过冷奥氏体在中温区，首先由于涨落而形成贫碳区，贝氏体铁素体（BF）在贫碳区中形核，然后长大。BF片条中的亚单元在贫碳区中形成（$\gamma_{贫碳}\rightarrow$BF），它与纯铁的块状转变（γ-Fe$\rightarrow\alpha$-Fe）比较，这两个转变没有本质上的区别，即都是fcc→bcc的晶格改组，均为成分不变的相变，是无扩散相变，属于非协同型转变，是依靠原子的热激活跃迁进行界面移动的过程，新相可连续长大。

在Fe-C奥氏体中，当碳含量超过0.0218%时，在过冷度很大时，碳原子仍然能够扩散到奥氏体－铁素体相界面上，建立局部平衡，在奥氏体一侧富集碳。在贝氏体铁素体片条之间留下富碳的奥氏体薄膜，相邻的铁素体片条之间不能融合时，则呈现条片状铁素体特征，即无碳贝氏体；如果BF片条之间的富碳奥氏体中析出碳化物，则形成羽毛状上贝氏体；如果碳含量极低，在中温区，当$\gamma\rightarrow\alpha$时，得到条片状的铁素体，在片条之间没有残留奥氏体薄膜，这些初生的片条状铁素体最终合并成长为块状铁素体，这就是上述的块状组织。

9.7.3.2 残留奥氏体引起贝氏体形貌的变化

在12CrMo、20CrMo、35CrMo等中低碳钢中，贝氏体相变初期，贝氏体铁素体在晶界形核，然后向晶内长大，如图9－53所示为20CrMo钢贝氏体铁素体在奥氏体晶界形核（图9－53*a*）并向晶内长大（图9－53*b*）的情况。初生的贝氏体铁素体呈现条片状。条片状铁素体之间为富碳的奥氏体。由于碳原子可以沿着 BF-γ 相界面迅速长程扩散离去，BF 片条将不断增厚，而使片条之间的奥氏体量减少直至全部转变为贝氏体铁素体。这时相邻的 BF 片条合并为贝氏体铁素体块，其旁边那些未转变的奥氏体也呈块状，这就得到块状贝氏体铁素体和块状的残留奥氏体组成的无碳贝氏体组织。

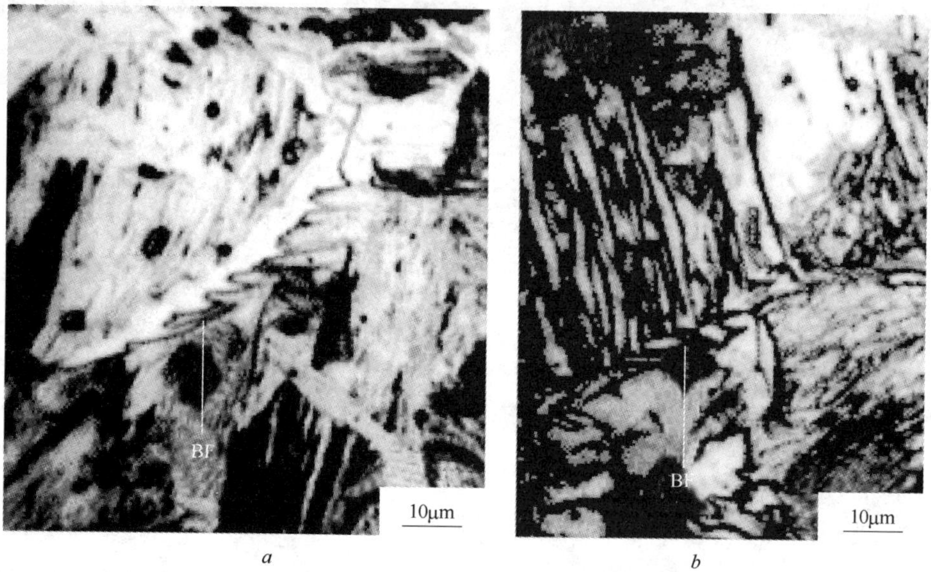

图 9 – 53　20CrMo 钢初生的 BF 在奥氏体晶界形核并长大

如果钢中碳含量增加，条片状贝氏体铁素体之间的奥氏体富集碳原子过多，稳定性增加，不能继续转变而残留下来，就得到了条片状的无碳化物贝氏体。

9.7.3.3　碳化物析出引起贝氏体形貌的变化

当钢中碳含量继续增加时，GCr15、9Cr2Mo 钢中的碳含量已经达到 1% C，富碳的奥氏体中将析出碳化物。如图 9 – 49 ~ 图 9 – 51 所示，可见其上贝氏体和下贝氏体中均析出了大量碳化物。过冷奥氏体在 450℃ 等温时，在晶界处首先析出条片状的贝氏体铁素体，然后向晶内长大，在 BF 片条之间的富碳奥氏体析出 θ – 渗碳体，从图可见，这些渗碳体呈现连续的片状或短棒状，称为羽毛状贝氏体。

GCr15 和 9Cr2Mo 钢在 300 ~ 350℃ 等温，GCr15 和 9Cr2Mo 钢均会得到下贝氏体，贝氏体片呈竹叶状，被细小的碳化物分割成许多 BF 亚单元。

BF-γ 相界面是碳化物形核的有利地点，而且与实验事实相符。观察表明，下贝氏体碳化物在 BF-γ 相界面上形核，由于界面扩散速度较快，碳化物容易沿着界面长大，铁素体的生长排碳，促进碳化物靠近铁素体长大，碳化物的长大使得其周边的奥氏体中碳含量降低，又促进铁素体继续长大。碳化物的持续长大受到碳原子长程扩散供应的限制，而陷入困境，于是停止长大，而被铁素体包围。碳化物也可以长入奥氏体中，这使其周边的奥氏体贫碳而转变为铁素体。这一切，导致最终碳化物被铁素体所包围。

综上所述，从超低碳高纯钢到低碳铬钼钢、中碳铬钼钢、高碳铬钼钢和GCr15钢，随着碳含量的增加，过冷奥氏体在中温区的转变，由块状相变到低、中碳无碳化物贝氏体，演化到高碳羽毛状贝氏体和竹叶状、针状下贝氏体，这表明碳含量对贝氏体组织形貌产生显著的影响。

随着碳含量的增加，在贝氏体铁素体片条之间留下富碳的奥氏体薄膜，铁素体片条之间不能融合时，则呈现条片状铁素体特征，即得到条片状无碳贝氏体；如果BF片条之间的富碳奥氏体中析出碳化物，则形成羽毛状上贝氏体；如果在BF－γ相界面上析出碳化物(Bc)，将贝氏体片分割为许多细小的亚单元，即竹叶状或片状、针状下贝氏体。

9.8 非协同热激活跃迁机制要点

本书就贝氏体相变的机制问题分别进行了阐述，提出了界面原子非协同热激活跃迁机制，该机制符合相变热力学和动力学特征，符合形核长大的一般规律，也与实际相吻合。简要总结如下。

9.8.1 涨落

据科学技术哲学，自然事物演化的自组织条件之一是出现随机涨落，随机涨落是相变的诱因。新相的晶核是以涨落作为种子的。在贝氏体相变孕育期中，浓度涨落可以形成贫碳区，结构涨落形成α相体心核坯，能量涨落提供核坯和临界晶核所需要的能量上涨。三种涨落的非线性正反馈相互作用，使涨落迅速放大，致使奥氏体贫碳区的结构(fcc)失稳而瓦解，构建bcc结构的BF晶核。贝氏体碳化物的晶核也同样是依靠涨落形成的。

9.8.2 贫碳区及碳原子扩散控制

钢中，碳原子在高温区、中温区和低温区都能够进行显著的扩散。问题是相变本身需不需要碳原子扩散，如马氏体相变不需要碳原子扩散，即可完成转变，获得马氏体组织。但是，在中温区，虽然铁原子、替换原子难以扩散，但是贝氏体相变是需要碳原子扩散的，因此，有所谓半扩散相变之称。

贝氏体相变孕育期内，在过冷奥氏体中通过随机涨落形成贫碳区和富碳区。奥氏体成分是不均匀的，不均匀是绝对的，奥氏体中固有的贫碳区和富碳区促进了贫碳区的形成。浓度涨落形成贫碳区不同于Spinodal分解。

在贫碳区中形成贝氏体亚单元或亚片条,碳原子不断扩散反复形成贫碳区,则铁素体亚单元反复出现。由于碳原子不断扩散进入奥氏体中,奥氏体中的碳含量不断提高,从而为形成渗碳体或 ε－碳化物创造条件。试验表明,贝氏体中的残留奥氏体薄膜,碳含量高,较为稳定,这也是碳原子不断扩散的试验证明。同时,说明了贝氏体相变速度受碳原子的扩散所控制。

9.8.3　贝氏体铁素体形成的相变阻力和驱动力

过冷奥氏体 γ 按下式转变为贝氏体:

$$\gamma \rightarrow \gamma' + \gamma_1 \rightarrow \alpha B + \gamma_1 \rightarrow BF + \gamma_1$$

当不考虑切变位移时,B_s 温度的相变阻力较小,计算结果为 905 J/mol[42]。由于在此温度下,相变阻力与驱动力在数值上相等,故驱动力约为 －905 J/mol。此与实测值大体相符。

如果考虑切变,相变阻力将增大 420 J/mol,系统自组织功能将不选择切变位移,而采用节省能量的方式,即原子非协同热激活跃迁使 BF 晶核长大。若按扩散理论计算(500℃等温时),形成一片 BF 需要时间为 508 s,实测 $t_{实}=0.36$ s,两者相差 3 个数量级。从大量的合金结构钢的 TTT 图中分析发现,贝氏体 C 曲线往往在珠光体 C 曲线的偏左方。在相同的等温温度下,许多亚共析合金钢的贝氏体的孕育期极短,最短的小于 0.5 s。相反,在相同的等温温度下,共析分解孕育期较长,等温很长时间,一般数百秒,甚至大于 10^5s,才开始形成珠光体。这一动力学特征说明贝氏体铁素体的长大不是扩散过程,原子非协同热激活跃迁速度较快,符合贝氏体相变动力学特征。

因此,贝氏体铁素体的长大,主要位移方式是相界面处原子非协同热激活跃迁,不是切变过程,也不是扩散过程。

9.8.4　贝氏体铁素体的形核长大

按照固态相变的一般规律,贝氏体铁素体的形核是非均匀形核。金相观察表明,上贝氏体一般在奥氏体晶界处形核,如图 9－13、图 9－14 所示的经典上贝氏体,羽毛状贝氏体在奥氏体晶界上形核,并且向晶内生长,而下贝氏体可以在奥氏体晶界形核,也可在晶内形核。亚单元形成后诱发应力应变场可以激发形核。

贫碳区 γ′的尺度大于 BF 临界晶核尺度。在贫碳区中,铁原子没有浓度梯度,即$\frac{dC}{dx}=0$,因此按菲克定律不可能发生扩散。但是 γ-α 相界面两侧的两相存在自由焓差,即 $G_F - G_A = \Delta G_V$,为负值,因此,γ→α 的转变是个自发过程,铁原子和替换原子通过热激活跃迁依次转入 α 相中,其激活能 Q 很小,这是 γ →α(BF)形核长大速度很快的原因。成分不变的非协同型相变,也是一种无扩散相变,如图

9－54所示。

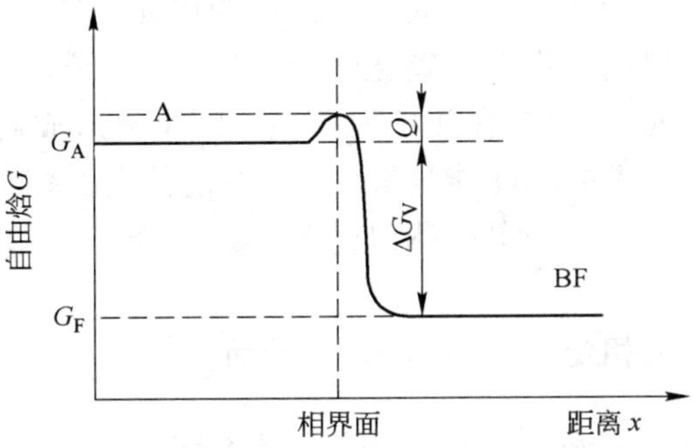

图9－54 贫碳奥氏体区与BF相界面两侧的自由焓

9.8.5 贝氏体碳化物的形核长大

贝氏体碳化物的形核符合相变的一般规律，即在相界面或晶体缺陷处形核。贝氏体铁素体中的碳原子是过饱和的，但过饱和度不大，不超过0.2%，而且碳原子被高密度位错所禁锢，因此在铁素体内部不具备碳化物的形核长大条件。

贝氏体亚单元的重复形成使奥氏体中富碳，有利于碳化物（Bc）在BF-γ相界面上形核。

贝氏体碳化物沿着相界面长大，可以长入奥氏体中，也可以长入亚单元之间，碳化物长大停止后可被铁素体包围。

贝氏体碳化物的形成是碳原子沿着相界面长程扩散的过程，而铁原子和替换原子的位移是相界面非协同热激活跃迁位移，每次移动距离小于一个原子间距，不是长程扩散过程，即依靠热激活跃迁的界面控制过程实现Bc的晶格改组，并且不断长大。

9.8.6 贝氏体组织形成过程

在贝氏体铁素体片条之间的奥氏体中，不断富集碳，而且受铁素体片条的多向压应力，因而这些富碳的奥氏体越来越稳定，或者由于硅等元素的作用，渗碳体难以析出，则奥氏体可能残留下来。这样就形成了贝氏体铁素体片条＋富碳的残留奥氏体的整合组织，即无碳化物贝氏体（BF＋A′）。

羽毛状贝氏体的形成过程与无碳化物贝氏体形成过程相似，区别在于从富碳奥氏体中析出了渗碳体分布在贝氏体铁素体片条之间，呈现羽毛状。

如果贝氏体铁素体片条之间的富碳奥氏体难以析出渗碳体，奥氏体在冷却过程中部分地转变为马氏体，形成了颗粒状的M-A′岛，则成为粒状贝氏体。它是无碳化物贝氏体的一个特例。

下贝氏体的形成过程与上贝氏体不同，形核地点可在晶界、晶内。在贫碳区，铁原子以非协同热激活跃迁方式形成下贝氏体亚单元晶核。片状的亚单元侧面是富碳奥氏体。如果在界面上析出了碳化物，消耗了碳原子，则将又一次贫碳，这有助于形成第二片亚单元。这样，在亚单元侧面不断重复形成亚单元，而构成下贝氏体片。当该贝氏体片引发的畸变能足够大时，停止长大，这时依靠激发形核，产生了第二个贝氏体铁素体片。若奥氏体以薄膜形式分布于亚单元之间，则成为所谓的准下贝氏体。

钢中贝氏体组织的相变过程如图 9－55 所示。

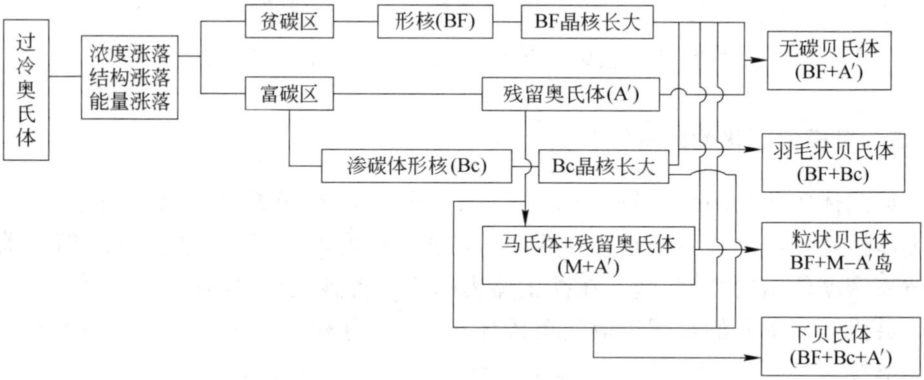

图 9－55　贝氏体组织的相变过程总结图

参 考 文 献

[1]　赵乃勤，杨志刚，冯运莉. 合金固态相变[M]. 长沙：中南大学出版社，2008.

[2]　Bhadeshia H K D H. Bainite in Steels[J]. The Institute of Materials，London，1992，125.

[3]　Bhadeshia H K D. Bainite in Steels(2nd edition). IOM Communikations Ltd.，London，2001.

[4]　康沫狂. 贝氏体相变理论研究工作的主要回顾[J]. 金属热处理学报，2000，21(2)：2～5.

[5]　徐祖跃，刘世楷. 贝氏体相变及贝氏体[M]. 北京：科学出版社，1991.

[6]　李承基. 贝氏体相变理论[M]. 北京：机械工业出版社，1995.

[7]　俞德刚. 贝氏体相变理论进展近况[J]. 金属热处理学报，1996，17，增刊：27～31.

[8]　俞德刚，王世道. 贝氏体相变理论[M]. 上海：上海交通大学出版社，1997.

[9]　刘宗昌，任慧平. 过冷奥氏体扩散型相变[M]. 北京：科学出版社，2007.

[10]　刘宗昌. 贝氏体相变的过渡性[J]. 材料研究学报，2003，24(2)：37～41.

[11]　刘宗昌，任慧平，宋义全. 金属固态相变教程[M]. 北京：冶金工业出版社，2003.

[12]　陈景榕，李承基. 金属与合金中的固态相变[M]. 北京：冶金工业出版社，1997.

[13]　刘宗昌，任慧平，王海燕. 贝氏体相变机制与块状转变[J]. 热处理技术与装备，2006，27(4)：1～5.

[14] 贺信莱,尚成嘉,杨善武,王学敏. 高性能低碳贝氏体钢[M]. 北京:冶金工业出版社,2008.

[15] 徐祖耀. 块状相变[J]. 热处理,2003,18(71):1 ~9.

[16] 侯增寿,赵兴国,侯文义,梁伟. 纯铁 γ-α 转变机制求索[J]. 材料热处理学报,2001,22(4):1 ~3.

[17] 刘宗昌等. 材料组织结构转变原理[M]. 北京:冶金工业出版社, 2006.

[18] 戚正风. 固态金属中的扩散与相变[M]. 北京:机械工业出版社,1998.

[19] 何肇基. 金属的力学性能[M]. 北京:冶金工业出版社,1982.

[20] 章守华. 合金钢[M]. 北京:冶金工业出版社,1981,30 ~45.

[21] 陈昌曙. 自然辩证法概论新编[M]. 沈阳:东北大学出版社,1997,108 ~200.

[22] 肖海涛,张法瑞. 自然辩证法简编[M]. 北京:北京航空航天大学出版社,1996,55 ~156.

[23] Коган Л И,иЭнтин Р И. Сб. Проблемы металловедения и физики металов,1958,5:161.

[24] I ee H J,Spanos G,Shiflet G J,Aaronson H I. Acta. Met. ,1988,36:1129.

[25] Hehemann R F. Phase Transformations. Ed by Aaronson H I ASM,Metals PARK,OH,1970:397 ~432.

[26] 方鸿生,王家军,杨志刚等. 贝氏体相变[M]. 北京:科学出版社,1999.

[27] 刘宗昌,王海燕,任慧平,李文学,王玉峰. 贝氏体铁素体形核长大的热激活迁移机制[J]. 金属热处理,2007,32(11):1 ~5.

[28] 刘宗昌,王海燕,任慧平. 贝氏体相变的切变－扩散整合机制[J]. 金属热处理,2006,31(增刊):36 ~43.

[29] 刘宗昌,王海燕,任慧平. 贝氏体铁素体形核机理求索[J]. 材料热处理学报,2007,28(1):53 ~58.

[30] 苏德达,郭建国,胡建文,侯培赞. 板条马氏体和下贝氏体转变过程动态观察[J]. 论文集(国际材料科学与工程学术研讨会),2005:743 ~754.

[31] 李风照,奥青,孟凡妍,孟祥敏,刘玉先. 贝氏体中的贝氏体铁素体精细孪晶[J]. 材料热处理学报,2001,2:5 ~8.

[32] 敖青,秦超,孟凡妍,孟祥敏,李风照. 贝氏体铁素体精细结构孪晶及纳米结构[J]. 材料热处理学报,2002,23(3):20 ~23.

[33] 戚正风. 金属热处理原理[M]. 北京:机械工业出版社,1986,14 ~130.

[34] 侯增寿,赵兴国,侯文义,梁伟. 界面过程控制生长≠扩散控制[J]. 材料热处理学报,2005,26(3):6 ~9.

[35] Howe J M. Compatison of the Atomic Structures and Mechanisms of Interfacial Motion in Martensitic. Massive and Diffusional FCC-HCP Phase Transformations,Proc. Inter. Conf. Martensitic Transformation,2005.

[36] 林慧国,傅代直编. 钢的奥氏体转变曲线[M]. 北京:机械工业出版社,1988.

[37] Aaronson H I,et al. Metall. Marer. Trans. A,1990,21A:2369.

[38] Caballero F G,Miller M K,Babu S S,Garcia-Mateo C. Atomic Scale Observations of Bainite Transformation in a High Carbon High Silicon Steel. Acta Materialia 2007,55(1):381 ~390.

[39] Hehemann R F, Kinsman K R, Aaronson H I. A Debate on Bainite Reaction. Metallurgical. Transactions. 1972,3(5):1077.

[40] 刘宗昌,王海燕,李文学,任慧平. 贝氏体碳化物形成机理[J]. 热处理技术与装备,2007,28(4):19 ~ 23.

[41] 刘宗昌,王海燕,王玉峰,任慧平,李文学. 贝氏体碳化物的形貌及形成机制[J]. 材料热处理学报,2008,29(1):32 ~ 37.

[42] 刘宗昌,李峰, 任慧平. 含 La 高纯钢中的块状相变组织[J]. 钢铁研究学报,2007,19(5):76 ~ 80.

10 过冷奥氏体转变产物的表面浮凸

早在1924年有人就发现马氏体相变存在表面浮凸现象，20世纪50年代发现贝氏体相变也有表面浮凸现象，并且均作为相变的重要特征，认为表面浮凸与转变机制有关[1,2]。

20世纪中期，有人将马氏体表面浮凸描绘为“N”形，认为是马氏体切变造成的，并且将其作为马氏体转变切变机制的试验证据；由于贝氏体相变中也有表面浮凸现象发生，认为贝氏体相变也是切变过程。

90年代以来，有人认为贝氏体表面浮凸呈现帐篷形（∧），以此指出贝氏体相变不具备切变特征。

魏氏组织铁素体（WF）也有表面浮凸现象，对其形成原因存在分歧，有切变学说和扩散学说两种。

通常认为珠光体转变不存在表面浮凸效应，文献中缺乏记载和报道。2008年刘宗昌等人试验发现过冷奥氏体进行共析分解，形成珠光体组织时产生表面浮凸现象，浮凸呈帐篷形（∧）或“N”形，并且论述了表面浮凸的新机制[3,4]。

目前，过冷奥氏体转变产物——珠光体、贝氏体、马氏体、魏氏组织等均发现了表面浮凸，表面浮凸效应已经成为过冷奥氏体转变产物普遍存在的现象，并非某一种相变的特征，更不是独有特征。

本章将分别阐述各种转变的表面浮凸现象，并且分析其形成机制。

10.1 珠光体表面浮凸

选用工业用T8钢（0.76% C），用DK77型电火花切割机，从直径为20 mm的棒材上切取3 mm厚的金相试样。金相检测表明，该钢的原始组织为珠光体+少量的网状铁素体组织。

将3 mm厚的金相试样表面经机械磨光和镜面抛光，应用Nanofrist-1000型扫描隧道电子显微镜观测其表面粗糙度，以便与珠光体表面浮凸相比较，经测定，表面抛光试样的不平度不足2 nm。

将表面抛光的试样放入真空度为4.3×10^{-3} Pa的真空热处理炉内，保证试样表面不被氧化，以200℃/h进行随炉升温，加热到1050℃奥氏体化，保温40 min后炉冷。

实验观测分两步：第一步，表面浮凸的直接观察，即对真空处理的试样直接进行扫描隧道显微镜(Nanofrist-1000 型)观测和采用环境扫描电子显微镜(QUENTA-400)、金相显微镜直接观测。第二步,将真空热处理后的试样稍加抛光,用硝酸酒精侵蚀,再进行金相观察分析。

扫描电子显微镜可以检测试样表面的微观形貌。对真空热处理后的试样表面进行观测,发现了珠光体表面的浮凸现象。由于扫描隧道电子显微镜(STM)具有光学显微镜(LOM)和扫描电子显微镜(SEM)无法比拟的纵向分辨本领(STM 的纵向分辨率为 0.01 nm),STM 对表面浮凸的观察具有显著优点。因此用扫描隧道显微镜(STM)观察可以检测到珠光体表面浮凸的尺度。

10.1.1　扫描电子显微镜观察

为了观察珠光体表面浮凸,对光亮的真空热处理后的试样,不进行任何处理,即不经硝酸酒精侵蚀,随即用扫描电子显微镜直接进行观察,发现具有珠光体组织形貌的表面浮凸,如图 10－1 所示。可见,在试样没有侵蚀的情况下,试样表面有较为明显的凸起。其中,白亮的片条是渗碳体的凸起,灰暗色片条为铁素体片,晶界灰暗色的为先共析铁素体;同时,对各珠光体领域测量,得在该工艺下 T8 钢珠光体片的平均片间距约为 300 nm。

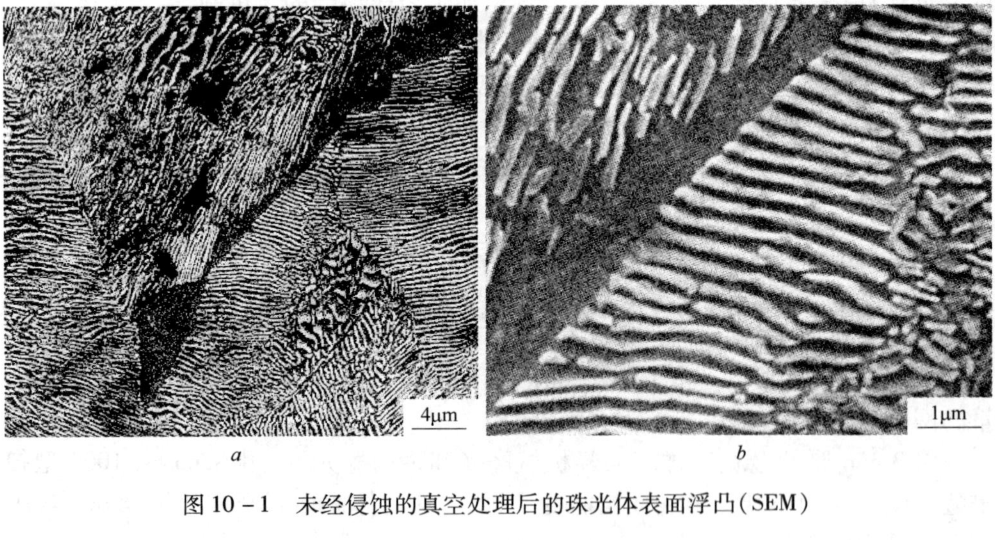

a　　*b*

图 10－1　未经侵蚀的真空处理后的珠光体表面浮凸(SEM)

10.1.2　扫描隧道显微镜观察

对真空热处理后的试样,直接用扫描隧道显微镜(STM)进行观测。对 ϕ20 mm 的试样表面,选取 5 个不同点进行扫描,发现试样表面存在浮凸,浮凸形貌与片状珠光体一致，接着测定了浮凸的尺度。图 10－2、图 10－3 所示为观测结果，其中，图 10－2*a* 是一个片状珠光体领域的表面浮凸形貌，图 10－3*a* 是不同珠光体领域的表面浮凸形貌，同时，图 10－2*b*、图 10－3*b* 是它们对应的图 10－2*a*、图 10－3*a* 中箭头所指的浮凸高度剖面线。

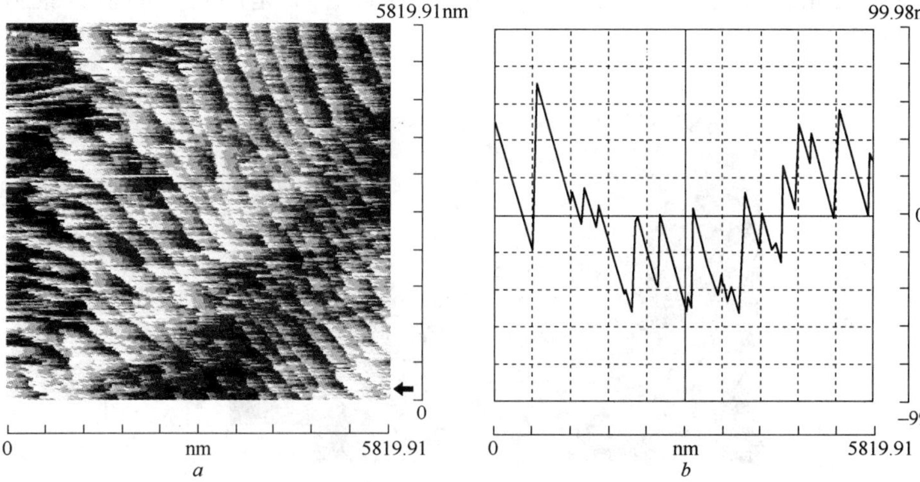

图 10－2　珠光体领域表面浮凸

a—STM 高度图像；*b*—图 10－2*a* 中箭头所指的高度剖面线

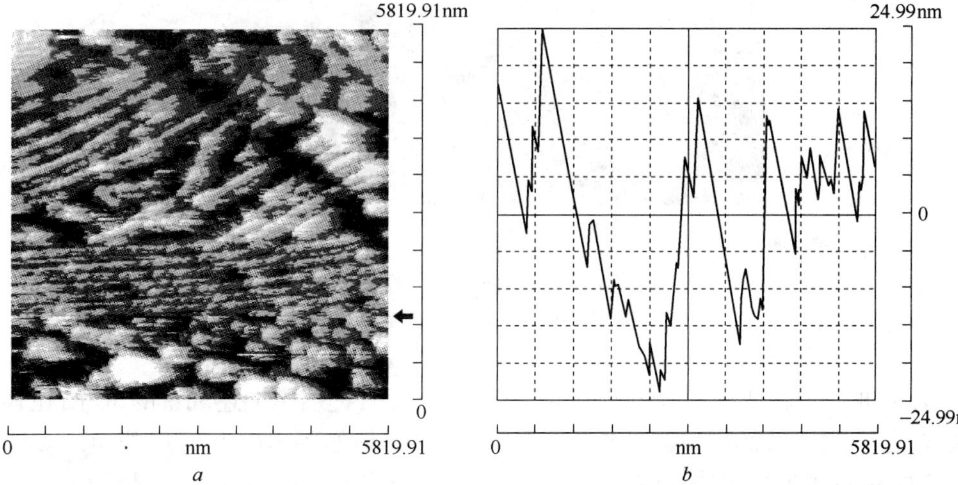

图 10－3　各珠光体领域的表面浮凸

a—STM 高度图像；*b*—图 10－3*a* 中箭头所指的高度剖面线

10.1.3　金相显微镜观察

在试样分别用 SEM 和 STM 观察之后，再用金相显微镜进行观察，得到如图 10－4 所示的珠光体表面浮凸形貌。其中，图 10－4*a* 是珠光体的表面浮凸形貌，少量的先共析铁素体如图中箭头所指；图 10－4*b* 是晶界先共析铁素体的浮凸形貌。

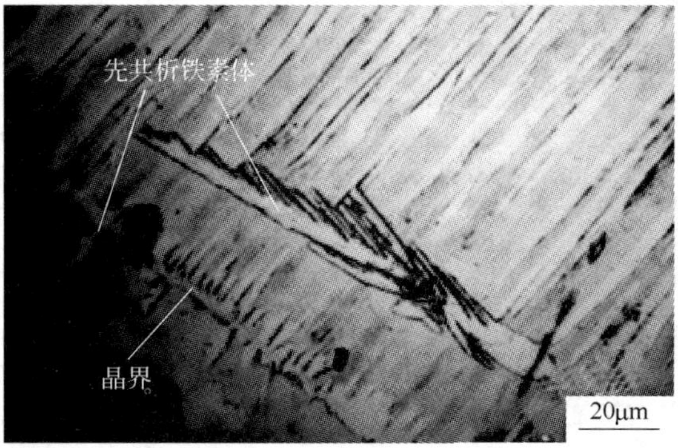

a

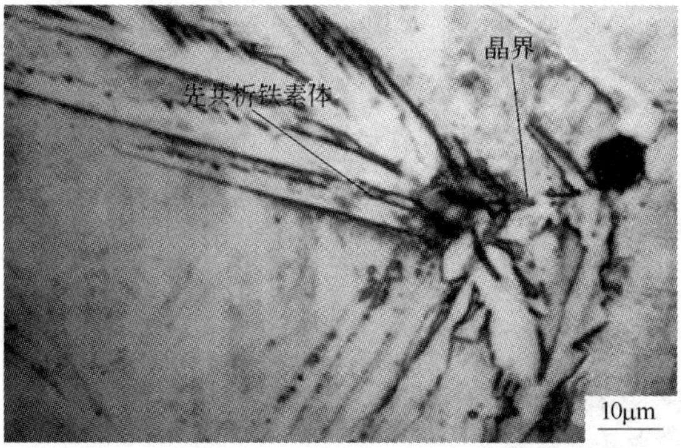

b

图 10－4　表面浮凸（LOM）

a—珠光体表面浮凸；*b*—先共析铁素体表面浮凸

为了进一步验证在实验中得到的是珠光体组织，把用于上述观察的试样，在轻微抛光之后，用 4% 的硝酸酒精腐蚀，金相观测，得到如图 10－5 所示的组织。图 10－5 中除基体为片状珠光体外，晶界处白亮条为先共析铁素体。该试验用的 T8 钢，接近共析点成分，再按 1050℃ 奥氏体化，保温 40 min，炉冷的热处理工艺应当得到片状珠光体＋少量先共析铁素体组织。

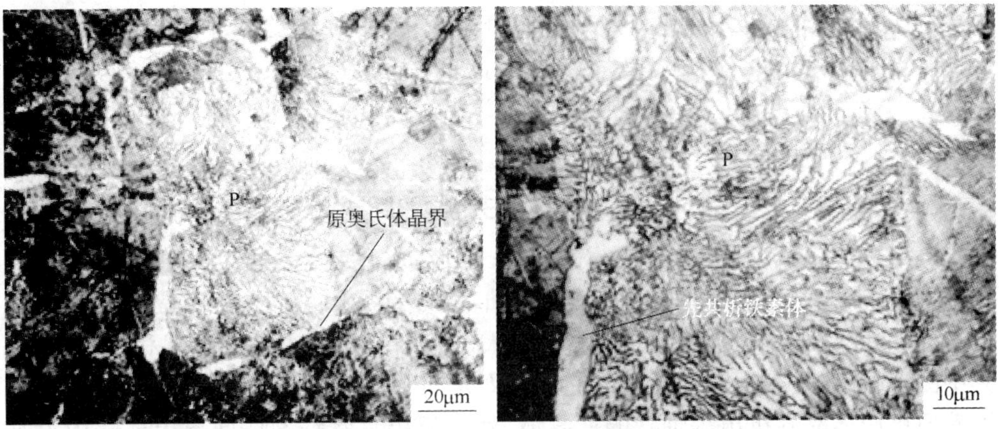

图 10－5　侵蚀后观测到的片状珠光体组织(LOM)

10.1.4　珠光体组织浮凸的尺寸

将片状珠光体浮凸形貌与浮凸尺寸的测定结果对应组合为一个图形，如图 10－6所示，图中浮凸峰的垂直线对应了渗碳体片的中心。可见，在6 μm 的距离上有 16 个大小不等的浮凸峰，也就是对应 16 片渗碳体，计算其片间距约为 375 nm。以铁素体为基面，各渗碳体片凸起高度不等，在 20～90 nm 之间，凸起呈"∧"形；而图 10－3 中的浮凸峰高度较小，渗碳体凸起高度大约为 5～30 nm，浮凸也呈"∧"形。

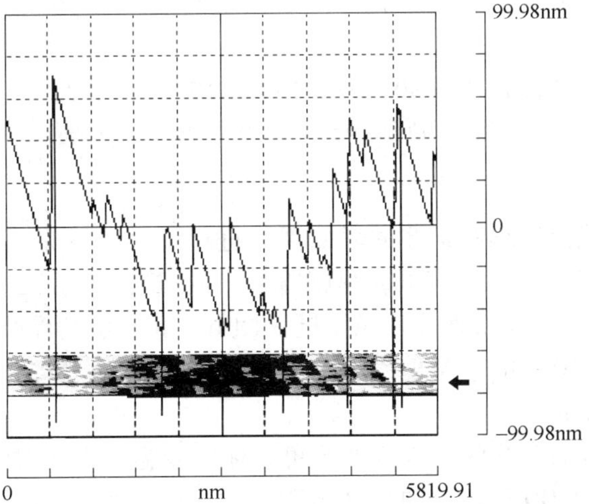

图 10－6　浮凸形貌与浮凸尺度的对应图形

综上分析，T8 钢分别用 SEM 和 STM 观察得到的珠光体片间距近似相等，说明为珠光体表面浮凸，其单片渗碳体浮凸形貌为“∧”形，如果将渗碳体片和铁素体片的凸起组合起来，则形貌呈 N 形。

10.2　魏氏组织表面浮凸

魏氏组织（WF）形成时也具有表面浮凸现象，如图 10－7 所示[5]，是 Fe-0.37% C 合金经 1200℃奥氏体化 20 min 后水中淬火（石英管密封）得到的组织和表面浮凸。其中图 10－7*a* 是表面浮凸形貌，图 10－7*b* 是同一视场下组织的 LOM 照片。可见沿着原奥氏体晶界析出等轴状的铁素体，然后析出片状铁素体向奥氏体晶内沿某一界面长大。

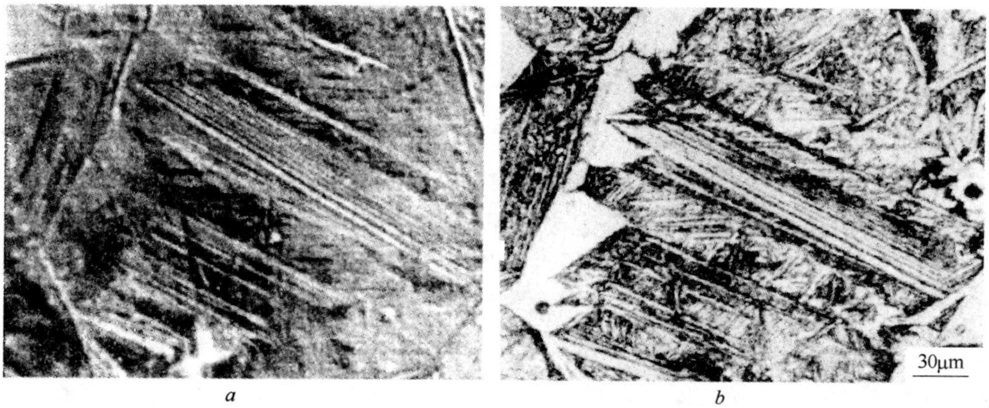

图 10－7　Fe-0.37% C 钢中的魏氏组织和浮凸[5]

a—表面浮凸形貌；*b*—同一视场下的组织 LOM 照片

方鸿生等对魏氏组织铁素体的表面浮凸进行了大量观察，测得魏氏铁素体浮凸的高度不等，从 70 nm 到 480 nm，呈帐篷形，且在魏氏铁素体中没有发现精细亚结构[5]，这一点与贝氏体铁素体片条不同。图 10－8 所示的浮凸为帐篷形，浮凸高度约为 480 nm，图 10－8*c* 中 WF 片条尺寸较小，宽度约为 100～150 nm，平行排列，浮凸高度约为 70 nm。

魏氏铁素体表面浮凸的成因主要是奥氏体转变为铁素体时，质量体积不同，在试样表面上，铁素体片析出不等时，其体积不均匀膨胀的结果，绝非切变所致。本质上就是热处理引起的表面畸变。

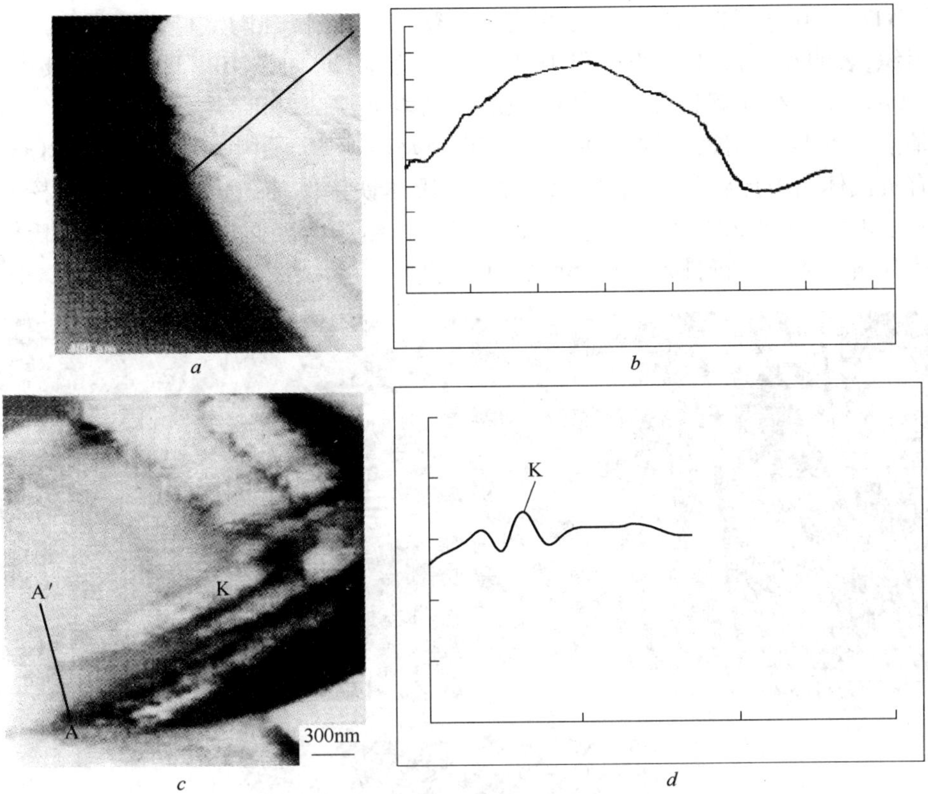

图 10－8　魏氏组织表面浮凸

a、*c*—魏氏组织铁素体片条的 STM 图像；*b*—沿着图 10－8*a* 直线的高度曲线；
d—沿着图 10－8*c* 直线的高度曲线

10.3　贝氏体表面浮凸

20 世纪 50 年代初，S. A. Cottrell 和在英国工作的我国金属学家柯俊首先应用金相显微镜在钢的抛光试样表面观察到贝氏体表面浮凸现象，并且据此推论，贝氏体相变过程与马氏体转变时的切变共格转变机制相似。90 年代，方鸿生等采用扫描隧道显微镜对贝氏体表面浮凸进行了大量观测研究，认为贝氏体表面浮凸呈帐篷形，不具备切变特征。

本书作者也采用扫描隧道显微镜试验观察了贝氏体表面浮凸现象。材料选用工业用 60Si2Mn、60Si2CrV 和 22MnCrNi 等钢。

10.3.1　贝氏体表面浮凸的扫描电子显微镜观察

将真空热处理后不经侵蚀的 60Si2Mn、60Si2CrV 和 22MnCrNi 钢试样直接采用

QUANTA-400 环境扫描电子显微镜进行观察，在不经侵蚀的试样表面观察到贝氏体组织，表明在贝氏体相变过程中产生了表面浮凸，如图 10 – 9 所示。其中，图 10 – 9*a*是 60Si2Mn 钢具有贝氏体组织形貌的表面浮凸，可以观察到贝氏体铁素体片条沿晶界形核并长大，铁素体片条的尺寸大小不一。图 10 – 9*b* 是 60Si2CrV 钢具有贝氏体组织形貌的表面浮凸，可见，贝氏体铁素体片条也是沿晶界形核并长大。图 10 – 9*c* 是 22MnCrNi 钢无碳化物贝氏体组织的表面浮凸，其中的贝氏体铁素体片条大体上平行排列，其尺寸及间距较宽。

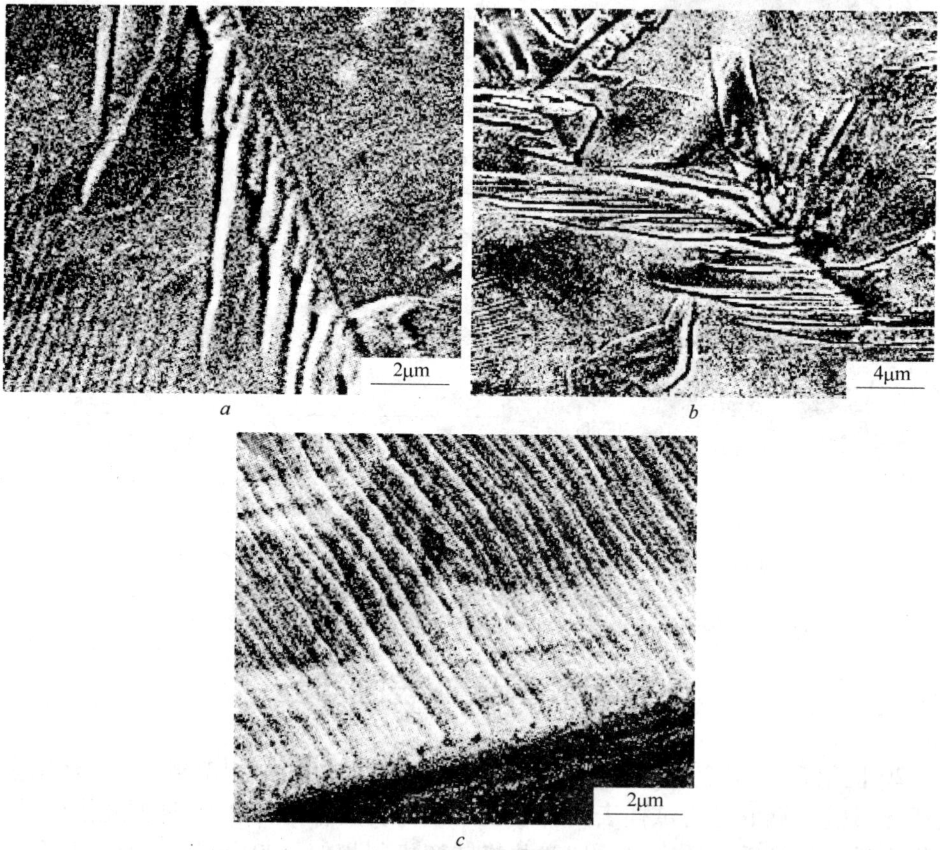

图 10 – 9　试样真空热处理后不经侵蚀的 SEM 像

a—60Si2Mn；*b*—60Si2CrV；*c*—22MnCrNi

10.3.2　扫描隧道显微镜观察

采用 Nanofrist-1000 型扫描隧道显微镜观察贝氏体表面浮凸形貌。

图 10 – 10、图 10 – 11、图 10 – 12 分别是 60Si2Mn、60Si2CrV 和 22MnCrNi 钢真空热处理后不经侵蚀直接采用扫描隧道显微镜（STM）观察的结果，其中，图 *a*是试

样表面的 STM 高度图像，图 b 是对应于图 a 中箭头所指位置的浮凸高度剖面线。可以看出贝氏体相变过程中产生了表面浮凸，且表面浮凸为“∧”形。从高度剖面线上还可以发现一些小锯齿，说明贝氏体组织内部的高度也起伏不均。观测到 60Si2Mn 钢贝氏体表面浮凸的最大高度约为 60 nm，最小高度约为 15 nm。60Si2CrV 钢贝氏体表面浮凸的最大高度约为 100 nm，最小高度约为 20 nm。22MnCrNi 钢最明显的贝氏体表面浮凸高度约为 60 nm。

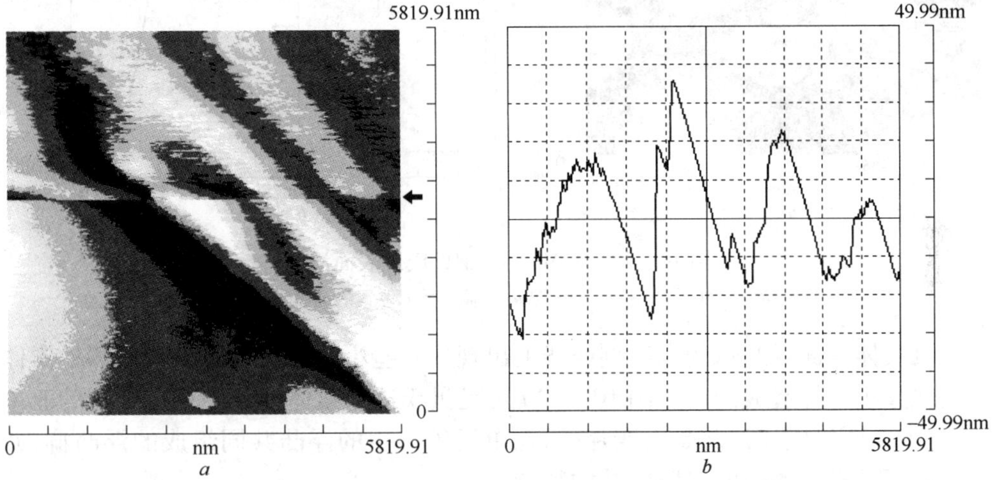

图 10－10　60Si2Mn 钢贝氏体表面浮凸

a—STM 浮凸图像；b—图 a 中箭头所示位置的高度剖面线

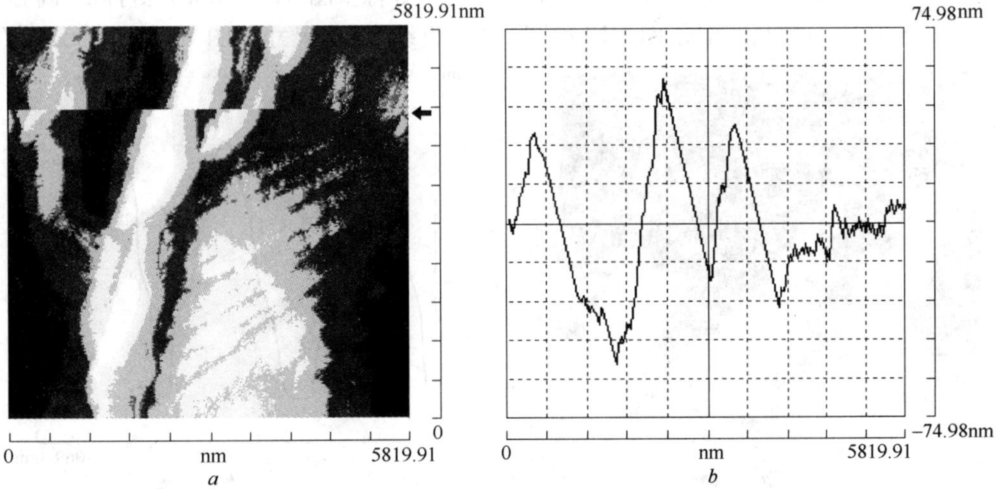

图 10－11　60Si2CrV 钢贝氏体表面浮凸

a—STM 浮凸图像；b—图 a 中箭头所示位置的高度剖面线

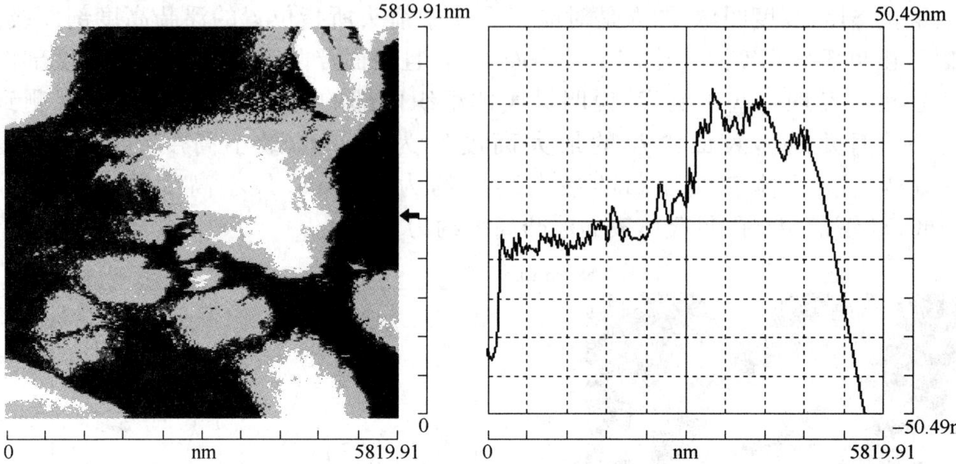

a　　*b*

图 10－12　22MnCrNi 钢贝氏体表面浮凸

a—STM 浮凸图像；*b*— 图 *a* 中箭头所示位置的高度剖面线

贝氏体表面浮凸像的高度剖面线上出现的一些小锯齿就是由于贝氏体铁素体亚单元大小不等造成的。从图 10－12*a* 可见贝氏体铁素体片条中存在细小的亚单元，这也表明贝氏体浮凸是由亚片条、亚单元等产生的浮凸共同组成的浮凸群，并且反应了贝氏体浮凸的多层次结构特点。

方鸿生等学者进行了大量的贝氏体亚单元和表面浮凸的 STM 研究[5]，指出贝氏体铁素体的浮凸由亚片条、亚单元、超亚单元的浮凸群组成，为帐篷形（∧）。图 10－13为 Fe-0.4% C-Si-Mn 钢的表面浮凸图像（图 10－13*a*）和浮凸高度（图 10－13*b*），可见沿着图 10－13*a* 中所画的直线，浮凸尺寸如图 10－13*b* 所示，仅

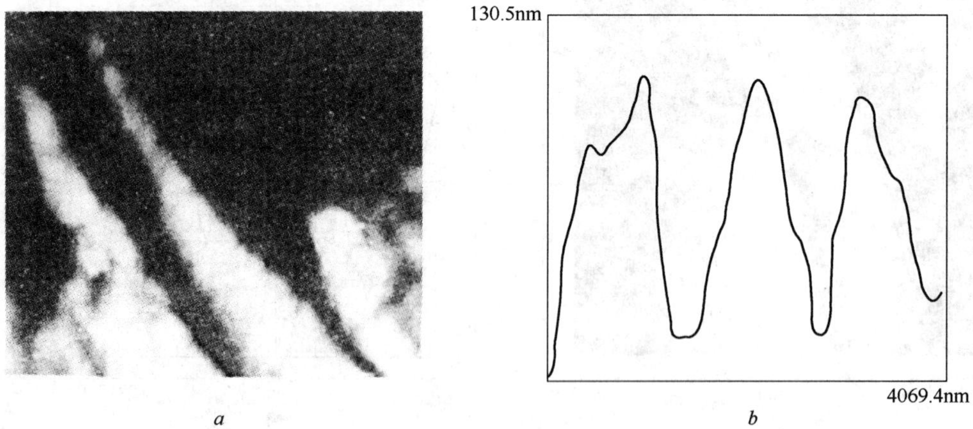

a　　*b*

图 10－13　中碳钢表面浮凸图像和浮凸高度[5]

a—表面浮凸图像；*b*—浮凸高度

仅单一地看一个贝氏体铁素体片，其浮凸形状为帐篷形（∧），而与相邻的铁素体片则组成 N 形。

将 20CrMnMo 钢试样置于高温炉中，加热到 1100℃，保温 10 min 后，降温到 850℃，采用高纯度氩气吹冷，同时观测试样表面的贝氏体的形成过程。图 10－14 为不同温度下等温得到的贝氏体浮凸，图 10－14*a* 为上贝氏体为 15% 时的照片，图中标出了 $B_{上}$ 浮凸。随着温度的降低，贝氏体转变量不断增加。可见浮凸（浮雕）形貌与贝氏体组织形貌相对应。

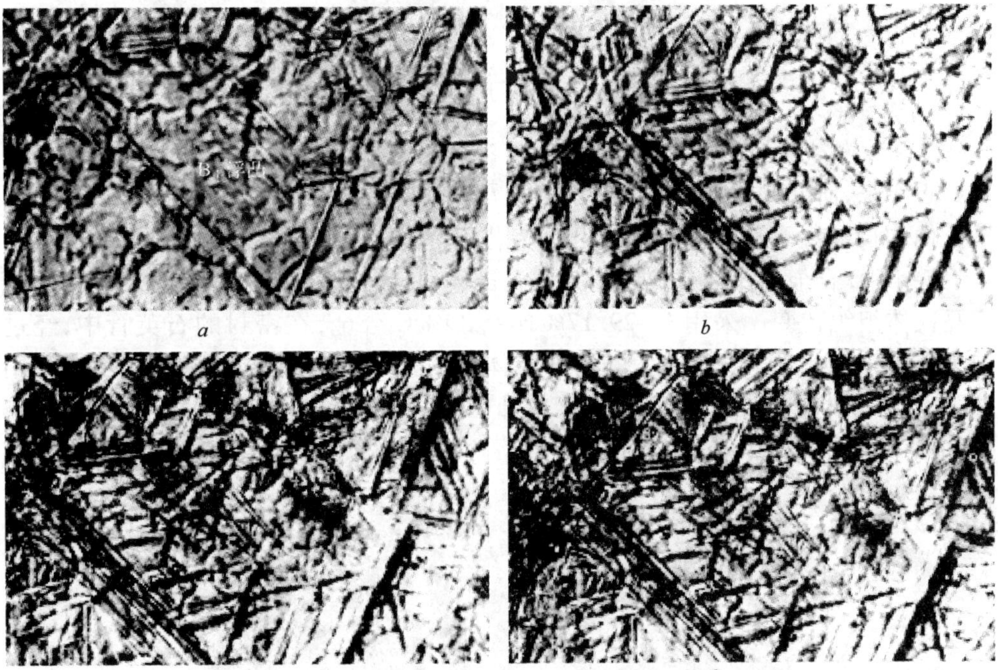

a　*b*　*c*　*d*

图 10－14　20CrMnMo 钢从 850℃冷却到不同温度，贝氏体浮凸形成过程（明场，×200）[7]

a—400℃，B 约 15%；*b*—370℃，B 约 35%；*c*—320℃，B 约 40%；*d*—200℃，B 约 40%

10.4　马氏体表面浮凸

马氏体表面浮凸自 1924 年被发现以来，人们对其观察研究较多，而且对这种试验现象也十分重视，并且将其与马氏体相变机制紧密地联系在一起。

10.4.1　片状马氏体表面浮凸

高碳钢马氏体相变后，得到片状马氏体和残留奥氏体，在其磨光的试样表面上出现倾动，即形成表面浮凸，如图 10 – 15 所示。

图 10 – 15　高碳马氏体片和试样表面的倾动[6]

近年来，研究 Fe-Ni-C 合金{259}$_f$ 型马氏体的表面浮凸为帐篷形（∧）；{557}$_f$ 马氏体和{225}$_f$ 马氏体的表面浮凸均为若干个小"N"形台阶构成[8]。

Fe-Ni-C 合金马氏体是典型的片状马氏体，M_s 点可以调整到室温以下，便于观察马氏体组织转变。采用 Fe-29. 17% Ni-0. 39% C 合金，在密封的石英管中，经过退火和淬火等一系列处理后，得到马氏体的表面浮凸，如图 10 – 16 所示。利用 AFM 优异的纵向分辨率，可定量测定浮凸的高度，如图 10 – 17 所示。

图 10 – 16　Fe-Ni-C 合金马氏体表面浮凸[5]

通常认为以切变方式进行相变，即依靠原子集体协同、定向有序地位移，完成晶格改组的转变，是马氏体相变的根本特征。表面浮凸效应被作为支持马氏体相变切变机制的重要的试验证据。

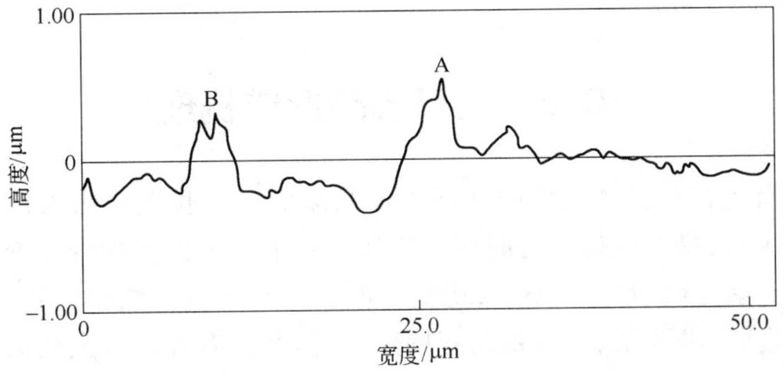

图 10－17　Fe-Ni-C 合金马氏体表面浮凸的 AFM 观察[5]

10.4.2　板条状马氏体的表面浮凸

从组织形貌、亚结构、晶体学特征和形成温度范围来看，板条状马氏体与片状马氏体有所区别。

将 2Cr13 不锈钢试样抛光表面，然后在真空热处理炉中加热到 1000℃，迅速冷却到室温，得到板条状马氏体组织，不侵蚀直接在扫描隧道显微镜下观测，其浮凸形貌如图 10－18*a* 所示，可见具有板条状马氏体的形态。浮凸的尺寸（对应箭头所指处）如图 10－18*b* 所示，浮凸高度不等，最高处约 35 nm，形状呈帐篷形（∧）。

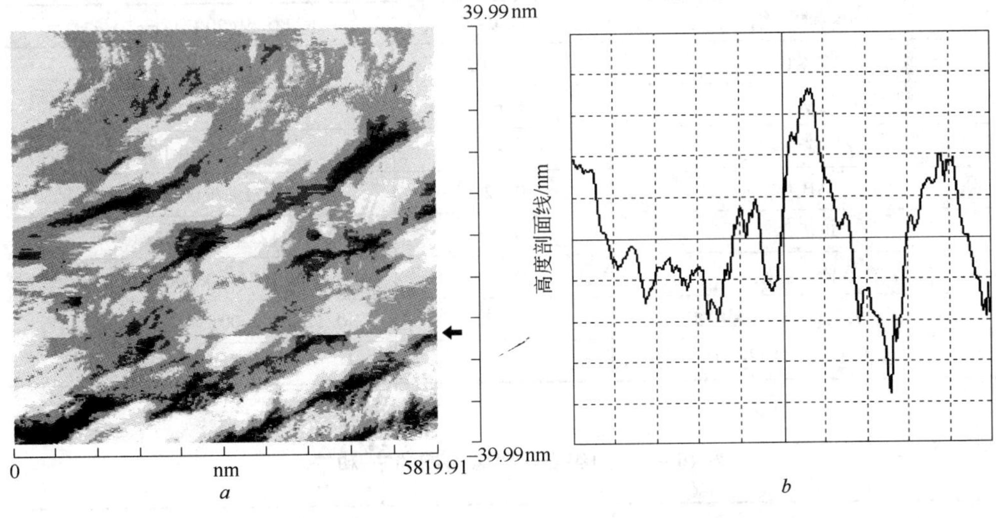

图 10－18　2Cr13 钢的板条状马氏体浮凸（STM）

方鸿生等采用 STM 观察 Fe-0.2% C-14Cr 等钢的板条状马氏体的表面浮凸形貌，也发现所有板条状马氏体的浮凸均呈帐篷形（∧），并且认为帐篷形浮凸不具备切变特征[5]。

10.5　表面浮凸形成机理

1924 年首先在马氏体相变中发现了浮凸现象[1]。长期以来人们一直认为马氏体浮凸成 N 形,是马氏体相变时切变所致。后来在贝氏体相变和魏氏组织中均发现了浮凸现象,但对此认识不一,切变学派认为是切变的结果,而扩散学派则认为浮凸成帐篷形,非 N 形,不具备切变特征[5],但并没有提出令人信服的浮凸形成机制。

现在又发现 T8 钢共析分解为片状珠光体时,在抛光的试样表面上形成了表面浮凸,这是以往文献没有报道过的。其成因用切变机制解释显然行不通,因为珠光体转变是扩散型相变,不是切变过程。台阶扩散机制也难以对此解释。

10.5.1　产生浮凸的根本原因

表 10-1 列举了碳素钢中奥氏体、铁素体、渗碳体、马氏体等各相质量体积不同,奥氏体在向珠光体、贝氏体、马氏体转变时,质量体积均增大,体积均膨胀,如表 10-2 所示。

表 10-1　钢中各种相和组织的质量体积(计算)[9]

相和组织	碳含量/%	质量体积(20℃)/$cm^3 \cdot g^{-1}$
铁素体	0~0.02	0.1271
渗碳体	6.67	0.130±0.001
ε-碳化物	8.5±0.7	0.140±0.002
马氏体	0~2	$0.1271+0.00265w(C)$
奥氏体	0~2	$0.1212+0.0033w(C)$
铁素体+渗碳体	0~2	$0.1271+0.0005w(C)$
低碳马氏体+ε-碳化物	0~2	$0.1271+0.0015(w(C)-0.25)$
铁素体+ε-碳化物	0~2	$0.1271+0.0015w(C)$

表 10-2　组织变化时碳素钢的$\dfrac{\Delta V}{V_i}$和$\dfrac{\Delta l}{l_i}$[9]

组织变化	$\dfrac{\Delta V}{V_i}$/%	$\dfrac{\Delta l}{l_i}$
球化退火→奥氏体	$-4.64+2.21w(C)$	$-0.0155+0.0074w(C)$
奥氏体→马氏体	$4.64-0.53w(C)$	$0.0155-0.0018w(C)$

续表 10－2

组织变化	$\frac{\Delta V}{V_i}$/%	$\frac{\Delta l}{l_i}$
球化退火→马氏体	1.68w(C)	0.0056w(C)
奥氏体→下贝氏体	4.64－1.43w(C)	0.0155－0.0048w(C)
球化退火→下贝氏体	0.78w(C)	0.0026w(C)
奥氏体→铁素体＋渗碳体	4.64－2.21w(C)	0.0155－0.0074w(C)
球化退火→铁素体＋渗碳体	0	0

在共析分解为珠光体时，奥氏体向渗碳体转变比奥氏体向铁素体转变的质量体积变化大。就铁素体和渗碳体分别相对奥氏体的质量体积差计算可知：渗碳体与奥氏体的质量体积差是铁素体与奥氏体质量体积差的2倍。由于渗碳体的质量体积大于铁素体，所以图10－1中白亮片条是渗碳体，灰暗色的为铁素体片条。同时，与晶界处的先共析铁素体比较衬度，也可看清灰暗色的片条是珠光体中的铁素体片。

碳钢的过冷奥氏体转变为马氏体、下贝氏体和珠光体时均发生体积的增大，体积变化$\frac{\Delta V}{V_i}$和长度变化$\frac{\Delta l}{l_i}$的值列于表10－2中。$\frac{\Delta l}{l_i}$是长度变化率，体积变化与长度变化的关系为：$\frac{V-V_i}{V_i}=\frac{\Delta V}{V_i}\approx 3\frac{\Delta l}{l_i}$。按照表10－2，当T8钢奥氏体转变为珠光体组织时，$\frac{\Delta V}{V_i}=2.96\%$，$\frac{\Delta l}{l_i}=0.0099$。

将T8钢加热到1050℃，奥氏体晶粒长大，平均直径约为140 μm，相当于晶粒度3级。实际晶粒的立体形状复杂，设晶粒为球形，晶粒直径为140 μm，切一半暴露在试样表面，令其在冷却过程中转变为片状珠光体组织。根据体积膨胀率计算膨胀的体积$\Delta V=21264\ \mu m^3$。依据长度变化率计算晶粒直径的膨胀量为$\Delta R=0.69\ \mu m$。

应当指出，如果试样表面层的奥氏体晶粒转变为珠光体时，各向(x、y、z)均匀地膨胀，则在试样表面不会观测到浮凸。浮凸是各相在表面层不均匀膨胀造成起伏的结果。如表10－1所示，奥氏体转变为铁素体和渗碳体时，膨胀量不等，渗碳体相膨胀量较大，铁素体相膨胀量较小，才会在试样表面形成高低不平的起伏，即浮凸。

还应当指出，试样表面层的奥氏体相变膨胀时，与试样内部的相变环境不同，内部的奥氏体转变为珠光体时，相变膨胀受到三向压应力；而试样表面层的奥氏体转变为珠光体时，试样表面上的新相长大受到x和y两个方向和$-z$方向的压力或阻力，而垂直于表面的$+z$方向可向空中自由膨胀，如图10－19a所示。从而，在表面层的奥氏体向珠光体转变时，必然产生不均匀的体积膨胀。如果应变 $\varepsilon_x=0$，$\varepsilon_y=0$，则体积膨胀造成的应变将集中在 z 向，即 $\varepsilon_z>0$。由于珠光体领域形成的先后次序不同，以及渗碳体和铁素体的膨胀量不等，必然使得试样产生表面起伏，如图 10－19*b* 所示，在一个珠光体团中的渗碳体片凸起最高，铁素体片也有膨胀。

应当指出，渗碳体片的膨胀凸起不能孤立地进行，它与两侧的铁素体片相连接，由于质量体积不同，膨胀不协调，必然相互拉压而产生应变，形成复杂的表面畸变应力，从而引起表面畸变。各相之间的拉应力阻碍表面的凸起，使得产生凸起部分和未凸起或凸起小部分之间存在过渡区，由未凸起或凸起小的部分向凸起的峰值渐变，在高度剖面线上出现“山坡”，从谷值到峰值之间，存在有斜率的曲线。这样，渗碳体片应变而变成“∧”形，而铁素体则变成“∨”形，如果将渗碳体和铁素体的浮凸形状组合起来，则呈现 N 形，如图 10－19*c* 所示。这就是图 10－2*b* 和图 10－3*b*中高度剖面线上的曲线峰的形状的来源。

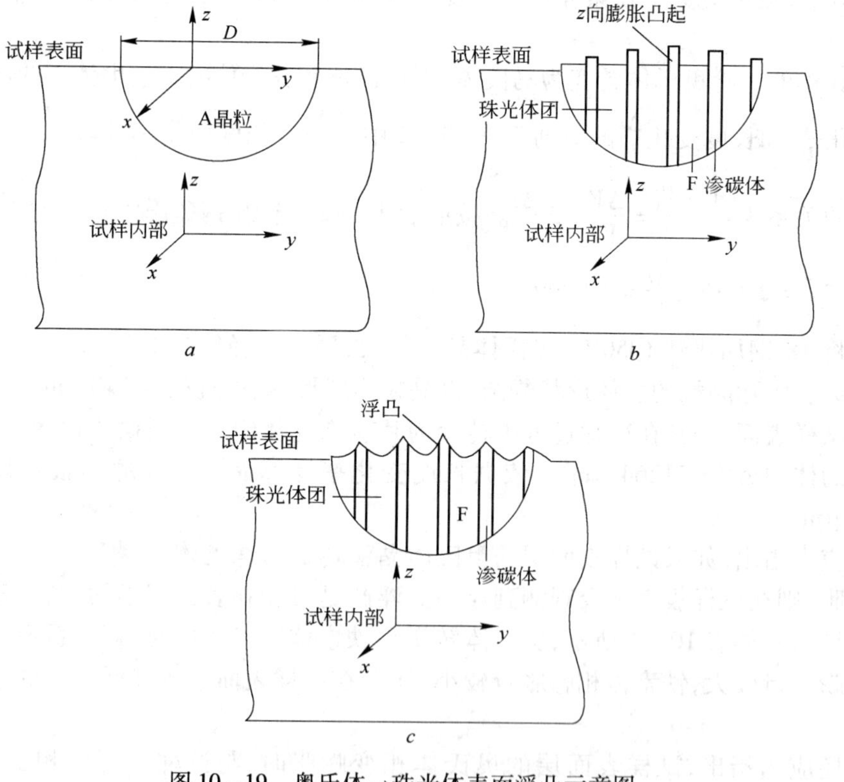

图 10－19　奥氏体→珠光体表面浮凸示意图

a—直径为 *D* 的奥氏体晶粒被切于试样表面；

b——个珠光体团中渗碳体片和铁素体片向 z 方向膨胀凸起分析图；

c—珠光体组织浮凸形貌形成示意图

同样，过冷奥氏体转变为贝氏体时，也将引起体积膨胀的变形。奥氏体的质量体积(20℃)小，为0.121+0.0033w(C)；铁素体的质量体积为0.1271 cm^3/g；渗碳体的质量体积为0.13 cm^3/g；ε-碳化物的质量体积为0.14 cm^3/g。因此过冷奥氏体转变为铁素体+渗碳体，或者铁素体+ε-碳化物时，体积将发生显著的膨胀。在试样表面的过冷奥氏体转变为贝氏体铁素体片条时，由于质量体积增大，将产生浮凸出来的变形。

同时，贝氏体铁素体片条是随着时间的延长，逐渐形核长大的，各铁素体片条的产生具有不等时性，因而产生不均匀的体积膨胀，即形成浮凸。因此，表面浮凸是相变时各相在表面层不均匀膨胀的结果。

钢在550℃以上时为塑性体，相变引起的膨胀变形可因塑性流变而有所减小，在550℃以下钢是弹性体，体积膨胀引起的变形难以通过塑性流变而减小。因此，中温区发生贝氏体转变时，体积膨胀会引起较多的弹性变形，这对贝氏体表面浮凸的尺寸会有影响。

除了相变温度外，浮凸的形貌还与珠光体、贝氏体、马氏体片条的立体形状有关。过冷奥氏体随相变温度的降低，其转变产物的形貌不同，表面浮凸的形貌也随之发生变化。

10.5.2 表面浮凸与相变机制

人们一直认为马氏体相变的表面浮凸是切变造成的，并且以此作为马氏体相变切变机制的试验依据。现在看来，珠光体、贝氏体、马氏体、魏氏体等各种相变均有表面浮凸现象发生，浮凸已经成为过冷奥氏体转变产物的一种普遍的表面现象。

本书作者认为，形成马氏体相变表面浮凸的主要原因也同样是由于质量体积不同，马氏体片形成有先后，相变体积不均匀膨胀造成的。表面浮凸现象不能作为切变机制的试验证据[10]。

当奥氏体转变为贝氏体或马氏体时，试样表面也同样发生不均匀的体积膨胀，而且形成复杂的表面畸变应力，从而引起表面畸变。先形成的贝氏体铁素体片条或马氏体片，必然突出表面较多，因而产生与组织形貌相适应的浮雕，即产生浮凸。

应当说明珠光体、贝氏体、马氏体、魏氏体表面浮凸的整体形貌(浮雕形状)均与其显微组织形貌相对应，因此浮凸形貌也不同，但本质上都是相变体积不均匀膨胀的结果，而且均为“N”形或帐篷形(∧)。

试验结果表明，T8钢过冷奥氏体在缓慢冷却退火时形成了表面浮凸，说明在较高温度下，扩散型相变也可产生表面浮凸效应。无论是马氏体浮凸、贝氏体浮凸、珠光体浮凸，其成因均与各相质量体积不同，相变膨胀不协调、不均匀有关，必然在试样表面上形成浮雕，这是表面浮凸形成的根本原因。

20世纪30年代起，钢中马氏体表面浮凸被认为是切变型相变的主要试验证据。50 年代发现贝氏体相变也有表面浮凸效应，被认为贝氏体相变也是切变过程。70 年代后，扩散学派认为扩散台阶机制也能够形成表面浮凸，致使贝氏体表面浮凸现象成为几十年来两派学术争论的焦点问题之一。

长期以来，在贝氏体相变争论中持台阶扩散机制观点的学者认为贝氏体表面浮凸为帐篷形，帐篷形浮凸不具备马氏体切变特征。既然所有板条状马氏体表面浮凸均为帐篷形（∧）[5]，Fe-Ni-C 合金 $\{259\}_f$ 型马氏体的表面浮凸也为帐篷形（∧）[7]，那么，理所当然地提出一个问题：马氏体相变到底是不是切变过程？这将涉及到马氏体切变学说（或机制）的正确性。

总之，表面浮凸现象仅仅是试样表面上过冷奥氏体转变为新相的普遍表现，不能作为某一种相变的主要特征或独有特征，也不能作为马氏体相变切变机制的所谓有力的试验证据。

参考文献

[1] 徐祖跃，刘世楷. 贝氏体相变及贝氏体[M]. 北京：科学出版社，1991.

[2] Caballero F G, Miller M K, Babu S S, et al. Atomic Scale Observations of Bainite Transformation in a High Carbon High Silicon Steel. Acta Materialia, 2007, 55(1): 389 ~ 390.

[3] 刘宗昌，段宝玉，王海燕，任慧平. 珠光体表面浮凸的形貌及成因[J]. 金属热处理，2009，34(1)：24 ~ 28.

[4] 段宝玉，刘宗昌，任慧平，王海燕，计云萍. T8 钢中珠光体表面浮凸观察[J]. 内蒙古科技大学学报，2008，27(2)：108 ~ 114.

[5] 方鸿生，王家军，杨志刚，李春明，薄祥正，郑燕康. 贝氏体相变[M]. 北京：科学出版社，1999，80 ~ 220.

[6] 徐祖耀. 马氏体相变与马氏体[M]. 北京：科学出版社，1999.

[7] 苏德达，李家俊. 钢的高温金相学[M]. 天津：天津大学出版社，2007.

[8] 林小娉，张勇，谷南驹，孟昭伟，马晓丽. γ(fcc)-α(bcc)马氏体相变表面浮凸的 AFM 观察和定量分析[J]. 材料热处理学报，2001，22(4)：4 ~ 9.

[9] 刘宗昌. 钢件的淬火开裂及防止方法（第 2 版）[M]. 北京：冶金工业出版社，2008.

[10] 刘宗昌. 马氏体切变学说与表面浮凸现象[J]. 内蒙古科技大学学报，2008，27(4)：290 ~ 295.

11 工业用钢的贝氏体组织及形成

在工业上，贝氏体钢获得了越来越广泛的应用。有低碳贝氏体钢、中碳贝氏体钢、高碳贝氏体钢以及贝氏体球墨铸铁等。近年来低碳贝氏体钢作为先进钢铁材料发展很快，如在第2章和第9章中专门阐述过超低碳贝氏体组织的形貌和形成机理，这种钢的贝氏体组织具有高强度、高韧性和良好的焊接性，是目前工业生产中大量应用的钢种。再如GCr18Mo轴承钢采用等温淬火，获得下贝氏体组织，具有良好的使用性能，也被大量推广应用。目前尚有许多钢种的贝氏体组织还没有在工业上得到应用，有待进一步研究开发。

本章主要介绍一些工业上常用钢种的贝氏体组织形貌，并且简述其形成过程或机理，如低合金热强钢、渗碳钢、中碳调质钢、模具钢、轴承钢、弹簧钢等典型钢种的贝氏体相变和组织形貌。

11.1 60Si2CrV 钢的贝氏体组织及形成

近年来，为了适应我国运输事业的发展，对铁路车辆提出了“提速、重载、安全”的要求，延长铁路车辆用弹簧的疲劳寿命，提高弹簧的静挠度，确保运输高效和安全。研发了新型弹簧钢60Si2CrV等钢种。例如主要化学成分为0.58% C，1.55% Si，0.6% Mn，1.1% Cr，0.17% V的钢。

弹簧钢的最终热处理是淬火+中温回火，获得回火托氏体组织，使其具有较高的强度（设计屈服强度为1590 MPa），而弹簧钢的贝氏体组织尚未被工业开发应用。本节仅叙述这种钢等温淬火得到的贝氏体组织形貌及其形成机理。

11.1.1 60Si2CrV 钢的贝氏体组织结构

取工业用60Si2CrV钢用电火花切割机制取3 mm厚的金相试样，按图11-1热处理工艺，进行等温淬火，经450℃等温不同时间得到上贝氏体组织；在320℃等温，经不同时间保温后淬火，得到下贝氏体组织，分别如图11-2、图11-3所示。

图11-2*a*是450℃盐浴等温23 min后淬火的组织照片。可见得到的是由贝氏体铁素体及残余奥氏体组成的无碳贝氏体（BF+A′）。图11-2*b*是320℃盐浴等温淬火的金相照片，其中，黑色针状为贝氏体铁素体，灰色为马氏体和残留奥氏体，为无碳化物贝氏体。为了更清晰地观察组织形貌，采用扫描电子显微镜进行观察，发现其贝氏体由亚单元或亚片条组成，如图11-3、图11-4所示。

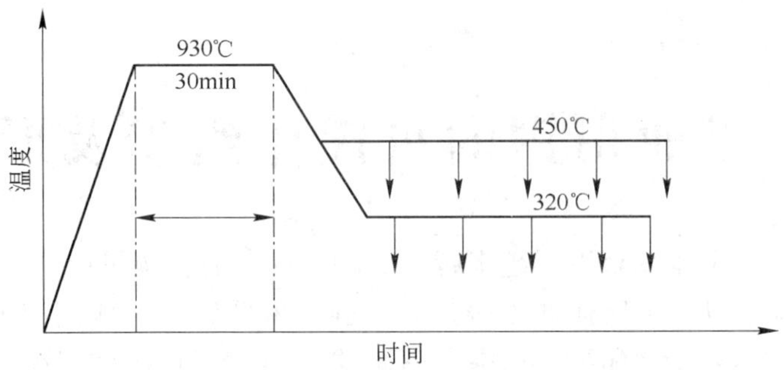

图 11 – 1　60Si2CrV 钢的等温淬火工艺图

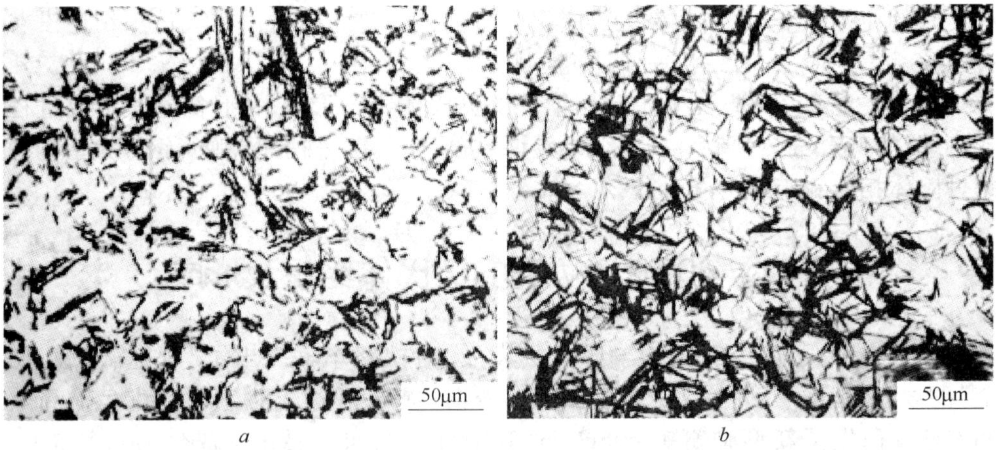

图 11 – 2　60Si2CrV 钢上贝氏体组织(*a*)和下贝氏体组织(*b*)(LOM)

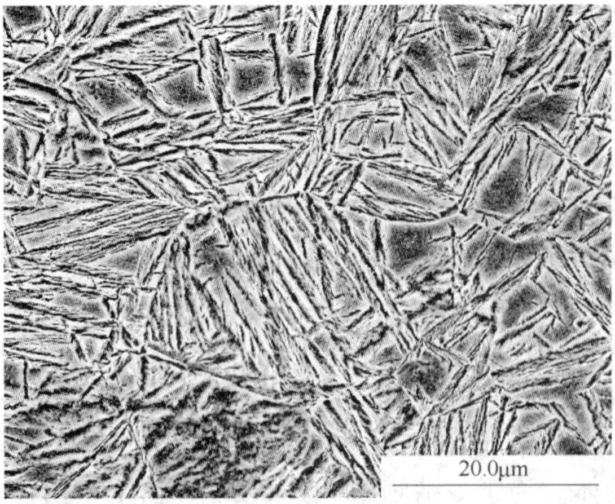

图 11 – 3　60Si2CrV 钢的上贝氏体组织(450℃等温 5 min)(SEM)

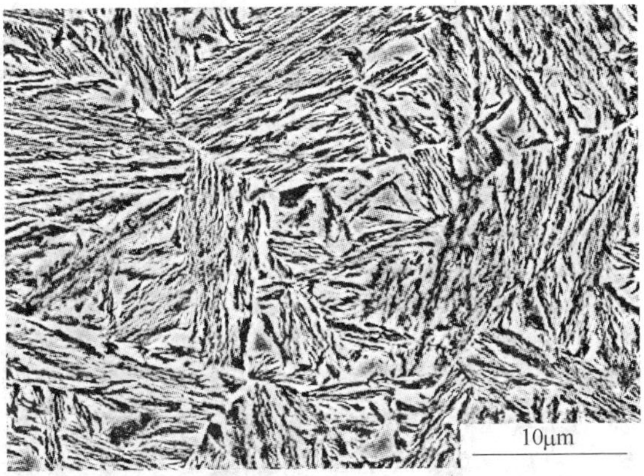

图 11－4　60Si2CrV 钢的下贝氏体(320℃等温 60 min)(SEM)

观察表明,60Si2CrV 钢的贝氏体由两相组成,即贝氏体铁素体＋残留奥氏体。残留奥氏体夹在贝氏体铁素体片条之间。

将 60Si2CrV 钢试样 450℃等温 18 min 后淬火得到的上贝氏体组织,用扫描电子显微镜高倍观察,可看清其贝氏体铁素体片条由许多亚结构组成,铁素体亚单元的形貌呈不规则的多边形,或平行四边形,沿着贝氏体片条的主轴方向重复叠加排列,图 11－5 所示为两个视场的贝氏体照片,图 11－5*a* 测定了尺寸。

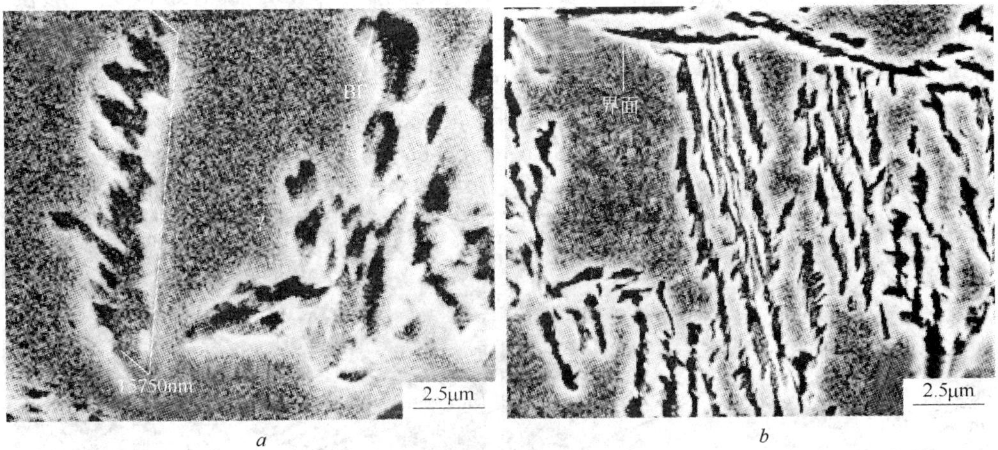

图 11－5　上贝氏体亚单元形貌(SEM)

图 11－6 为 60Si2CrV 钢试样 320℃等温 18 min 后淬火得到的下贝氏体片条及其中的亚单元形貌。可见,一个下贝氏体片条是由许多亚片条组成(如图中所标注的),亚片条分布的方向与主轴基本平行,显然与上贝氏体不同。

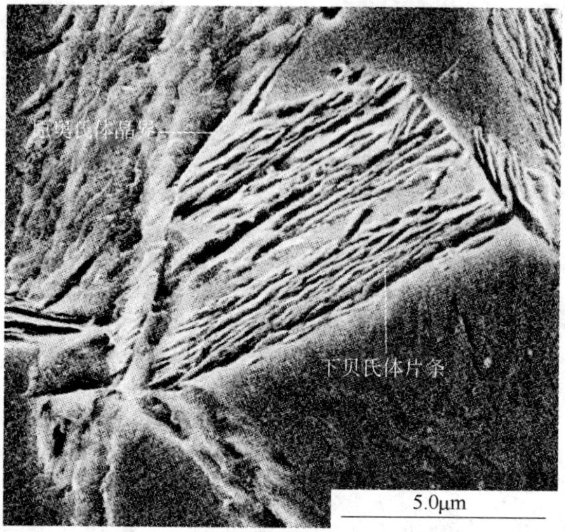

图 11 －6　下贝氏体片条及其中的亚单元(SEM)

11. 1. 2　60Si2CrV 钢的贝氏体形成过程

11. 1. 2. 1　上贝氏体的形成

60Si2CrV 钢的贝氏体是无碳贝氏体。上贝氏体形核地点为晶界处。在孕育期中,过冷奥氏体中通过涨落形成贫碳区,贝氏体铁素体(BF)即在贫碳区中形核。如图 11 －7 所示,可见贝氏体铁素体在奥氏体晶界形核然后向晶内长大,形成羽毛状贝氏体。图 11 －7*a* 为在 450℃ 等温 3 min,贝氏体在晶界形核长大;图 11 －7*b* 为等温 23 min,羽毛状贝氏体在晶界向两侧长大成为羽毛状贝氏体。

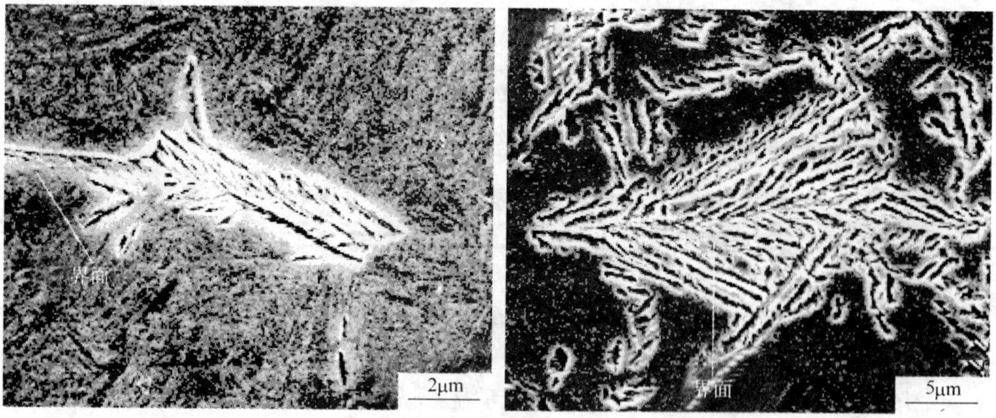

a　　*b*

图 11 －7　上贝氏体在奥氏体晶界形核长大成羽毛状(SEM)

从照片可见，贝氏体片条由亚单元组成。在贫碳区形成贝氏体铁素体亚单元，呈块状、四边形或多边形形貌。晶核长大为亚单元后，即暂时停止长大，待其周边重新形成贫碳区，再出现贝氏体铁素体亚单元的晶核，长大为亚单元。由于亚单元周边的奥氏体中不断富碳，而且由于该钢中含有较多的硅元素。

这样重复形成亚单元，最终长大成为贝氏体片条。从图 11－7 可见，亚单元的尺寸不等，形状也不规则。图 11－8 为无碳贝氏体形成过程示意图，图 11－8*a* 为在奥氏体晶界上涨落形成贫碳区和富碳区；图 11－8*b* 在贫碳区形成贝氏体铁素体亚单元的晶核；图 11－8*c* 晶核长大并且形成第 2、3 片亚单元；图 11－8*d* 形成贝氏体铁素体片条和残留奥氏体。扫描电子显微镜照片如图 11－9 所示。

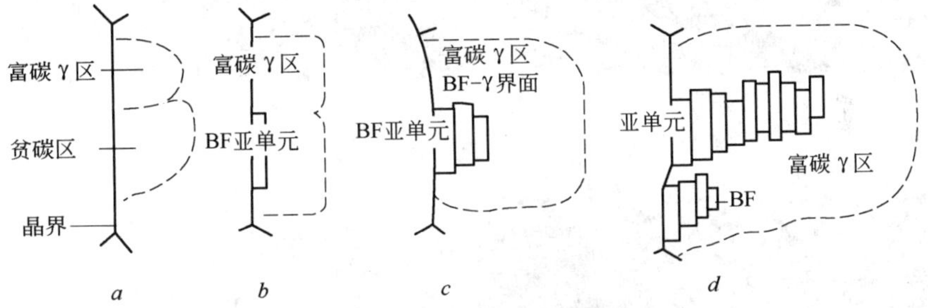

图 11－8　上贝氏体形成过程示意图

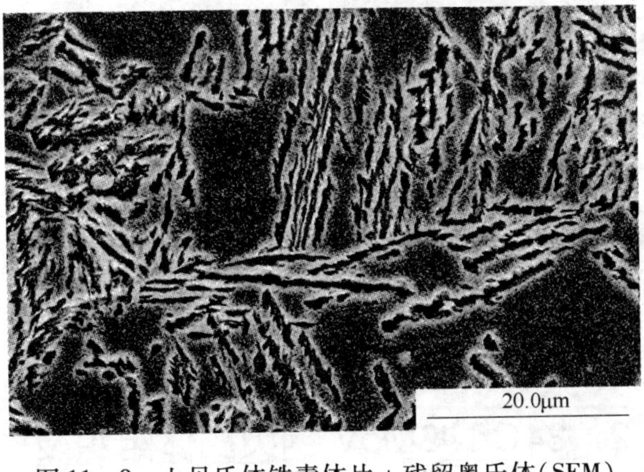

图 11－9　上贝氏体铁素体片＋残留奥氏体（SEM）

11.1.2.2　下贝氏体的形核和激发形核

下贝氏体一般在奥氏体晶粒内部形核，有时也可在晶界处形核[1,2]。图 11－10*a* 为试验观察到的在晶界形核的照片，图 11－10*b* 是晶内形核及激发形核的照片，可见，激发的小晶核是在贝氏体铁素体片的附近异地形核的（图中箭头所指），然后长大成亚片条，亚片条之间是残留奥氏体，如图 11－11 所示为 60Si2CrV 钢的针状下贝氏体组织，由于硅不溶入渗碳体中，因此渗碳体难以析出，也成为无碳化物贝氏体。弹簧钢 60Si2Mn，也具有 60Si2CrV 钢同样的贝氏体形貌。

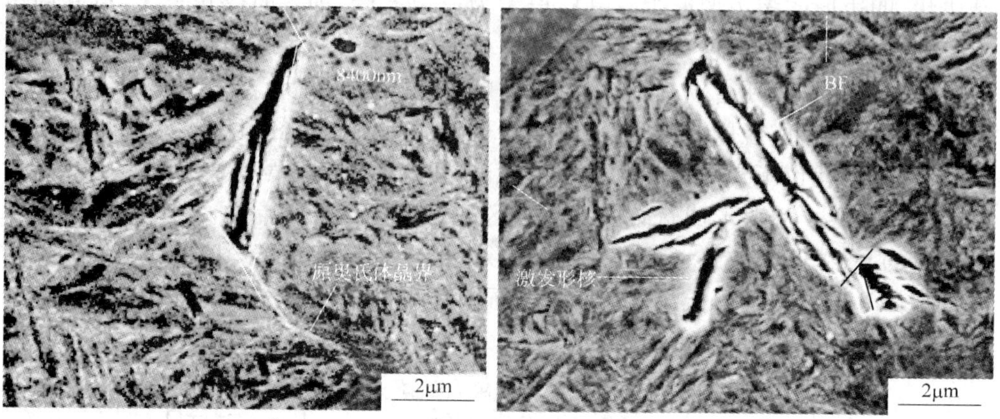

a　　b

图 11－10　下贝氏体的形核和激发形核(SEM)

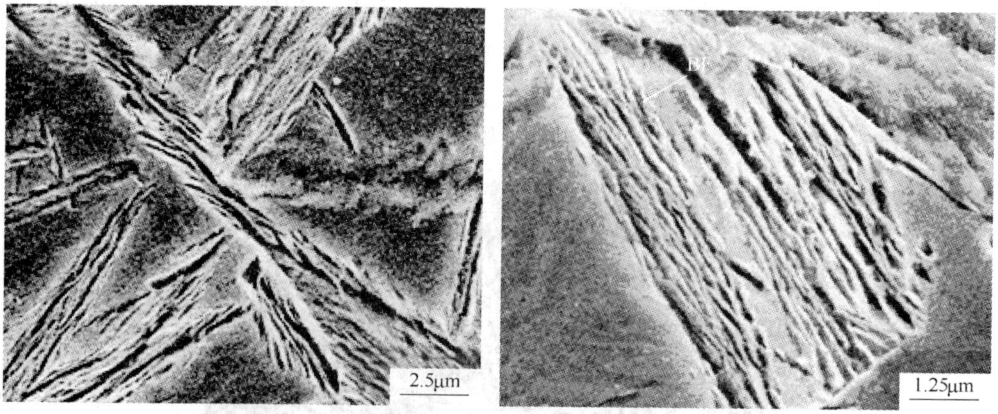

a　　b

图 11－11　60Si2CrV 钢的针状下贝氏体组织(SEM)

11.2　34CrNi3MoV 钢贝氏体组织及形成

11.2.1　34CrNi3MoV 钢

11.2.1.1　34CrNi3MoV 的化学成分及用途

34CrNi3MoV 是一种中碳合金结构钢，由于其调质处理后具有良好的综合力学性能，可用其制造坦克炮的身管和高压釜等压力容器。该钢最终热处理是淬火＋高温回火。由于零部件尺寸较厚或直径较大，淬火难以得到完全的马氏体组织，往往存在贝氏体组织。

该钢化学成分如表 11－1 所示。

表 11－1 34CrNi3MoV 钢的化学成分（质量分数，%）

C	Si	Mn	Cr	Ni	Mo	V
0.35	0.25	0.35	1.35	3.10	0.35	0.20

11.2.1.2 34CrNi3MoV 钢的生产工艺流程

34CrNi3MoV 钢可用来制造高压釜等压力容器和火炮零部件，其冶金生产工艺路线为：炼钢（VD）→铸锭→锻造→去氢退火→钻孔→正火→调质→精加工；其中，在锻造过程中，锻压比为 3；锻后需要进行去氢退火和软化退火。

11.2.1.3 34CrNi3MoV 钢的 TTT 图和临界点

34CrNi3MoV 钢的等温转变动力学图（TTT），如图 11－12 所示[3]，可见贝氏体转变动力学曲线具有等温性和变温性的双重特征。

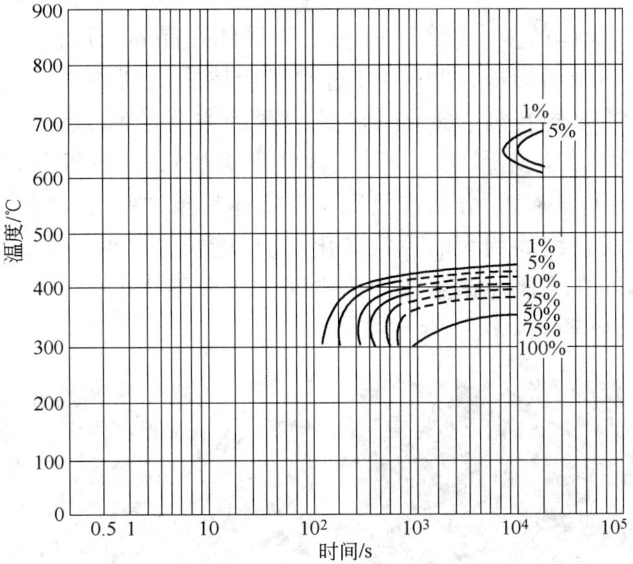

图 11－12 34CrNi3MoV 钢的 TTT 图（A_T：860℃）

34CrNi3MoV 钢的相变临界点如表 11－2 所示。

表 11－2 34CrNi3MoV 钢的相变临界点（℃）

Ac_1	Ac_3	M_s	M_f
750	800	293	115

35CrNi3Mo 钢的临界点为：$Ac_1$705℃，$Ac_3$760℃，M_s310℃。

根据 TTT 图，可以确定不同相变过程的温度范围。由图看出，34CrNi3MoV 钢的珠光体转变与贝氏体转变分离，中间有较稳定的海湾区，贝氏体转变的 C 曲线开始线在珠光体的左方，形成贝氏体的时间比共析分解的孕育期短得多，比共析分解更快，其贝氏体相变不同于共析分解；贝氏体转变与马氏体转变区域部分重合，说明贝氏体转变既不同于珠光体转变，也不同于马氏体转变，具有过渡性。

11.2.2　34CrNi3MoV 钢的贝氏体组织及形成

11.2.2.1　34CrNi3MoV 钢的贝氏体转变

依据 TTT 图，将 34CrNi3MoV 钢在奥氏体化温度为 890℃ 保温 1 h 后，在盐浴炉中不同温度等温不同时间后取出，油冷至室温，得到不同组织形态的贝氏体。

11.2.2.2　34CrNi3MoV 钢的上贝氏体组织及形成

图 11－13 为 34CrNi3MoV 钢在 400℃ 等温不同时间后油冷淬火得到的贝氏体＋马氏体＋残余奥氏体的整合组织。可见上贝氏体在晶界处形核，向晶内生长，形核速度较快，属于热激活形核，即只要在过冷奥氏体中出现贫碳区，则 $\Delta G_{\gamma-\alpha}<0$，便进行 γ-α 的同素异构转变，原子以热激活跃迁方式位移，迅速形成贝氏体晶核（BF）。在形核初期，首先形成一个贝氏体铁素体基元，随着等温时间的延长，从富碳奥氏体中析出了渗碳体，分布在贝氏体铁素体片条之间，渗碳体形核及长大需较长时间，难以形成连续而粗大的片状碳化物，只能长大到细小的片状、短棒状或颗粒状而终止，因而在贝氏体铁素体片条之间分布着细小的渗碳体，呈现羽毛状，且等温时间越长，转变量越多。

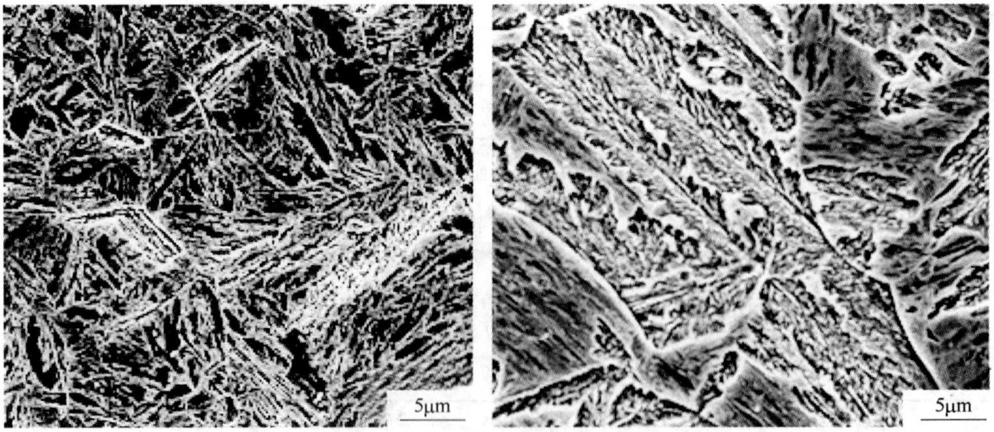

图 11－13　34CrNi3MoV 钢上贝氏体的组织形貌（SEM）

对 34CrNi3MoV 钢组织形貌的 TEM 观察发现，组织中存在平行排列的亚片条，亚片条由亚单元组成，亚单元相互平行，近似于平行四边形，如图 11－14 所示，经测定这种亚片条之间的间距为 29 nm。

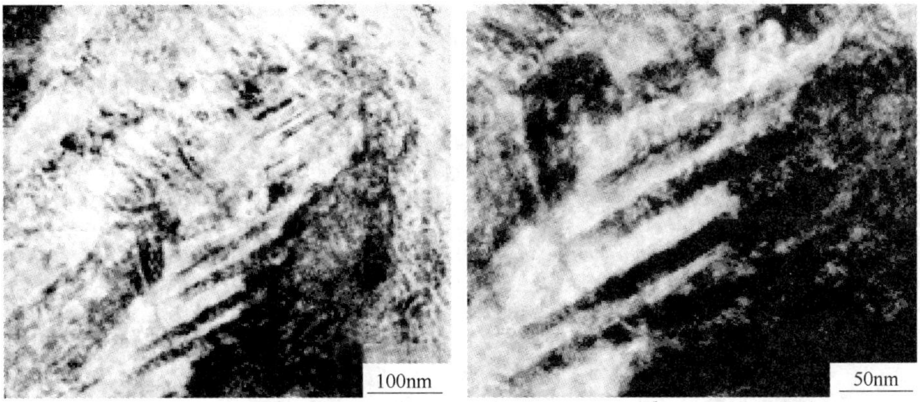

a　　*b*

图 11－14　34CrNi3MoV 钢不同放大倍数的组织形貌（TEM）

11.2.2.3　34CrNi3MoV 钢的下贝氏体组织及形成

将 34CrNi3MoV 钢在奥氏体化温度 860℃保温 1 h 后，在 290℃盐浴炉中等温 7 min后油冷至室温，得到的组织由下贝氏体、马氏体和残余奥氏体组成，如图 11－15*a* 所示。下贝氏体为不规则相交的条片，条片为碳过饱和的 α 相，其上分布着粒状或短杆状的碳化物。下贝氏体由贝氏体铁素体和碳化物构成，因而极易腐蚀，呈黑色片状形貌。

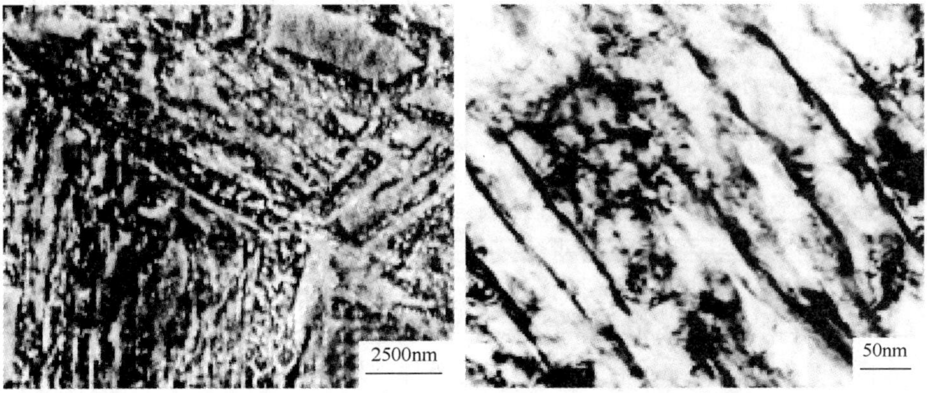

a　　*b*

图 11－15　34CrNi3MoV 钢的下贝氏体

a—SEM 照片；*b*—TEM 照片

等温淬火后的贝氏体随等温时间的延长而增加，在等温初期，形成贝氏体铁素体条和未转变的奥氏体，由于贝氏体铁素体形成少，奥氏体中的碳含量不高，冷却后转变为马氏体和残余奥氏体。当进一步延长等温时间，由于碳含量很高的未经转变的奥氏体中会析出碳化物，导致贝氏体铁素体继续长大。

对34CrNi3MoV钢290℃等温7 min的下贝氏体进行透射电子显微镜观察，如图11－15*b*所示，下贝氏体形貌为条片状，下贝氏体片条中分布着碳化物，一个下贝氏体片条被渗碳体分隔成许多小块，这些小片为铁素体亚片条，或称亚单元，亚单元相互平行。亚单元通常在已经形成的铁素体端部附近形核，通过纵向伸长与增厚的方式长大。亚单元长大受阻时，再激发形核，形成新的亚单元核心。亚单元重复形核长大构成了贝氏体的形核长大过程。

11.3 12CrMoV钢的贝氏体组织及形成

12CrMoV为合金结构钢、低合金耐热钢，具有高的热强度且无热脆性，常用于制造蒸汽温度为450℃的汽轮机零件，锅炉、石油炼厂的炉管、热交换器管和管道用无缝管，如隔板、耐热螺栓、法兰盘以及壁温达475℃的各种蛇形管和相应的锻件等。

12CrMoV钢的化学成分如表11－3所示。

表11－3 12CrMoV实验钢的主要化学成分（质量分数，%）

C	Si	Mn	Cr	Mo	V
0.08～0.15	0.17～0.37	0.40～0.70	0.40～0.70	0.25～0.35	0.15～0.30

将12CrMoV钢加热到950℃保温20 min，使其完全奥氏体化，然后分别在530℃和400℃盐浴等温淬火。在530℃等温不同时间，淬火冷却，得到上贝氏体。在400℃等温得到下贝氏体。

11.3.1 12CrMoV钢的等温淬火组织

试样经抛光侵蚀后，应用金相显微镜和QUANTA-400型环扫电子显微镜对上、下贝氏体的组织形貌进行了观察。

11.3.1.1 上贝氏体组织形貌

12CrMoV钢试样于530℃等温8 s后淬火，过冷奥氏体中有少量贝氏体组织产生，余下的奥氏体在冷却过程中转变为马氏体。图11－16是12CrMoV钢贝氏体铁素体在原奥氏体晶界形核并长大的情形，可见，贝氏体铁素体首先在奥氏体晶界处形核，并且向奥氏体晶内长大。贝氏体晶核是单相，即贝氏体铁素体BF（α相）。按照固态相变的一般规律，贝氏体铁素体的形核是非均匀形核，上贝氏体一般在奥氏体晶界处形核，然后向晶内生长。

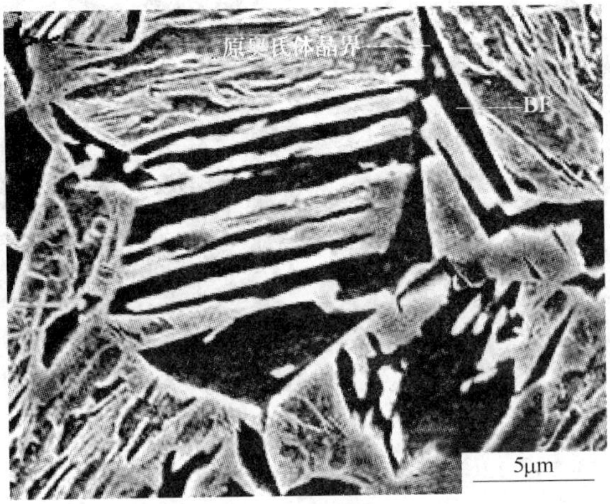

图 11－16 12CrMoV 钢贝氏体铁素体在原奥氏体晶界形核并长大(SEM)

图 11－17 中的贝氏体为 12CrMoV 钢的无碳化物贝氏体组织形貌。无碳贝氏体在低碳低合金钢中出现概率较多，在低碳合金钢中，形成贝氏体铁素体后，渗碳体尚未析出，贝氏体铁素体间仍为奥氏体，碳不断向奥氏体中扩散富集，使奥氏体趋于稳定而保留下来，形成无碳化物贝氏体。

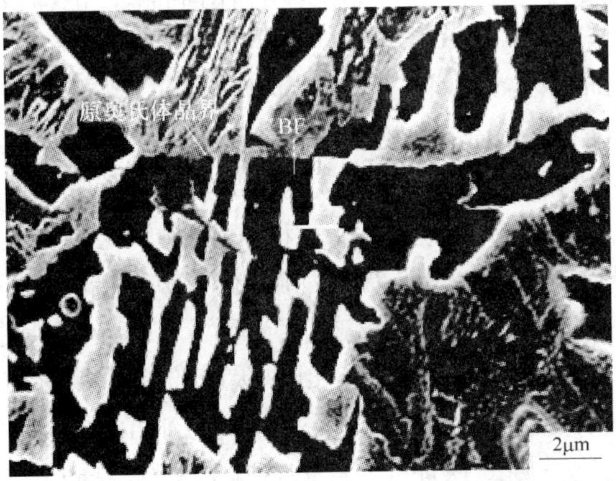

图 11－17 12CrMoV 钢的无碳贝氏体组织(SEM)

11.3.1.2 下贝氏体组织形貌

12CrMoV 钢试样于 400℃ 等温淬火，过冷奥氏体进行等温贝氏体相变，生成下贝氏体，呈条片状或粒状，如图 11－18 所示。金相观察表明，12CrMoV 钢的下贝氏体在原奥氏体晶界形核，也在晶内形核。从下贝氏体形貌可以看出，下贝氏体形貌与板条状马氏体相似。

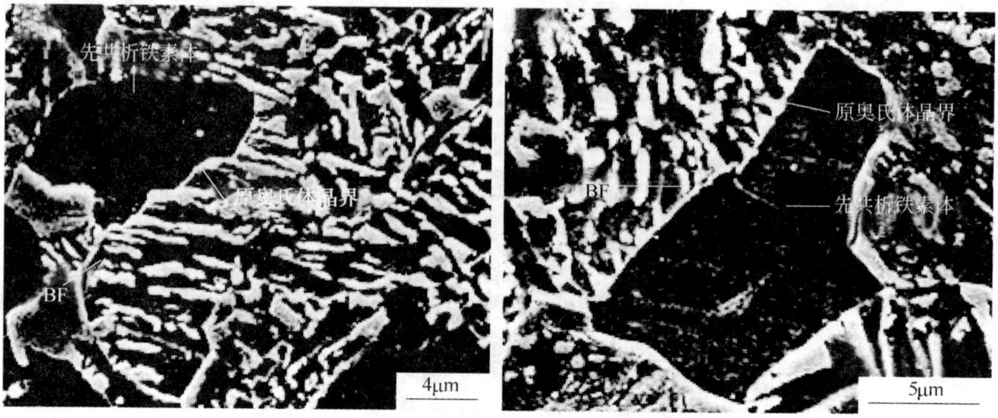

a　　*b*

图 11－18　12CrMoV 钢下贝氏体（400℃等温 20 s）（SEM）

11.3.2　贝氏体铁素体的形成

按照系统科学的自组织理论，远离平衡态，必出现随机涨落，故偏离平衡态的奥氏体中必将出现贫碳区和富碳区的涨落。涨落是自然系统演化的契机，是自然事物演化的自组织条件之一[4]。当奥氏体冷却到临界点以下时，原有的定态（fcc）虽已不稳定，但仍然处于亚稳状态。如果没有任何扰动，也即没有涨落时，系统仍然不会离开原有的状态，奥氏体不会发生转变。然而，任何实际自然过程中总是存在涨落。在相变驱动力（ΔG）作用下，涨落必然发生。涨落是系统自组织的诱因，它是发育成为新相结构的种子，新相的晶核就是以这种涨落作为种子的。过冷奥氏体在孕育期内，通过浓度涨落形成贫碳区，结构涨落形成体心核坯，能量涨落提供核坯和临界晶核所需要的能量上涨。三种涨落的非线性正反馈相互作用，迅速放大涨落，使得奥氏体贫碳区的 fcc 结构瓦解，构建 bcc 结构的贝氏体（BF）晶核。

在贫碳区中形成贝氏体铁素体晶核，相当于 fcc→bcc 多形性转变。γ-α 相界面两侧的原子交互热激活迁移，但向 α 相中跃迁的原子数量占优势。现已证明，贝氏体铁素体与奥氏体之间呈现 K-S 关系，界面为小角度晶界[5]。那么，在 γ→α 相变时，界面处奥氏体一侧的铁原子（自由焓高），只需要向 α 相一侧迁移一个很小的距离，就可以转入 α 相中（自由焓低）。已知 γ-Fe 的 $\{111\}_\gamma$ 面间距为 0.2048nm；α-Fe 的 $\{110\}_\alpha$ 面间距为 0.2023 nm。铁原子从 $\{111\}_\gamma$ 晶面转化到 $\{110\}_\alpha$ 上，只需以小于一个原子间距的位移，越过位垒 Q 就可以进入 α 相晶格，比扩散位移容易进行。

金相和电子显微镜观察表明，12CrMoV 钢贝氏体铁素体在晶界形核并沿着晶界长大。由于晶界两侧的奥氏体 γ_1 和 γ_2 位向不同，在 γ_1-γ_2 相界面上的贝氏体铁素体晶核(BF)不可能与两个奥氏体晶粒同时具有共格晶面,没有共格界面就不可能以共格切变方式长大,因此上贝氏体长大机制不可能是切变过程。

贝氏体铁素体片在晶界上形成后即刻向奥氏体晶内长大,贝氏体铁素体片平行地长入奥氏体晶内,显然是沿着奥氏体的某一界面延伸的。按照图 11－19 测得的贝氏体铁素体的尺寸,可以算得贝氏体铁素体片条长大速度为 5246.67 nm/s。

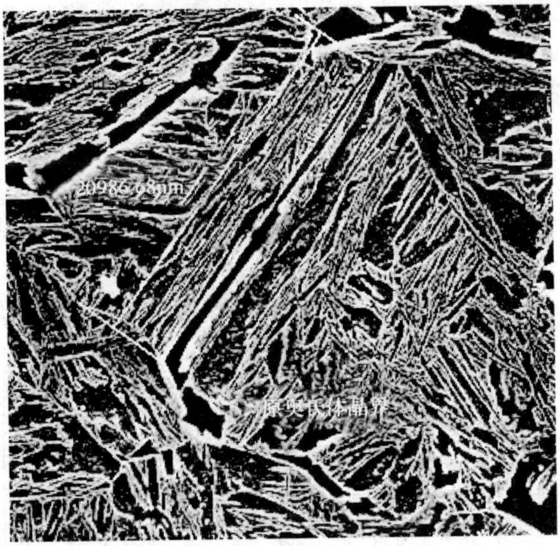

图 11－19　贝氏体铁素体形貌和片条尺寸(SEM)

贝氏体铁素体沿着晶界延伸和向晶内长大,是铁原子和替换原子热激活迁移的结果,由于是原子联动位移,接踵跃迁,原子每一次移动的距离小于一个原子间距,好像多米诺骨牌那样一个个地连续快速倾倒,奥氏体中的铁原子逐一地跌入 α 相中,因此长大速度很快。这种热激活迁移方式似切变,而非切变;似扩散,而非扩散。

11.4　20CrMo 钢的贝氏体组织及形成

11.4.1　20CrMo 钢物理参数

20CrMo 具有较高的强度,较好的塑、韧性,一定的高温强度,较满意的工艺性能,是比较常用的低合金结构钢,同时也常作为渗碳钢使用,此钢的化学成分如表 11－4 所示。

表 11－4　20CrMo 钢的化学成分(质量分数,%)

C	Si	Mn	Cr	Mo	S	P	Ni	Cu
0.17～0.24	0.17～0.37	0.40～0.70	0.80～1.10	0.15～0.25	≤0.035	≤0.035	≤0.30	≤0.30

合金元素对 TTT 图的影响很大。Mo、Cr 的影响为，当它们的含量增加时珠光体转变移向高温，而贝氏体转变则向低温移动，使贝氏体转变推迟。钼属于缩小 γ 相区的元素。钼在钢中存在于固溶体相和碳化物相中。在碳化物相中，当钼含量较低时，与铁及碳形成复合的渗碳体；钼含量较高时，则形成钼的特殊碳化物。钼在钢中的作用可归纳为提高淬透性，提高热强性，防止回火脆性，提高在某些介质中的抗蚀性与防止点蚀倾向等。铬加入钢中能显著改善钢的抗氧化作用，增加钢的抗腐蚀能力。铬与铁形成连续固溶体，与碳形成多种碳化物。铬与碳的亲和力在形成碳化物的诸元素中大于铁和锰而低于钨、钼。

依据图 11－20 所示的 20CrMo 钢 TTT 图，分析贝氏体和珠光体在一定温度下发生相变开始点和终了点，选取不同的等温温度和时间进行等温淬火，观察其贝氏体组织形貌。

20CrMo 钢的临界温度 Ac_1 为 755℃，Ac_3 为 840℃，M_s 温度为 380℃。

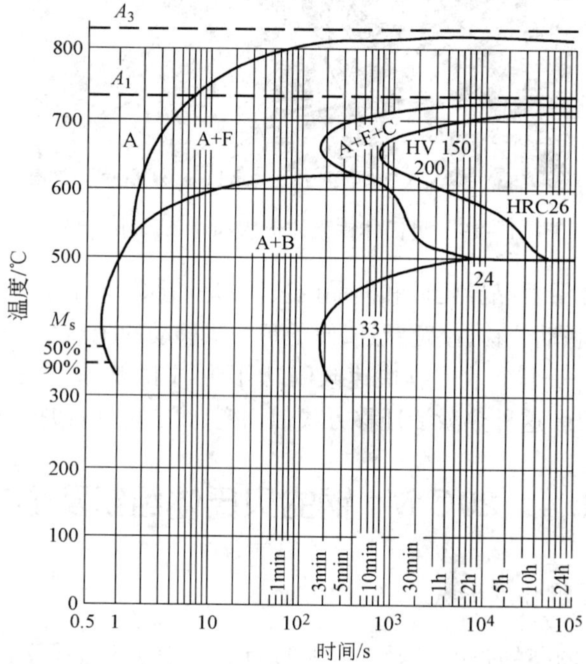

图 11－20　20CrMo 钢的 TTT 图[6]

由 20CrMo 的 TTT 图可知，形成贝氏体的温度范围在 320～620℃之间，为了研究 20CrMo 钢在不同温度、不同时间保温得到的组织的区别，选取的等温淬火温度为 530℃和 650℃，经 950℃奥氏体化后，盐浴等温处理。观察上贝氏体、下贝氏体以及珠光体的形态。

11.4.2　20CrMo 钢的等温淬火组织

将退火态的 20CrMo 钢试样加热到 950℃保温 20 min，使其完全奥氏体化。为了观察 20CrMo 钢的贝氏体组织形貌，将厚度为 3 mm 的试样分别淬入 530℃的盐浴中等温不同时间，得到上贝氏体铁素体。经磨样、抛光、腐蚀后在光学显微镜下观察组织。图 11－21 为 20CrMo 钢 530℃盐浴等温淬火的上贝氏体组织。

金相组织观察表明，上贝氏体铁素体在奥氏体的晶界处形核，并且随等温时间增加，不断向晶内长大，如图 11－21 所示。由图 11－21*a* 可以看出，20CrMo 钢在 530℃的盐浴中等温 1 s，有微量的上贝氏体转变，大部分区域还没有发生贝氏体转变，条片状的上贝氏体铁素体在奥氏体的晶界处形核；随等温时间延长，BF 不断向晶内长大，并形成大量的上贝氏体铁素体，从图 11－21*f* 中可以看出，在 530℃的盐浴中等温 1 h 后，基本上转变为上贝氏体。

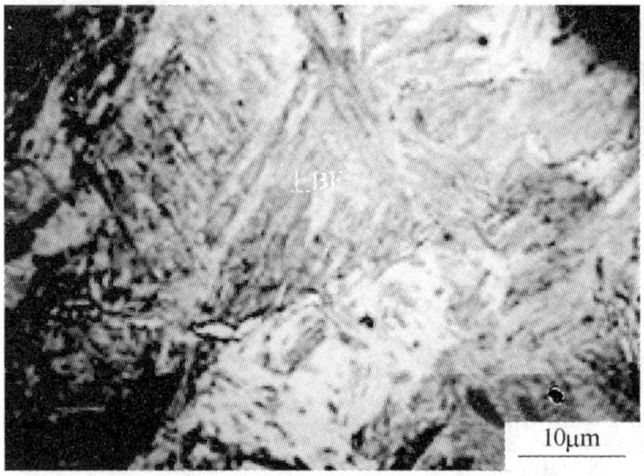

a

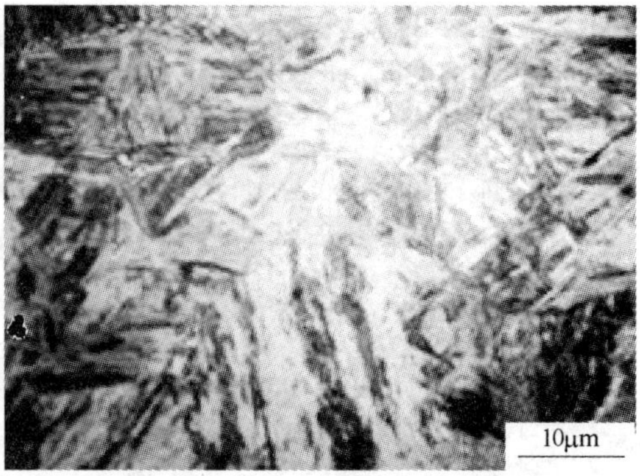

b

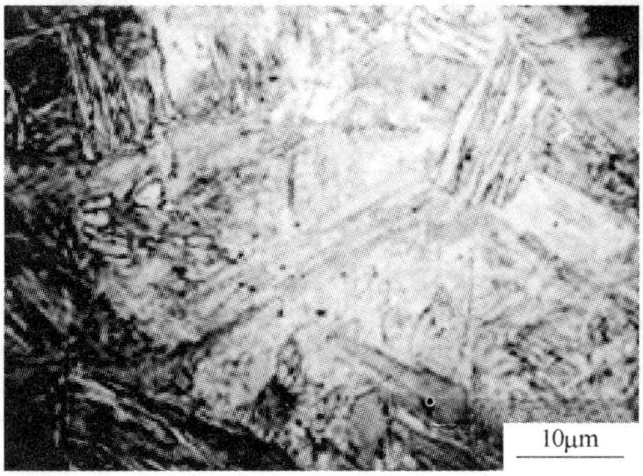

c

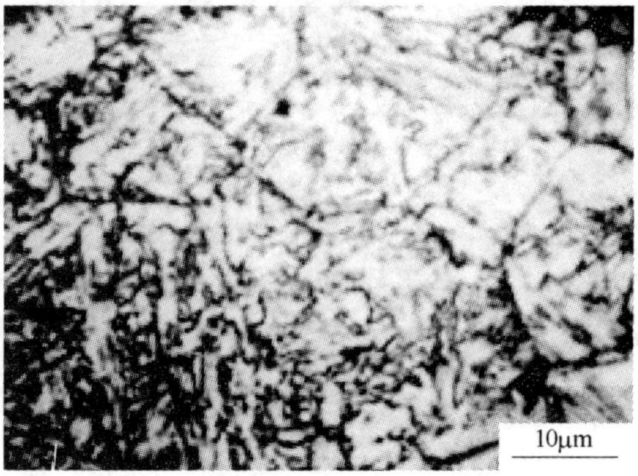

d

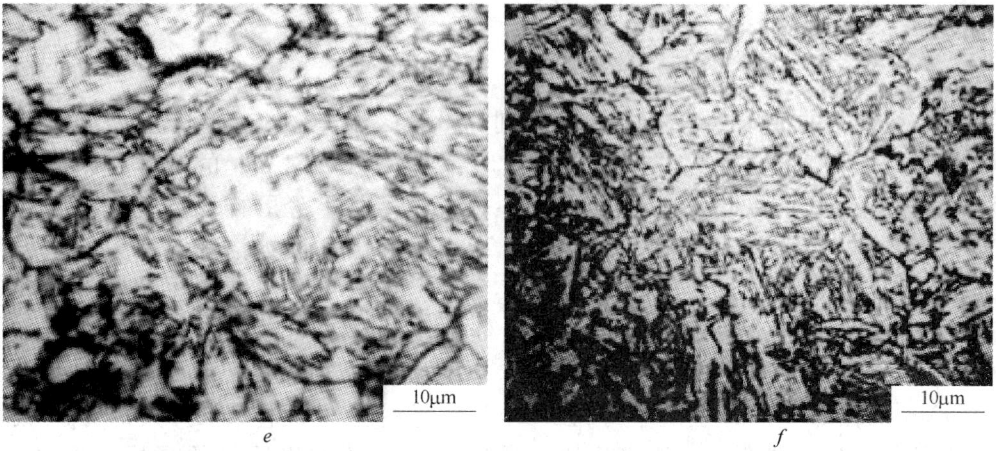

图 11 - 21　20CrMo 钢 530℃盐浴等温淬火的上贝氏体组织（LOM）

a—等温 1 s；*b*—等温 2 s；*c*—等温 3 s；*d*—等温 20 min；*e*—等温 30 min；*f*—等温 1 h

贝氏体晶核是单相，即贝氏体铁素体 BF（α 相）。按照固态相变的一般规律，贝氏体铁素体的形核是非均匀形核，上贝氏体一般在奥氏体晶界处形核，然后沿着晶界生长，并迅速向奥氏体晶内长大。为了更清楚地观察贝氏体的相变过程，应用扫描电子显微镜观察了 530℃等温 1s 后水中淬火的组织形貌，如图 11 - 22 所示，可见贝氏体铁素体在奥氏体晶界形核。在过冷奥氏体晶界处由于涨落形成贫碳区，在满足相变驱动力的情况下，在奥氏体的贫碳区中形成贝氏体铁素体核坯或晶核，贝氏体铁素体形核不属于扩散过程，而是以原子热激活跃迁的界面控制机制形核的。

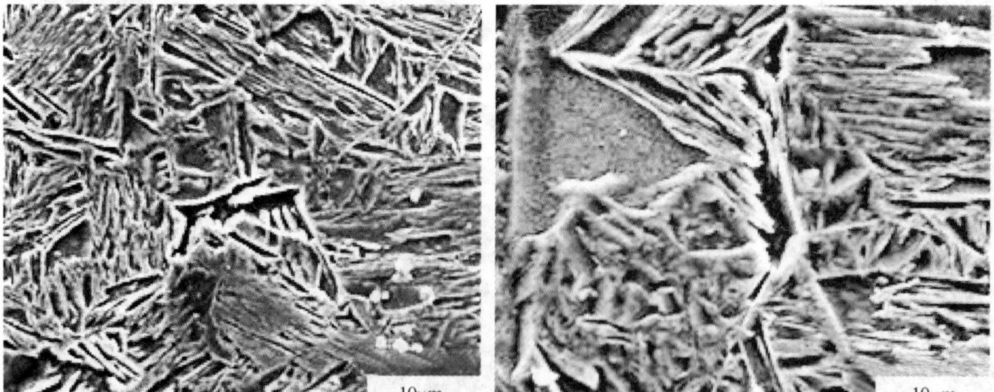

图 11 - 22　20CrMo 钢的上贝氏体组织（SEM）

图 11－23 为 530℃等温淬火硝盐中保温时间为 4 s 的扫描电子显微镜照片，灰色的基体为马氏体组织，图中中心部位为已经形核开始长大的贝氏体铁素体（黑色）。测量得知贝氏体铁素体沿晶界方向和向晶界内长大的长度分别为 5647.26 nm 和 2028.22 nm，这是在 530℃保温 6 s 得到的，测得沿晶界延伸的速度约为：941 nm/s；向晶内的长大速度为 338 nm/s；从这一点可以看出，贝氏体铁素体的长大速度还是很快的。

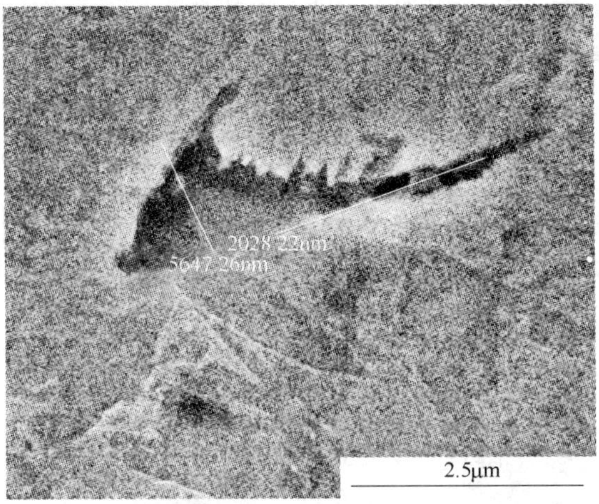

图 11－23　晶界处形核长大的贝氏体铁素体（SEM）

11.5　35CrMo 钢贝氏体组织及形成

11.5.1　35CrMo 钢的物理参数

35CrMo 钢是一种中碳合金结构钢，具有良好的强韧性和淬透性，其价格又比 Cr-Ni 钢等低廉，故在机械制造业中广泛应用于调质处理，以获得良好的综合力学性能。其化学成分如表 11－5 所示。

表 11－5　35CrMo 钢的化学成分（质量分数，%）

C	Si	Mn	Cr	Mo	S	P
0.32～0.40	0.17～0.37	0.40～0.70	0.80～1.10	0.15～0.25	≤0.0035	≤0.035

图 11－24 为 35CrMo 钢的 TTT 曲线，从图中可见，在 520℃以下等温可首先形成贝氏体，然后经较长时间等温再转变为珠光体。

钢的临界温度 Ac_1 为 755℃，Ar_1 为 695℃，Ac_3 为 800℃，Ar_3 为 750℃，M_s

为 271℃。

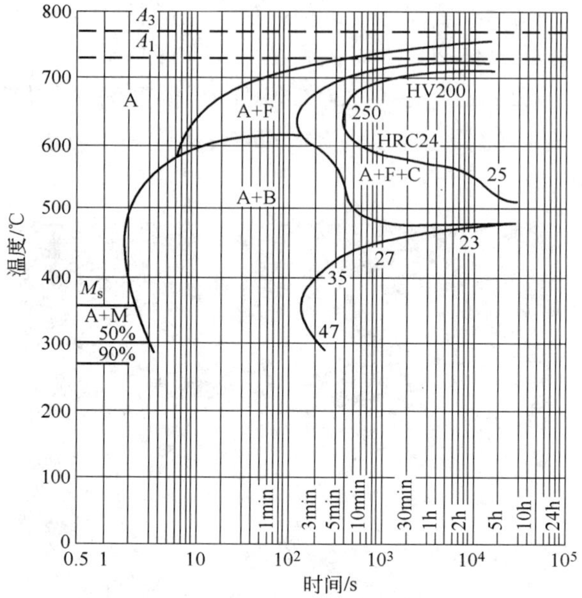

图 11 – 24　35CrMo 钢的 TTT 曲线[5]

将试样放入高温炉中，加热到高温奥氏体化，保温 20 min 后再分别放入 530℃ 和 386℃ 盐浴中等温淬火。根据 TTT 图，选择盐浴等温时间分别为 4 s、6 s、40 s、10 min、15 min 及 1 h。将试样取出，等温后放入水槽内冷却。

11. 5. 2　35CrMo 钢的贝氏体相变

11. 5. 2. 1　上贝氏体

试样在 530℃ 等温，转变为上贝氏体组织。从图 11 – 25 中可见，贝氏体铁素体在晶界处形核后，开始向晶内长大，如图中箭头所示。其余为淬火后得到的板条状马氏体和残余的奥氏体。

上贝氏体是在贝氏体相变区较上部的温度范围内形成的，它是由成束的、大体上平行的条状铁素体和条间的残余奥氏体组成。在光学显微镜下观察，当其转变量不多时，可以看到成束的条状铁素体自晶界向晶内生长，形似羽毛状，如图 11 – 26所示。上贝氏体铁素体是在奥氏体晶界上形核的，然后由晶界向晶粒内部沿着某些惯习面成排长大。

由于上贝氏体的形成温度比较高，碳原子活动能力较强，扩散速度较大，因而当贝氏体片条长大时，碳需要自铁素体扩散到奥氏体中去。但由于铁素体片较密集，并且碳在铁素体中比在奥氏体中的扩散快，所以在铁素体片之间奥氏体中的碳浓度较高。

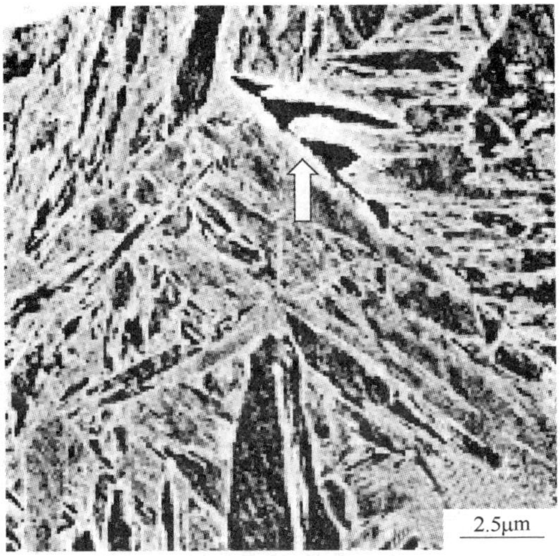

图 11－25 35CrMo 钢 530℃盐浴等温 4 s 的淬火组织（SEM）

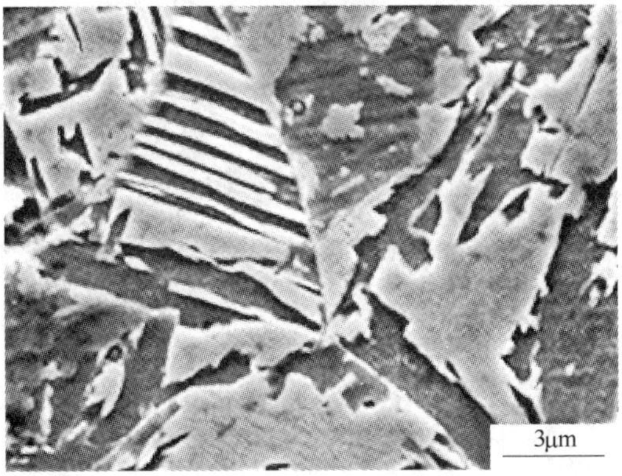

图 11－26 35CrMo 钢 530℃盐浴等温 10 min 的淬火组织（SEM）

图 11－27 为 35CrMo 钢 530℃盐浴 10 min 得到的上贝氏体组织的两幅照片（900℃奥氏体化）。可见，由条片状的贝氏体铁素体和残留奥氏体组成。进一步延长等温时间，将发生共析分解，获得珠光体组织。

图 11－28 为 35CrMo 钢 530℃盐浴等温 10 min 的淬火组织，可见除了条片状的贝氏体外，在奥氏体晶界上形成了珠光体的晶核并长大，如图 11－28a 中箭头所指，可以清楚地观测到极细的片层结构。图 11－28b 是 530℃盐浴等温 15 min 的淬火组织，可见除贝氏体外，珠光体量显著增加。

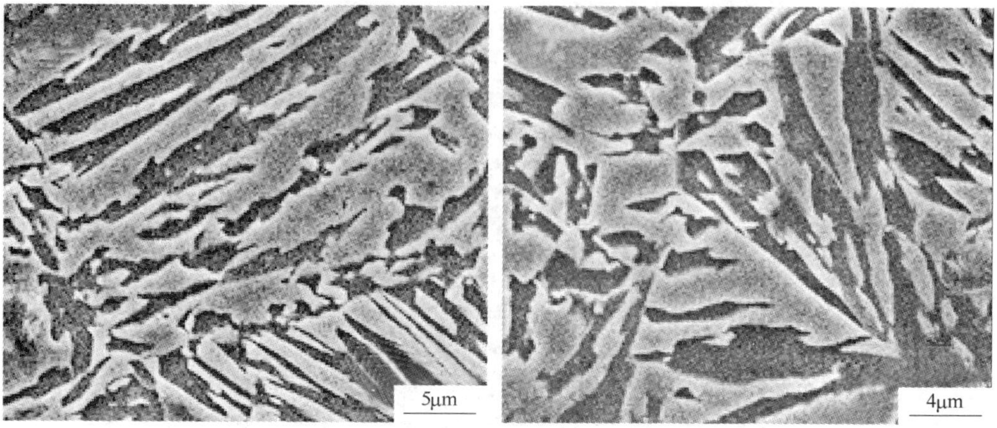

a　　b

图 11 - 27　35CrMo 钢 530℃盐浴 10 min 得到的上贝氏体组织(900℃奥氏体化)(SEM)

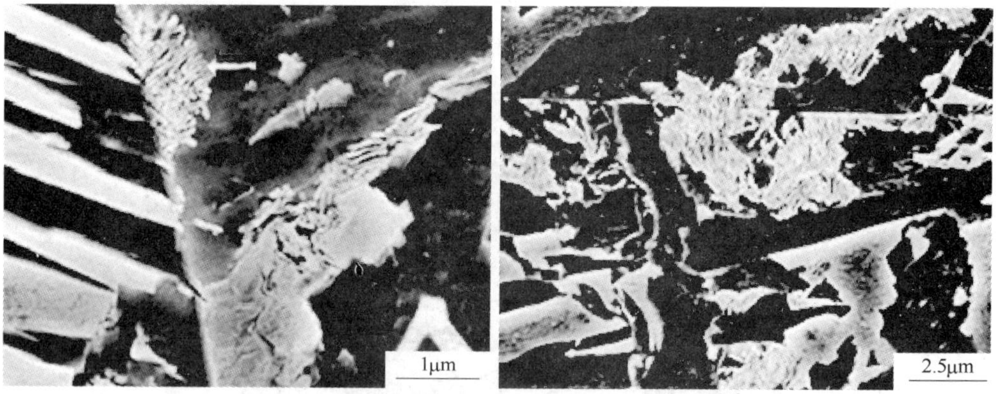

a　　b

图 11 - 28　35CrMo 钢的贝氏体 + 珠光体组织(SEM)

a—等温 10 min；*b*—等温 15 min

11.5.2.2　下贝氏体

将 35CrMo 钢加热到 900℃保温 30 min，在 386℃等温，在盐浴中分别保温不同时间后水淬，得到下贝氏体组织。将试样磨平抛光后，用 4% 硝酸酒精溶液侵蚀，在光学显微镜下观察，贝氏体组织如图 11 - 29 所示，分别为放大 200、500、1000 倍的金相照片。根据 TTT 图可知，386℃是在贝氏体相变温度区的下部，应该形成下贝氏体，在光学显微镜下呈现黑色竹叶状，碳化物排列在片内，与主轴呈夹角分布。下贝氏体由贝氏体铁素体和渗碳体构成，较耐腐蚀，在金相显微镜下观察呈现黑色片状。

在扫描电子显微镜下观察，可以更清晰地看到贝氏体片中的渗碳体形貌，如图 11 - 30 所示，短棒状渗碳体与条片状铁素体(BF)的长轴方向呈夹角分布(图 11 - 30*a*)，角度不等。仔细观察发现，渗碳体在层片状的铁素体和奥氏体的相界面处形核，然后呈楔形向铁素体内部长大，有的横贯整个铁素体片，有的长到半截而终止，如图 11－30*b* 所示。片状或短棒状的碳化物在下贝氏体片中分布方向不同，如图 11－30*c* 所示。

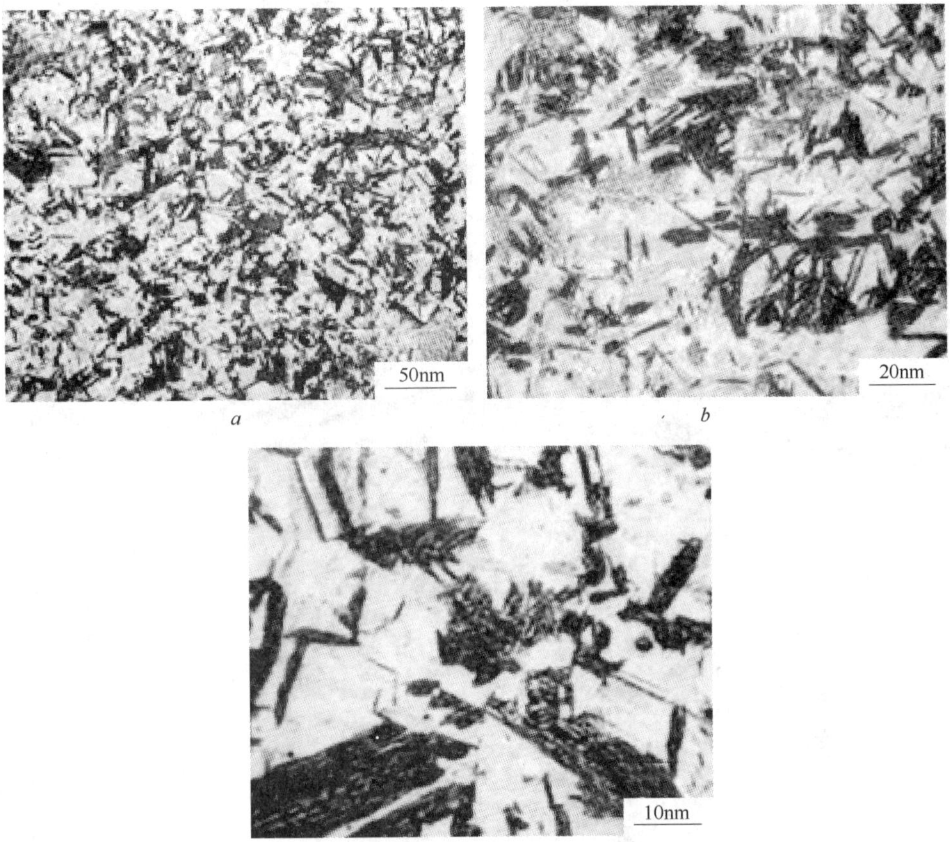

a *b* *c*

图 11－29 35CrMo 钢 386℃盐浴 40 s 的下贝氏体组织（LOM）

a—×200；*b*—×500；*c*—×1000

贝氏体中的渗碳体分布是不均匀的，粗细不等，长短不一，呈短棒状或片状，从界面处向铁素体片内部长大或长入奥氏体中，分布在贝氏体铁素体片内部、界面上或从界面向铁素体内呈楔形长入，这表明碳化物（Bc）是非均匀形核。

显然，35CrMo 钢的下贝氏体与上贝氏体形貌不同，组成相也不同。在下贝氏体相变区有渗碳体形成，渗碳体存在于贝氏体片中，而上贝氏体是无碳化物贝氏体，渗碳体仅存在于珠光体中。从图 11－24 的 TTT 图中可见，在 530℃，过冷奥氏体经 400 s 等温才发生共析分解，形成珠光体，珠光体中存在片状渗碳体。但是在较低温区，即下贝氏体转变区域，如在 400℃，等温不足 200 s 就完成了下贝氏体相变，得到含有渗碳体片（或短棒状渗碳体）的贝氏体组织。温度低，反而转变速度快，这说明在高温区形成的珠光体渗碳体和在低温区形成的贝氏体渗碳体，在转变机制上存在差异。在第6、9章中，已经明确指出，共析分解是扩散型相变，碳原子、铁原子和替换原子均以长程扩散方式完成珠光体转变。而在贝氏体相变中，铁原子通过热激活跃迁方式形成渗碳体，转变速度较快。

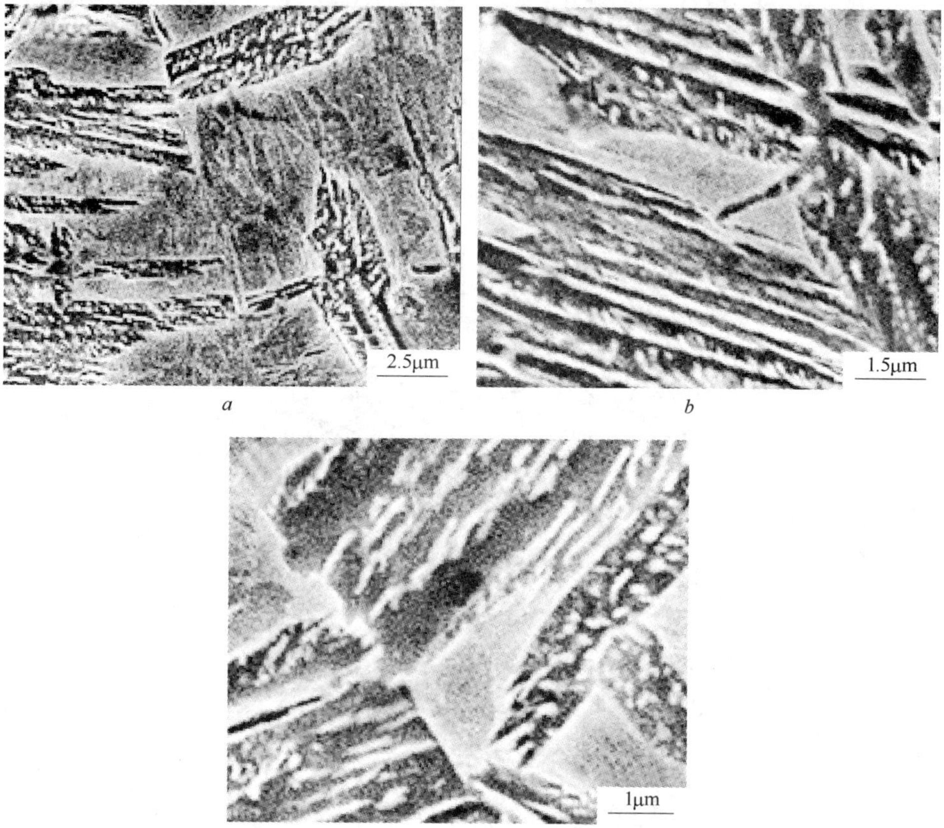

a　*b*　*c*

图 11 - 30　35CrMo 钢 386℃盐浴 40 s 的下贝氏体组织（SEM）

35CrMo 钢是合金调质钢，很少进行等温淬火得到贝氏体组织。当制造抽油杆时，可获得贝氏体组织，并经回火后使用。在 35CrMo 钢中稍微增加铬，制成 35Cr2Mo 钢（相当于美国的 P20 钢），是目前大量应用的塑料模具钢，它经预硬化处理后，可制造加工塑料成形模具。由于模块尺寸较大，难以淬透，一般得到贝氏体组织，然后进行高温回火，贝氏体回火为回火索氏体组织。如图 11 - 31 所示，图 11 - 31*a* 是条片状的上贝氏体组织；图 11 - 31*b* 是下贝氏体经 650℃ 回火后的组织，为回火索氏体。

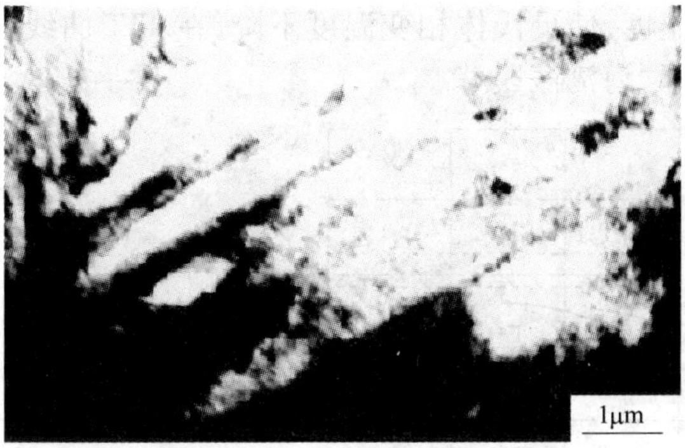

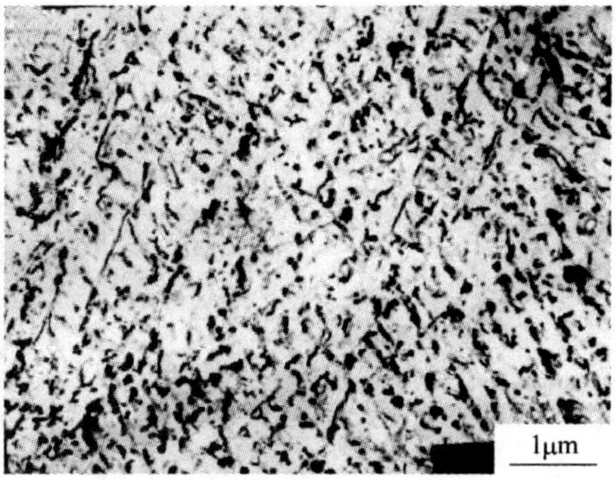

图 11－31 P20 塑料模具钢的上贝氏体(*a*)(TEM)及下贝氏体的高温回火组织(*b*)(SEM)

11.6 S7 钢的贝氏体组织及形成

S7(美国符号 513)钢属于含有 3%～4% Cr 的热作模具钢，主要化学成分为：0.45%～0.55% C，0.2%～0.8% Mn，0.2%～1.0% Si，3%～3.5% Cr，1.3%～1.8% Mo，≤0.35% V，相当于我国的 50Cr3Mo，是一种具有较高韧性的热作模具钢，应用于要求较高韧性的工具，如冲头、凿子、热镦模等。加热到 1100～1150℃锻造，锻后应当在热介质中缓冷，如石灰、炭灰等。锻后应当退火，退火温度为 920～950℃，从退火温度缓冷，冷却速度为 28℃/h。550℃以下可冷却快一些。

S7 钢采用中等碳含量，使钢既有一定的硬度、强度，又有好的韧性。在此基础上加入铬、钼提高淬透性，再配以一定量的 Si、Mn、Cr 提高其耐热性和韧性，加入少量钒，细化晶粒并增加耐磨性。

11.6.1 S7 钢的 TTT 图

S7 钢经锻造后硬度约为 52HRC，必须进行软化退火，以降低硬度，便于切削加工。再经淬火、回火处理，满足模具的使用性能要求。目前，国内外资料中介绍的 S7 钢过冷奥氏体等温转变曲线(TTT 曲线)都是为模具淬火提供参数的，奥氏体化温度较高。为适应这些钢锻后球化退火工艺的要求，利用日本产 Formastor-Digital 全自动相变测量仪，测定了 S7 钢的临界点及退火用 TTT 图[7]，如图 11－32 所示(奥氏体化温度：820℃)。

测得 S7 钢的临界点为：$Ac_3$830℃，Ac_1 780℃，$Ar_1$718℃，M_s230℃。

由图 11－32 可见，S7 钢退火用 TTT 曲线，属于两个“鼻子”的类型，因为这种钢中含有不同数量的碳化物形成元素 Cr、Mo、V 等，这些元素在加热时部分溶入奥氏体，可推迟过冷奥氏体的分解，降低其转变速度。同时，它们还影响过冷奥氏体的分解温度，使珠光体转变区移向较高温度，使贝氏体相变温度下降，在 TTT 曲线中珠光体与贝氏体相变曲线分离，形成了“海湾区”。

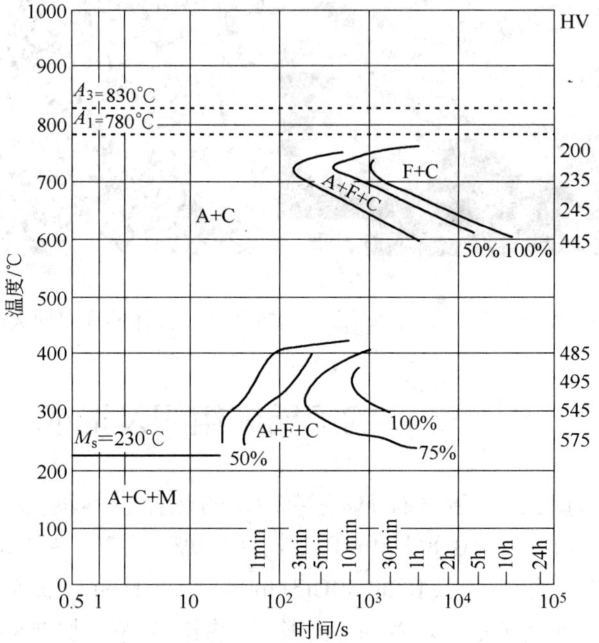

图 11－32　S7 钢的退火用 TTT 图

S7 钢的 CCT 图如图 11－33 所示。从图可见，由于奥氏体化温度稍高于 Ac_1

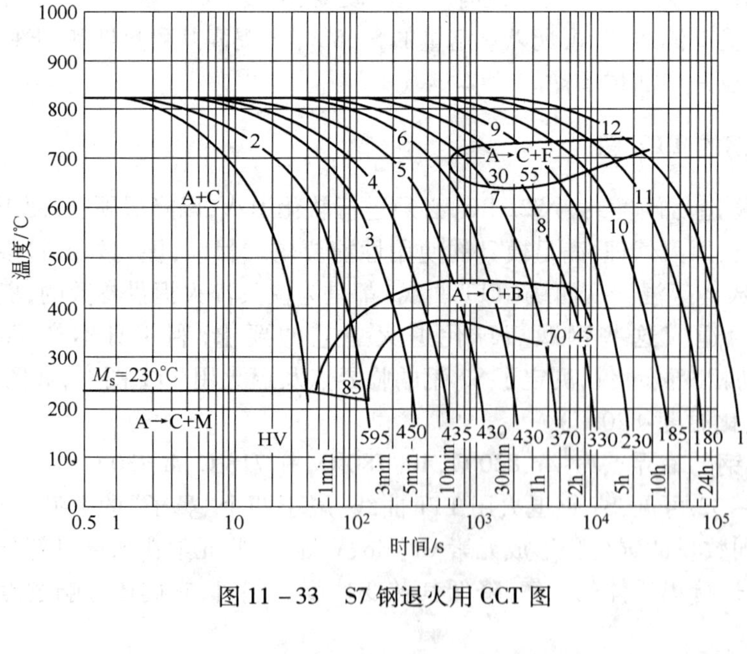

图 11－33　S7 钢退火用 CCT 图

(780℃)，钢中还有未溶的特殊碳化物，所以在珠光体转变和贝氏体相变开始之前，存在过冷奥氏体和未溶碳化物(A + C)；进行珠光体转变后，过冷奥氏体分解为铁素体 + 碳化物(F + C)，其组织为铁素体基体上分布着粒状碳化物；在贝氏体相变区，过冷奥氏体转变为贝氏体组织，在 M_s 温度以下，则发生马氏体转变。

11.6.2　S7 钢的贝氏体组织形貌

S7 钢经过 1050℃加热，在 350℃、425℃盐浴等温淬火时，均发生下贝氏体转变，得到针状的下贝氏体组织。由于贝氏体片中存在碳化物，故侵蚀后为黑色，如图 11 - 34 所示。这些针状的贝氏体片不是平行排列的，而是互呈夹角分布，有的呈 Z 字形。

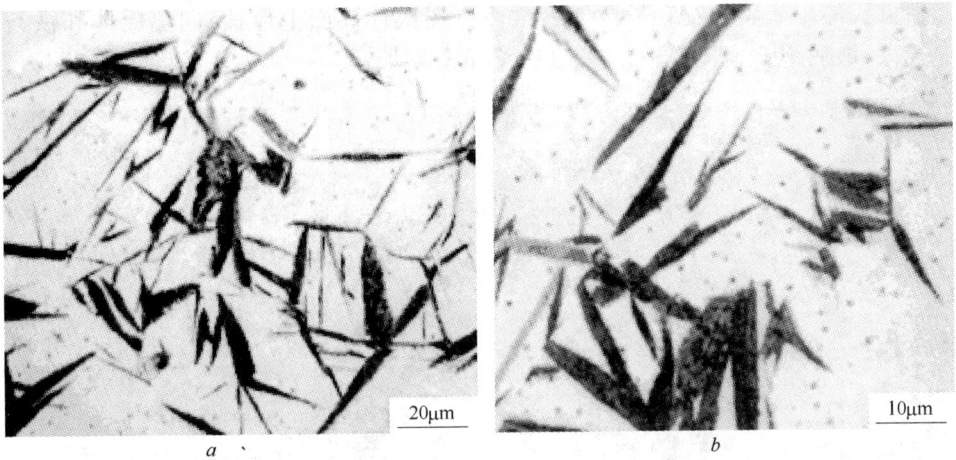

图 11 - 34　S7 钢的下贝氏体组织(LOM)(a、b 为不同视场及放大倍数)

从图 11 - 35 中可见贝氏体碳化物分布在贝氏体片中，这些碳化物呈短棒状、

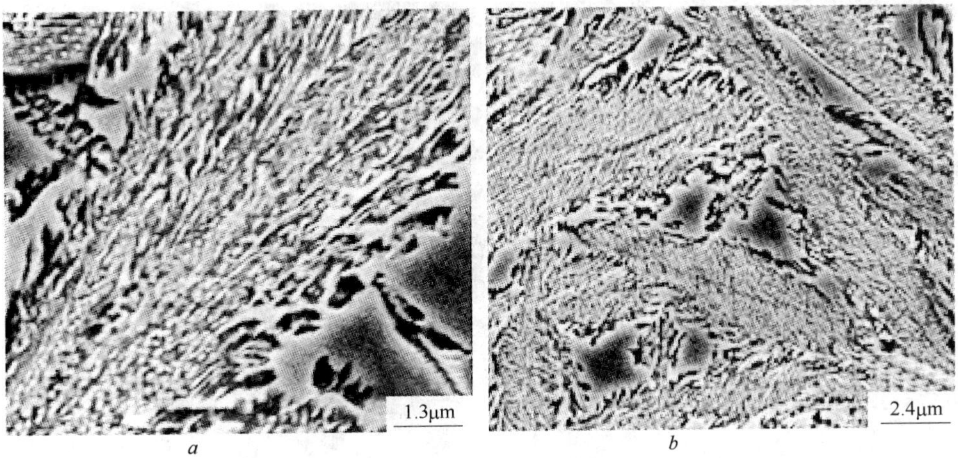

图 11 - 35　350℃等温淬火得到的贝氏体组织(SEM)(a、b 为不同视场及放大倍数)

片状或颗粒状，分布于针状或透镜状的贝氏体铁素体内，并与铁素体片长轴呈交角分布，有时也与片条平行，与贝氏体片主轴方向没有固定的夹角。从图可见，碳化物片有的很长，有的很短。

11.6.3　S7 钢贝氏体组织形成

在孕育期中，S7 钢的过冷奥氏体中通过涨落形成贫碳区，贝氏体铁素体在贫碳区中形核。下贝氏体铁素体可以在奥氏体晶界形核，也可以在晶内形核，如图 11－36*a* 所示。从图中看到，贝氏体铁素体在原奥氏体晶界上形核，也在晶内形核，又激发形成新的贝氏体片条，呈针状或凸透镜状。

下贝氏体中的碳化物在贝氏体铁素体－奥氏体界面上形核，向奥氏体和铁素体中长大，最后被铁素体包围，如图 11－36*b*、*c*、*d* 所示。

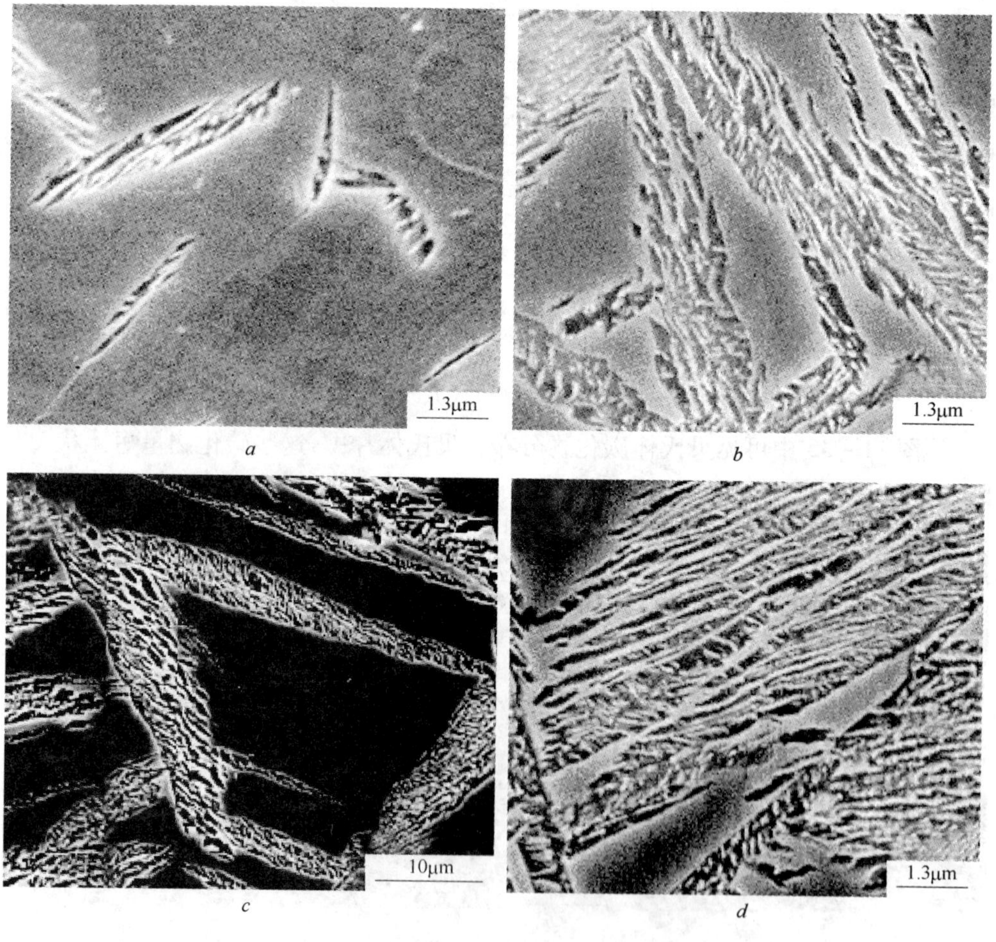

图 11－36　S7 钢 425℃不同等温时间的下贝氏体（SEM）

贝氏体铁素体和贝氏体碳化物的长大都是通过相界面处原子的热激活跃迁进行的[1]。

S7 钢的贝氏体组织细腻,碳化物细小,分布均匀,有待于工业上开发应用。

11.7 GCr18Mo、GCr15 轴承钢贝氏体组织及形成

贝氏体组织能提高钢的强韧性、比例极限、屈服强度和断面收缩率,与相同温度回火的马氏体组织有更好的耐磨性,而且其尺寸稳定性好。贝氏体等温淬火具有无裂纹淬火的优点,所以在轧机轴承、铁路轴承上得到了广泛的应用。贝氏体组织的轴承用在煤机、矿山机械等场合,比回火马氏体组织轴承具有更高的寿命。

轴承零件经下贝氏体等温淬火后具有与马氏体淬火相近的硬度和耐磨性,冲击韧度提高了 80%,断裂韧度提高了 18%,抗弯强度提高了 16%,不仅提高了轴承的力学性能和使用寿命,而且使生产成本降低。

本节主要阐述 GCr18Mo、GCr15 钢的贝氏体转变以及上贝氏体、下贝氏体的具体形貌,贝氏体组织的硬度,分析其性能,从而推动轴承钢在应用领域的使用价值。

11.7.1 GCr18Mo 及 GCr15 钢的化学成分及物理参数

轴承钢 GCr18Mo 及 GCr15 钢的化学成分如表 11-6 所示,等温转变曲线如图 11-37所示[8]。

表 11-6 GCr18Mo、GCr15 钢的化学成分(质量分数,%)

钢种	C	Si	Mn	Cr	Mo	P	S
GCr15	0.95~1.05	0.15~0.35	0.25~0.40	1.30~1.65		≤0.027	≤0.02
GCr18Mo	0.95~1.05	0.20~0.40	0.25~0.40	1.65~1.95	0.15~0.25	≤0.025	≤0.012

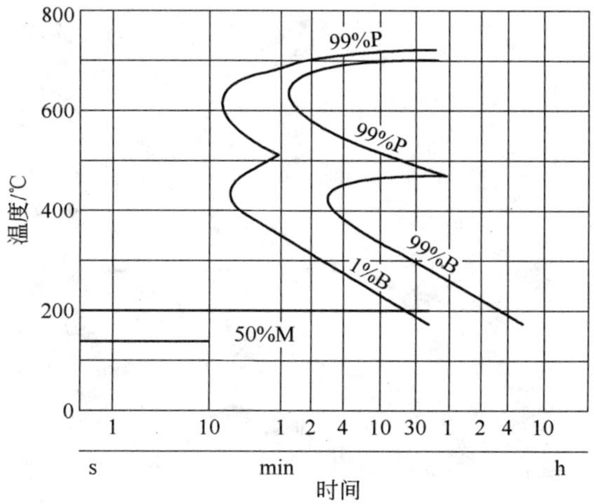

a

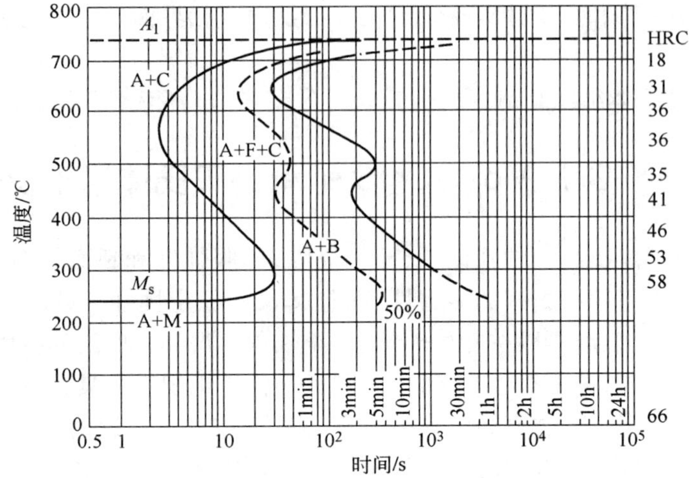

b

图 11－37　GCr18Mo(*a*)及 GCr15(*b*)轴承钢的 TTT 图[6,8]

11.7.2　GCr18Mo 钢的贝氏体组织与硬度

11.7.2.1　GCr18Mo 钢上贝氏体的形核与长大

将 GCr18Mo 钢试样加热到 930℃后，在 440℃的盐浴炉中等温淬火，分别保温 10 s、15 s 等不同时间，然后水淬。试样磨平抛光后，用 4% 硝酸酒精溶液腐蚀，在光学显微镜下观察其组织如图 11－38 所示。由于钢中的 Cr、Mo 元素，形成较多的碳化物，阻碍奥氏体晶粒长大，使得钢的组织极为细小，所以在图中看不清上贝氏体形貌。调整的黑色区域为上贝氏体，细小弥散的颗粒是未溶碳化物，灰色基体是淬火马氏体相。

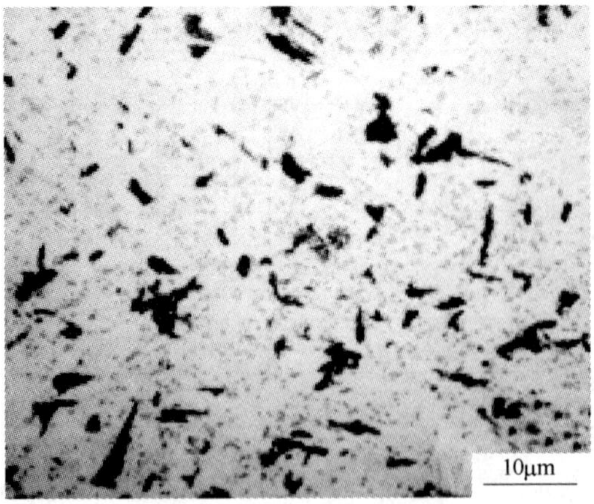

图 11－38　GCr18Mo 钢 440℃等温 140 s 得到的上贝氏体组织(LOM)

采用扫描电子显微镜观察，得如图 11－39 所示的组织，图中灰白色的圆形颗粒是未溶碳化物。由图 11－39*a* 可以看出上贝氏体转变过程中，首先在晶界上形核的是贝氏体铁素体（BF），形核后贝氏体铁素体沿着晶界生长或向晶粒内部生长，如图 11－39*b*、*c* 所示。在长大过程中，碳原子不断地从周围的富碳区中沉淀析出碳化物，碳化物可以在片内沿着贝氏体铁素体生长，也可以向奥氏体方向生长，如图 11－39*d* 所示。由此可见，贝氏体转变过程中，首先形成贝氏体铁素体，然后析出贝氏体碳化物。

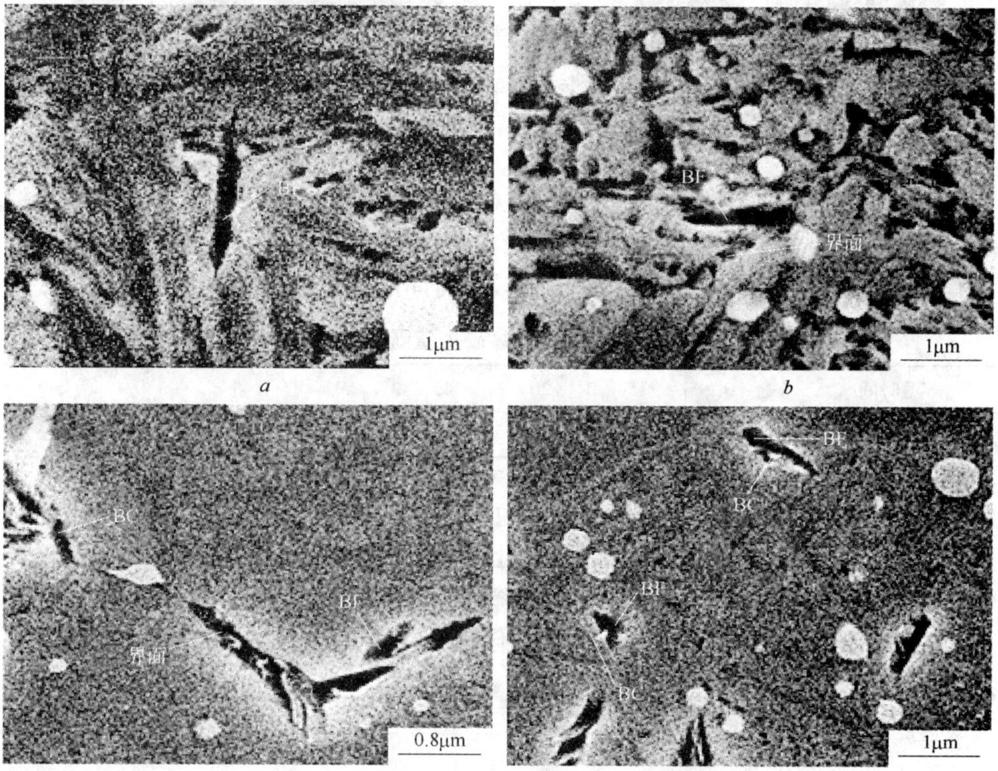

图 11－39　GCr18Mo 钢 440℃等温贝氏体组织（SEM）
a—等温 45 s；*b*—等温 180 s；*c*—等温 60 s；*d*—等温 140 s

在奥氏体晶界上，贝氏体铁素体亚片条和贝氏体碳化物平行排列，共同向晶粒内部生长，形成上贝氏体组织，如图 11－40 所示。GCr18Mo 钢上贝氏体转变形成典型的羽毛状贝氏体组织，如图 11－40*b* 所示，可以看出，在上贝氏体组织中碳化物与贝氏体铁素体呈片层状相间分布，碳化物呈薄片状，在二维平面上呈细丝状，长短不一，有的较直，有的弯曲，大多数沿着铁素体片的主轴方向排列。在贝氏体片的周围是等温淬火转变后的残余奥氏体或马氏体以及未溶的碳化物。

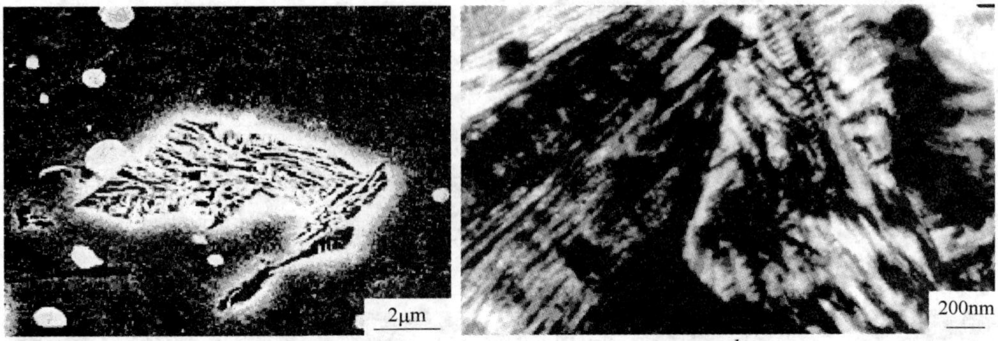

图 11－40　GCr18Mo 钢 440℃ 等温淬火组织

a—在界面形核长大(SEM)；*b*—亚片条和碳化物形貌(TEM)

GCr18Mo 钢是在 GCr15 基础上添加 Cr、Mo 元素形成的一种新型高淬透性轴承用钢。国内外的研究证明,贝氏体组织比相同温度回火硬度相同的马氏体组织具有更好的耐磨性。上贝氏体硬度值随转变时间的变化关系如表 11－7 所示。

表 11－7　GCr18Mo 钢上贝氏体硬度值随转变时间的变化关系

等温时间/s	10	15	20	45	60	140	180	240
硬度值 HV	763	765	769	760	745	728	708	572

图 11－41 为 GCr18Mo 钢等温淬火的硬度值与转变时间的关系曲线。由图可知,在等温 45 s 之前,硬度值很高,这是由于未发生贝氏体转变,淬火得到了马氏体组织。等温 45～180 s 之间,硬度值稍降,这是由于转变不完全,组织为上贝氏体＋马氏体＋残余奥氏体(少量)＋未溶碳化物。240 s 后转变完全终了,组织为全部上贝氏体,硬度值下降。

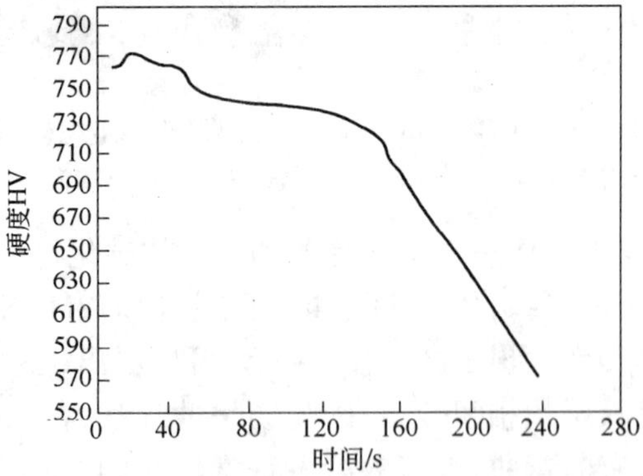

图 11－41　上贝氏体硬度值与转变时间的关系曲线

11.7.2.2　GCr18Mo 钢下贝氏体的形核与长大

研究表明，贝氏体形核之前出现贫碳区。奥氏体中贫碳区是客观存在的，在奥氏体向贝氏体演化时，过冷奥氏体中必然通过涨落形成贫碳区，接着在贫碳区形成贝氏体铁素体晶核。下贝氏体转变时，贝氏体铁素体可以在晶界上形核，也可以在晶粒内部形核。当下贝氏体在晶内形核时，如图 11－42 所示。黑色为长大的贝氏体铁素体晶核，贝氏体铁素体形成长大的过程中碳原子不断地被排挤到边界区域，析出形成渗碳体，图中白亮色的细片条即是沉淀析出的渗碳体。

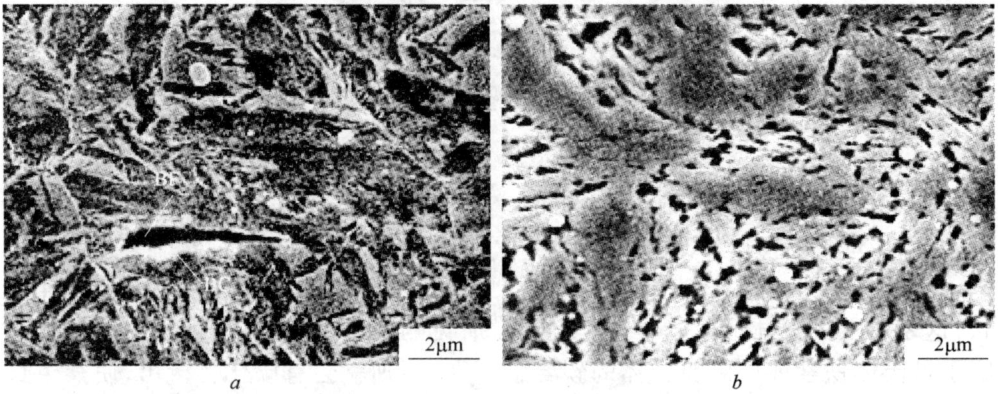

图 11－42　GCr18Mo 钢 230℃等温贝氏体组织（SEM）
a—等温 30 min；*b*—等温 12 min

将 GCr18Mo 钢试样加热到 930℃奥氏体化后，在 230℃盐浴中分别保温不同时间，然后水淬。进行金相观察，在光学显微镜下，下贝氏体呈黑色针状，并互成一定的交角，片间是残余奥氏体。由于下贝氏体是由贝氏体铁素体＋贝氏体碳化物组成，极易被腐蚀，通过金相组织观察，可以确定为下贝氏体组织。

为了清楚地观察到下贝氏体的组织形貌，取等温时间为 105 min 的试样进行了扫描电子显微镜观察，如图 11－43 所示。从图可见，下贝氏体呈针状或凸透镜状，其周围是马氏体或未转变的残留奥氏体。GCr18Mo 钢的碳含量为 0.95%～1.05%时，属高碳钢，在下贝氏体中存在大量的 θ－渗碳体。渗碳体的形貌各异，粗细不等，长短不一，呈细小的片状或纤维状。

下贝氏体片一般由亚片条组成[9]。从图 11－43 可见，GCr18Mo 钢的下贝氏体被碳化物分割为许多的亚片条（或亚单元），亚片条间分布着碳化物，这些碳化物与贝氏体铁素体主轴方向不平行，交角有大有小，并非均为 55°～60°交角。GCr18Mo 钢经 930℃奥氏体化后，于 230℃盐浴保温 130 min 后水淬，得到下贝氏体＋渗碳体＋残余奥氏体的整合组织。Cr、Mo 元素的合金渗碳体细小均匀地分布，不仅使钢的硬度提高，而且硬度稳定、均匀，提高了耐磨性。

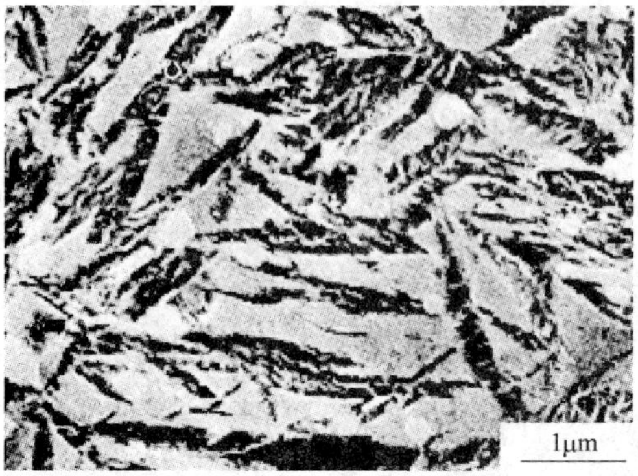

图11－43　GCr18Mo 钢的下贝氏体组织(SEM)

11.7.3　GCr15 钢的贝氏体组织

11.7.3.1　GCr15 钢上贝氏体的显微组织

图 11－44 为 GCr15 钢 450℃ 等温处理时得到的贝氏体组织，形态为针片状，这表明上贝氏体形成的早期不是通常所见的粒状，而是多为针状。同时也表明了贝氏体铁素体周围奥氏体的碳含量不高，否则就会有碳化物析出，使其生长受阻。在图中，黑色的针状为上贝氏体，而其中灰色的为马氏体，还有一部分残留奥氏体。

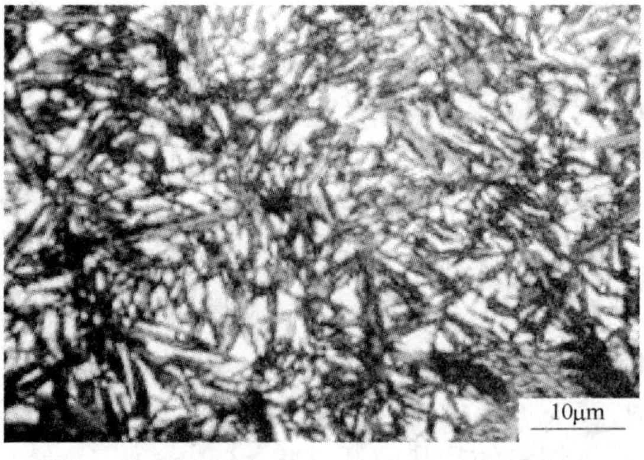

图 11－44　GCr15 钢在 450℃ 等温 50 s 的淬火组织

可见 450℃ 等温时形成以经典上贝氏体组织为主的整合组织，这是由于在 450℃ 时，上贝氏体转变较容易，并且随着等温时间的延长上贝氏体量不断增多。图 11－45 为 450℃ 等温形成的典型的羽毛状上贝氏体组织扫描电子显微镜照片。羽毛状贝氏体中的亚片条宽度大约为 100 nm。羽毛状贝氏体是由板条状铁素体和条间分布不连续碳化物组成。贝氏体铁素体条间的碳化物是片状形态的细小渗碳体，随着转变温度的降低，板条状铁素体也变薄，碳化物细小，弥散度增加。

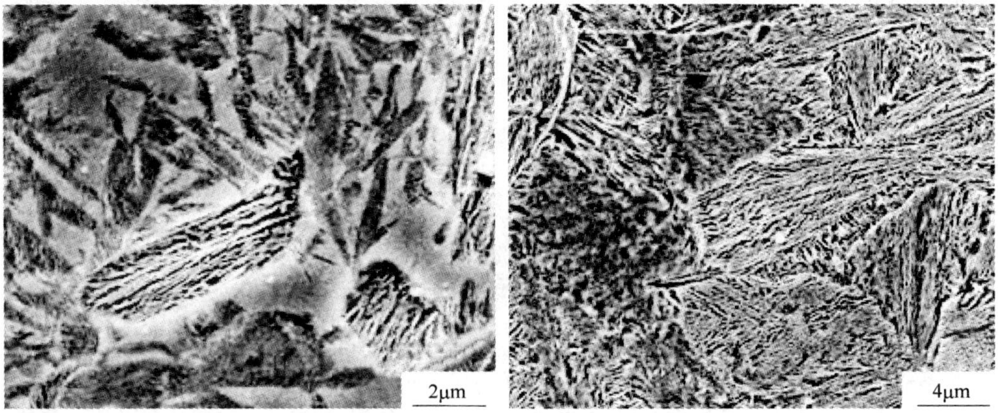

a *b*

图 11－45 GCr15 钢在 450℃等温淬火组织（SEM）

a—等温 30 s；*b*—等温 100 s

11.7.3.2 GCr15 钢下贝氏体的显微组织

GCr15 钢在 1000℃，20 min 奥氏体化后经 300℃等温不同时间，后在油中冷却，可得到不同含量的下贝氏体＋马氏体整合组织，还有少量的残余奥氏体和未溶碳化物。等温时过冷奥氏体在达到下贝氏体转变孕育期后，即开始下贝氏体转变，随等温时间的延长下贝氏体量不断增多，显微组织照片如图 11－46 所示。

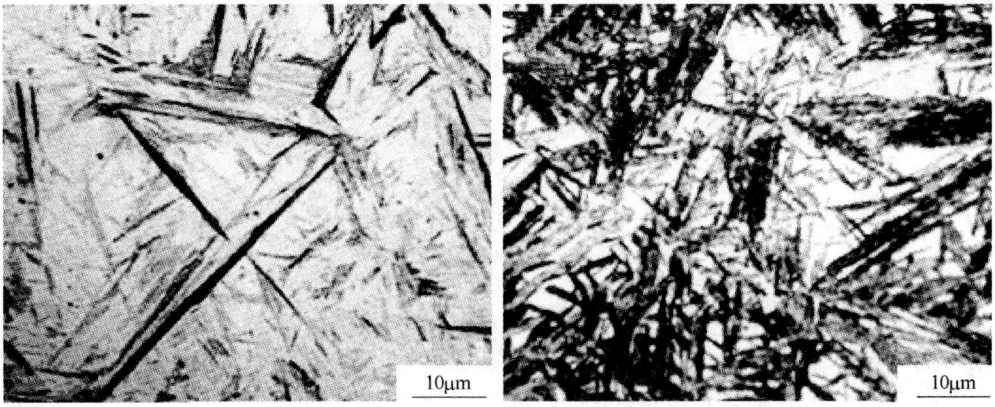

a *b*

图 11－46 GCr15 钢在 300℃等温淬火得到的组织

a—等温 3 min；*b*—等温 5 min

300℃等温 3 min 时，下贝氏体量较少，约为 15%（图 11－46*a*），主要是呈孤立的针状分布。随等温时间延长至 5 min，下贝氏体量已增多至 35% ～40% 之间（图

11 - 46*b*)。继续增加等温时间，下贝氏体量更多，更加密集，等温至 60 min 时，几乎得到全下贝氏体组织，下贝氏体针状完全拥挤在一起，光学显微镜下无法分辨。

GCr15 钢下贝氏体呈现典型的高碳下贝氏体的特征，状态为黑色针状并密集分布。黑色的针状贝氏体组织相互呈一定的交角分布，在较大的贝氏体片长成后，较小的针状贝氏体组织在其界面形核并与其呈一定的交角生长，还有一些单片黑色针状组织，这些都是典型的下贝氏体组织，在贝氏体间的块状相为转变过程中的残留奥氏体。另外还有一部分未溶解的碳化物。

图 11 - 47*a* 是 GCr15 钢在 300℃ 等温 3 min 复相组织的 SEM 照片。图 11 - 47*a*是由一片贝氏体和周围的马氏体组成，可见在贝氏体片中有几个亚片条，亚片条中分布着碳化物。从图 11 - 47*b* 可见在贝氏体中的铁素体片中存在细小的碳化物，呈条状沿一定方向析出，有规则地与铁素体片主轴方向呈夹角分布，是典型的下贝氏体特征。

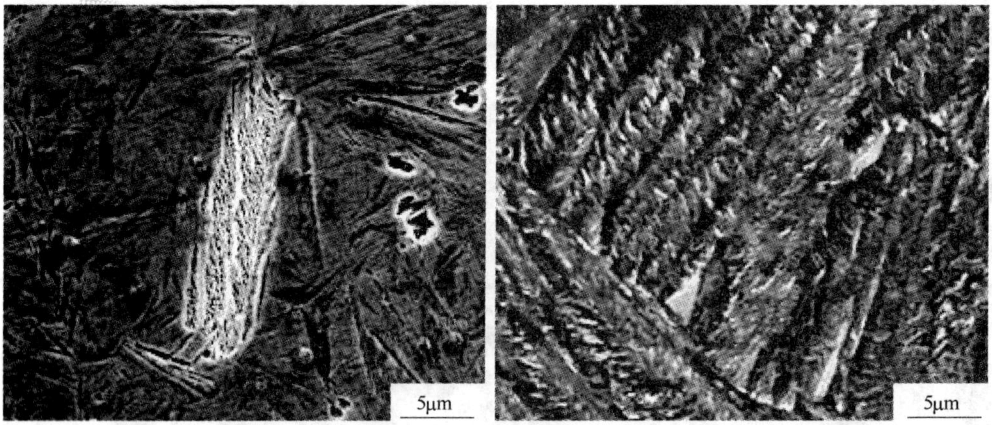

a　　　　*b*

图 11 - 47　GCr15 钢在 300℃ 等温得到的下贝氏体组织（SEM）

a—等温 3 min；*b*—等温 10 min

随等温时间的延长，下贝氏体量不断增多。在图 11 - 47*a* 中，贝氏体片很少，在扫描电子显微镜下不仔细寻找很难发现，主要呈条片状。贝氏体由铁素体片及其内部单向分布的碳化物组成，下贝氏体的碳化物通常为 ε - 碳化物或渗碳体，呈薄片状。贝氏体铁素体具有位错亚结构，且下贝氏体铁素体针细小，分布均匀，在铁素体内含有过饱和的碳及很高密度的位错。

下贝氏体并没有沿着晶界形核和生长，而是远离晶界，说明下贝氏体是在奥氏体晶内形核的。下贝氏体在奥氏体晶内的位错等缺陷处形核，然后长大，长大到一定尺寸后停止，一般不会越过奥氏体晶界。

下贝氏体片中存在细小且大量的碳化物，说明相变过程中有扩散发生，是传质过程。除了碳原子能够长程扩散外，铁原子也必须迁移。不过铁原子的位移是依靠相界面处原子热激活跃迁完成的，它是被碳原子从形成碳化物的区域“排挤”出来的[1,9]。

GCr15 钢在220℃等温时，也可形成下贝氏体组织，但等温时间较长，只有在保温 1 h 后的试样中才出现。

GCr15 钢的贝氏体组织尚有待于开发应用。冷轧辊钢 9Cr3Ni、9Cr2Mo 的贝氏体组织与轴承钢的贝氏体组织形貌相似，不再赘述。

参 考 文 献

[1] 刘宗昌，任慧平. 过冷奥氏体扩散型相变[M]. 北京：科学出版社，2007.

[2] 刘宗昌，王海燕，任慧平，李文学，王玉峰. 贝氏体铁素体形核长大的热激活迁移机制[J]. 金属热处理，2007，32(11)：1～5.

[3] 赵永桃，刘宗昌，王玉峰. 34CrNi3MoV 钢贝氏体形貌和亚结构[J]. 包头钢铁学院学报，2006，25(3)：238～242.

[4] 刘宗昌，王海燕，任慧平. 贝氏体相变的切变—扩散整合机制[J]. 金属热处理，2006，31(增刊)：36～43.

[5] 李凤照，奥青，孟凡妍，孟祥敏，刘玉先. 贝氏体中的贝氏体铁素体精细孪晶[J]. 材料热处理学报，2001，2：5～8.

[6] 林慧国，傅代直. 钢的奥氏体转变曲线[M]. 北京：机械工业出版社，1988.

[7] 李文学，刘宗昌，徐进，邵淑艳，孙立新. S7 钢过冷奥氏体转变曲线及碳化物研究[J]. 金属热处理学报，2000，21(3)：75～77.

[8] 龙永强，李谦，文九巴，张伟民. GCr18Mo 轴承钢的下贝氏体组织转变[J]. 金属热处理，2006，6：31～34.

[9] 刘宗昌，王海燕，王玉峰，任慧平，李文学. 贝氏体碳化物的形貌及形成机制[J]. 材料热处理学报，2008，29(1)：32～37.

名 词 术 语

冶金工业出版社部分图书推荐

书　　名	作　者	定价(元)
金属固态相变教程	刘宗昌	30.00
材料组织结构转变原理	刘宗昌　等	32.00
金属材料工程概论	刘宗昌　等	26.00
钢件的淬火开裂及防止方法(第2版)	刘宗昌	36.00
电子背散射衍射技术及其应用	杨　平	59.00
材料微观结构的电子显微学分析	黄孝瑛	110.00
材料评价的分析电子显微方法	[日]进滕大辅　及川哲夫 刘安生　译	38.00
材料评价的高分辨电子显微方法	[日]进滕大辅　平贺贤二 刘安生　译	68.00
材料的晶体结构原理	毛卫民	26.00
材料科学基础	陈立佳	20.00
钒钛材料	杨绍利　等	35.00
不锈钢的金属学问题(第2版)	肖纪美	58.00
动力与能源用高温结构材料 ——第十一届中国高温合金年会论文集	中国金属学会高温材料分会	149.00
有序金属间化合物结构材料物理 金属学基础	陈国良(院士)　等	28.00
材料的结构	余永宁　毛卫民	49.00
泡沫金属设计指南	刘培生　等译	25.00
多孔材料检测方法	刘培生　马晓明	45.00
金属材料的海洋腐蚀与防护	夏兰廷　等	29.00
超细晶钢——钢的组织细化理论与 控制技术	翁宇庆　等	188.00
功能陶瓷显微结构、性能与制备技术	殷庆瑞　祝炳和	58.00
超强永磁体——稀土铁系永磁 材料(第2版)	周寿增　董清飞	56.00
耐磨高锰钢	张增志	45.00
材料腐蚀与保护	孙秋霞	25.00
铝阳极氧化膜电解着色及其 功能膜的应用	[日]川合　慧　著 朱祖芳　译	20.00
合金相与相变	肖纪美　主编	37.00
薄膜材料制备原理技术及应用(第2版)	唐伟忠	28.00
金属材料学	吴承建	32.00
2004年材料科学与工程新进展	中国材料研究学会	238.00
现代材料表面技术科学	戴达煌	99.00
材料加工新技术与新工艺	谢建新　等	26.00
Ni-Ti形状记忆合金在生物医学 领域的应用	杨大智　等	33.00
新材料概论	谭　毅　李敬锋	89.00
二元合金状态图集	[日]长崎诚三　平林　真 刘安生　译	38.00